# 机床电气控制系统运行与维护

## （第2版）

主　编　袁　忠　申爱民
参　编　于　丹
主　审　刘建超

電子工業出版社
Publishing House of Electronics Industry
北京·BEIJING

## 内 容 简 介

本书基于对机床电气控制与维护工作岗位的分析，按高职院校学生的认知规律和职业成长规律，以工作过程为导向，由浅入深地安排了10个以典型工作任务为载体的学习情境，对学生进行相关职业能力的训练和知识点的学习。

本书分上、下两篇。上篇主要内容包括：三相异步电动机的基本运行控制，介绍单向、可逆、顺序运行控制、降压和制动控制。下篇主要内容包括典型机床设备电气控制，介绍 CA6140 型普通车床、X62W 型万能铣床、M7130 型平面磨床、Z3040 型摇臂钻床等的电气控制系统的调试与维护。

本书知识点的安排打破了传统学科体系的模式，基于工作过程的相关性来进行重组和排序。内容涵盖了常用低压电器、典型电气控制环节、典型机床设备电气控制系统等。

本书可作为高职高专院校机电一体化、数控技术、工业自动控制及其他机电大类专业的教材，也可作为相关工程技术人员的学习和参考用书。

为便于教学，本书配有同步电子教案和丰富的多媒体动画资源，需要者请与出版社联系。



**图书在版编目（CIP）数据**

机床电气控制系统运行与维护/袁忠，申爱民主编. —2 版. —北京：电子工业出版社，2013.5

ISBN 978-7-121-20294-0

Ⅰ.①机…　Ⅱ.①袁…　②申…　Ⅲ.①机床－电气控制系统－维护－高等学校－教材　Ⅳ.①TG502.34

中国版本图书馆 CIP 数据核字（2013）第 091393 号

策划编辑：李　洁
责任编辑：李　洁
印　　刷：北京天宇星印刷厂
装　　订：三河市皇庄路通装订厂
出版发行：电子工业出版社
　　　　　北京市海淀区万寿路 173 信箱　邮编　100036
开　　本：787×1 092　1/16　印张：18.25　字数：467 千字
版　　次：2010 年 6 月第 1 版
　　　　　2013 年 5 月第 2 版
印　　次：2015 年 6 月第 2 次印刷
定　　价：38.00 元

凡所购买电子工业出版社图书有缺损问题，请向购买书店调换。若书店售缺，请与本社发行部联系，联系及邮购电话：（010）88254888。

质量投诉请发邮件至 zlts@phei.com.cn，盗版侵权举报请发邮件至 dbqq@phei.com.cn。

服务热线：（010）88258888。

# 前 言

PREFACE

“机床电气控制系统运行与维护”是高职高专机电大类专业的一门专业基础课。

本教材根据高职高专的培养目标，结合高职高专的教学改革和课程改革，本着“行动导向”、“任务引领”、“项目驱动”的原则编写而成。

本书作为我院示范建设的主要成果形式之一，在编写过程中坚持“以就业为导向，以能力为本位”的宗旨，以职业岗位的能力需求为依据，根据工作过程的相关性，以典型工作任务为载体，以工作过程为导向，将为培养能力而实施的训练任务和完成任务所需的知识点进行重组，构架新的教学内容体系，创立设计具有完整工作过程的学习情境，形成工作任务引领型课程，突出了知识技能的生动性和鲜活性，为落实“教、学、做、评”一体化教学模式创造条件。

本书在内容和形式上有以下特点：

1．任务引领。以典型工作任务为中心，组合知识、技能和态度，创立设计“学习情境”，让学生在完成工作任务的过程中学习相关知识、培养综合能力。

2．结果驱动。通过完成典型的工作任务，激发学生的成就动机，使其主动去培养完成工作任务所需的综合能力。

3．内容实用。紧紧围绕完成工作任务的需要，按“够用、必需”的原则来选择教学内容，注重内容的实用性和针对性。在内容安排上，设置了“情境描述”、“学习与训练要求”、“相关知识点”、“技能训练”及“项目评价”等环节。

4．教、学、做、评 一体化。打破传统“理论”与“实践”二元分离的局面，基于工作过程的完整性实施教学，实现理论与实践的有机结合，即“学中做”或“做中学”。

5．以学生为中心。在体例上以“学习情境”为主线设计教学内容，把学生放在主导地位来考虑；另一方面，本书图文并茂，多媒体教学资源丰富，为提高学生的学习兴趣和主动性创造了一定的条件。相关课件请登录本社华信教育资源网（www.hxedu.com.cn）免费获取，或与本书编辑（lijie@phei.com.cn）联系。

本书在第 1 版的基础上，将原有的 15 个工作任务优化整合为 10 个。为配合本教材的使用，从电气元件、单元电路到典型机床系统控制系统都有丰富的多媒体教学资源，便于老师讲解和学生理解。

本书由成都航空职业技术学院袁忠、申爱民担任主编，于丹老师参与编写。其中，袁忠老师编写了情境二～情境六，并对整体编排模式进行了设计；申爱民老师编写了情境七～情境十；于丹老师编写了情境一。此外，我校耿文霞、 蒲娟、 龚雪三位老师参与了本书的绘图及编辑工作，为本书的出版付出了大量心血，在此一并感谢。

本书由刘建超教授担任主审。在编写过程中得到了刘建超教授、李学锋教授的大力支持和指导，在此表示衷心的感谢。

由于本课程改革力度较大，加之编写经验不足、时间仓促，书中错漏难免，恳请读者批评指正。

编　者

2013 年 3 月

# 目 录

CONTENTS

## 上篇 三相异步电动机的基本运行控制

上篇

# 三相异步电动机的基本运行控制

目前，在生产中大量使用的各种机床设备，都是采用三相异步电动机作为动力源。由于机床的功能不同，其电气控制系统的构成和原理也不尽相同。但对于任何机床而言，不管其电气控制系统多么复杂，都是由若干基本控制电路组成的，所以，掌握三相异步电动机的基本控制电路，是对机床电气控制系统进行运行维护的基础。

本篇情境一是对三相异步电动机的认识训练，从情境二～情境六，由浅入深、由易到难安排了五个典型工作任务对三相异步电动机的基本运行控制进行训练，以达到熟练掌握的目的。

## 能力培养目标

通过完成若干典型工作任务，能正确运用电工工具对电动机的点动、正反转、延时启/停、顺序启/停、降压启动以及制动等基本控制线路进行安装、调试和维修。学会识读、绘制相关的电气控制系统图，并进一步理解和掌握其工作原理。

## 安全规范

在完成各工作任务时，必须遵守下列安全规范：

1．工作前应详细检查自己所用的电工工具是否安全可靠，穿戴好必要的防护用品。

2．线路在未经确定无电前，一律视为有电状态，所以，不可用手触摸。

3．送电前必须认真检查，确定是否符合要求并和有关人员协调好，方能送电。

4．若必须进行带电作业时，要经过实操老师批准，并要有专人监护。

5．在工作过程中，对拆除下的导线要将带电线头包好，防止触电。

6．工作结束时，所有材料、工具、仪表等分别归类放置，并恢复原有的防护装置。

# 情 境 一

# 三相异步电动机的认识选用与调试

## 情境描述

三相异步电动机是中小电动机的主导产品，其作为最重要的动力设备之一，将电能转换为机械能，驱动各类机械设备，广泛应用于机械、化工、纺织、冶金、建筑、农机、矿山、轻工等行业，大量作为机床、风机、水泵、压缩机、印刷机、造纸机、纺织机、轧钢机、空调机、城市地铁、轻轨交通以及矿山电动车辆等主要机械驱动的动力源，是一种产量大且配套面广的机电产品，对国民经济、节能环保以及人民生活的各个领域有着极其密切的关系和重要的影响，发挥着不可或缺及不可替代的作用。所以，掌握三相异步电动机的基本知识是机床电气控制技术的基础。

通过本情境的学习和实际操作训练，使学生了解三相异步电动机的基本常识并掌握其结构、工作原理和使用与维护技能。

## 学习与训练要求

技能点：

1. 正确使用常见的电工工具、电工仪表；
2. 正确选用三相异步电动机；
3. 掌握三相异步电动机的星形（Y）和三角形（△）的接线方式；
4. 会对电动机进行日常保养维护。

知识点：

1. 三相异步电动机的结构和工作原理；
2. 三相异步电动机的运动分析和机械特性；
3. 三相异步电动机的铭牌参数和选用；
4. 三相异步电动机的Y/△连接；
5. 三相异步电动机的维护与保养。

相关知识点

# 1.1 三相异步电动机的结构与工作原理

## 1.1.1 三相异步电动机的结构

三相异步电动机主要由定子、转子和机座组成，如图 1-1 所示。

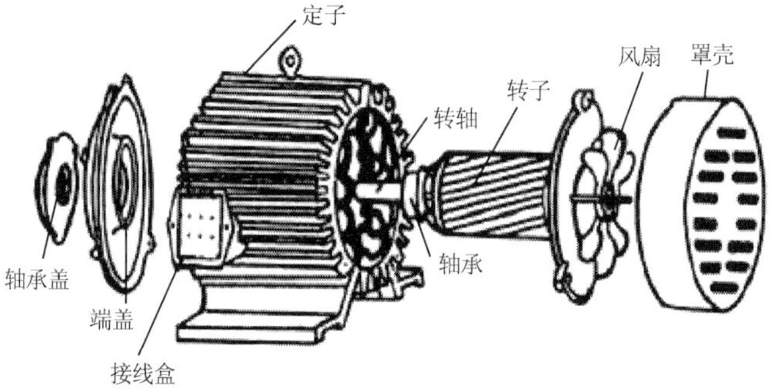


图 1-1 三相异步电动机的结构

### 1. 定子

定子由定子铁芯、定子绕组等部件组成。定子的主要作用是产生旋转磁场。

（1）定子铁芯

作用：是电动机磁路的一部分，其上放置定子绕组。

构造：定子铁芯一般由 0.35～0.5mm 厚表面具有绝缘层的硅钢片冲制、叠压而成，在铁芯的内圆冲有均匀分布的槽，用于嵌放定子绕组，如图 1-2 所示。

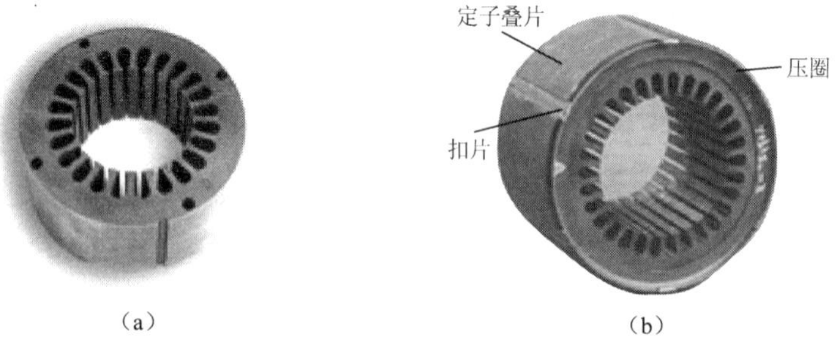


（a） （b）

图 1-2 定子铁芯

（2）定子铁芯的槽型

半闭口型槽：绕组嵌线和绝缘都较困难，一般用于小型低压电动机中。

半开口型槽：可嵌放成型绕组，一般用于大型、中型低压电动机。成型绕组即绕组可事先经过绝缘处理后再放入槽内。

开口型槽：用于嵌放成型绕组，绝缘方法方便，主要用在高压电动机中。

（3）定子绕组

作用：是电动机的电路部分，当通入三相交流电时产生旋转磁场。

构造：由三个在空间互隔 120°、对称排列、结构完全相同的绕组连接而成，这些绕组的各个线圈按一定规律分别嵌放在定子各槽内，如图 1-3 所示。

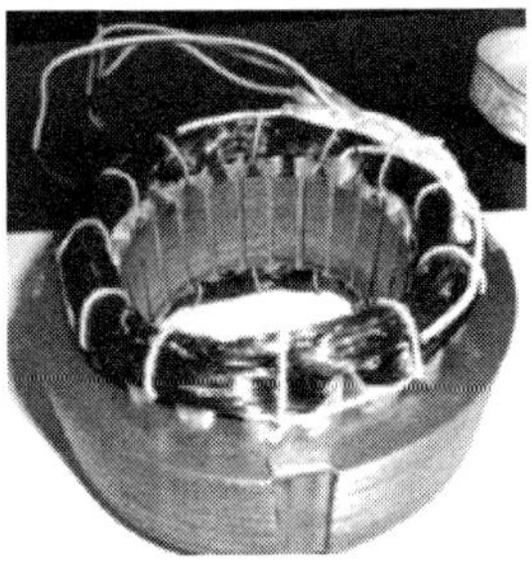

图 1-3　定子绕组

定子绕组的主要绝缘项目（保证绕组的各导电部分与铁芯间的可靠绝缘以及绕组本身间的可靠绝缘）有以下三种：

1）对地绝缘：定子绕组整体与定子铁芯间的绝缘。

2）相间绝缘：各相定子绕组间的绝缘。

3）匝间绝缘：每相定子绕组各线匝间的绝缘。

定子绕组的分类：单层绕组和双层绕组。

定子绕组的应用：单层绕组用于 10kW 以下的电动机；双层短距绕组用在较大容量的电动机中。

### 2．机座

作用：用于固定定子铁芯与前后端盖以支撑转子，并起防护、散热等作用。

构造：机座通常为铸铁件，大型异步电动机机座一般用钢板焊成，微型电动机的机座采用铸铝件。封闭式电动机的机座外面有散热筋以增加散热面积，防护式电动机的机座两端端盖开有通风孔，使电动机内外的空气可直接对流，以利于散热，如图 1-4 所示。

（a）　（b）　（c）

图 1-4　机座

### 3．转子

转子由转子铁芯、转子绕组、转轴等部件组成。转子主要用来产生电磁转矩。

（1）转子铁芯

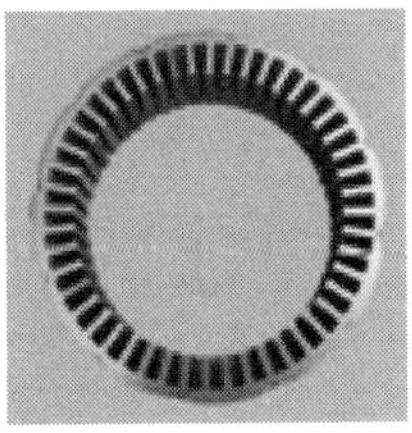

图 1-5　转子铁芯

作用：作为电动机磁路的一部分，在铁芯槽内放置转子绕组。

构造：所用材料与定子一样，由 0.5mm 厚的硅钢片冲制、叠压而成，硅钢片外圆冲有均匀分布的孔，用来安置转子绕组。通常用定子铁芯冲落后的硅钢片内圆来冲制转子铁芯。一般小型异步电动机的转子铁芯直接压装在转轴上，大、中型异步电动机（转子直径为 300～400mm 以上）的转子铁芯则借助于转子支架压在转轴上，如图 1-5 所示。

（2）转子绕组

作用：切割定子旋转磁场产生感应电动势及电流，并形成电磁转矩而使电动机旋转。

构造：分为鼠笼式转子和绕线式转子。

1）鼠笼式转子：转子绕组由插入转子槽中的多根导条和两个环行的端环组成。若去掉转子铁芯，整个绕组的外形像一个鼠笼，故称为鼠笼式绕组，如图 1-6 所示。

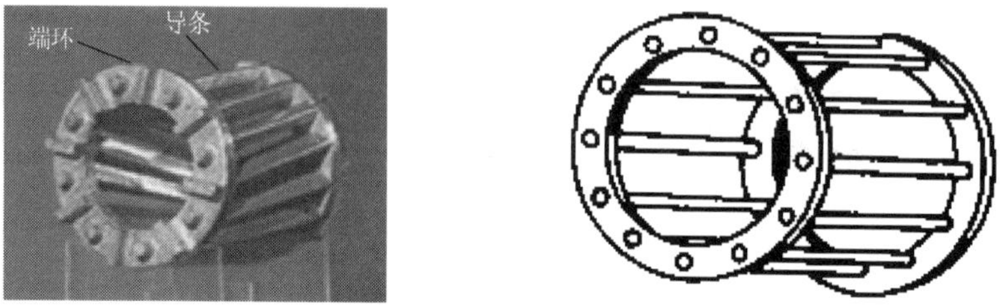


（a）　　（b）

图 1-6　鼠笼式绕组

小型鼠笼式电动机采用铸铝转子绕组，对于 100kW 以上的电动机采用铜条和铜端环焊接而成，如图 1-7 所示。鼠笼式转子分为阻抗式转子、单鼠笼式转子、双鼠笼式转子、深槽式转子几种，启动转矩等特性各有不同。

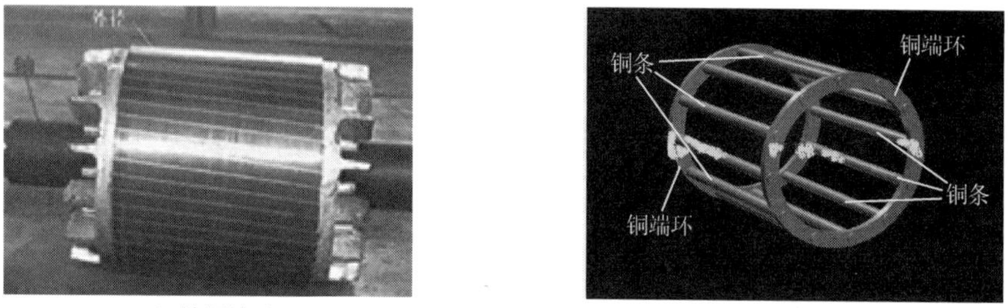


（a）铸铝转子　　（b）铜条转子

图 1-7　鼠笼式转子

2）绕线式转子（见图 1-8）：绕线转子绕组与定子绕组相似，也是一个对称的三相绕组，一般接成星形（Y）连接，三个出线头接到转轴的三个集流环上，再通过电刷与外电路连接。

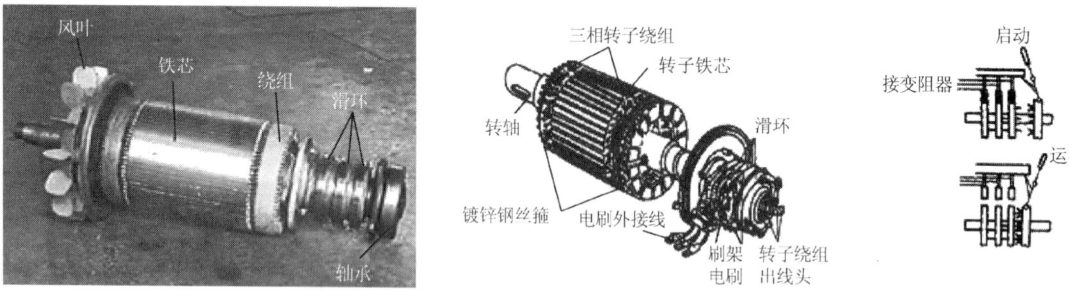


（a）外部结构　　（b）转子结构　　（c）电刷装置

图 1-8　绕线式转子

特点：结构较复杂，应用不如鼠笼式电动机广泛。但通过集流环和电刷可改善启动、制动及调速性能，以及在要求一定范围内进行平滑调速的设备，如吊车、电梯、空气压缩机等。

（3）转轴（图 1-9）

用来支撑转子和传递转矩。一般由中碳钢或合金钢制成，如图 1-9 所示。

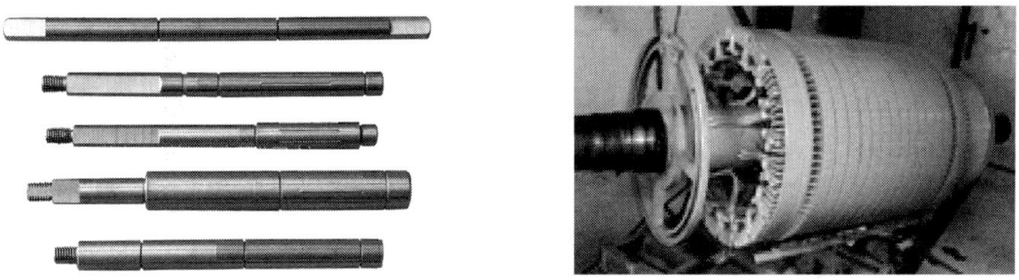

（a）转轴的类型　　（b）转轴的安装

图 1-9　转轴

**思考并讨论**

三相异步电动机的定子和转子各由哪些部件组成？

## 1.1.2　三相异步电动机的基本工作原理

如图 1-10 所示，用一个简单的实验观察三相异步电动机的工作原理。

当摇动磁铁时，鼠笼式转子跟随转动；如果摇把方向发生改变，鼠笼式转子方向也会发生变化。故可得出结论：旋转磁场可以拖动鼠笼式转子转动。

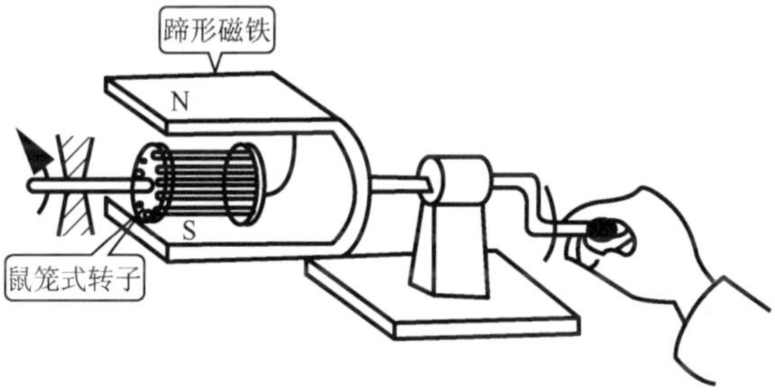


图 1-10　旋转磁场实验

三相异步电动机就是利用三相交流电所产生的旋转磁场与转子绕组中的感应电流相互作用，产生电磁转矩而拖动转子转动的。

### 1. 三相异步电动机的工作原理

（1）旋转磁场产生的原理

以两极电动机即 $2p=2$ 为例说明，如图 1-11 所示。

对称的三相绕组 $U_1/U_2$、$V_1/V_2$、$W_1/W_2$ 假定为集中绕组，三相绕组接成Y形连接，并通以三相对称电流 $i_A$、$i_B$、$i_C$，如图 1-12 和图 1-13 所示。

当 $\omega t=0$ 时，$i_A=0$；$i_B$ 为负值，即 $i_B$ 由末端 $V_2$ 流入，首端 $V_1$ 流出；$i_C$ 为正值，即 $i_C$ 由首端 $W_1$ 流入，末端 $W_2$ 流出。电流流入端用“×”表示，电流流出端用“●”表示。利用右手螺

旋定则可确定在 $\omega t=0$ 瞬间由三相电流所产生的合成磁场方向，如图 1-14 所示。可见合成磁场是一对磁极，磁场方向与纵轴线方向一致，上方是北极（N），下方是南极（S）。

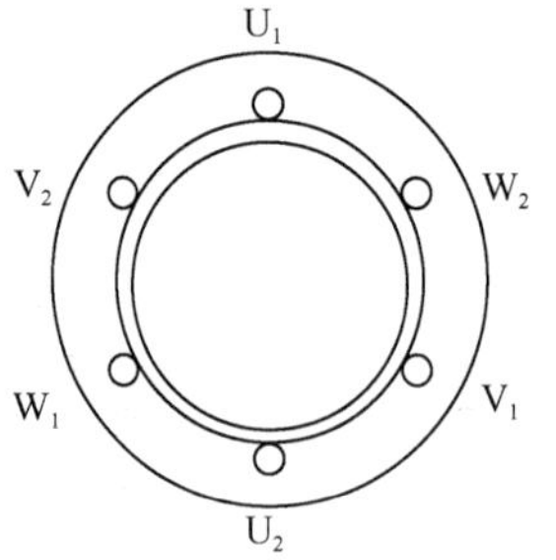


图 1-11 简化的三相绕组分布图

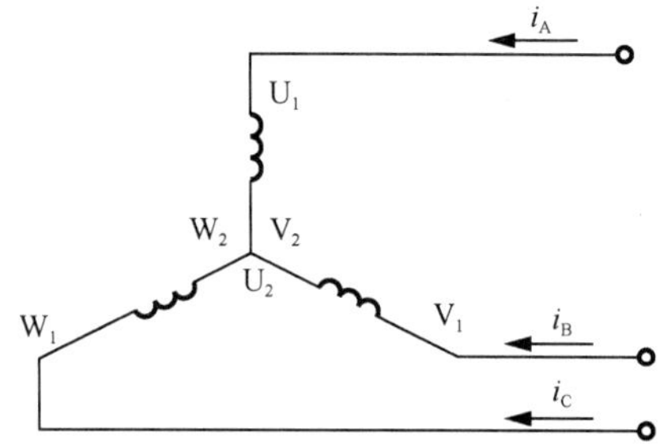


图 1-12 按Y形连接的三相绕组接通三相电源

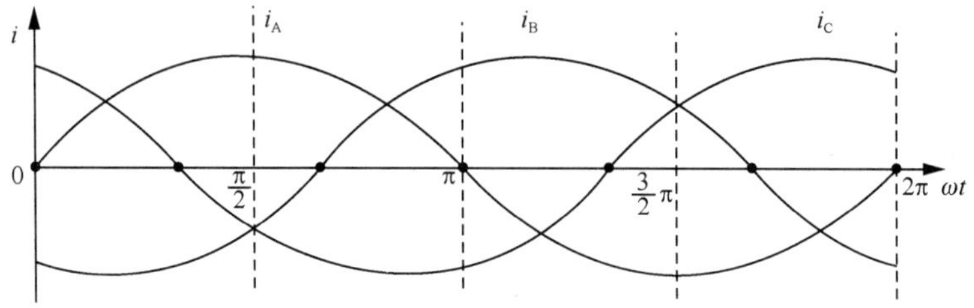


图 1-13 三相对称电流波形图

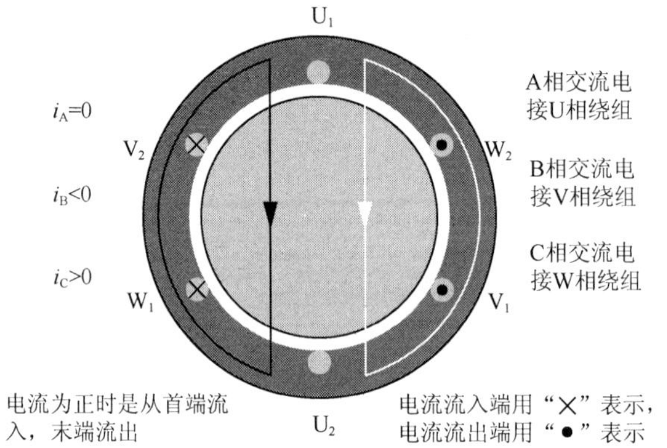


图 1-14 当 $\omega t=0$ 时

当 $\omega t=\pi/2$ 时，$i_A$ 为正最大值，即 $i_A$ 由首端 $U_1$ 流入，末端 $U_2$ 流出；$i_B<0$，即 $i_B$ 由末端 $V_2$ 流入，首端 $V_1$ 流出；$i_C<0$，即 $i_C$ 由 $W_2$ 流入，$W_1$ 流出。其合成磁场方向，如图 1-15 所示。可见合成磁场方向为 $\omega t=0$ 时按顺时针方向转过 90°。

当 $\omega t=\pi$ 时的合成磁场，如图 1-16 所示。

当 $\omega t=3\pi/2$ 时的合成磁场，如图 1-17 所示。

当 $\omega t=2\pi$ 时的合成磁场，如图 1-18 所示。

由此可以看出，磁场的方向逐步按顺时针方向旋转，共转过 360°，即旋转一周。综上所述，在三相交流电动机定子上布置有结构完全相同且在空间位置各相差 120° 的三相绕组，分别通入三相交流电，则在定子与转子的空气间隙所产生的合成磁场是沿定子内圆旋转的，故称为旋转磁场。

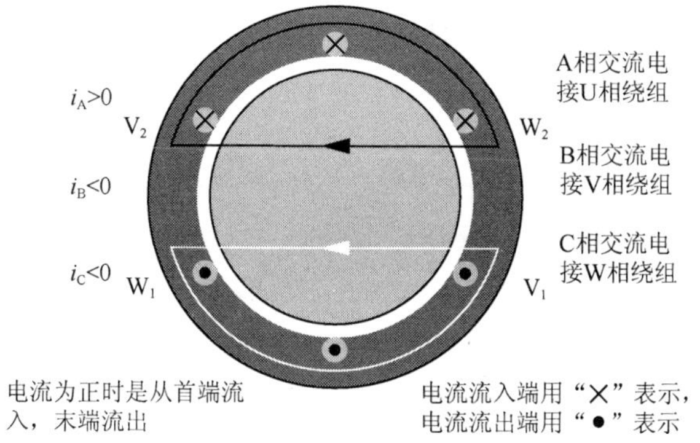


图 1-15　当 $\omega t=\pi/2$ 时

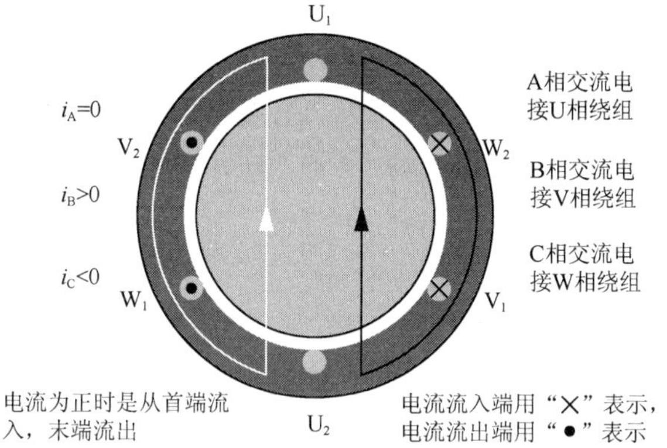


图 1-16　当 $\omega t=\pi$ 时

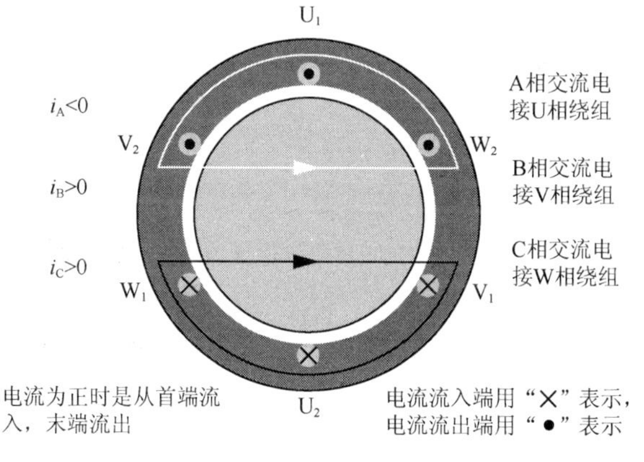


图 1-17　当 $\omega t=3\pi/2$ 时

（2）旋转磁场的旋转方向

旋转磁场的旋转方向决定于通入定子绕组中的三相交流电源的相序。只要任意调换电动机两相绕组所接交流电源的相序，旋转磁场即反转。

（3）旋转磁场的旋转速度

当三相异步电动机定子绕组为 $p$ 对磁极时，旋转磁场的转速为

$$n_1=\frac{60f_1}{p} \tag{1-1}$$

式中 $n_1$——旋转磁场转速（又称为同步转速），r/min；

$f_1$——三相交流电源的频率，Hz；

$p$——磁极对数。

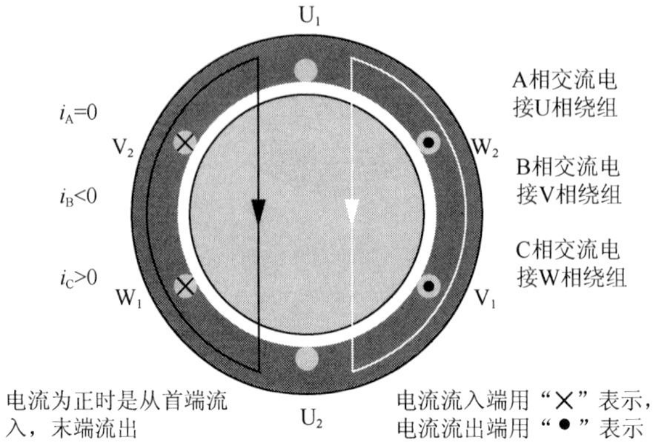


图 1-18　当 $\omega t = 2\pi$ 时

（4）三相异步电动机的工作原理

当三相定子绕组中通入对称的三相交流电时，就产生了一个以同步转速 $n_1$ 沿定子和转子内圆空间作顺时针方向旋转的旋转磁场。由于转子导体开始时是静止的，故转子导体将切割定子旋转磁场而产生感应电动势。而转子导体两端被短路环短接，在感应电动势的作用下，转子导体中将产生与感应电动势方向基本一致的感生电流，进而受到电磁力的作用，对转子轴产生电磁转矩，驱动转子沿着旋转磁场方向旋转。

### 2. 转差率

分析三相异步电动机转子转速 $n$ 和定子旋转磁场转速 $n_1$ 间的关系。

1）当 $n$=0，转子切割旋转磁场的相对转速 $n_1-n=n_1$ 为最大，故转子中的感应电动势和电流最大。

2）当转子转速 $n$ 增加时，则 $n_1-n$ 开始下降，故转子中的感应电动势和电流下降。

3）当 $n=n_1$，则 $n_1-n=0$，此时转子导体不切割定子旋转磁场，转子中就没有感应电动势及电流，也就不产生转矩。

转子转速在一般情况下不可能等于旋转磁场的转速，$n$ 和 $n_1$ 的差异是异步电动机能够产生电磁转矩的必要条件，故异步电动机由此而得名。将同步转速 $n_1$ 与转子转速 $n$ 之差对同步转速 $n_1$ 之比称为转差率，即

$$s=\frac{n_1-n}{n_1} \tag{1-2}$$

**思考并讨论**

1. 三相异步电动机为什么能旋转？
2. 三相异步电动机的转子转速能否等于定子的转速？

## 1.1.3 三相异步电动机的运行分析

### 1. 空载运行

三相异步电动机空载运行时，转速非常接近于同步转速，$n \approx n_1$，$s \approx 0$，可以近似认为转子导体不切割旋转磁场，因而转子导体中的电动势近似为零。则定子每相绕组的感应电动势近似等于定子每相绕组上所施加的电压，即

$$U_1 \approx E_1 = 4.44 f_1 N_1 K_{N_1} \Phi_1 \quad (1\text{-}3)$$

式中 $K_{N_1}$——定子绕组系数。

### 2. 负载运行

三相异步电动机转子带上负载运行后，转子转速降低，转差率增大，导致转子的各个物理量发生变化。

如图 1-19 所示，当 $n_1 > n > 0$ 时，为电动机运行状态；异步电动机绝大多数都是作为电动机运行的。在这个运行状态中，电动机实现机电能量转换的过程中必然会产生各种损耗，因此，应当分析三相异步电动机的工作特性，以考核电动机的性能。

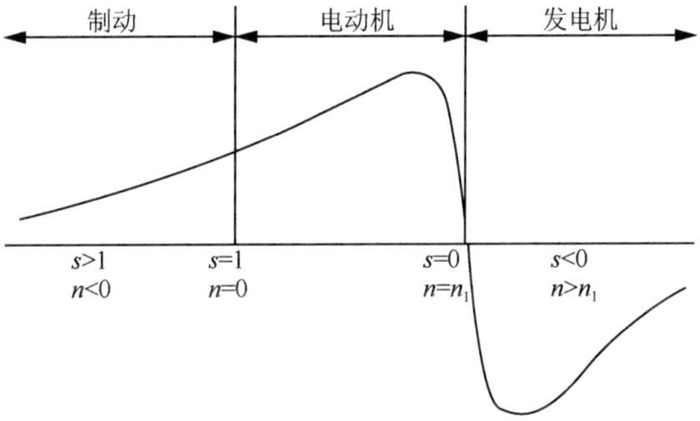


图 1-19 电动机运行状态

### 3. 工作特性

在额定电压和额定频率下，电动机的转速（或转差率）、电磁转矩、定子电流、功率因数、效率与输出功率的关系称为异步电动机的工作特性。

（1）输入功率

输入功率的表达式为

$$P_1 = \sqrt{3}\, U_1 I_1 \cos\phi_1 \quad (1\text{-}4)$$

式中 $U_1$，$I_1$——定子绕组的线电压和线电流，（V），（A）；

$\cos\phi_1$——功率因数。

（2）输出功率

输出功率为输入功率与总损耗之差，即

$$P_2 = P_1 - \sum P \quad (1\text{-}5)$$

式中 $\sum P$——总损耗，为定子、转子铜损耗、铁芯损耗、机械损耗和附加损耗的总和。

（3）负载转矩

负载转矩的表达式为

$$T_2 = 9.55\frac{P_2}{n} = 9.55\frac{P_N}{n_N} \tag{1-6}$$

（4）异步电动机的工作特性

1）转速特性：随着输出功率 $P_2$ 的增大，转速 $n$ 稍有下降。

2）效率特性：随着输出功率 $P_2$ 的增大，效率 $\eta$ 也增加。

3）功率因数特性：随着输出功率 $P_2$ 的增大，功率因数 $\cos\phi_1$ 也增大；接近额定负载时，功率因数最高。

4）定子电流特性：随着输出功率 $P_2$ 的增大，线电流 $I_1$ 也增加。

5）电磁转矩特性：随着输出功率 $P_2$ 的增大，电磁转矩 $T$ 也成正比增加。

**【例 1-1】** 三相异步电动机在额定情况下运行，若电源电压突然下降，而负载转矩不变，试分析下述各量的变化与原因。

①旋转磁场的转速；②主磁通；③转子转速。

**解**：旋转磁场的转速 $n_1 = 60\frac{f_1}{p}$，与电源电压无关，故不变。

因为 $U_1 \approx E_1 = 4.44 f_1 N_1 K_{N_1} \Phi_1$，故主磁通 $\Phi_1$ 减少。

因为电磁转矩 $T \propto U_1^2$，该转矩随着电源电压下降而下降，而电动机轴上负载转矩不变，从而迫使转子的转速 $n$ 下降。

### 4．三相异步电动机的机械特性

（1）三相异步电动机的电磁转矩

从三相异步电动机的工作原理知道，异步电动机的电磁转矩是由于通有电流 $I_2$ 的转子导体在磁场中受到电磁力 $F$ 作用而产生的，因此电磁力转矩的大小与转子电流 $I_2$ 以及旋转磁场的每极磁通 $\Phi$ 成正比。此外由于转子电路不是线性的而是一个交流电路，它不但有电阻，还有漏磁感抗存在，所以转子电流 $I_2$ 与转子感应电动势 $E_2$ 之间有一相位差，用 $\varphi_2$ 表示。于是转子电流 $I_2$ 可分解为有功分量 $I_2\cos\varphi_2$ 和无功分量 $I_2\sin\varphi_2$ 两部分，而只有转子电流的有功分量 $I_2\cos\varphi_2$ 才能与旋转磁场相互作用产生电磁转矩。也就是说，电动机的电磁转矩实际是与转子电流的有功分量 $I_2\cos\varphi_2$ 成正比。综上所述，异步电动机的电磁转矩表达式为：

$$T = K_m \Phi I_2 \cos\phi_2 \tag{1-7}$$

式中 $K_m$——与电动机结构有关的常数；

$\Phi$——旋转磁场每极磁通，(F)；

$I_2$——转子电流，(A)；

$\cos\varphi_2$——转子回路的功率因数。

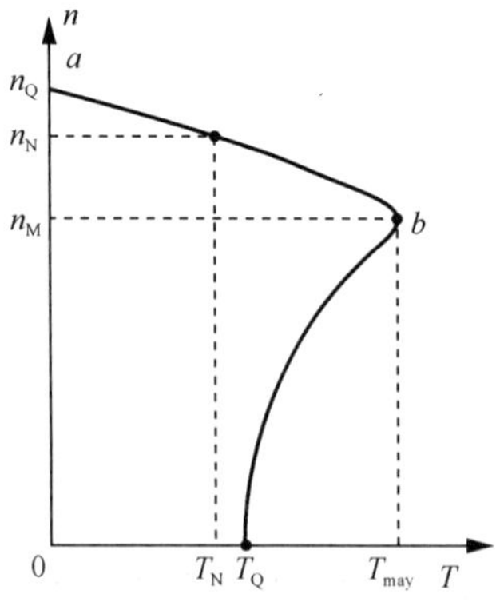

图 1-20 三相异步电动机的固有机械特性

（2）三相异步电动机的机械特性

三相异步电动机在额定电压和额定频率下，用规定的接线方式，定子和转子回路中不串接任何电阻或电抗时，电磁转矩 $T$ 与转子转速 $n$ 之间的变化关系称为固有（自然）机械特性，如图 1-20 所示。

研究机械特性的目的是为了分析电动机的运行性能，从特性曲线上可以看出，其上有四个特殊点可以说明电动机的运行性能，这四个特殊点是：

① $T$=0，$n=n_0$，电动机处于空载工作点，此时电动机的转速为理想空载转速 $n_0$。

② $T=T_N$，$n=n_N$，为电动机的额定工作点。此时额定转矩为

$$T_N=9.55P_N/n_N \tag{1-8}$$

式中 $P_N$——电动机的额定功率，(W)：

$n_N$——电动机的额定转速（r/min），一般 $n_N$=（0.94～0.95）$n_0$；

$T_N$——电动机的额定转矩，（N • m）。

③ $T=T_Q$，$n$ =0，为电动机的启动工作点，此时的转矩称为启动转矩。是衡量电动机运行性能的重要指标之一。因为启动转矩的大小将影响到电动机拖动系统加速度的大小和加速时间长短。如果启动转矩太小，在一定负载下电动机有可能启动不起来。

启动转矩为

$$T_Q=CRU^2/(R^2+X^2) \tag{1-9}$$

式中 $T_Q$——电动机的启动转矩，（N • m）；

$C$——与电动机结构和电源频率有关的一个常数；

$R$——转子每相绕组的电阻，（Ω）；

$U$——电源电压，（V）；

$X$——转子每相绕组的感抗，（Ω）：

可见异步电动机的启动转矩 $T_Q$ 与定子每相绕组上所加电压平方成正比，当施加在定子每相绕组上的电压降低时，启动转矩明显下降。

④ $T=T_{max}$，$n=n_m$，为电动机的临界工作点。此时的转矩称为最大转矩（$T_{max}$），也是表征电动机运行性能的重要参数之一。最大转矩为

$$T_{max}=CU^2/2X \tag{1-10}$$

式中 $T_{max}$——电动机的最大转矩，（N • m）；

$C$——与电动机结构和电源频率有关的一个常数；

$U$——电源电压，（V）。

$X$——转子每相绕组的感抗，（Ω）。

可见最大转矩 $T_{max}$ 的大小与定子每相绕组上所加电压 $U$ 的平方成正比。这说明三相异步电动机对电源电压的波动非常敏感。电源电压过低，会使电动机轴上输出转矩明显降低，甚至小于负载转矩，而造成电动机停转。通常把固有机械特性曲线上的最大电磁转矩与额定转矩之比

$$\lambda_m=T_{max}/T_N \tag{1-11}$$

称为电动机的过载能力系数，它表征了电动机能够承受冲击负载的能力大小，一般机床设备所用的三相异步电动机的 $\lambda_m$=1.8～2.2。

综上所述，电动机的最大转矩 $T_{max}$ 和启动转矩 $T_Q$ 是反映电动机的过载能力和启动性能的两个重要指标，最大转矩和启动转矩越大，则电动机的过载能力越强，启动性能越好。如图 1-20 所示，三相异步电动机的固有机械特性是一条非线性曲线，以最大转矩为分界点，线性段 $ab$ 为稳定运行区，而非线性段为不稳定运行区，一般应使电动机工作在线性稳定区。

**思考并讨论**

1. 什么是三相异步电动机的工作特性?
2. 什么是三相异步电动机的机械特性?

# 1.2　三相异步电动机的选用

## 1.2.1　三相异步电动机的选用指南

选用三相异步电动机的一般要求如下:

1）按现有的电源供电方式及容量选用电动机额定电压及功率。

① 目前，我国供电电网频率为 50Hz，主要常用电压等级有 110V，220V，380V，660V，1000V（1140V），3000V，6000V，10000V。

② 电动机功率选用除了满足拖动机械负载要求外，还应考虑是否具备足够容量的供电网络。

2）电动机具体类型的选择与使用要求、运行地点环境污染情况和气候条件等有关。

3）外壳防护等级的选用直接涉及人身安全和设备可靠运行。应根据电动机使用场合，防止人体接触到电动机内部危险部件，防止固体异物及水进入壳内对电动机造成有害影响。

4）按照配套设备的安装要求选用合适的电动机安装形式。

## 1.2.2　三相异步电动机的铭牌

在选用三相异步电动机时，首先应该读懂该电动机的铭牌，了解相关信息。而铭牌的内容：第一应该确定电动机的型号；第二要明确额定功率、电压、转速、连接方法等常见参数；第三，要弄清楚防护等级、绝缘耐热等级等重要参数，并确保选用的电动机已取得相关的产品认证。正确识读电动机的铭牌，是正确使用电动机的技能起点。

三相异步电动机的铭牌所标明的有关电量和机械量的数值，是电动机生产厂家依据国家的相关标准制定的，称为额定值。

从图 1-21（a）所示的铭牌中，我们可以得到这些信息:

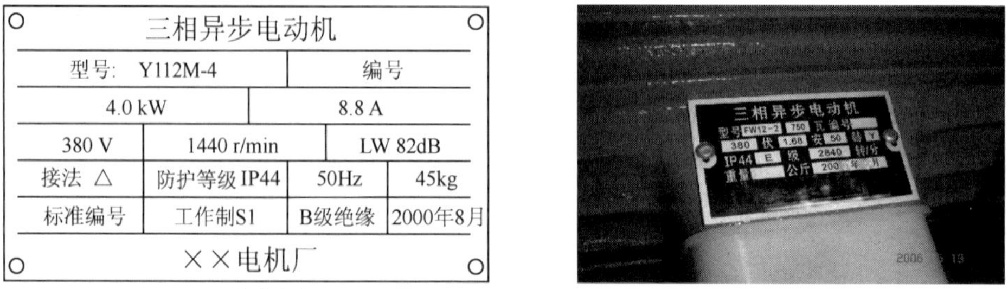


（a）铭牌内容　　（b）铭牌实物

图 1-21　三相异步电动机的铭牌

该电动机的型号为 Y112 M-4，其中 Y 代表 Y 系列的三相异步电动机；112 代表机座中心高 112mm；机座长度代号 M 表明是中机座；4 为磁极数。

4.0kW 说明了电动机轴上输出功率的大小，8.8A 为定子绕组线电流的额定值，380V 指绕组上所加线电压的额定值，1440r/min 为额定负载下的转数。

LW82dB 说明最高运行噪声为 82dB，△说明绕组的接法为三角形连接，防护等级为电动机的防尘防水等级，IP44 表明防止物体大于 1mm 的固体进入电动机以及液体由任何方向泼到外壳没有伤害影响。

50Hz 为频率，45kg 为该电动机的质量。

工作制 S1，说明在恒定负载下的运动时间足以使该电动机达到热稳定。

B 级绝缘，说明电动机绕组所用的绝缘材料在使用时容许的极限温度为 130℃。

该电动机 2000 年 8 月出厂。

而从图 1-21（b）所示的铭牌中，还可以知道：电动机型号为 FW12-2，一般用于纺织机械，E 级绝缘，极限温度为 120℃。

三相异步电动机的铭牌所标明的有关电量和机械量的数值，通常包含下列几种。

### 1．型号

为了适应不同用途和不同工作环境的需要，电动机制成不同的系列，每种系列用各种型号表示。电动机型号由产品代号、规格代号、特殊环境代号、补充代号四部分组成。并按下列顺序排列：[1]-[2]-[3]-[4]

1）[1]为产品代号：包括类型代号、电动机特点代号、设计序号和励磁代号。

在类型代号中，例如，Y{J}表示“交流”/“异”，A 表示“安”全，O 表示封闭型，C{M}表示采煤机用，I 表示装岩机用，Z 为回柱绞车用，T 为通风机用。

在电动机特点代号中，YB 为防爆型异步电动机，如图 1-22（a）所示；YQ 为高启动转距式异步电动机，如图 1-22（b）所示；YR 为绕线式异步电动机，如图 1-22（c）所示；Y2 为改进型的三相异步电动机，如图 1-22（d）所示；YPT 为变频调速式三相异步电动机，如图 1-22（e）所示等。

设计序号表示产品设计顺序，对第一次设计产品，不标设计序号。

产品代号的详细介绍见附录 A。

2）[2]为规格代号：通常包括机座号或机座中心高尺寸、功率、转速或磁极数、电压等级等。例如，电动机型号 Y132S2-2，其中：数字 132 表示机座中心高 132mm；英文字母 S 为机座长度代号（其中机座长度采用国际通用字母表示，S—短机座；M—中机座；L—长机座）；字母 S 后的数字 2 为铁芯长度代号；—后面的 2 表示电动机磁极数为 2，也即是极对数为 1。

（a）防爆型　（b）高启动转矩式　（c）绕线式　（d）改进型　（e）变频调速式

图 1-22　常见的不同型号的三相异步电动机

3）[3]为特殊环境代号："高原"用G，"船海"用H，"户外"用W，化工"防腐"用F，"热带"用T，"湿热带"用TH，"干热带"用TA。如同时适用于一个以上的特殊环境，则按顺序排列。例如，电动机型号为YB160M-4WF，其中：YB表示防爆型异步电动机；160M-4代表中心高160mm、中机座M、4极磁极；W表示户外用；F表示化工防腐用。

4）[4]为补充代号。

### 2．额定数据与额定值

三相异步电动机铭牌上标注有一系列额定数据。在一般情况下，电动机都按其铭牌上标注的条件和额定数据运行，即所谓的额定运行。主要额定数据如下：

1）额定功率 $P$：在额定运行情况下，电动机轴上输出的机械功率称为额定功率，单位为kW。

2）额定电压 $U$：在额定运行情况下，外加于定子绕组上的线电压称为额定电压。

三相输电线各线（火线）间的电压叫线电压，任一相线与中性线（零线）之间的电压称为相电压。

一般规定电动机的工作电压不应高于或低于额定值的5%。当工作电压高于额定值时，绕组发热，定子铁芯过热；当工作电压低于额定值时，引起输出转矩减小，转速下降，电流增加，也使绕组过热，这对电动机的运行也是不利的。

3）绕组的接法：定子三相绕组的"Y—△"接法，与额定电压相对应。

4）额定电流 $I$：电动机在额定电压下，轴端有额定功率输出时，定子绕组的线电流，单位为A。

5）额定转数 $n$：电动机在额定运行时的转速，单位为r/min。

6）额定频率 $f$：我国电力网的频率为50Hz，因此，除外销产品外，国内用的异步电动机的额定频率均为50Hz。

### 3．防护

外壳防护等级的选用直接涉及人身安全和设备可靠运行，应防止人体接触到电动机内部危险部件，防止固体异物进入机壳内，防止水进入壳内对电动机造成有害影响。

IEC IP防护等级是电气设备安全防护的重要指标。IP（Ingress Protection，进入防护）防护等级系统提供了一个以电器设备及其包装的防尘、防水和防碰撞程度来对产品进行分类的方法，这套系统由国际电工协会IEC（International Electro Technical Commission）起草，并在IED529（BS EN 60529：1992）外包装防护等级（IP code）中宣布，并且得到了多数欧洲国家的认可。

电动机外壳防护等级由字母IP加二位特征数字组成：第一位特征数字表明设备抗微尘的范围，或者是人们在密封环境中免受危害的程度，也即表示防固体，最高级别是5；第二位特征数字表示防液体，表明设备防水的程度，最高级别是8。以上特征数字越大，即表示防护等级越高。在实际使用中，一般情况下室内使用的电动机采用IP23的防护等级，在稍微严酷的环境，选择IP44或IP54。在室外使用的电动机最低的防护等级一般为IP54，必须做户外处理。在特殊环境（如腐蚀环境）也必须提高电动机的防护等级，并对电动机的壳体做特殊处理。防护等级的详细介绍见附录B，也可查阅GB/T 4942.1《电动机外壳防护分级》。

### 4. 绝缘与耐热等级

电工产品绝缘的使用期受到多种因素（如温度、电和机械的应力、振动、有害气体、化学物质、潮湿、灰尘和辐照等）的影响，而温度通常是对绝缘材料和绝缘结构老化起支配作用的因素。因此，已有一种实用的、被世界公认的耐热性分级方法，也就是将电气绝缘的耐热性划分为若干耐热等级，各耐热等级及所对应的温度值见表1-1。

表1-1 电动机耐热等级

| 耐热等级 | 温度/℃ | 耐热等级 | 温度/℃ |
|---|---|---|---|
| Y | 90 | H | 180 |
| A | 105 | 200 | 200 |
| E | 120 | 220 | 220 |
| B | 130 | 250 | 250 |
| F | 155 | | |

温度超过250℃，则按间隔25℃相应设置耐热等级。

在电工产品上标明的耐热等级，通常表示该产品在额定负载和规定的其他条件下达到预期使用期时能承受的最高温度。因此，在电工产品中，温度最高处所用绝缘的温度应该低于该产品耐热等级所对应的温度。

由于行业习惯的原因，目前，无论对于绝缘材料、绝缘结构还是电工产品，均笼统地使用“耐热等级”这一术语。但今后的趋势是，对绝缘材料推荐采用“温度指数”和“相对温度指数”这两个术语；对绝缘结构则推荐采用“鉴别标志”这个术语，绝缘结构的“鉴别标志”只和所设计的特定产品发生联系；而对电工产品则保留采用“耐热等级”这个术语。

### 5. 电动机的工作制与电动机定额

（1）电动机的工作制

电动机的工作制的分类是对电动机承受负载情况的说明，包括启动、电制动、空载、断能停转以及这些阶段的持续时间和先后顺序，工作制分以下10类。

1）S1连续工作制：在恒定负载下的运行时间足以达到热稳定。

2）S2短时工作制：在恒定负载下按给定的时间运行，该时间不足以达到热稳定，随之即断、停转的足够时间，使电动机再度冷却到与冷却介质温度之差在2K以内。

3）S3断续周期工作制：按一系列相同的工作周期运行，每一周期包括一段恒定负载运行时间和一段断能停转时间。这种工作制中的每一周期的启动电流不致对温升产生显著影响。

4）S4包括启动的断续周期工作制：按一系列相同的工作周期运行，每一周期包括一段对温升有显著影响的启动时间、一段恒定负载运行时间和一段断能停转时间。

5）S5包括电制动的断续周期工作制：按一系列相同的工作周期运行，每一周期包括一段启动时间、一段恒定负载运行时间、一段快速电制动时间和一段断能停转时间。

6）S6连续周期工作制：按一系列相同的工作周期运行，每一周期包括一段恒定负载运行时间和一段空载运行时间，但无断能停转时间。

7）S7 包括电制动的连续周期工作制：按一系列相同的工作周期运行，每一周期包括一段启动时间、一段恒定负载运行时间和一段快速电制动时间，但无断能停转时间。

8）S8 包括变速、变负载的连续周期工作制：按一系列相同的工作周期运行，每一周期包括一段在预定转速下恒定负载运行时间和一段或几段在不同转速下的其他恒定负载的运行时间，但无断能停转时间。

9）S9 负载和转速非周期性变化工作制：负载和转速在允许的范围内变化的非周期工作制。这种工作制包括经常过载，其值可远远超过满载。

10）S10 离散恒定负载工作制：包括不少于 4 种离散负载值（或等效负载）的工作制，每一种负载的运行时间应足以使电动机达到热稳定，在一个工作周期中的最小负载值可为零。

工作制类型除用 S1～S10 相应的代号作为标志外，还应符合下列规定：对于 S2 工作制，应在代号 S2 后加工作时限，例如，S2-60min ；对于 S3 和 S6 工作制，应在代号后标以负载持续率，例如，S3-25%、S6-40%；对于 S4 和 S5 工作制应在代号后标以负载持续率、电动机的转动惯量和负载的转动惯量；对于 S7 工作制，应在代号后标以电动机的转动惯量和负载的转动惯量；对于 S10 工作制，应在代号后标以相应负载及其持续时间的标称值等。

（2）电动机定额

电动机定额是制造厂对符合规定条件的电动机，在其铭牌上所标定的全部电量和机械量的数值及其持续时间和顺序。定额分为 6 类：连续工作制定额、短时工作制定额、周期工作制定额、非周期工作制定额、离散恒定负载工作制定额和等效负载定额。一般用途的电动机，其定额应为连续工作制定额，并能按 S1 工作制运行。

### 6. 冷却方式

电动机的冷却方式分为风冷和自冷。用 IC416（全封闭，轴向风机冷却）、IC411（全封闭，自带风扇冷却）或 IC410（全封闭表面自冷）等表示。

IC411 是常用的泵后面带一个风扇，自己吹走自己的热量，适用于一般的场所；IC410 是自己冷却的，什么都不带，靠自己散热，所以一般怕过热不宜选用；IC416 的风扇类型和 IC411 不同，如图 1-23 所示。

（a）IC411 电动机

（b）IC416 电动机

图 1-23　两种采用风冷方式的电动机

### 7. 电动机的产品认证（见图 1-24）

我国规定，功率在 1.1kW 以下的电动机属 3C 认证（China Compulsory Certification，中国强制认证），未取得 3C 认证不得擅自出厂、销售。3C 认证是我国强制规定各类产品进出口、出厂、销售和使用必须取得的认证，只有通过认证的产品才能被认为在安全、EMC（Electro Magnetic Compatibility，电磁兼容）、环保等方面符合强制要求。

我国 3C 认证标志后带 EMC 字母的才表示为电磁兼容认证。

（a）3C 认证标志　　（b）EMC 认证标志

图 1-24　产品认证标志

## 1.2.3　三相异步电动机的“Y—△”连接

### 1.“Y—△”连接的接线方法

一般鼠笼式电动机的接线盒中有 6 根引出线，标有 $U_1$、$V_1$、$W_1$（$Z_1$）、$U_2$、$V_2$、$W_2$（$Z_2$）。其中：$U_1/U_2$ 是第一相绕组的两端；$V_1/V_2$ 是第二相绕组的两端；$W_1$（$Z_1$）/$W_2$（$Z_2$）是第三相绕组的两端，如图 1-25 所示。

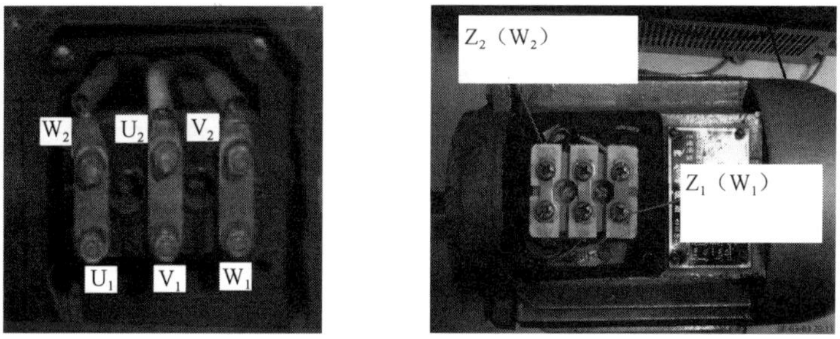


（a）　　（b）

图 1-25　电动机的接线盒

这 6 个引出线端在接电源之前，相互间必须正确连接。连接方法有Y连接和△连接两种，如图 1-26 所示。

在图 1-25 所示的接线盒中，两台电动机都是△连接法；若要转换成Y连接法，只需将 3 片垂直的连接片拔成水平连接即可。

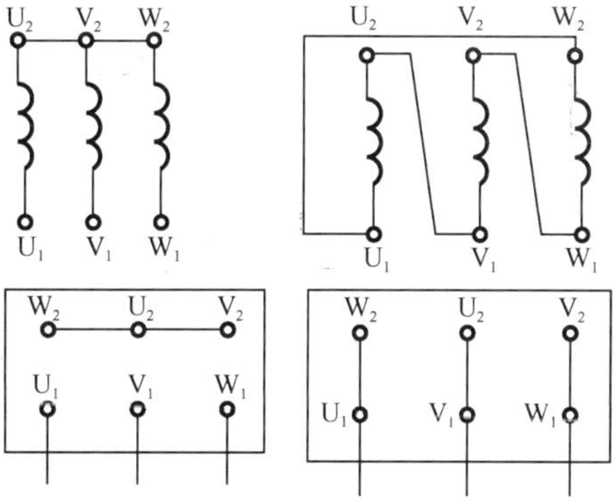


（a）Y连接法　　（b）△连接法

图 1-26　绕组的“Y—△”连接

2. “Y—△”连接的相关计算

（1）△连接

我国生产的Y系列三相异步电动机，其额定功率在 3kW 以上的，额定电压为 380V，绕组为△连接。△连接的线电流等于 $\sqrt{3}$ 倍的相电流，线电压等于相电压。

（2）“Y—△”连接

“Y—△”连接是额定功率在 3kW 及以下、额定电压为 380/220V 的，绕组为“Y—△”的连接。即电源线电压为 380V 时，电动机绕组为Y连接；电源线电压为 220V 时，电动机绕组为△连接。

Y连接时，线电压是相电压的 $\sqrt{3}$ 倍，线电流等于相电流。

**【例 1-2】** 三相异步电动机的定子三相绕组的电阻均为 40Ω，先按Y连接，后按△连接，分别接到线电压为 380V 的电源上，求流经外线的电流？

**解：** Y连接，$I_{线}=I_{相}$；$I_{相}=U_{相}/R$；$U_{线}=\sqrt{3}U_{相}$=380V

$I_{线}=I_{相}$=380÷（1.732×40）=5.5（A）

△连接，$I_{线}=\sqrt{3}I_{相}$；$I_{相}=U_{相}/R$；$U_{相}=U_{线}$

$I_{线}$=1.732×$I_{相}$=1.732×（380÷40）= 16.5（A）

从本例题中可以看出，在相同电压的条件下，同一负载△连接的电流是Y连接的电流的 3 倍。这就是后续章节中讨论三相异步电动机“Y—△”启动的意义，即限制启动电流。

**思考并讨论**

1. 三相异步电动机的铭牌上有哪些常见参数？
2. 什么是 IP 防护等级？该等级是如何标定的？
3. 如何区分我国生产的Y系列电动机的连接方式？
4. 三相异步电动机什么时候采用Y连接，什么时候采用△连接？

# 1.3 三相异步电动机的维护保养

## 1.3.1 使用前的检查

对新安装或放置 3 个月以上的电动机，使用前必须对其安全性能、电气性能和机械性能进行检查。

1）检查绕组绝缘电阻。打开接线盒，用 500V 以上的兆欧表测量绕组与机座之间的绝缘电阻，阻值应大于 5 MΩ；拆开接线端子连接片，测量各绕组间的绝缘电阻，阻值应大于 10 MΩ。如果上述测量过程中，有一项阻值严重偏低，则应拆开电动机查找原因；如无故障点，说明电动机受潮，应进行烘烤驱潮。只有测量电动机绝缘合格后，方能安装使用，如图 1-27 所示。

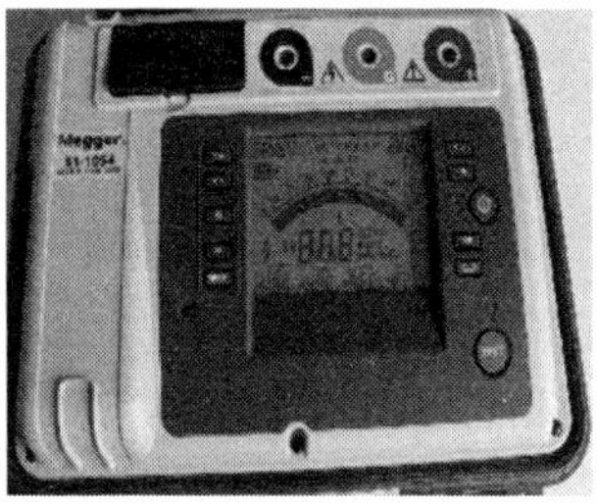

（a）兆欧表

（b）烤箱

图 1-27　兆欧表和烤箱

2）检查电动机安装是否合格。

3）对绕线式转子应检查其集电环上的电刷装置是否能正常工作，电刷压力是否符合要求。

4）检查电动机转动是否灵活，滑动轴承内的油是否达到规定油位。

5）检查电动机所用熔断器的额定电流是否符合要求。

6）检查电动机各紧固螺栓及安装螺栓是否拧紧，联轴器或皮带轮是否安装校正好。

上述各检查全部达到要求后，先用手转动转轴，看转子是否灵活，有无不正常的摩擦、卡阻、窜轴或异常的声响。然后，可启动电动机，电动机启动后空载运行 30min 左右，注意观察电动机是否有异常现象，如发现噪声、振动、发热等不正常情况，应采取措施，待情况消除后，才能投入运行。

### 1.3.2　安装试运行

电动机在安装前，应先检查启动电路、保护电器是否正常；熔断器选用是否合适；各电器接点螺钉是否牢固。如无问题，接通电动机电源空载启动，观察运转方向是否符合设备要求。如方向相反，关闭电源后，把电动机接线板电源进线的任意两根位置互换后再启动；正常后再将电动机带上负载试运行。

1）如通电后，电动机不转或转速过低，有异常声，应立即断电。如果通电时间稍长，则极有可能烧毁电动机绕组，甚至损坏控制电路。

2）这时应仔细检查不能启动的原因，如缺相、卡阻、绕组短路等故障。待排除故障后方能重新试运行。

3）连续启动的次数要控制在 4 次以内，避免让过大的启动电流产生的高温积累，烧毁电动机绕组绝缘。

### 1.3.3　运行中的维护

电动机运转正常与否，可从电动机转速、发出的声响、温度及测量工作电流、电压来进行判断。

1）运行中的电动机如发生漏电，转速突然下降，发生剧烈振动，有异常大的声响，过热冒烟，或电器接点打火冒烟，应立即断电，停机检查。

在平时的巡察中，要经常检查电动机是否有过热现象。可用温度计或数字钳形表中的温度测量功能，来测量电动机表面温度。例如，E 极绝缘电动机允许最高温度为 120℃，在实际运行中，电动机绕组的温度要远高于此最高温度。所以，在测量电动机表面温度时，显示的读数再加上 15～20℃，才是电动机绕组的实际温度。

如果没有温度表，也可用手触摸电动机外壳，凭经验感觉温升是否正常。正常时感觉有热度，但不烫手。如发现烫手，表明电动机已过热（摸前先用试电笔测无漏电方可进行）。对温度过高的电动机，要测量其工作电流，如电流偏大，三相电压正常，说明电动机负载过重，应通知机修人员检查机械设备。如果电动机长时间过流 20%以上，保护装置不动作断电，则说明热继电器整定电流设置过大，应减小整定电流值。

2）观察控制电器接点、电动机接线接点螺钉，有无松动、打火冒烟、绝缘老化等。如果接触器有异常的振动声响，主触点吸合后还在打火，应即时处理。

3）倾听电动机运转时发出的声音，如果有较大的嗡声，不是电流大就是缺相运行。如出现异常的摩擦声，可能是轴承损坏，有扫膛现象；如有轻度异响，可用长杆螺丝刀（见图 1-28），一端抵到电动机轴承部位，一端贴近耳朵，细心分辨发出的声音是否正常，如有异常响声，说明轴承有问题，应及时更换，以免使轴承保持架损坏，造成转子扫膛，烧毁定子绕组。

（a）

（b）

图 1-28 长杆螺丝刀

4）电动机应经常保持清洁，不允许有杂物进入电动机内部；进风口和出风口必须保持畅通。

5）用仪表监视电源电压、频率及电动机的负载电流。电源电压、频率要符合电动机铭牌数据，电动机负载电流不得超过铭牌上的规定值，否则要查明原因并采取措施，不良情况消除后方能继续运行。

6）采取必要手段检测电动机各部位温升。

7）对于绕相型转子电动机，应经常注意电刷与集电环间的接触压力、磨损及火花情况。电动机停转时，应断开定子电路内的开关，然后将电刷提升机构扳到启动位置，断开短路装置。

8）电动机运行后定期维修，一般分小修、大修两种。小修属一般检修，对电动机启动设备及整体不作大的拆卸，约一季度一次，大修要将所有传动装置及电动机的所有零部件都拆卸下来，并将拆卸的零部件做全面的检查及清洗，一般一年一次。

9）检查电动机的完好标准，要求对隔爆性能、螺栓、轴心、风散罩、机壳、接线盒等逐一检查，做到完整无缺，并且做好定期检查项目记录。

## 1.3.4 拆装维护

1）从设备上拆卸电动机时，对装配有特殊要求的部位，应做好标记，并保存好拆下的零件。

2）在拆取转子时一定要注意，勿使转子擦伤定子绕组绝缘。

3）观察电动机轴承有无磨损，润滑油是否变质、干涸。

4）用手握住轴承外圈前后抖动，看其是否松晃过大。转动轴承外圈，观察有无卡阻或异常声响。如正常，可不用拆卸，用煤油或柴油清洗轴承。如果轴承有问题，可用工具拆除轴承（见图 1-29）。

（a）轴承起拔器　（b）液压起拔器　（c）起拔器

图 1-29　拆除轴承用工具

5）按轴承内空间容量 1/2 加润滑脂，转速高的可略少加一点，不可过量添加润滑脂。过量的润滑脂会造成电动机运行轴承过热，变稀的润滑脂顺油封盖流出，被转子内风叶扫在定子绕组上，使绕组绝缘性能下降，造成击穿短路，将电动机绕组烧毁。

## 1.3.5　三相异步电动机的常见故障及排除

### 1. 通电后电动机不能转动，但无异响，也无异味和冒烟

（1）故障原因

1）电源未通（至少两相未通）；

2）熔丝熔断（至少两相熔断）；

3）过流继电器调得过小；

4）控制设备接线错误。

（2）故障排除

1）检查电源回路开关、熔丝、接线盒处是否有断点，然后修复；

2）检查熔丝型号、熔断原因，然后换新熔丝；

3）调节继电器整定值与电动机配合；

4）改正接线。

### 2. 通电后电动机不转，然后熔丝烧断

（1）故障原因

1）缺一相电源，或定子线圈一相反接；

2）定子绕组相间短路；

3）定子绕组接地；

4）定子绕组接线错误；

5）熔丝截面过小；

6）电源线短路或接地。

（2）故障排除

1）检查闸刀是否有一相未合好，使电源回路有一相断线；消除反接故障；

2）查出短路点，予以修复；

3）消除接地，查出误接，予以更正；

4）更换熔丝，消除接地点。

**3．通电后电动机不转，有“嗡嗡”声**

（1）故障原因

1）定、转子绕组有断路（一相断线）或电源一相失电；

2）绕组引出线始末端接错或绕组内部接反；

3）电源回路接点松动，接触电阻大；

4）电动机负载过大或转子卡住；

5）电源电压过低；

6）小型电动机装配太紧或轴承内油脂过硬；

7）轴承卡住。

（2）故障排除

1）查明断点予以修复；

2）检查绕组极性，判断绕组末端是否正确；

3）紧固松动的接线螺钉，用万用表判断各接头是否假接，予以修复；

4）检查并消除机械故障；

5）检查是否把规定的△接法误接为Y接法，是否由于电源导线过细使压降过大，予以纠正；

6）重新装配使之灵活，更换合格油脂，修复轴承。

**4．电动机运行时响声不正常，有异响**

（1）故障原因

1）转子与定子绝缘纸或槽楔相擦；

2）轴承磨损或油脂内有砂粒等异物；

3）定子、转子铁芯松动；

4）轴承缺油脂；

5）风道填塞或风扇擦风罩；

6）电源电压过高或不平衡。

（2）故障排除

1）修剪绝缘部分，削低槽楔；

2）更换轴承或清洗轴承，检修定子、转子铁芯，加油脂；

3）清理风道，消除擦痕，必要时车削内小转子；

4）检查并调整电源电压，消除定子绕组故障。

**5．三相异步电动机维修需要的常用工具及配件**

（1）工具

常用工具及材料有画线板、起拔器、压线板、扁铲、绕线轮、绕线器、绝缘纸、绝缘套管、烙铁、焊锡丝、钳子、螺丝刀、绝缘漆、刷子、烤箱或灯泡、兆欧表、万用表、润滑脂、各类扳手、千分尺等，部分常用工具见图 1-30。

（a）画线板　（b）压线板　（c）扁铲　（d）绕线轮　（e）绕线器

图 1-30　三相异步电动机维修所需要的部分常用工具

（2）配件

常用配件有铜线、风叶、轴承和接线盒等。

**思考并讨论**

1. 拆装电动机时应该注意哪些问题？
2. 三相异步电动机常见的故障和原因有哪些？一般采取什么办法排除？

## 技能训练

### 工作任务单

三相异步电动机的认识与安装。

**1. 专业能力目标**

1）熟悉三相异步电动机的结构及原理；

2）掌握三相异步电动机铭牌参数的意义；

3）能正确选用三相异步电动机；

4）能正确进行三相异步电动机的Y连接和△连接；

5）熟悉三相异步电动机的维护与检修。

**2. 方法能力目标**

具备独立工作能力、自学能力、交流能力、观察能力与表达能力。

**3. 社会能力目标**

具备团结协作能力、计划组织能力、环境维护意识和安全文明生产等职业素养。

### 工作步骤（参考）

本任务工作流程如图 1-31 所示。

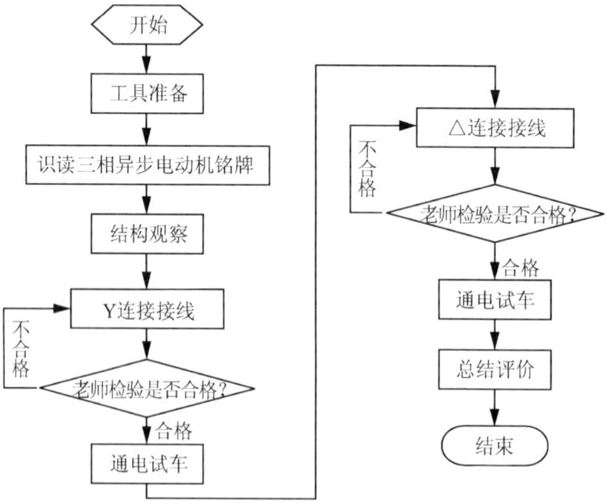


图 1-31 电动机认识与安装工作流程图

## 1. 工具与仪表的选用

工具与仪表清单见表 1-2。

**表 1-2　工具与仪表清单**

| | |
|---|---|
| 工　具 | 尖嘴钳，斜口钳，剥线钳，螺钉旋具，试电笔，电工刀等 |
| 仪　表 | 万用表，兆欧表，钳形电流表等 |

常用的电工仪表外形如图 1-32 所示。

（a）钳形电流表　　（b）兆欧表　　（c）试电笔

图 1-32　常用的电工仪表

## 2. 三相异步电动机的铭牌认识

根据实训提供的电动机实物（见图 1-33），写出其名称及各参数的意义，填入表 1-3 中。

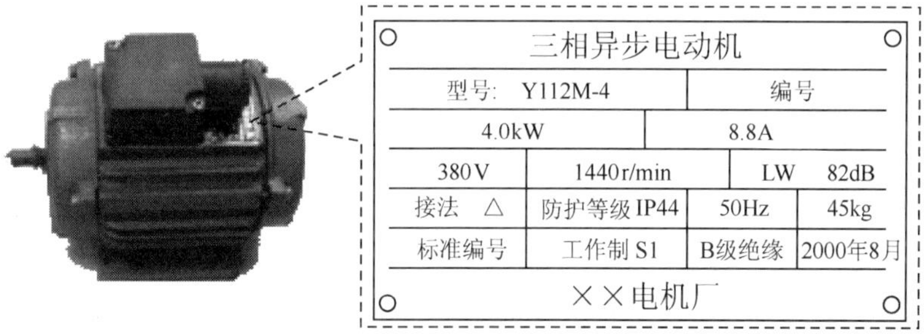


（a）电动机　　（b）铭牌

图 1-33　电动机铭牌

**表 1-3　电动机铭牌的认识**

| 参　数 | 参 数 意 义 |
|---|---|
| Y | Y 系列（普通）的三相异步电动机 |
| 112 | 该电动机的机座中心高 112mm |
| M | 机座长度代号 M 表明是中型机座 |
| 4 | 磁极数为 4，极对数为 2 |
| 4.0kW | 电动机轴上输出功率的大小为 4.0kW |
| 8.8A | 定子绕组线电流的额定值为 8.8A |
| 380V | 绕组上所加线电压的额定值为 380V |
| 1440r/min | 额定负载下的转数为 1440r/min |
| LW 82dB | 最高运行噪声为 82dB |
| △ | 定子绕组的接法为三角形连接 |

（续表）

| 参　数 | 参数意义 |
|---|---|
| IP 44 | 电动机的防尘防水等级为 IP44：表明防止物体大于 1mm 的固体进入电动机，及液体由任何方向泼到外壳没有伤害影响 |
| 50Hz | 电压频率为 50Hz |
| 工作制 S1 | 连续工作制 S1，说明在恒定负载下的运动时间足以使该电动机达到热稳定 |
| B 级绝缘 | 电动机绕组所用的绝缘材料在使用时允许的极限温度为 130℃ |
| 45kg | 45kg 为该电动机的质量 |

注：学生也可根据实际提供的电动机来填写。

### 3. 三相异步电动机的结构观察

打开电动机的外壳，观察其结构，写出其主要零部件的名称，并测量各绕组的电阻值，并填入表 1-4 中。

**表 1-4　电动机的结构及绕组情况**

| 电动机型号 | 主要零部件 | | 绕组电阻值 |
|---|---|---|---|
| | 名　称 | 材　质 | |
| | | | |
| | | | |
| | | | |
| | | | |

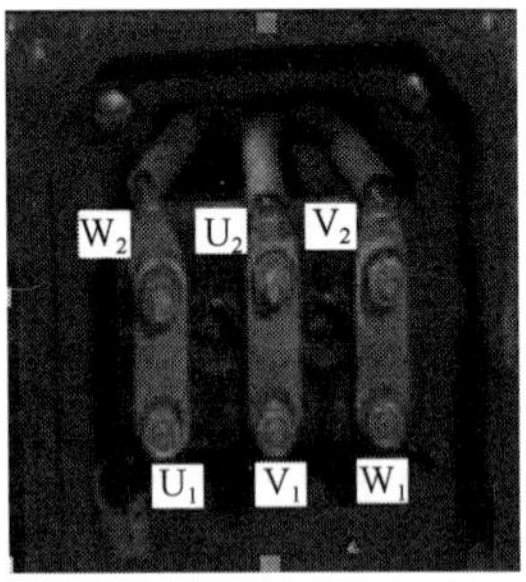


图 1-34　电动机的接线盒

### 4. 三相异步电动机绕组的连接

一般鼠笼式电动机的接线盒中有 6 根引出线，标有 $U_1$、$V_1$、$W_1$（$Z_1$）、$U_2$、$V_2$、$W_2$（$Z_2$）。其中：$U_1/U_2$ 是第一相绕组的两端；$V_1/V_2$ 是第二相绕组的两端；$W_1$（$Z_1$）/$W_2$（$Z_2$）是第三相绕组的两端，如图 1-34 所示。

根据要求分别进行Y连接和△连接，然后通电运行。

（1）Y连接

1）准备好导线，每根导线剥去绝缘层的两端要套上编码套管，编号方法遵循从上到下，自左到右，逐列依次编号，每经过一个电器接线端子编号递增并遵循等电位同编号的原则。

2）先用短接环将电动机接线端子按Y连接的要求连接好（见图 1-35），再将准备好的导线分别接在 $U_1$、$V_1$、$W_1$ 端。导线与接线端子连接时，不得压绝缘层、不反圈，且露铜不宜过长（一般露铜 2mm 为宜）。

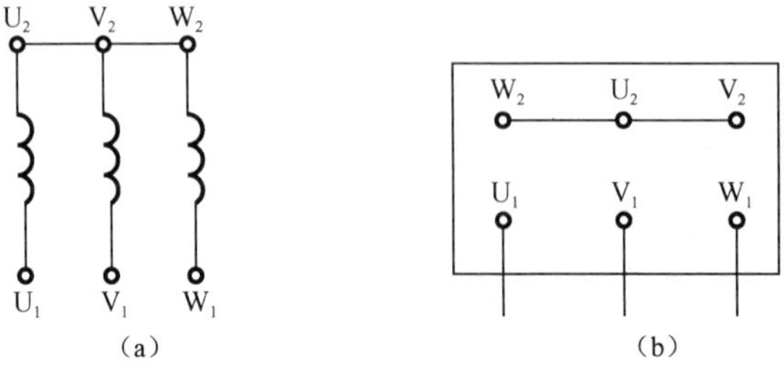


图 1-35　Y连接原理图

3）导线连接完成后，用万用表电阻 100Ω 挡测量电动机各绕组的电阻，一般应为 40Ω 左右。

4）在老师的监护下，接入 380V 电源，观察电动机运行是否正常。若正常，则进行△连接；若不正常，则仔细检查问题所在，直至正常为止。

（2）△连接

1）先用短接环将电动机接线端子按△连接的要求连接好（见图 1-36），再将准备好的导线分别接在 $U_1$、$V_1$、$W_1$ 端。导线与接线端子连接时，不得压绝缘层、不反圈，且露铜不宜过长（一般露铜 2mm 为宜）。

2）导线连接完成后，仔细检查。然后在老师的监护下接入 380V 电源，观察电动机运行是否正常。若不正常，则仔细检查问题所在，直至正常为止。

3）整理好器材和工具。

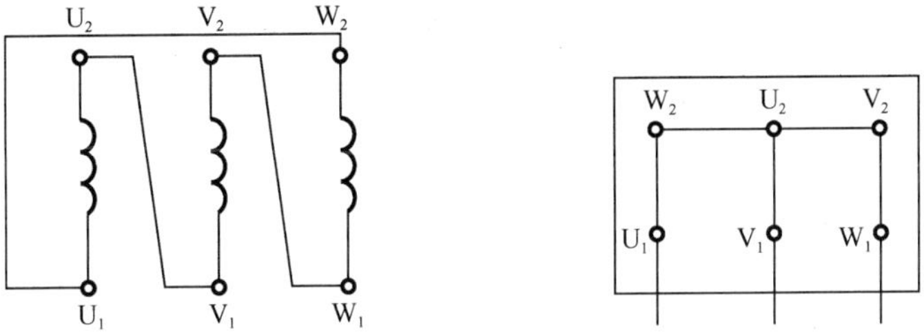


（a） （b）

图 1-36 △连接原理图

**5．后续任务**

整理完成工作单。

## 习题一

1．下列关于三相异步电动机型号“YR160L-4”的说明中，错误的是（ ）。

A．YR—绕线式异步电动机

B．160—机座中心高度为 160mm

C．L—长机座

D．4—磁极对数为 4

2．下列关于异步电动机额定数据的叙述中，错误的是（ ）。

A．在额定运行情况下，电动机轴上输出的机械功率称为额定功率

B．在额定运行情况下，外加于定子绕组上的线电压称为额定电压

C．在额定电压下，定子绕组的线电流称为额定电流

D．在额定运行情况下，电动机的转速称为额定转速

3．根据所给铭牌说明三相异步电动机的机型、规格等。

三相异步电动机

| | | | | | |
|---|---|---|---|---|---|
| 型号 | Y160L--4 | 功率 | 15kW | 频率 | 50Hz |
| 电压 | 380V | 电流 | 30.3A | 接法 | △ |
| 转速 | 1440r/min | 温升 | 80/℃ | 绝缘等级 | B |
| 工作方式 | 连续 | | | 质量 | 45kg |

年　月　日　编号　××电机厂

4．三相电源的线电压为380V，三相异步电机为Y连接，定子绕组的电阻均为50Ω；如果运行过程中，U相导线突然断掉，试计算其余两相的相电流是多少？

5．三相异步电机采用△接法接到线电压为380V的三相电源上，已知负载为10A，则火线中的电流是多少？

6．一台三相异步电机，其产品目录中的技术数据如下：

| $P_N$/kW | $U_N$/V | 满　载　时 | | | | $I_{st}/I_N$ | $T_{st}/T_N$ | $T_{max}/T_N$ |
|---|---|---|---|---|---|---|---|---|
| | | $n_N$/（r/min） | $I_N$/A | $\eta$/×100 | $\cos\phi_N$ | | | |
| 3 | 220/380 | 1430 | 11.18/6.47 | 83.5 | 0.84 | 7.0 | 1.8 | 2.0 |

求：（1）该电动机的同步转速？

（2）满载时的转差率？

（3）满载时的额定转矩？

（4）直接启动时的启动转矩和启动电流？

（5）满载时电动机的输入功率？

# 情 境 二

# 三相异步电动机的单向运行控制

## 情境描述

在工厂的车间里，需要加工零件时，要开动机床；需要通风时，则要打开通风机；需要在一块板料上钻孔时，会启动台钻；需要刃磨刀具时，就会用到砂轮机；需要液压系统工作时，就会启动液压泵运行等。这些设备的正常工作都要用到三相异步电动机的单向运行。

通过本情境的学习和实际操作训练，使学生首先掌握部分常用低压电器的种类与符号、结构与原理、使用与维护，然后掌握对具有三相异步电动机单向运行控制的相关生产机械的电气控制系统进行运行控制与维护技能。

## 学习与训练要求

**技能点：**

1. 正确使用常用的电工工具、电工仪表；
2. 正确识别、标识、选用部分低压电器及相关辅件；
3. 正确识读并绘制三相异步电动机单向运行控制系统的原理图、元件布置图和安装接线图；
4. 安装三相异步电动机的启/停、点/长动控制线路；
5. 分析、排除三相异步电动机的启/停、点/长动控制线路的常见故障。

**知识点：**

1. 低压电器的基础知识；
2. 常用低压电器的结构、工作原理及型号；
3. 电气控制系统图的识读与绘制；
4. 三相异步电动机点动、长动控制原理；
5. 电动机控制线路的安装与检修方法。

相关知识点

# 2.1 三相异步电动机单向运行控制原理

## 2.1.1 低压电器基础知识

凡是对电能的生产、输送、分配和应用能起到切换、控制、调节、检测以及保护等作用的电工器械，均称为电器。低压电器通常是指在交流 1200V 及以下、直流 1500V 及以下的电路中使用的电器。机床电气控制线路中使用的电器多数属于低压电器。

### 1. 低压电器的分类

低压电器种类繁多，按其结构、用途及所控制对象的不同，可以有不同的分类方式。

（1）按用途和控制对象

根据用途和控制对象不同，可将低压电器分为配电电器和控制电器。用于电能的输送和分配的电器称为低压配电电器，这类电器包括刀开关、转换开关、空气断路器和熔断器等。用于各种控制电路和控制系统的电器称为控制电器，这类电器包括接触器、起动器和各种控制继电器等。

（2）按操作方式

根据操作方式不同，可将低压电器分为自动电器和手动电器。

通过电器本身参数变化或外来信号（如电、磁、光、热等）自动完成接通、分断、启动、反向和停止等动作的电器称为自动电器；常用的自动电器有接触器、继电器等。通过人力直接操作来完成接通、分断、启动、反向和停止等动作的电器称为手动电器。常用的手动电器有刀开关、转换开关和主令电器等。

（3）按工作原理

根据工作原理不同，可分为电磁式电器和非电量控制电器。

电磁式电器是依据电磁感应原理来工作的电器，如接触器、各类电磁式继电器等；非电量控制电器的工作是靠外力或某种非电量的变化而动作的电器，如行程开关、速度继电器等。

### 2. 低压电器的作用

目前，低压电器用途包括：控制作用、保护作用、测量作用、调节作用、指示作用、转换作用等。

### 3. 低压电器的基本结构

电磁式低压电器大都有两个主要组成部分，即感测部分（电磁机构）和执行部分（触点系统）。

（1）电磁机构

电磁机构是各种电磁式电器的感测部分，其作用是将电磁能转换成机械能从而带动触点的闭合或分断。电磁机构一般由线圈、铁芯和衔铁三部分组成。根据动作方式的不同分为直动式和转动式（见图 2-1）。

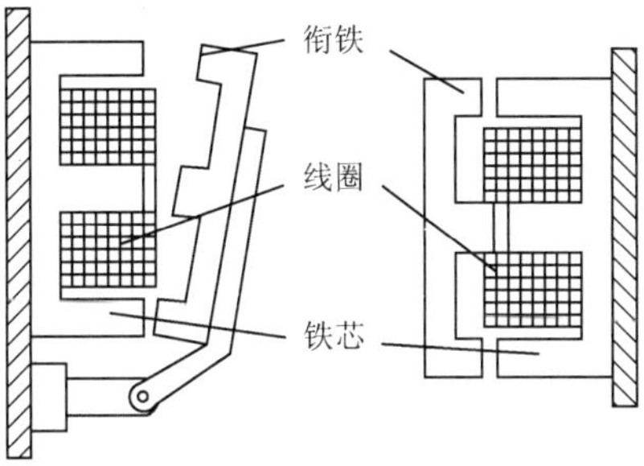


（a）转动式　（b）直动式

图 2-1　电磁机构

电磁机构的工作原理：线圈通以电流后产生磁场，磁通经铁芯、衔铁和工作气隙形成闭合回路，产生的电磁吸力克服复位弹簧的反作用力，将衔铁吸向铁芯；线圈断电后，衔铁在复位弹簧的力作用下恢复原始状态。电磁铁分为直流电磁铁和交流电磁铁。

（2）直流电磁铁和交流电磁铁

电磁铁由励磁线圈、铁芯和衔铁三部分组成。线圈通电后产生磁场，吸合衔铁，使与衔铁相连接的机械装置动作。线圈中通以直流电的称为直流电磁铁，通以交流电的称为交流电磁铁。

直流电磁铁由于通入的是直流电，其铁芯不发热，只有线圈发热，因此，线圈与铁芯接触以利散热，线圈做成无骨架、高而薄的瘦高型，以改善线圈自身散热。铁芯和衔铁由软钢和工程纯铁制成。与直流电磁铁不同，交流电磁铁为减少交变磁场在铁芯中产生的涡流和磁滞损耗，铁芯一般采用硅钢片叠压后铆成，线圈有骨架，呈短粗形以增强散热。此外，交流电磁铁的铁芯上还装有短路环，如图 2-2（a）所示。

线圈中通以交变电流时，因为铁芯中产生的磁通 $\Phi_1$ 也是交变的，因而对衔铁的吸力时大时小，在复位弹簧的反力作用下衔铁有释放的趋势，造成衔铁振动，同时产生噪声。装上短路环之后，交变磁通 $\Phi_1$ 的一部分穿过短路环，在环中产生感应电流，进而产生磁通，这部分磁通与原来环中的磁通合成为磁通 $\Phi_2$，$\Phi_1$ 与 $\Phi_2$ 相位不同，即不同时为零，如图 2-2（b）所示。这样就使得线圈的电流和铁芯磁通 $\Phi_1$ 为零时，环中磁通不为零，仍然能将衔铁吸住，从而消除了振动和噪声。

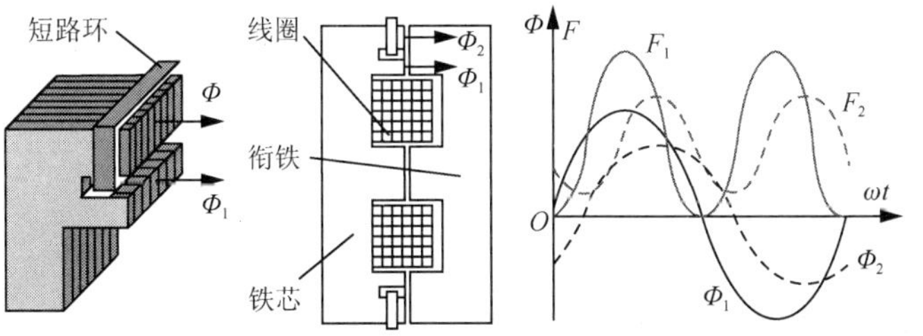


（a）结构图　（b）电磁吸力图

图 2-2　电磁铁

交流电磁铁在线圈通电、吸引衔铁动作的过程中，随着气隙 $x$ 的减少，磁阻减小，线圈内自感电势和感抗增大，因此电流逐渐减小，与此同时，气隙漏磁通减小，主磁通增加，其吸力将逐步增大，最后将达到 1.5～2 倍的初始吸力 $F_N$。$I=f(x)$、$F=f(x)$ 的特性如图 2-3 所示。由此可知，使用交流电磁铁时，必须注意使衔铁不要被卡住，否则由于气隙 $x_N$ 较大，将导致长时间的大电流通过线圈，使线圈严重发热甚至烧毁。

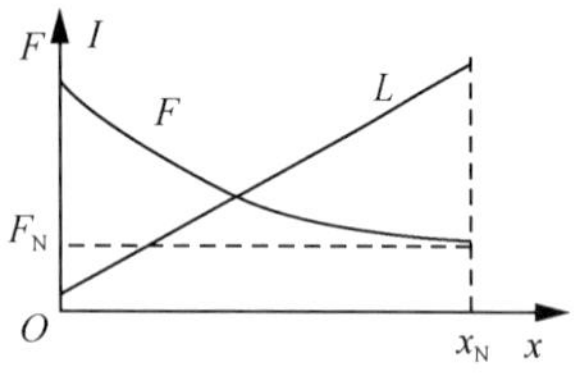


图 2-3 电流、吸力特性曲线

（3）触点系统

触点是电器的执行部分，起接通和分断电路的作用。触点主要有两种结构形式：桥式触点和指式触点，如图 2-4 所示。

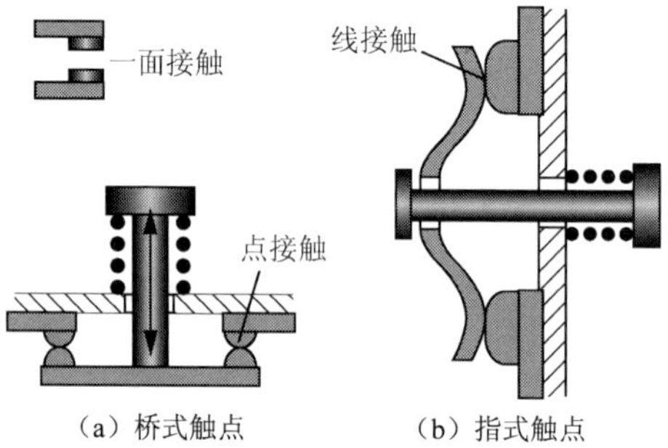


图 2-4 触点系统

（4）灭弧装置

在大气中分断电路时，电场的存在使触点表面的大量电子溢出从而产生电弧。电弧一经产生，就会产生大量热能。电弧的存在既烧蚀触点金属表面，降低电器的使用寿命，又延长了电路的分断时间，所以必须迅速把电弧熄灭。

灭弧方式有电动力灭弧、栅片灭弧、纵缝灭弧和磁吹灭弧等。其中：10A 以下的小容量交流电器常用电动力灭弧，容量较大的交流电器常采用栅片灭弧，直流电器广泛采用磁吹灭弧，纵缝灭弧则对交、直流电器皆可。

1）电动力灭弧。

如图 2-5（a）所示，触点断开时产生电弧的同时，会产生如图 2-5（a）所示的磁场（右手螺旋定则），此时电弧相当于载流体，根据左手定则，磁场对电弧作用以图示的电动力将电弧拉断，从而起到灭弧作用。

2）栅片灭弧。

图 2-5（b）为栅片灭弧原理，栅片由表面镀铜的薄钢板制成，嵌装在灭弧罩内，彼此绝缘。当触点分开时，所产生的电弧在电动力的作用下被拉入一组栅片中，电弧进入栅片后被分割成数段：一方面栅片间的电压不足以维持电弧或重新起弧；另一方面栅片有散热冷却作用，因此，电弧会迅速熄灭。

3）纵缝灭弧。

图 2-6（a）为纵缝灭弧的原理，依靠磁场产生的电动力将电弧拉入用耐弧材料制成的狭缝中，加快散热冷却，从而达到灭弧的目的。

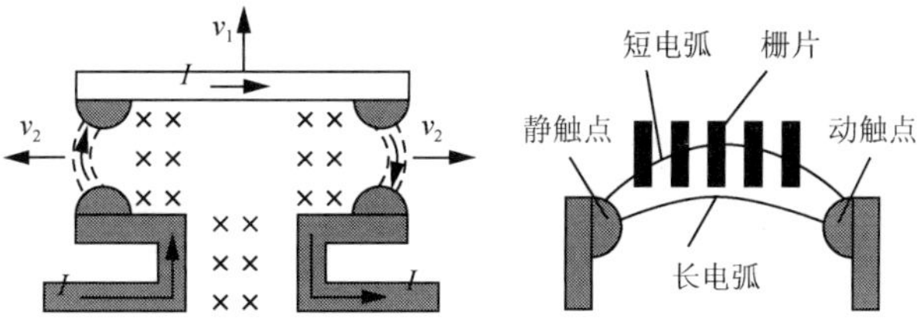


（a）电动力灭弧　　（b）栅片灭弧

图 2-5　电动力灭弧装置

4）磁吹灭弧。

磁吹灭弧装置如图 2-6（b）所示。触点回路（主回路）中串接有吹弧线圈（较粗的几匝导线，其间穿以铁芯增加导磁性），通电后会产生较大的磁通。触点分断的瞬间产生的电弧就是载流体，它在磁通的作用下产生电磁力 $F$ 将电弧拉长并冷却，从而灭弧。由于电磁电流越大，吹弧的能力越大，且磁吹力的方向与电流方向无关，故一般应用于直流接触器中。

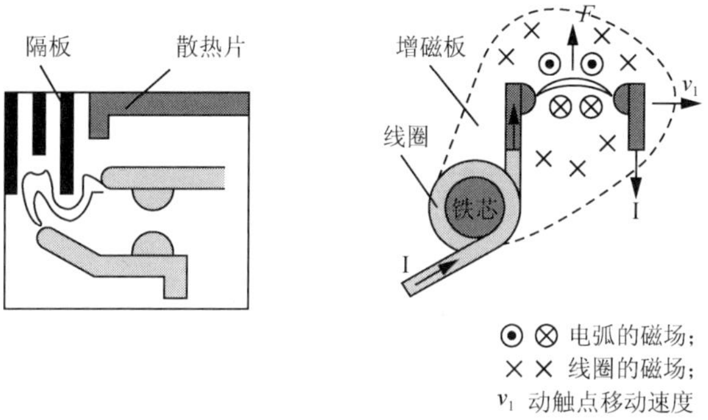


（a）纵缝灭弧　　（b）磁吹灭弧

图 2-6　纵缝及磁吹灭弧装置

**思考并讨论**

1. 什么叫低压电器？简述低压电器的基本结构。
2. 什么是电弧？电弧是如何产生的？为何在电器上要设置灭弧装置？

## 2.1.2　常用低压电器（1）

低压电器的种类有很多，本书将按照每个任务的需要，分别介绍相关的低压电器。

在电动机的单向运行控制电路中常用的低压电器有控制按钮、刀开关、熔断器、交流接触器、热继电器、低压断路器等。

### 1．控制按钮

控制按钮是机床电气设备中常用的一类手动电器。由于这类电器主要用来下达电气控制的“命令”，以控制其他电器的动作，所以，又称为主令电器。其外形和结构如图 2-7 所示。

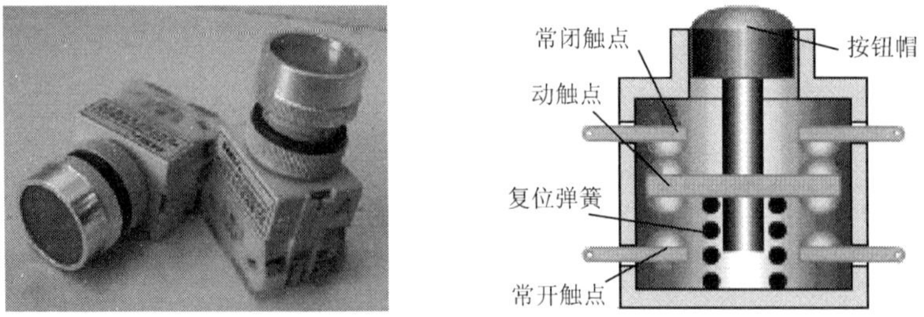


（a）外形　　（b）结构

图 2-7　按钮外形和结构

动作原理：按下按钮帽，人力克服弹簧反力，使动触桥带动动触点向下移动，常闭触点断开而常开触点闭合。当手离开按钮帽，人力消失，在复位弹簧的作用下，动触桥带动动触点返回原来位置，则常开触点断开，常闭触点恢复闭合。

控制按钮的型号含义和电气符号如图 2-8 所示。

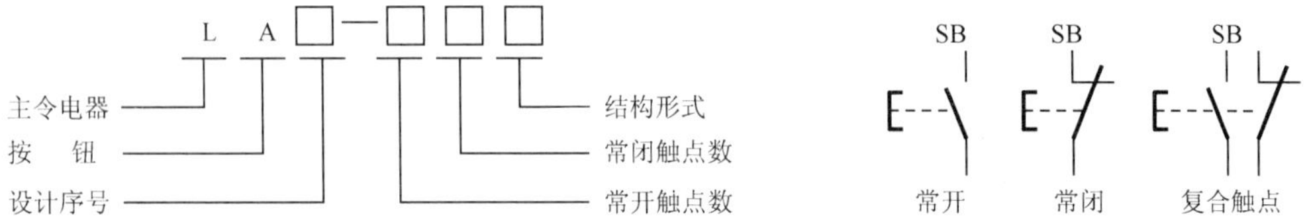


结构形式：K—开启；J—紧急；H—保护；Y—钥匙；X—旋钮；D—指示灯

（a）型号含义　　（b）电气符号

图 2-8　按钮的型号含义和电气符号

按钮的主要技术指标有规格、结构形式、触点对数和颜色等，通常选用的规格为交流额定电压 500V，允许持续电流 5A。常用的按钮型号有 LA10、LA20、LA18、LA19、LA25 等，在机床上常用 LA10 系列。

按钮必须有金属防护挡圈，且挡圈必须高于按钮帽，这样可防止意外触动按钮帽时产生误动作。由于安装按钮的按钮板或按钮盒必须是金属的，所以，按钮的外壳必须与机械设备的接地线相连。

**小提示**

为了便于识别各按钮的作用，避免误操作，通常在按钮帽上做出不同标记或涂上不同的颜色。例如，蘑菇形表示急停按钮，一般“红色”用于急停或停止按钮；“黄色”用于干预按钮；“绿色”用于启动或接通按钮。

### 2. 刀开关

刀开关是一种手动电器，在低压电路中用于不频繁地接通和分断电路，或用于隔离电源，故又称为隔离开关。

（1）刀开关的结构

根据极数刀开关可分为单极、双极和三极三种，是手动电器中构造最简单的开关，如

图 2-9 所示。当推动手柄后，刀极便紧紧插入静刀夹中，电路即被接通。

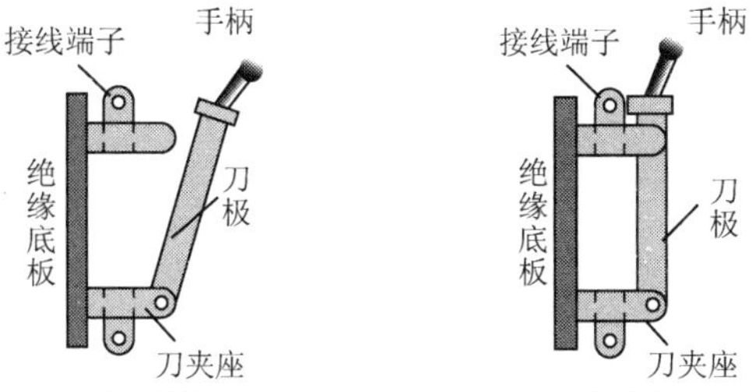


（a）开闸　　（b）合闸

图 2-9　刀开关的结构

刀开关触点分断速度慢，主要用做小容量电流下的电源开关。若用刀开关切断较大电流的电路或电感性负载（电动机）时，在刀极和刀夹座分开的瞬间，两者的间隙处会产生强烈的电弧。为了防止刀极和静刀夹的接触部分被电弧烧坏，大电流的刀开关多装有速断刀刃或采用耐弧触点，有的还带有灭弧罩。

刀开关的外形如图 2-10 所示。

（a）　（b）　（c）

图 2-10　刀开关外形

刀开关的额定电压一般为交流 500V、直流 440V 以下，额定电流有 10A，15A，20A，30A，60A，100A，200A，400A，600A，1000A 及 1500A 等。

（2）常用刀开关

目前，常用刀开关有以下一些系列：

1）HD、HS 系列板用刀开关；

2）HK 系列开启式负载开关；

3）HH 系列封闭式负载开关。

**小提示**

在机床电气控制中常用 HK、HH 两种系列，一般用于照明电路和小容量的电动机控制。HH 系列还常用于配电装置的电源开关。刀开关都不宜用于频繁操作。

刀开关的型号含义和电气符号如图 2-11 所示。

刀开关的选择原则：对于普通负载，可根据额定电流来选择刀开关；而对于电动机等感性负载，开关的额定电流可选为电动机额定电流的 3 倍左右。

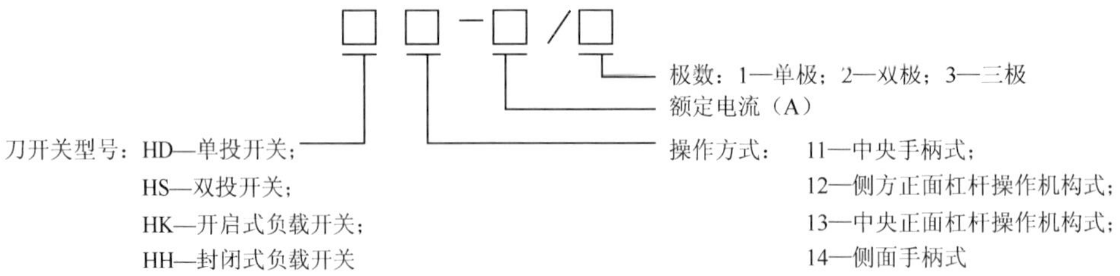


（a）型号含义

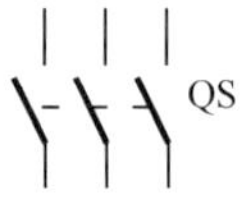


（b）电气符号

图 2-11　刀开关的型号含义和电气符号

常用的刀开关有胶盖和铁壳两种外壳，通常都带有熔断器以起短路保护作用，如图 2-12 所示。

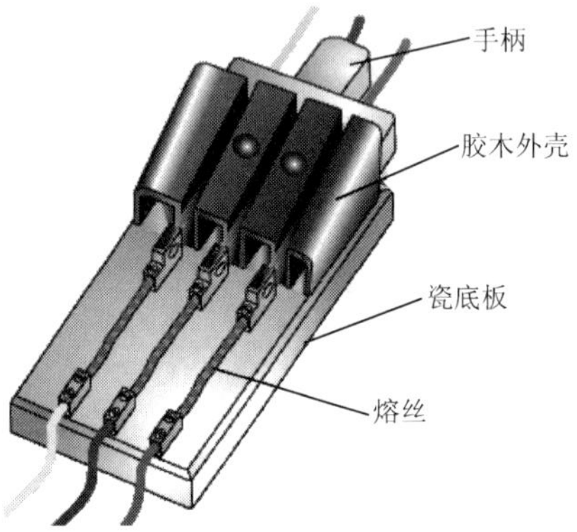


图 2-12　带熔丝的刀开关

**小提示**

使用刀开关的注意事项：

1）电源进线应接在静触点一侧的进线端，用电设备应接在动触点一侧的出线端。这样当开关断开时，闸刀和熔丝均不带电，以保证更换熔丝时的安全。

2）在合闸状态下，刀开关的手柄应该向上，不能倒装或平装，以防止闸刀松动落下时误合闸。

3）拉闸与合闸操作要迅速，一次拉合到位。

### 3．组合开关

组合开关与刀开关不同，其操作是左右旋转的平面操作，所以又称为转换开关。组合开关有单极、双极、多极之分，额定电流有 10A，15A，20A，40A，60A 等几个等级。

组合开关由装在同一根方形转轴上的单个或多个单极旋转开关叠装在一起组成，所以，组合开关实际上是一个多触点、多位置、可控制多个回路的开关电器，外形如图 2-13 所示。

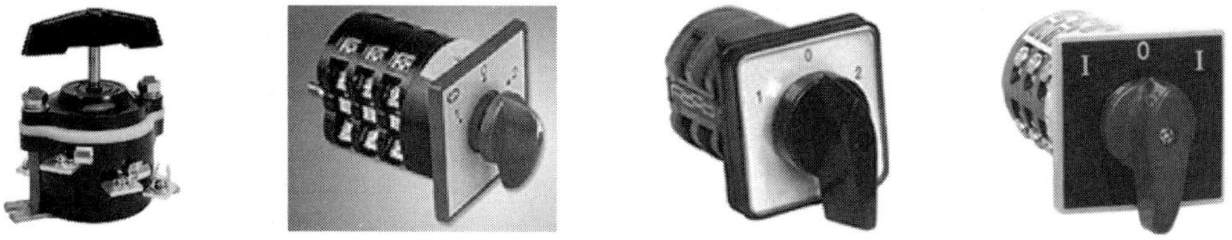

（a）　（b）　（c）　（d）

图 2-13　组合开关外形

普通类型的组合开关，各极是同时接通或同时分断的。在机床控制电路中，这种组合开关主要作为电源引入开关，有时也用来启动那些不经常启/停的小型电动机（不大于 5kW），如小型砂轮机、冷却泵电动机或小型通风机等。

组合开关也可以做成在一个操作位置上，使总极数中的一部分接通、一部分断开的结构，即交替通断的类型。还可做成类似双投开关的电路结构，即两位转换类型。这两类组合开关可作为控制小型鼠笼式感应电动机的正、反转，“Y—△”启动或多速电动机的换速之用。

组合开关在电气原理图中的画法及电气符号，如图 2-14 所示。

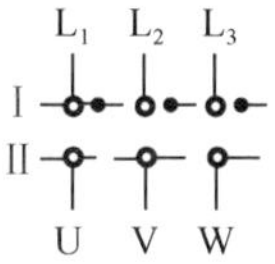


（a）原理图

| 触点＼位置 | I | II |
| --- | --- | --- |
| $L_1$ − U | + | − |
| $L_2$ − V | + | − |
| $L_3$ − W | + | − |

（b）通断状态表

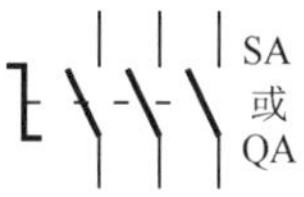


（c）电气符号

图 2-14　组合开关的表示

图 2-14（a）中虚线（I、II 处）表示操作位置，若在其相应触点旁涂黑点，即表示该触点在该操作位置是接通的，没有黑点则表示断开状态。另一种方法是用图 2-14（b）所示的通断状态表来表示通断状态，以“+”或“×”表示触点闭合，以“−”或无记号表示分断。图 2-14（c）是一般电气符号图形表示。

组合开关的型号含义如图 2-15 所示。

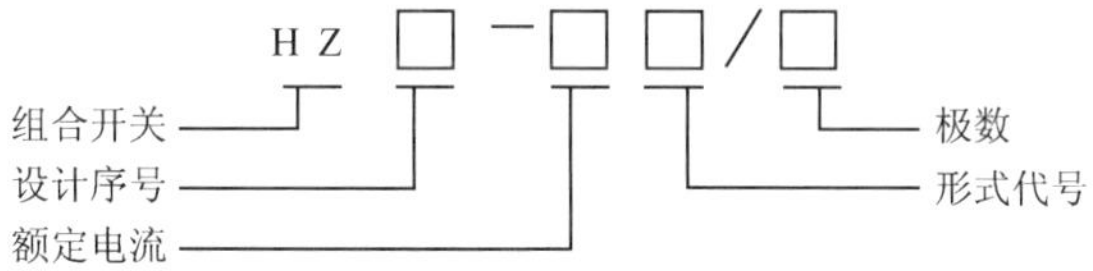


图 2-15　组合开关的型号含义

HZ 系列组合开关有 HZ1、HZ2、HZ3、HZ4、HZ5 以及 HZ10 等系列产品。其中 HZ10 系列为全国统一设计产品，在机床电气控制中应用较广。

**小提示**

选用组合开关应根据电源种类、电源等级、所需触点数、接线方式和负载容量进行选用。开关的额定电流一般为 $I=(1.5\sim2.5)I_e$（$I_e$ 为电动机额定电流）。

4．熔断器

熔断器是一种结构简单、使用方便、价格低廉、控制有效的短路保护电器。

（1）结构和工作原理

熔断器主要由熔丝（俗称保险丝）和安装熔丝的熔管（或熔座）组成。熔丝与被保护的电路串联，当电路正常工作时，熔丝允许通过一定大小的电流而不熔断。当电路发生短路或严重过载时，熔丝中流过很大的电流，当电流产生的热量使熔丝温度升高达到熔点时，熔丝熔断并切断电路，从而达到保护电器的目的。

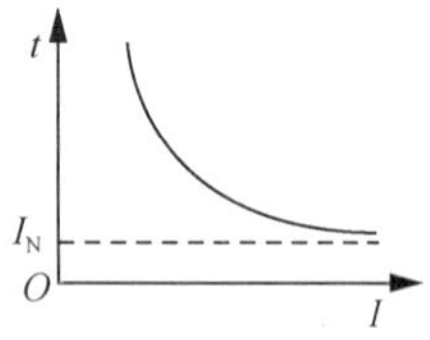

图 2-16 熔断器的安秒特性

熔丝允许长期通过 1.2 倍额定电流。但当电路发生短路及严重过载时，熔丝中产生的热量与通过电流的平方及通过电流的时间成正比，即通过电流越大，熔丝熔断的时间就越短。这一特性称为熔断器的保护特性，又称为安秒特性，如图 2-16 所示。

（2）熔断器的分类

熔断器的类型很多，按结构形式可分为插入式熔断器、螺旋式熔断器、封闭管式熔断器、快速熔断器和自复式熔断器等，机床电气回路中常用的是 $RL_1$ 系列（螺旋式熔断器）和 $RC_1$ 系列（瓷插式熔断器）。

熔断器的外形如图 2-17 所示。

（a）螺旋式熔断器　（b）圆筒形帽熔断器　（c）螺栓连接熔断器

图 2-17 熔断器的外形

熔断器的型号含义和电气符号如图 2-18 所示。

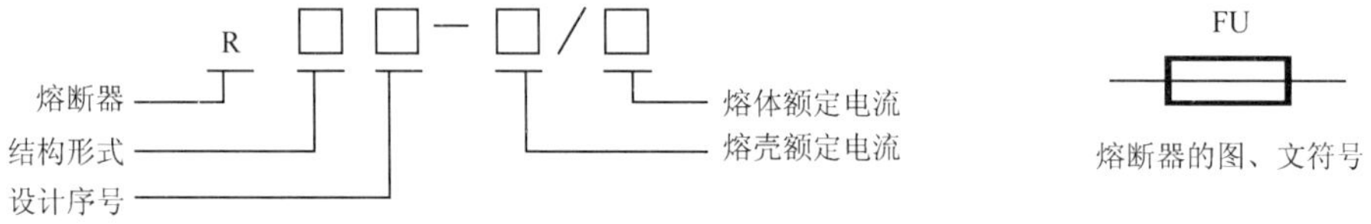

（a）型号含义　（b）电气符号

图 2-18 熔断器的型号含义和电气符号

结构形式代号：C 为插入式，L 为螺旋式，M 为无填料封闭式，T 为有填料封闭式；S 为快速式。

（3）熔断器的选择

选择原则：电路正常工作时，熔丝不应熔断；出现短路或严重过载时，熔丝应熔断。

选择步骤：根据保护任务的性质确定熔断器型号，根据负载电流选择熔丝额定电流 $I_{FN}$，再选择熔断器额定电流 $I_{FUN}$。

选择熔断器时，主要考虑以下几个主要技术参数。

1）熔丝额定电流 $I_{FN}$。是指熔丝长期通电而不会熔断的最大电流，根据经验为

$$I_{FN}=(1.5\sim2.5)I_{MN}$$

式中，$I_{MN}$ 为电动机额定电流（工程上一般取 $I_{MN}$ 为电动机额定功率的 2 倍）；系数（1.5～2.5）是考虑电动机启动电流的影响，电动机容量小、空载或轻载启动时，系数取小，否则取大些。

2）熔断器额定电流 $I_{FUN}$。是熔断器长期工作所允许的由温升决定的电流值，要求

$$I_{FUN}\geqslant I_{FN}$$

3）极限分断能力。极限分断能力是指熔断器所能分断的最大短路电流值。它取决于熔断器的灭弧能力，与熔丝的额定电流大小无关。一般有填料的熔断器分断能力较大，可大至数十到数百千安。较重要的负载或距离变压器较近时，应选用分断能力较人的熔断器。

**小提示**

在机床电气控制的实际应用中，常选用 $RL_1$ 系列螺旋式熔断器。安装螺旋式熔断器时，应将电源进线接在瓷座的下接线端上，出线接在螺纹壳的上接线端上。

### 5．接触器

接触器是一种控制电器，主要用于远距离较频繁地接通和分断交、直流电路。常用于控制电动机、电焊机、电热设备、电容器组等设备的交流电源。并具有欠压保护功能。

按主触点通过电流的种类，接触器可分为交流接触器和直流接触器两大类。机床电气控制中交流接触器应用更广一些。

（1）交流接触器的结构

交流接触器常用于远距离接通或断开电压至 1140V、电流至 630A 的交流电路，以及频繁控制交流电动机。如图 2-19 所示，接触器一般由电磁系统、触点系统、灭弧装置、弹簧和支架底座等部分组成。

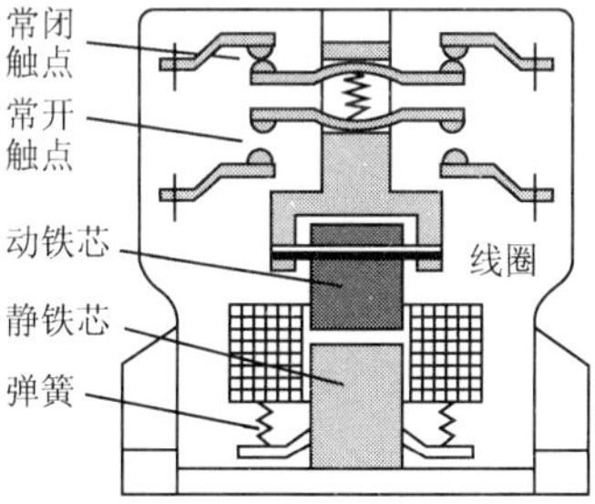


（a）线圈断电时状态

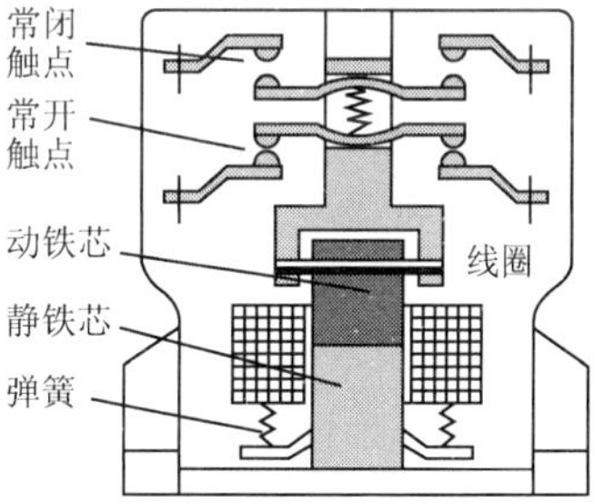


（b）线圈通电时状态

图 2-19 交流接触器的结构

1）电磁系统。交流接触器的电磁系统采用交流电磁机构，当线圈通电后，衔铁在电磁吸力的作用下，克服复位弹簧的反力与铁芯吸合，带动触点动作，从而接通或断开相应电路。线圈断电后，衔铁及触点恢复常态。

2）触点系统。根据用途的不同，接触器的触点可分为主触点和辅助触点。主触点用来通

断电流较大的主电路，一般由三对动合触点组成；辅助触点用来通断小电流的控制电路，由成对的动合、动断触点组成。

3）灭弧装置。接触器通常用于通断大电流，因此，有效地灭弧是十分重要的。交流接触器通常采用电动力灭弧和栅片灭弧。

4）其他部分。包括复位弹簧、缓冲弹簧、触点压力弹簧、传动机构、接线柱和外壳等。

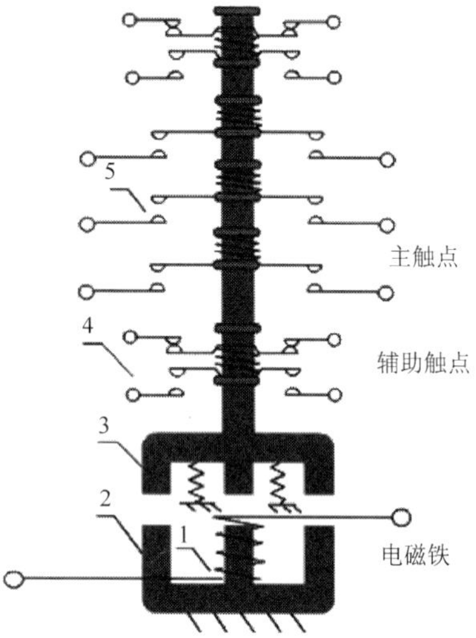

图 2-20 交流接触器的原理结构图
1-线圈；2-铁芯；3-衔铁；4、5-触点机构

（2）交流接触器的工作原理

如图 2-20 所示，当接触器线圈 1 通电后，在铁芯 2 中产生磁通及电磁吸力。此电磁吸力克服弹簧反力使得衔铁 3 吸合，带动触点机构 4 和 5 动作，常闭触点打开，常开触点闭合，互锁或接通线路。当线圈失电或线圈两端电压显著降低时，电磁吸力小于弹簧反力，使得衔铁释放，触点机构复位，断开线路或解除互锁。

（3）接触器的主要技术参数及型号

1）接触器的主要技术参数。

① 额定电压：长期工作主触点能够承受的电压；

② 额定电流：长期工作主触点允许通过的电流；

③ 吸引线圈额定电压：吸引线圈正常工作的电压；

④ 额定操作频率（次/h）：接触器每小时允许的操作次数，一般为 600 次/h。

2）常用的交流接触器产品。

国内有 CJ10X、CJ12、CJ20、CJX1、CJX2、NC3（CJ46）等系列；引进国外技术生产的有 B 系列，3TB、3TD、LC-D 等系列，外形如图 2-21 所示。

（a） （b） （c）

图 2-21 接触器外形

接触器的型号含义及电气符号，如图 2-22 所示。

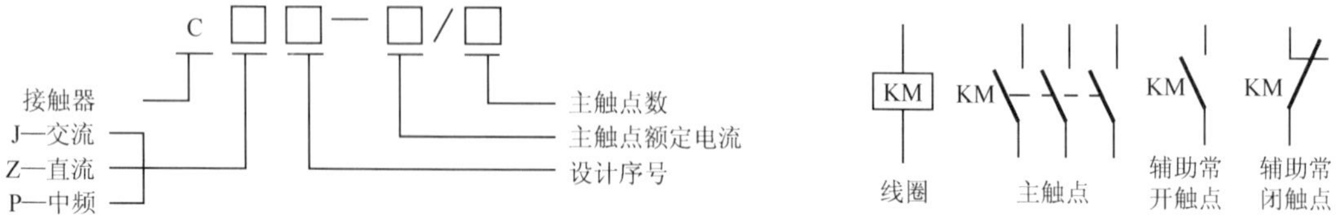

（a）型号含义 （b）电气符号

图 2-22 接触器的型号含义及电气符号

（4）交流接触器的选用

交流接触器的选择主要考虑主触点的额定电流、额定电压，线圈电压等。主触点的额定电压 $U_e$ 应大于等于满足负载额定工作电压 $U_{ea}$，主触点的额定电流可根据下面的经验公式进行选择，即

$$I_e \geqslant \frac{P_{ed} \times 10^3}{KU_{ed}}$$

式中 $I_e$——接触器主触点额定电流，（A）；

$K$——比例系数，一般取 1～1.4；

$P_{ed}$——被控电动机额定功率，（kW）；

$U_{ed}$——被控电动机额定线电压，（V）。

为保证安全，一般接触器吸引线圈选择较低的电压。但如果在控制线路比较简单的情况下，为了省去变压器，可选用 380V 电压。值得注意的是，接触器产品系列是按使用类别设计的，所以要根据接触器负担的工作任务来选用相应的产品系列，交流接触器使用类别有 AC-0～AC-4 五大类。

① AC-0 类：用于感性负载或阻性负载，接通和分断的电压和电流与额定电压、额定电流相当。

② AC-1 类：用于启动和运转中断开绕线转子电动机，在额定电压下，接通和分断电流量为额定电流的 2.5 倍。

③ AC-2 类：用于启动、反接制动、频繁通断绕线型电动机。在额定电压下，通断电流量为额定电流的 2.5 倍。

④ AC-3 类：用于启动和运转中断开笼型异步电动机。在额定电压下接通电流量为额定电流的 6 倍，在 0.17 倍额定电压下分断额定电流。

⑤ AC-4 类：用于启动、反接制动、频繁通断笼型异步电动机。额定电压下通断电流量为额定电流的 6 倍。

**小提示**

选择交流接触器时，主触点的额定电压大于或等于负载回路的额定电压。如果接触器作电动机一般的启/停控制时，主触点的额定电流应大于或等于电动机的额定电流；若接触器用于反接制动或操作频率超过 600 次/h，其主触点额定电流应提高 1～2 个等级或采用重任务型的接触器。

（5）直流接触器

直流接触器主要用来远距离接通或断开电压至 440V、电流至 630A 的直流电路，其组成部分和工作原理与交流接触器基本相同，只是采用了直流电磁机构（为了保证铁芯的可靠释放，常在磁路中夹有非磁性垫片以减小剩磁的影响）。目前，常用的直流接触器型号有 CZ0、CZ18 等系列。

直流接触器常用纵缝和磁吹装置灭弧。

由于直流接触器的线圈通以直流电，所以，没有冲击的启动电流，也不会产生铁芯猛烈撞击的现象，因而它的寿命长，更适用于频繁启动、制动的场合。

### 6．继电器

继电器是根据一定的信号（如电流、电压、时间和速度等物理量）的变化来接通或分断小电流电路和电器的自动控制电器。

（1）电磁式继电器的结构及工作原理

1）结构及工作原理。

继电器一般由三个基本部分组成：检测机构、中间机构和执行机构。

低压控制系统中的控制继电器大部分为电磁式结构。图 2-23 为电磁式继电器的典型结构示意图。电磁式继电器由电磁机构和触点系统两个主要部分组成。电磁机构由线圈 5、铁芯 1、衔铁 4 组成。触点系统由于其触点都接在控制电路中，且电流小，故不装设灭弧装置。它的触点一般为桥式触点，有动合和动断两种形式。另外，为了实现继电器动作参数的改变，继电器一般还有调节弹簧 3。

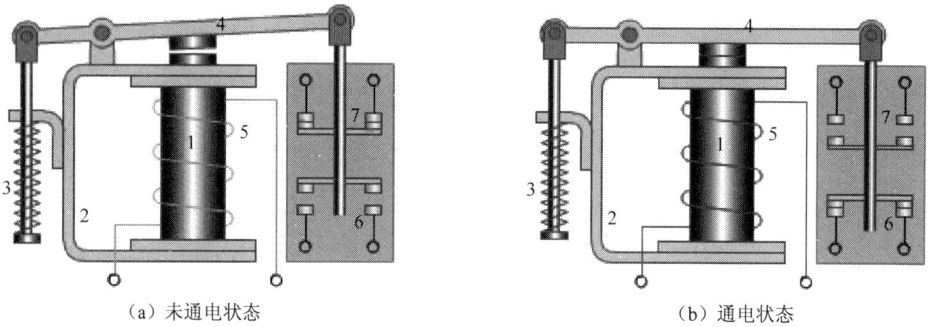


图 2-23　电磁式继电器的结构

1-铁芯；2-磁轭；3-调节弹簧；4-衔铁；5-线圈；6-动合（常开）触点；7-动断（常闭）触点

当通过线圈 5 的电流超过某一定值时，电磁吸力大于反作用弹簧力，衔铁 4 吸合并带动绝缘支架动作，使动断触点 7 断开，动合触点 6 闭合。通过调节弹簧 3 来调节反作用力的大小，即调节继电器的动作参数值。

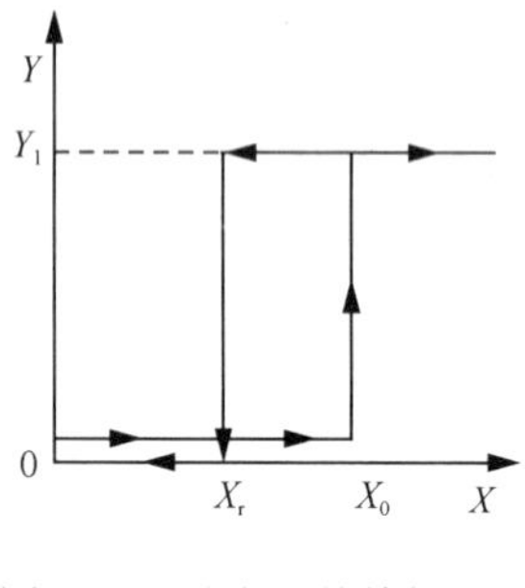


图 2-24　继电器的特性曲线

2）继电特性。

继电器的主要特性是输入/输出特性，又称为继电特性，继电器特性曲线如图 2-24 所示。当继电器输入量 $X$ 由零增至 $X_0$ 以前，继电器输出量 $Y$ 为零。当输入量 $X$ 增加到 $X_0$ 时，继电器吸合，输出量为 $Y_1$；若 $X$ 继续增大，$Y$ 保持不变。当 $X$ 减小到 $X_r$ 时，继电器释放，输出量由 $Y_1$ 变为零，若 $X$ 继续减小，$Y$ 值均为零。

（2）电流继电器

电流继电器主要用于过载及短路保护。使用时将电流继电器的线圈串联接入主电路，其线圈匝数少、导线粗、阻抗小，用来感测主电路的电流，触点接于控制电路，为执行元件。

电流继电器反映的是电流信号，常用的电流继电器有欠电流继电器和过电流继电器两种。

欠电流继电器用于欠电流保护，在电路正常工作时，欠电流继电器的衔铁是吸合的，其动合触点（常开触点）闭合，动断触点（常闭触点）断开。只有当电流降低到某一整定值时，衔铁释放，控制电路失电，从而控制接触器及时分断电路。

过电流继电器在电路正常工作时不动作，整定范围通常为额定电流的 1.1～3.5 倍。当被保护线路的电流高于额定值，并达到过电流继电器的整定值时，衔铁吸合，触点机构动作，控制电路失电，从而控制接触器及时分断电路，对电路起过流保护作用。两种电流继电器的外形如图 2-25 所示。

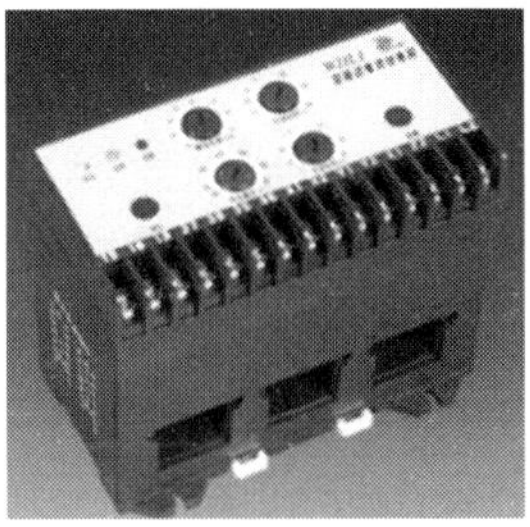

（a）过流继电器

（b）欠流继电器

图 2-25 电流继电器的外形

（3）电压继电器

电压继电器反映的是电压信号。它的线圈并联在被测电路的两端，所以匝数多、导线细、阻抗大。电压继电器用于电力拖动系统的电压保护和控制。其线圈并联接入主电路，感测主电路的电压；触点接于控制电路，为执行元件。按吸合电压的大小，电压继电器可分为过电压继电器和欠电压继电器。

过电压继电器用于线路的过电压保护，当被保护的电路电压正常时衔铁不动作，当被保护电路的电压高于额定值，达到过电压继电器的整定值时，衔铁吸合，触点机构动作，控制电路失电，控制接触器及时分断被保护电路。

欠电压继电器用于电路的欠电压保护，其释放整定值为电路额定电压的 0.1～0.6 倍。当被保护电路电压正常时衔铁可靠吸合，当被保护电路电压降至欠电压继电器的释放整定值时衔铁释放；触点机构复位，控制接触器及时分断被保护电路。

（4）中间继电器

中间继电器实质上是一种电压继电器。它的特点是触点数目较多，电流容量可增大，主要起中间放大（触点数目和电流容量）的作用，故得名为中间继电器。其外形如图 2-26 所示。

图 2-26 中间继电器外形图

继电器的型号含义和电气符号如图 2-27 所示。

继电器根据功能的不同，还有热继电器、时间继电器、速度继电器等，它们将在后面的相关任务中介绍到。

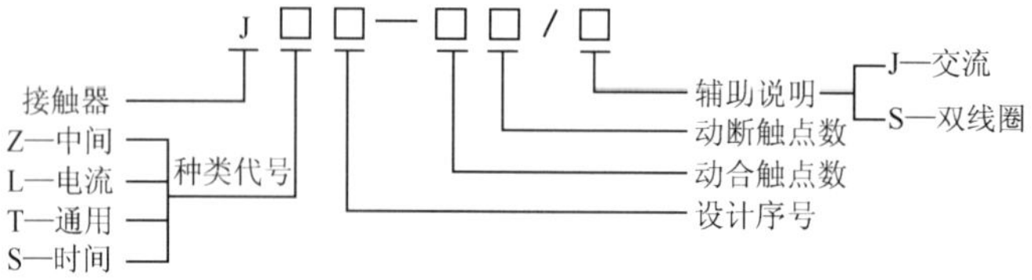


（a）型号含义

（b）电气符号

图 2-27　继电器的型号含义和电气符号

**小提示**

上述几种继电器是根据电压、电流等电量参数来进行工作的，所以称为电磁式继电器。除此之外，还有根据温度、压力、时间、速度等非电量参数来工作的继电器，比如热继电器、时间继电器、速度继电器、压力继电器等，它们将在后面的相关任务中介绍到。

### 7．低压断路器

低压断路器又称为自动空气开关、自动空气断路器。其功能是刀开关、熔断器、热继电器、欠电压继电器的组合，常用做低压（550V 以下）配电的总电源开关，具有同时对电动机进行短路、过流、欠压、失压保护的作用。

（1）低压断路器的结构

低压断路器主要由触点、灭弧装置、操作机构和保护装置等组成。断路器的保护装置由各种脱扣器来实现。断路器的脱扣器形式有：欠压脱扣器、过电流脱扣器、分励脱扣器等，其结构如图 2-28 所示。

（2）低压断路器工作原理

如图 2-29 所示，断路器的主触点靠操作机构手动或电动合闸，并由自动脱扣机构将主触点锁定在合闸位置。当电路发生短路或严重过载时，过流脱扣线圈 11 吸合衔铁 7；当电路长时间过载时，加热电阻丝 12 加热双金属片 10 使其向上弯曲；当电路失压或欠压时，失压脱扣线圈 13 吸力不足，衔铁 8 在弹簧力作用下向上运动；三者都会导致搭钩向上转动，主触点在弹簧 3 的作用下断开电路。按钮 14 和分励线圈 15、衔铁 9、弹簧 6 构成远程分断控制。

断路器的型号含义和电气符号如图 2-30 所示。

（3）低压断路器的分类

1）低压断路器的分类方式很多，按结构形式分为 DW15、DW16、CW 系列万能式（又称为框架式）和 DZ5 系列、DZ15 系列、DZ20 系列、DZ25 系列塑壳式断路器。

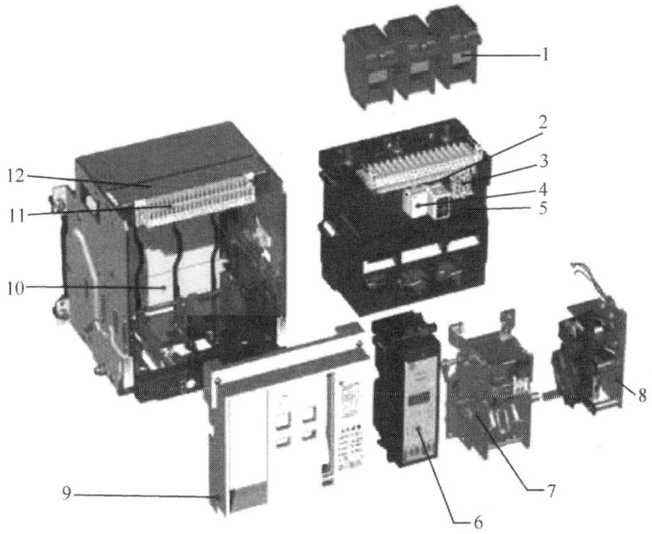


图 2-28 低压断路器的结构

1-灭弧室；2-分励脱扣器；3-辅助触点；4-欠压脱扣器；5-合闸电磁铁；6-智能控制器；7-操作机构；8-电动操作机构；9-面板；10-安全隔板；11-二次回路接线端子；12-抽屉座

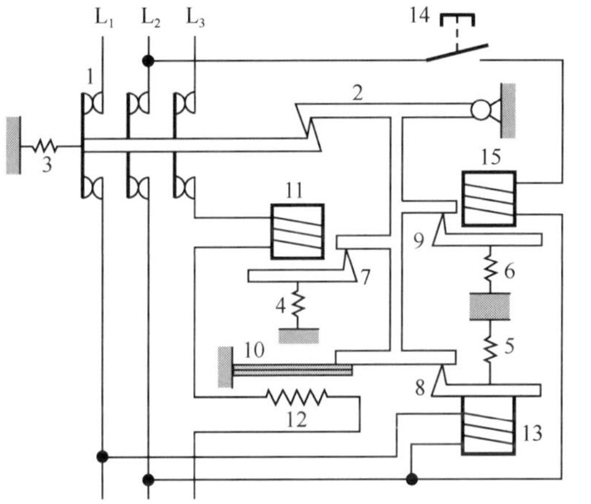


图 2-29 低压断路器的工作原理

1-触点；2-搭钩；3、4、5、6-弹簧；7、8、9-衔铁；10-双金属片；11-过流脱扣线圈；12-加热电阻丝；13-失压脱扣线圈；14-按钮；15-分励线圈

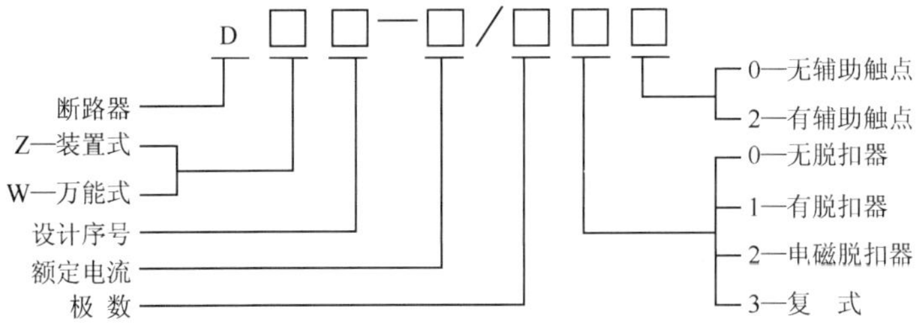


（a）型号含义

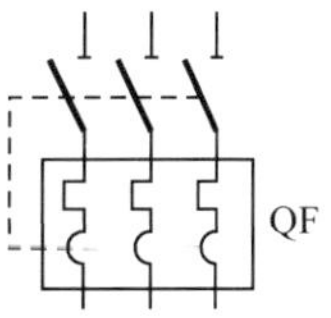


（b）电气符号

图 2-30 低压断路器的型号含义和电气符号

2）按灭弧介质分为空气式和真空式（目前国产多为空气式）。

3）按操作方式分为手动操作、电动操作和弹簧储能机械操作。

4）按极数分为单极式、二极式、三极式和四极式；按安装方式分有固定式、插入式、抽屉式和嵌入式等。低压断路器容量范围很大，最小为 4A，而最大可达 5000A。

常用的断路器型号有 DW10 系列（万能式）和 DZ10 系列（装置式），其产品外形如图 2-31 和图 2-32 所示。选用时其额定电压、额定电流应不小于电路正常工作的电压和电流，热脱扣器和过流脱扣器的整定电流与负载额定电流一致。

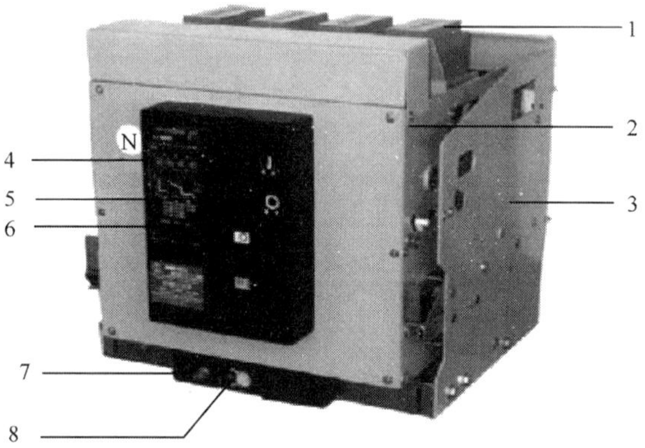


图 2-31 DW 系列断路器产品外形

1-灭弧罩；2-开关本体；3-抽屉座；4-合闸按钮；5-分闸按钮；6-智能脱扣器；7-摇匀柄插入位置；8-连接/试验/分励指示

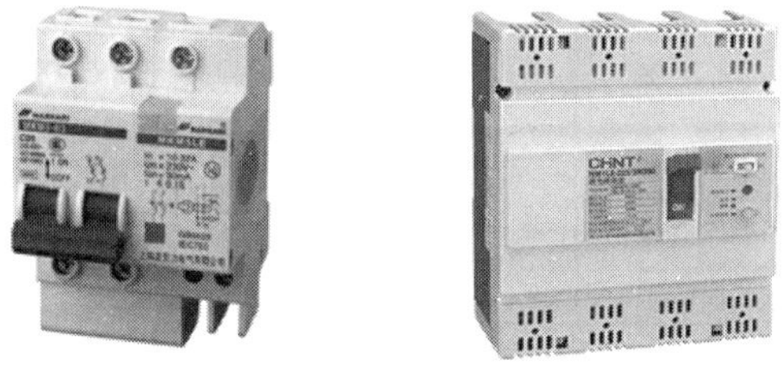

（a） （b）

图 2-32 DZ 系列断路器产品外形

（4）低压断路器的选用

低压断路器的主要参数有额定电压、额定电流和允许切断的极限电流。选用低压断路器时要注意以下要点：

1）其极限分断能力要大于等于电路最大短路电流；

2）额定电压和额定电流应不小于电路正常工作时的电压和电流；

3）热脱扣器的整定电流应与负载额定电流相等；

4）电磁脱扣器的瞬时脱扣整定电流应大于正常工作时的冲击电流。

（5）脱扣器的电压、整定电流的确定

1）欠电压脱扣器的额定电压应等于主电路的额定电压；

2）过电流脱扣器瞬时动作的整定电流按下式计算，即

$$I_z \geq KI_s$$

式中 $I_z$——瞬时动作的整定电流值；

$I_s$——线路中的尖峰电流。若负载是电动机，则 $I_s$ 为启动电流；

$K$——考虑整定误差和启动电流允许变化的安全系数。对于动作时间在 0.02s 以上的自动空气开关（如 DW 型），取 $K$=1.35；对于动作时间在 0.02s 以下的自动空气开关（如 DZ 型），取 $K$=1.7。

**小提示**

用断路器来实现短路保护比熔断器更为优越，因为当三相电路短路时，很可能只有一相熔断器的熔丝熔断，造成缺相运行。而断路器不同，只要短路，断路器就跳闸，将三相电路同时切断，因此，它广泛应用于要求较高的场合。

## 2.1.3 基本电气控制系统图的识读

### 1. 电力拖动系统

电力拖动是指用电动机拖动生产机械的工作机构使之按人们的需要运转的一种技术。由于电力在生产、运输、分配、使用和控制等方面的优越性，从而使电动机控制（电力拖动）获得广泛的应用。目前，在生产中大量使用各式各样的生产机械，如车床、铣床、钻床、磨床等，都采用电动机控制（电力拖动）。

（1）电动机控制（电力拖动）系统的组成

电动机控制系统作为机械设备的一部分，一般有 4 个子系统组成，如图 2-33 所示。

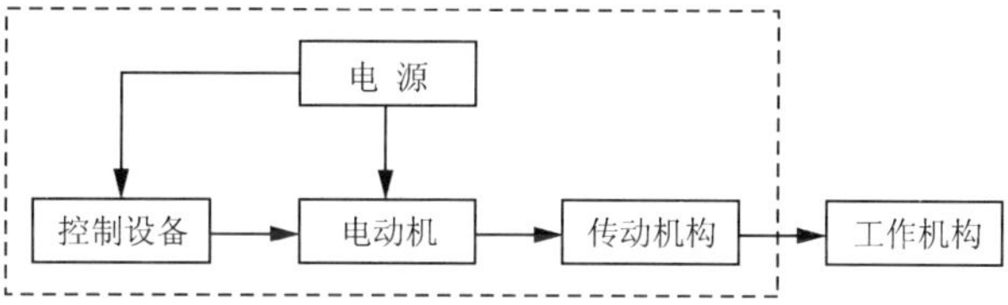


图 2-33 电力拖动系统

1）电源。电源是为电动机和控制设备供应能源的，分为交流电源和直流电源。

2）电动机。电动机是生产机械的原动机，其作用是将电能转换为机械能。电动机可分为交流电动机和直流电动机、三相电动机和单相电动机等。

3）控制设备。控制设备用来控制电动机的运转，由各种控制电动机、电器、自动化元件及工业控制计算机等组成。

4）传动机构。传动机构是在电动机与生产机械的工作机构之间传递动力的装置，如减速箱、传动带、联轴器等。

（2）电动机控制（电力拖动）技术的特点

1）方便经济。电能的生产、变换、传输都比较经济，分配、检测和使用都比较方便。

2）效率高。电动机拖动比其他拖动方式效率高，且传动结构要简单得多。

3）调节性能好。电动机的类型很多，且有各种运行特性，可适应不同生产机械的需要，且电力拖动系统的启动、制动、调速、反转等控制手段简便、多样、迅速，能实现较理想的控制效果。

4）易于实现生产过程的自动化。由于电动机可实现远距离控制和自动调节，且各种非电量（如位移、速度、温度等）都可以通过传感器转变为电量，作用于电动机控制系统，因此，能实现生产过程的自动化。

2. 电气图形符号及绘制

用规定的图形、符号和文字表示电气控制系统工作原理、各电气元件相互位置及其连接关系的图统称为电气控制系统图。电气控制系统图可分为电气原理图、电气元件布置图和电气安装接线图。

电气控制系统图是一种电气技术领域必不可少的工程语言，广泛用于机械、电动机、电力、电子、自动化、仪器仪表、计算机等工程技术的电气图中。电气图形符号主要是为了表达和区别电气控制线路中各类电器及导电部件的相互连接，出于设计、分析、交流和使用的方便，必须用统一的、国家标准规定的图形符号和文字符号来表示电动机和各种电气设备的连接关系。

现行主要的标准如下：

GB/T 4728《电气图常用符号》；

GB/T 5465《电气设备用图形符号》；

GB/T 5226《机械电气设备通用技术条件》；

GB/T 7159《电气技术中的文字符号通则》；

GB/Tz 6988.1～GB/T 6988.7《电气制图》；

JB/T 2740《工业机械电气设备电气图、图解和表的绘制》；

GB/T 4026《电气设备接线端子和特定导线线端的识别及应用字母数字系统的通则》；

GB 5094《电气技术中的项目代号》等。

（1）电气图形符号与文字符号

1）图形符号。

用图形表示电气设备，依此来区别不同的电气设备或其各个导电部件，采用的国家标准是 1985 年颁布的 GBT 4728.1—1985《电气图用图形符号》。

国家标准所列图形符号是指电气设备处在无电压无外力作用的常态。根据图面布置的要求，可将图形符号旋转 90°或 180°绘制。

例如，如图 2-34 所示的常开触点的图形符号。

2）文字符号。

用文字表示电气设备，表明电气设备的名称和用途。一般表示在图形符号的近旁。

采用的国家标准是 1987 年颁布的 GB 7159—1987《电气技术中的文字符号制定通则》及 1985 年颁布的 GB 5094—1985《电气技术中的项目代号》。

项目代号是在电气技术领域内各类简图或表格上的一种文字符号，其表达如图 2-35 所示。

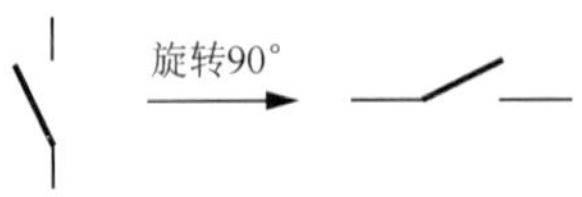


图 2-34 常开触点的图形符号

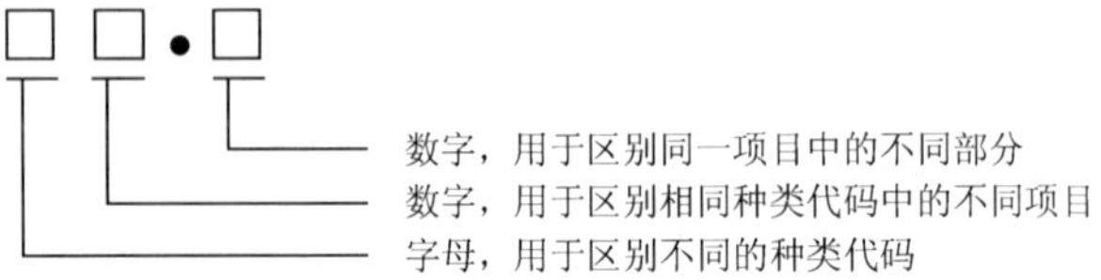


图 2-35 项目代号含义

【例 2-1】 $KA_{3.2}$表示某简图中第 3 个中间继电器的第 2 个副触点。

【例 2-2】 接触器 KM 的表示如图 2-36 所示。

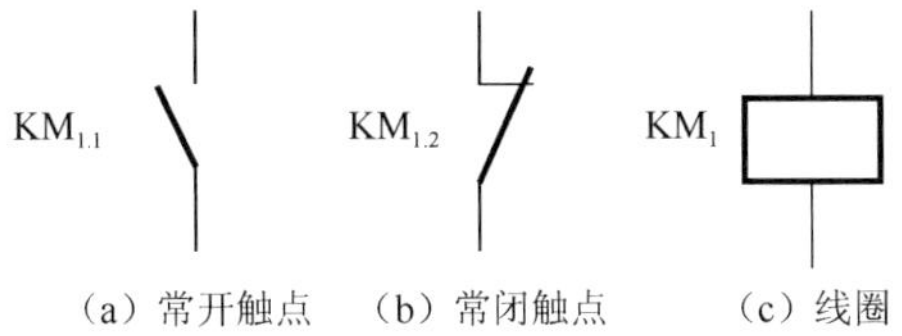


图 2-36 接触器表示法

常用低压电器的图形符号和文字符号见本书附录 C。

(2) 电气图形符号的绘制注意事项

1) 按驱动部分和被驱动部分机械连接的方式，图形符号分三种表示方法。

① 集中表示法：电器各部分图形符号集中在一起表示，如图 2-37 (a) 所示。优点是电器各部分寻找容易，缺点是连线较多，阅读困难。适用于简单电路或电气安装接线图。

② 半集中表示法：电器部分图形符号在图上分散布置，用虚线表示机械和电气间的联系，如图 2-37 (b) 所示。缺点是连接虚线较多。

③ 分散表示法：电器各图形符号在图上分散布置，用项目代号区分，如图 2-37 (c) 所示。优点是图面清晰简洁，便于阅读；缺点是寻找同一电器其他图形符号较困难。适用于电气原理图。

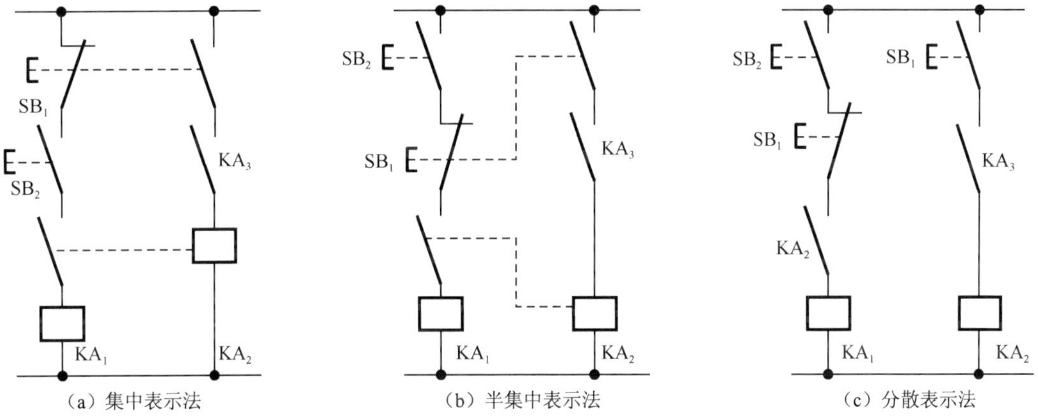


图 2-37 电气图形符号的绘制

2) 每一个电器部件的图形符号近旁都应有文字符号来表示。

3) 所有电器触点的图形符号都按没有通电或没有外力作用的常态来绘制。

### 3. 基本电气控制系统图的识读

用各种电气图形符号绘制的图称为电气图，它是电工技术领域中提供信息的主要方式。电气图的种类很多，其作用各不相同，各种图的命名主要根据其所表达的信息类型及表达方式而定，目前，主要采用的三种：电气原理图、电气元件布置图和电气安装接线图。

(1) 电气原理图

由前面介绍的低压电器，如刀开关、熔断器、接触器、热继电器、短路器、主令电器等，可组成继电控制系统，把系统中所用的各种电器及其导电部件用其电气图形符号代替，并按照一定的控制逻辑要求，依照通电顺序排列而形成的电路图，称为电气原理图，也称为电气控制线路图。

电气原理图用图形和文字符号表示电路中各个电气元件的连接关系和电气工作原理，它并不反映电气元件的实际大小和安装位置，如图 2-38 所示。

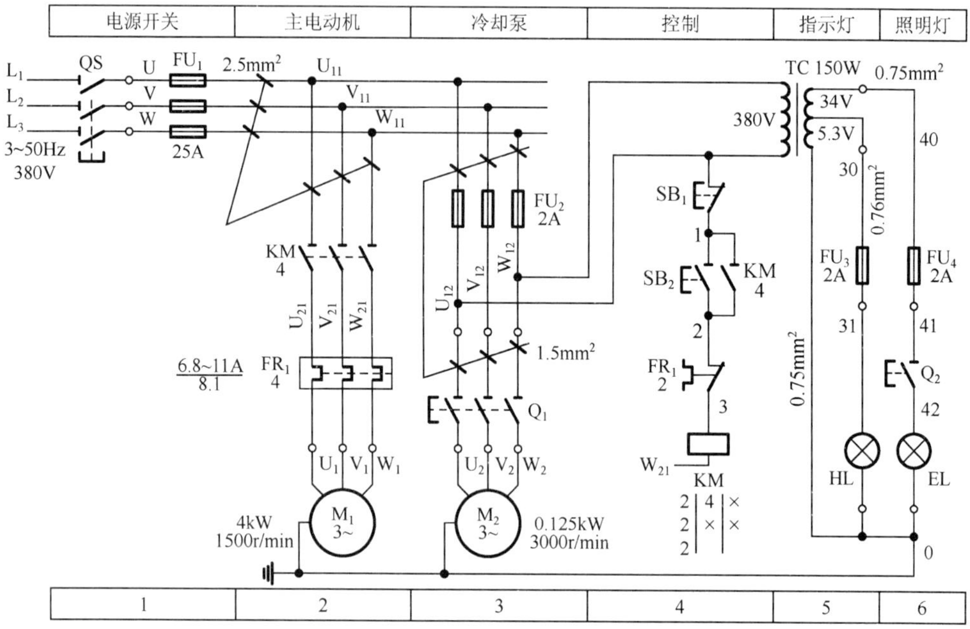


图 2-38　某机床的电气原理图

（2）电气原理图绘制基本原则

1）原理图应分成若干图区。

复杂的图采用纵横分区，纵向用大写字母编号，横向用数字标号；简单的图可只作横向分区，图区的编号写在图的下部，并在原理图的上方标明该区电路的用途与作用，如图 2-39 所示。

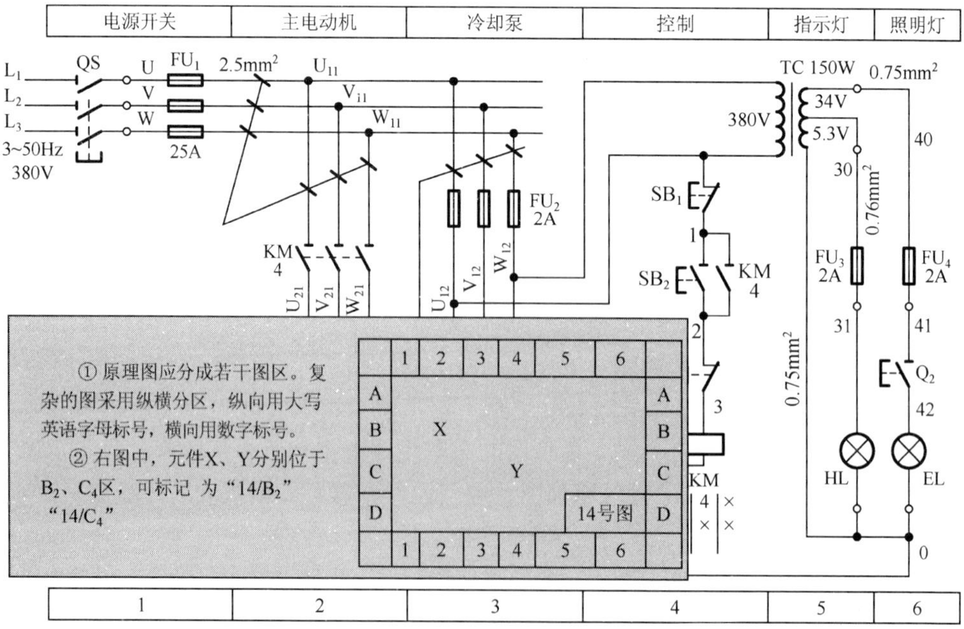


图 2-39　电气原理图的分区

2）电气线路分为主电路和控制电路。

主电路一般用粗线画在左边；控制电路一般用细线画在右边。无论主电路还是控制电路，各元件一般应按动作顺序从上到下、自左至右依次排列，如图 2-40 所示。

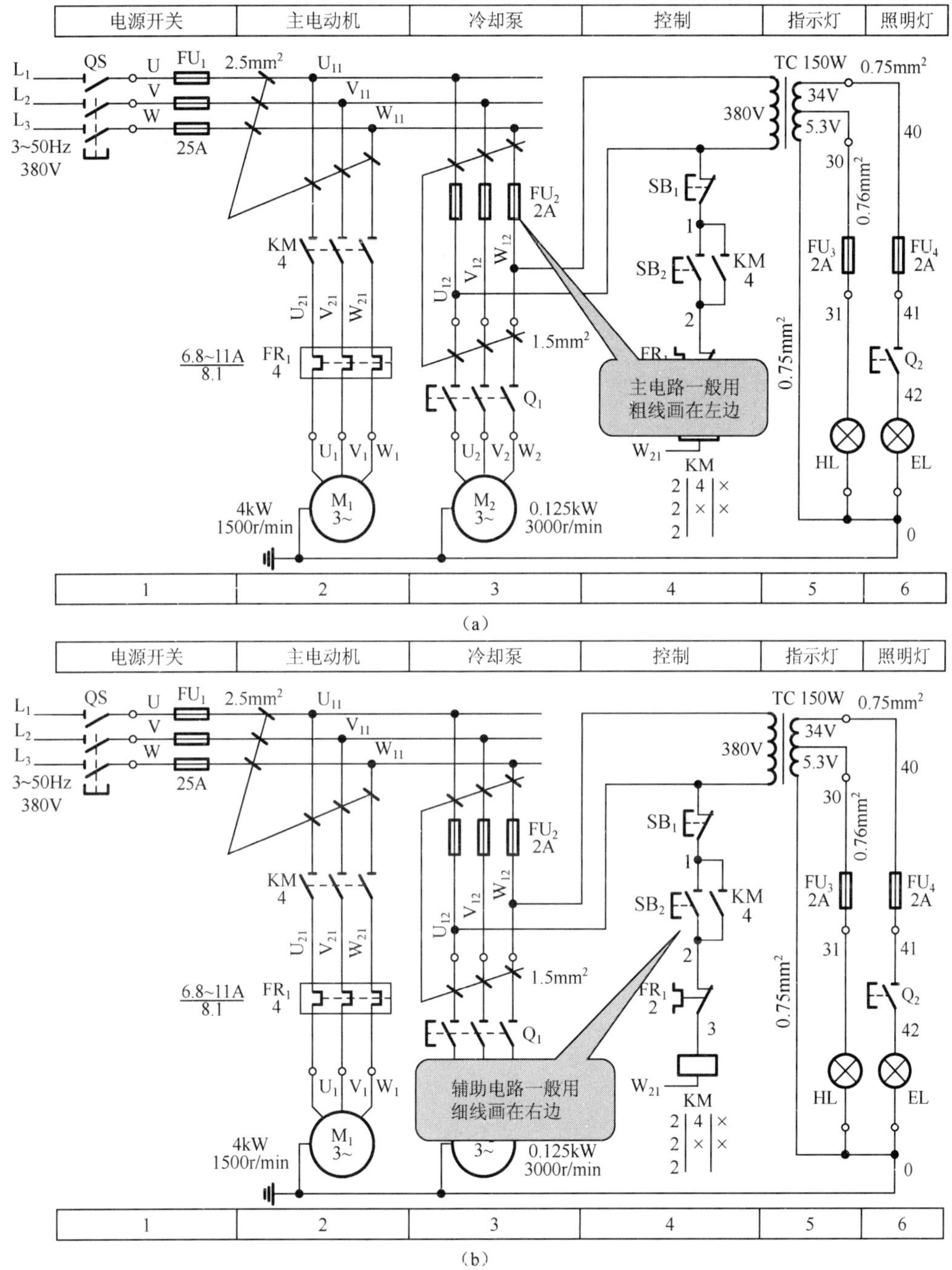


图 2-40 主、辅电路分开

3）图 2-40 中所有电器的状态均为未通电时的状态；二进制逻辑元件是置“零”时的状态；手柄是置于“零”位、没有受外力作用或生产机械在原始位置时的状态。

4）同一电器的各个部件可不画在一起即分散表示法（如接触器的主触点画在主电路上，而其线圈和辅助触点则画在控制或辅助电路中），但必须用同一文字符号标注，如图 2-41 所示。

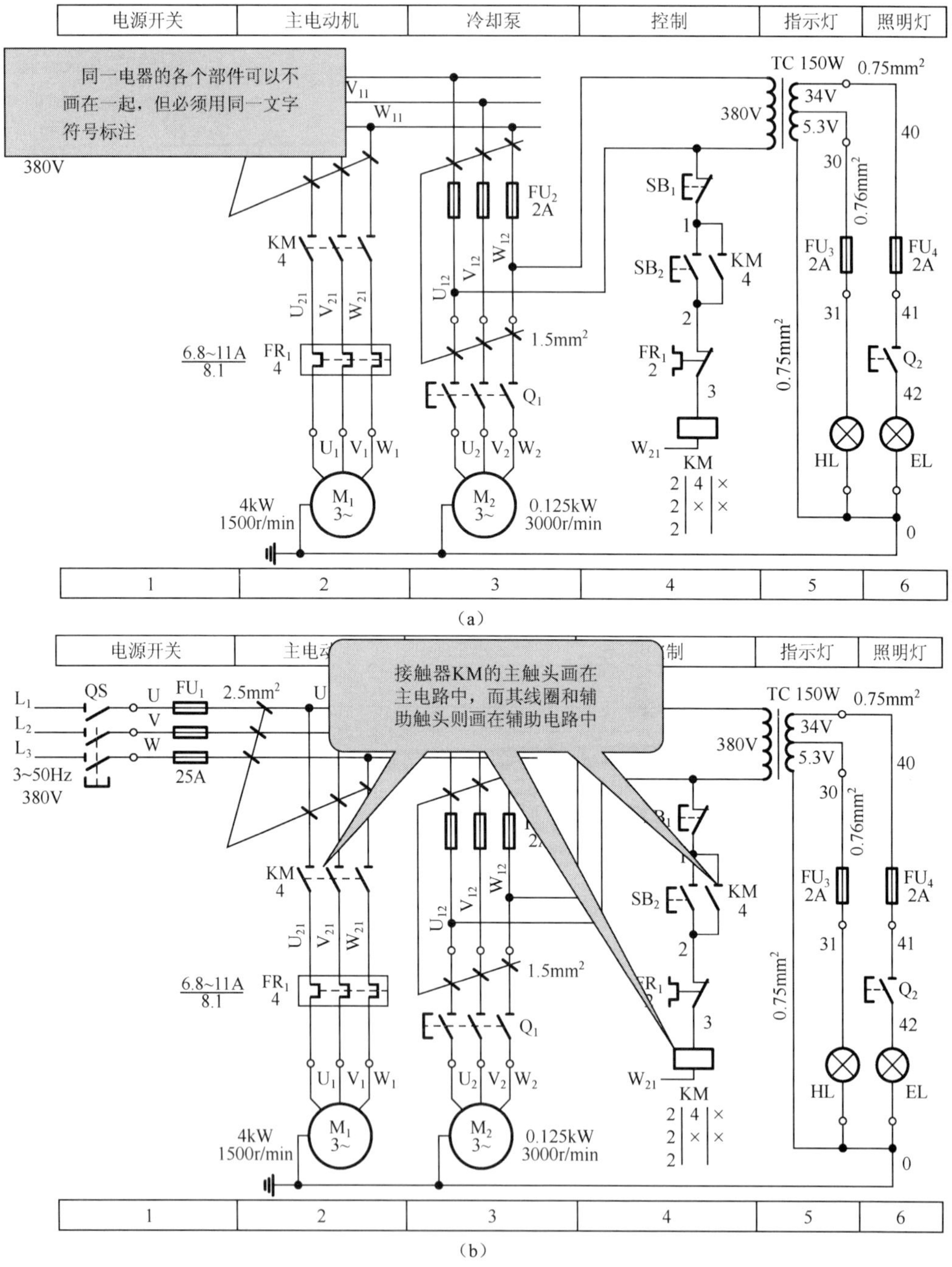


图 2-41 同一电器在图中的分散表示

5）原理图中有直接电联系的交叉导线连接点，用实心圆点表示；可拆接或测试点用空心圆点表示；无直接电联系的交叉点则不画圆点，如图 2-42 所示。

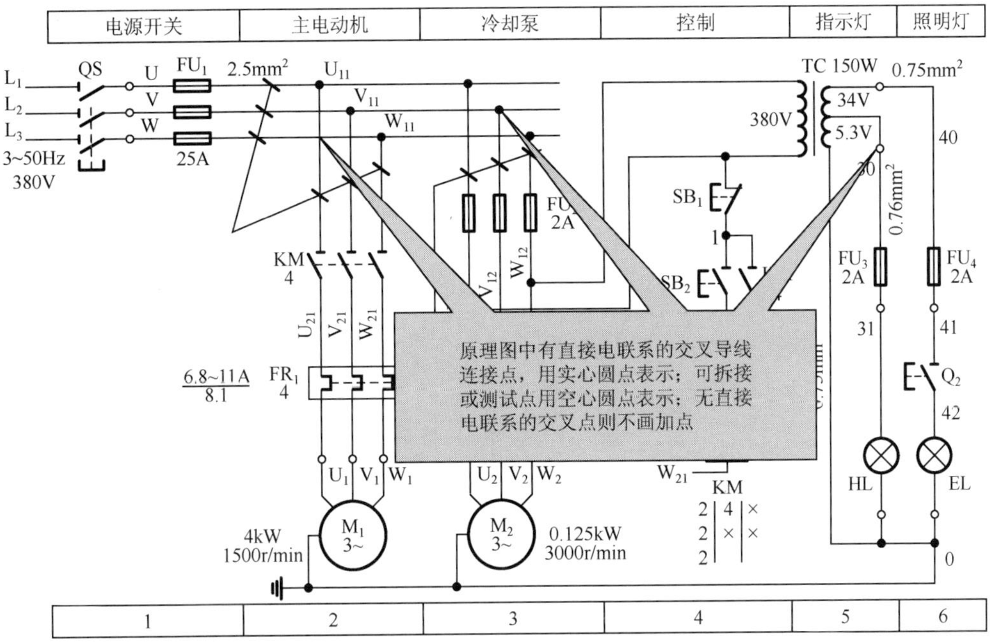


图 2-42 交叉点的处理

6）原理图上应注出必要的技术数据或说明，如图 2-43 所示。

7）在继电器、接触器线圈下方均列有触点表以说明线圈和触点的从属关系，即“符号位置索引”。也就是在相应线圈的下方，给出触点的图形符号（有时也可省去），对未使用的触点用“×”表明（或不作表明），如图 2-44 所示。

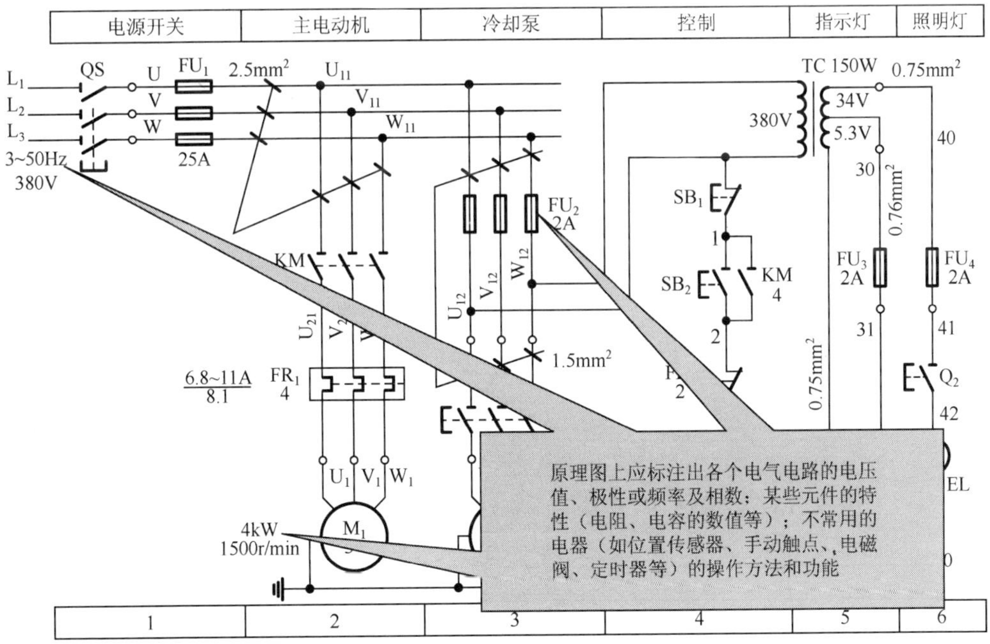


（a）

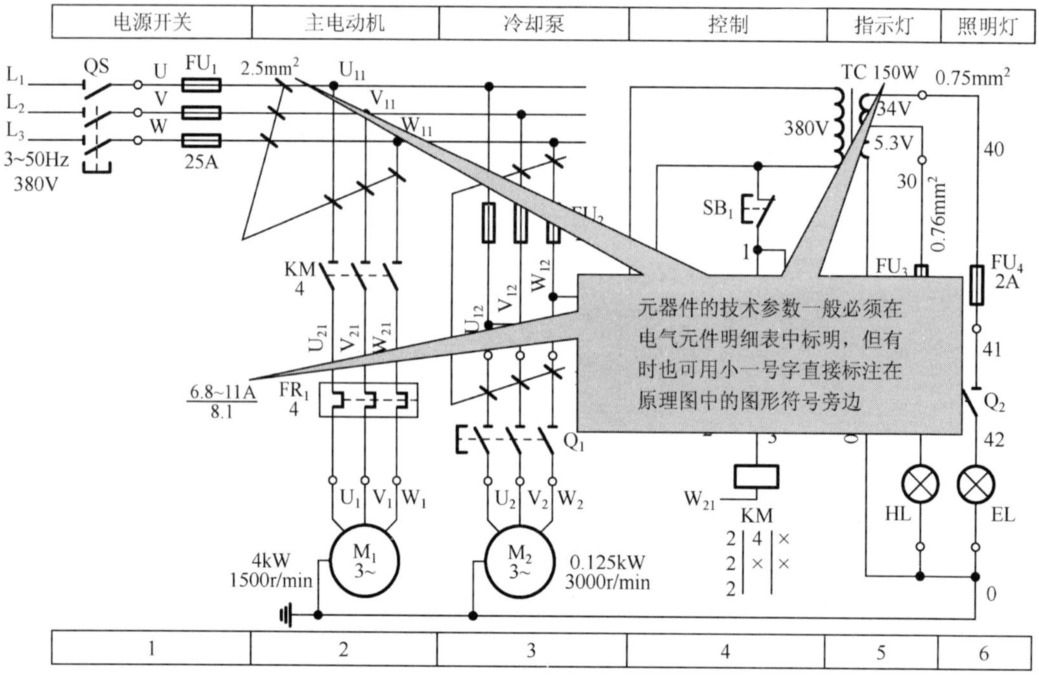


(b)

图 2-43　技术参数的标注

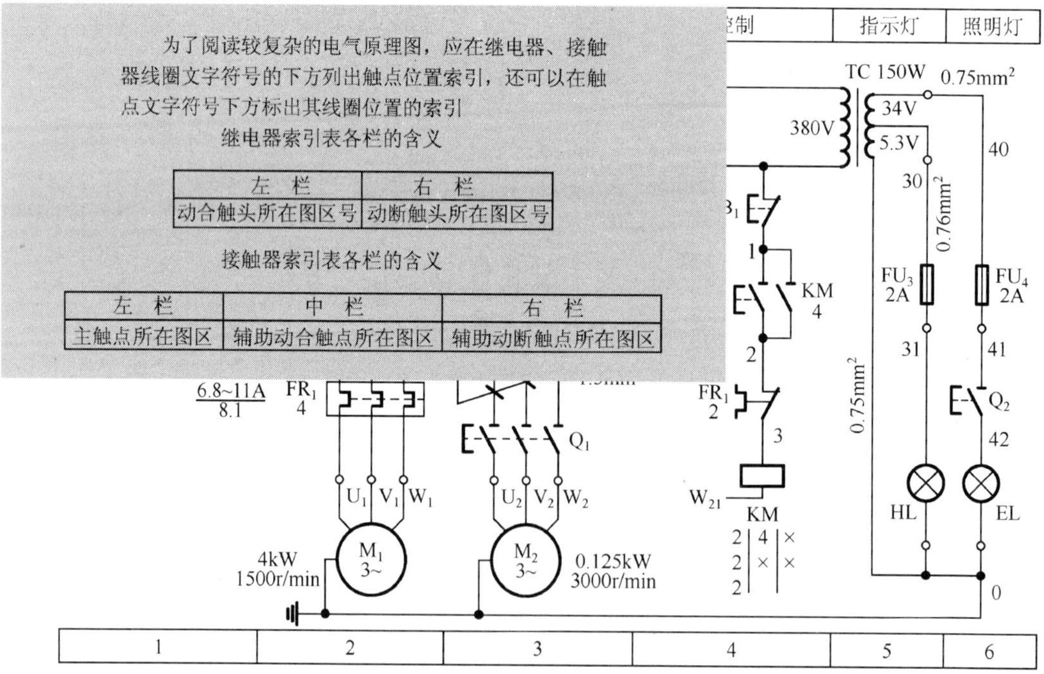


(a)

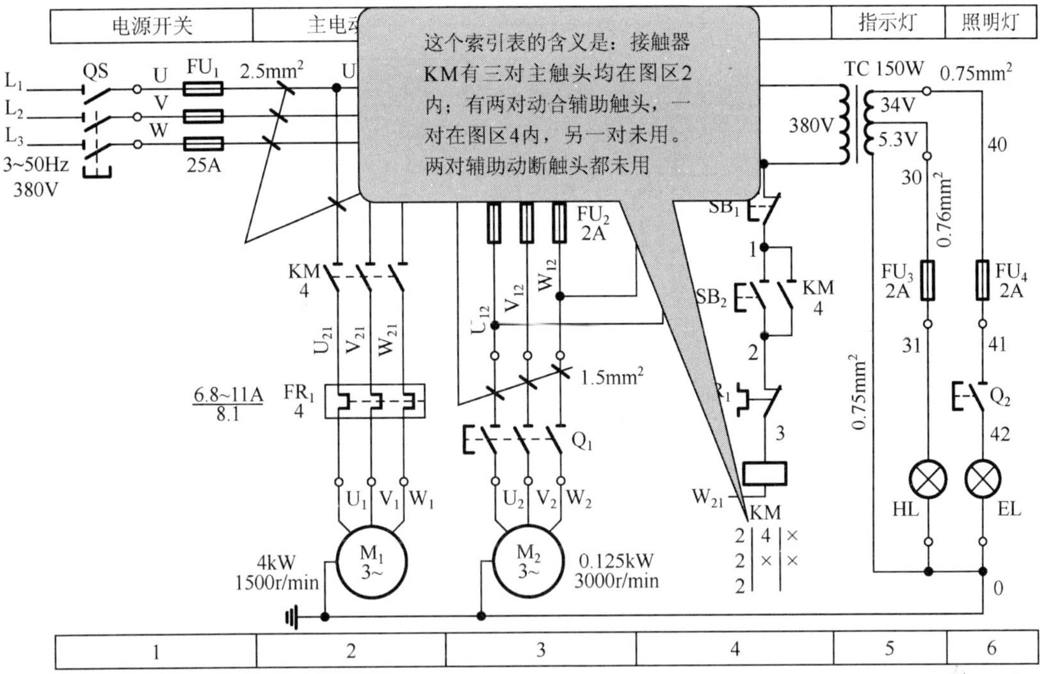


（b）

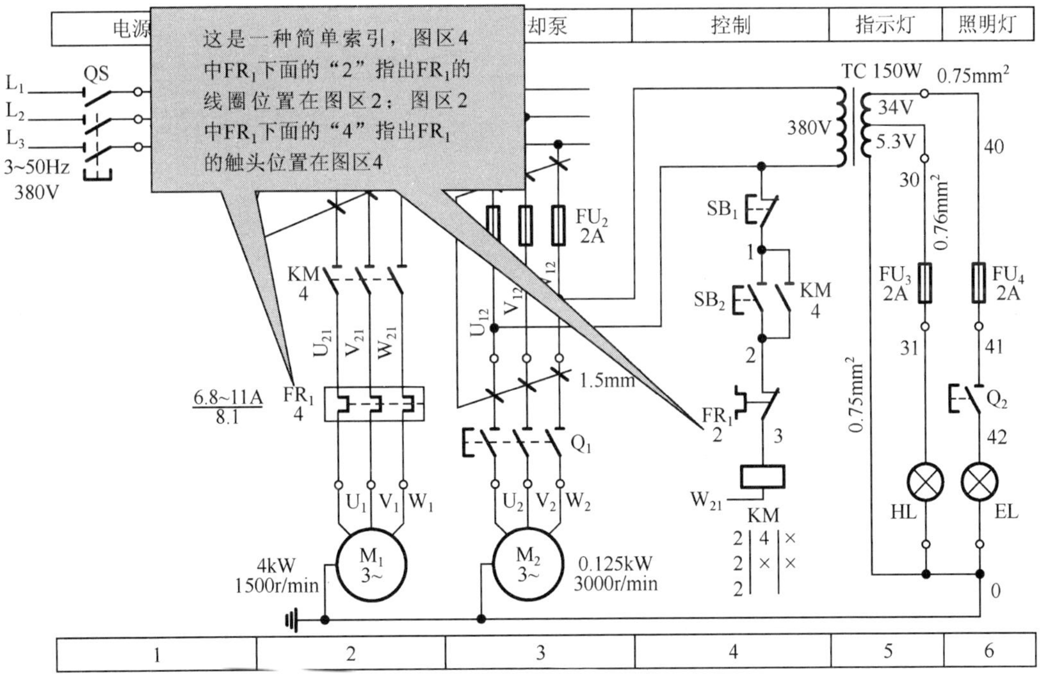


（c）

图 2-44 符号位置索引

8）其他表示要点，如图 2-45～图 2-52 所示。

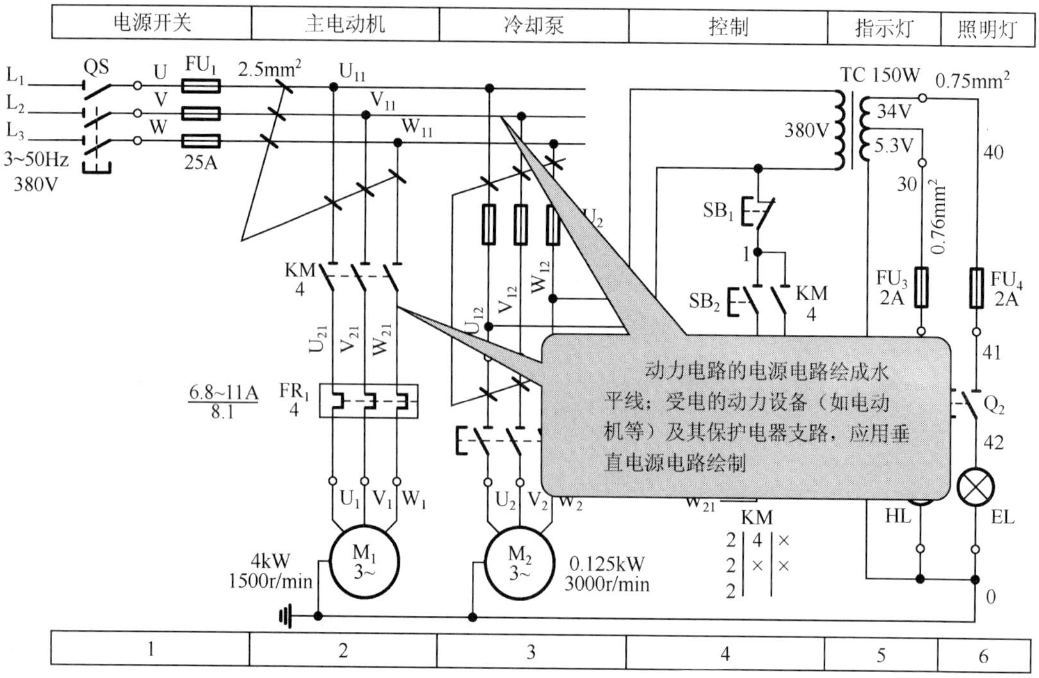


图 2-45　线路的布置

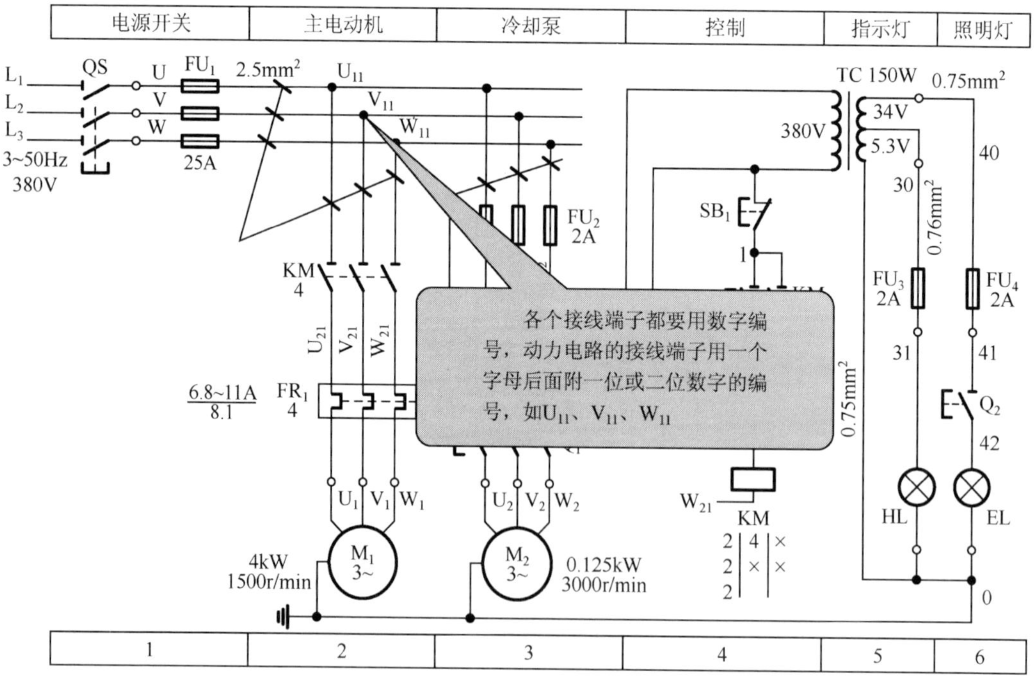


图 2-46　端子的编号

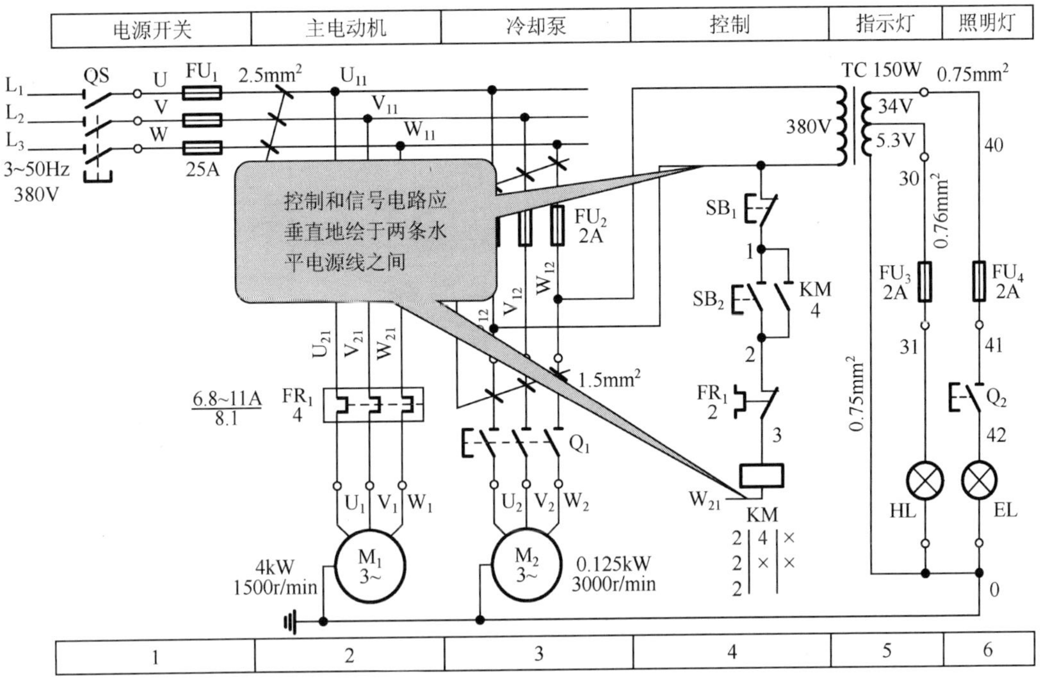


图 2-47 控制和信号电路应垂直于水平电源线

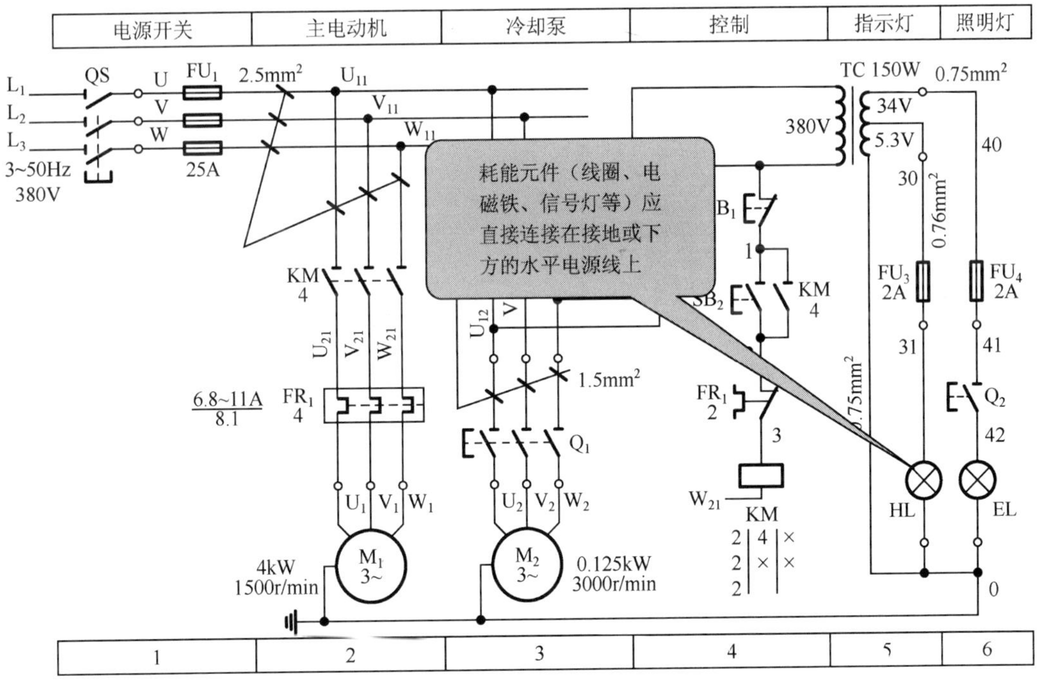


图 2-48 能耗元件下方直接连接在接地或下方的水平电源线

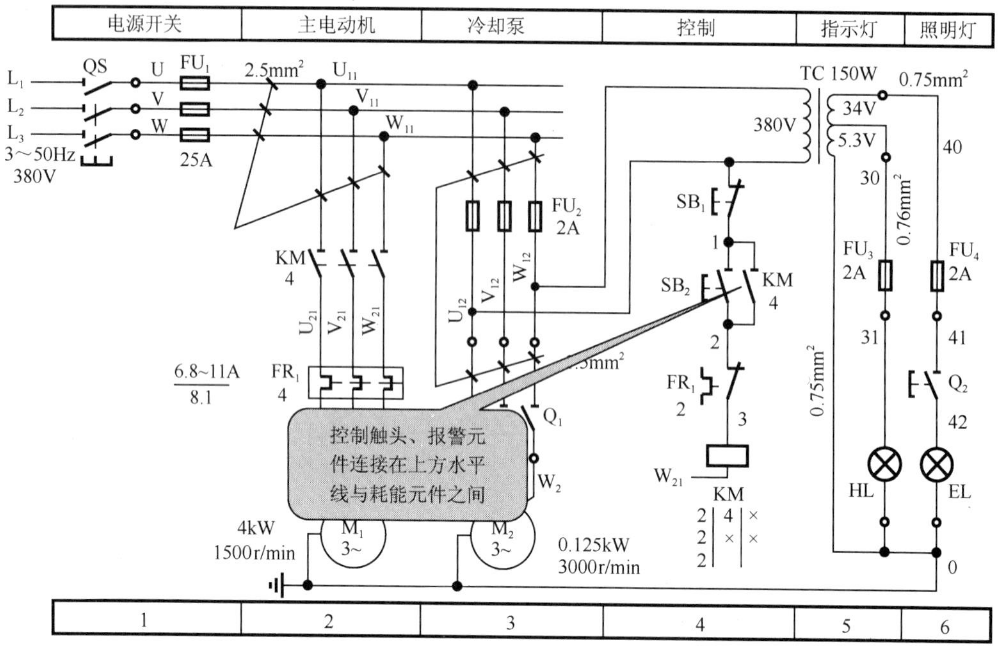


图 2-49　控制触点、报警元件的位置

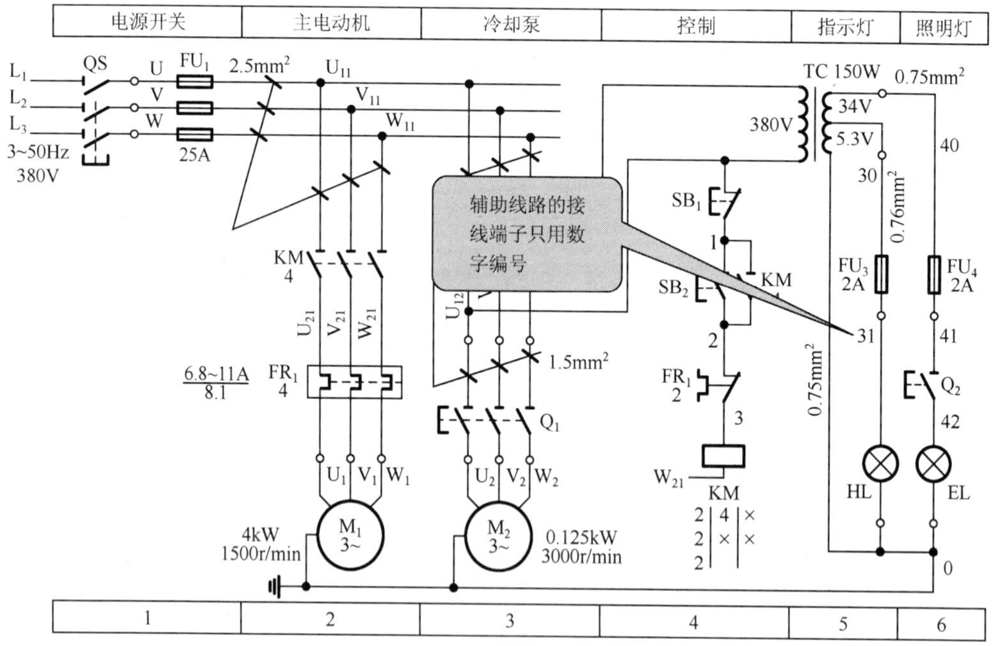


图 2-50　辅助线路接线端子的编号

（3）电器布置图

电器布置图是根据电器在控制板上的实际安装位置，采用简化的外形符号（如正方形、矩形、圆形等）绘制的一种简图。它不表达各电器的具体结构、作用、接线情况以及工作原理，主要用于电器的布置和安装。

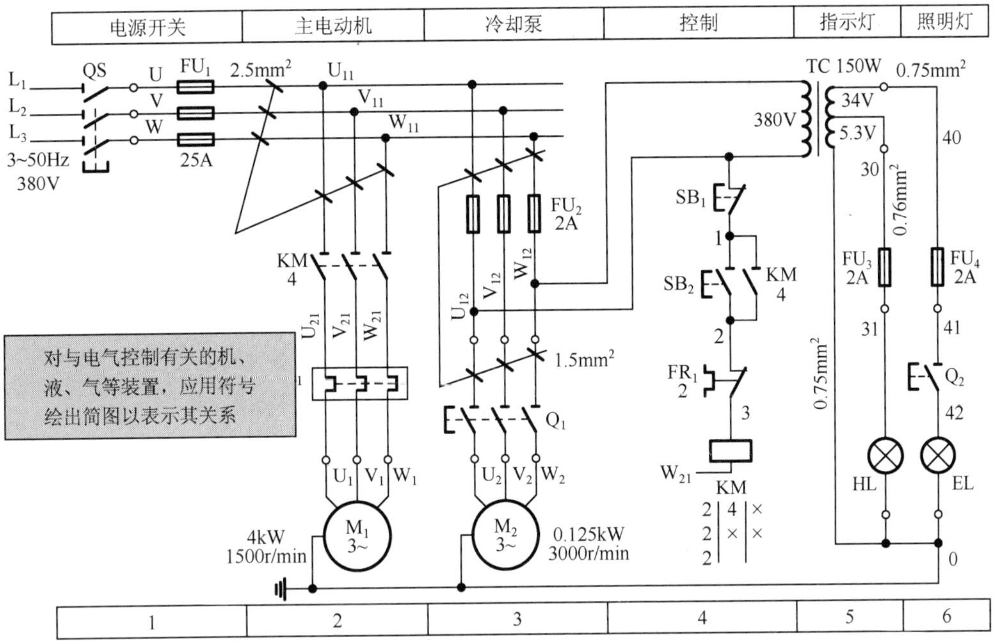


图 2-51　其他相关装置的表示（1）

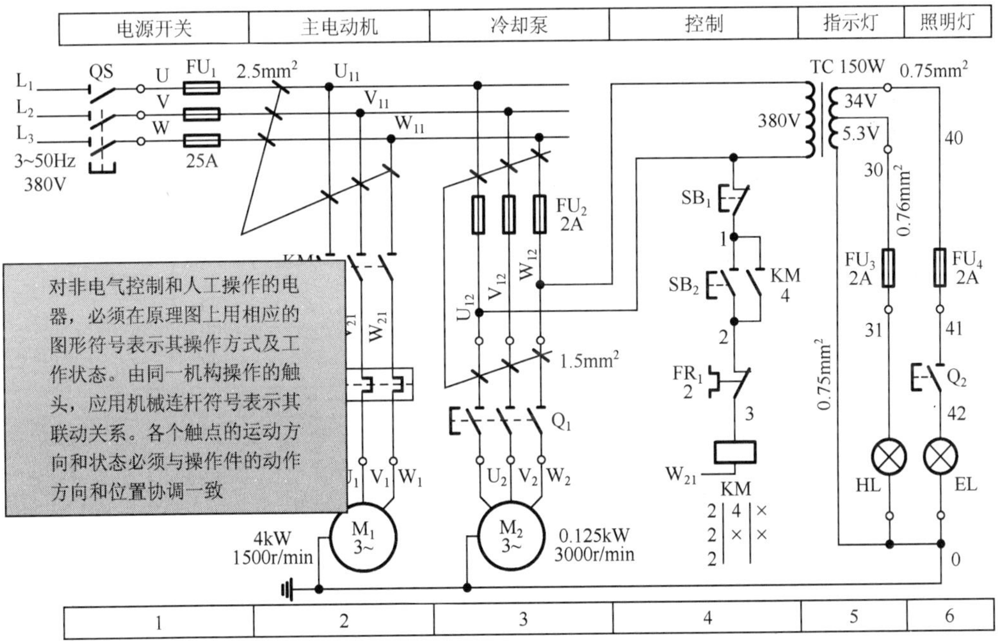


图 2-52　其他相关装置的表示（2）

电器布置的基本原则如下：

1）体积大和较重的电器应安装在控制板的下面。

2）安放发热元器件时，必须注意电柜内所有元器件的温升应保持在它们的允许极限内。对散发很大热量的元器件，必须隔开安装，必要时可采用风冷。

3）为提高电子设备的抗干扰能力，除采取接参考电位电路或公共连接等措施外，还必须把灵敏的元器件分开、屏蔽或分开加屏蔽。

4）元器件的安排必须遵守规定的间隔（参见 GB 5226—1985）和爬电距离。并应考虑有关的维修条件。经常需要维护检修操作调整用的电器，安装位置要适中。

5）尽量把外形及结构尺寸相同的元器件安装在一起，以利安装和补充加工。布置要均称、美观。

电器布置图详细绘制出电气设备各个元器件的安装位置，位置图中往往留有 10% 以上备用面积及导线管（槽）的位置以利于施工。图中无须标注尺寸。图 2-53 为 CW6132 型车床电器位置图。图中 $FU_1$～$FU_4$ 为熔断器，KM 为接触器，FR 为热继电器，TC 为照明变压器，XT 为接线端子板。

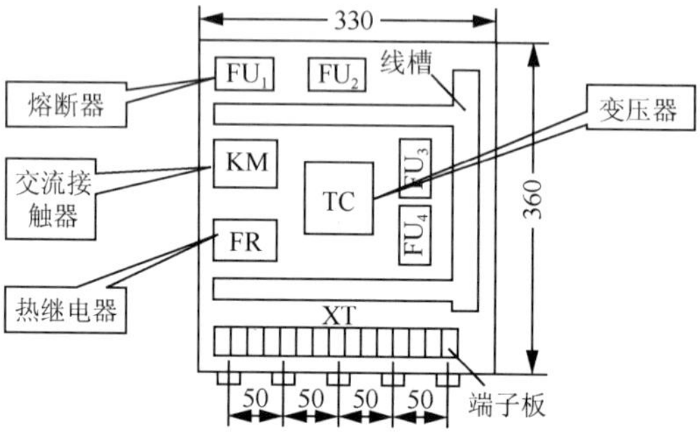


图 2-53　CW6132 型车床电器布置图

（4）电气安装接线图

电气安装接线图是用来表明电气设备和电气元件之间的接线关系。它清楚表明了电气设备和电气元件之间的相对位置、配线方式和接线方式，是电气施工的技术文件，主要用于安装接线、线路的检查和故障处理，如图 2-54 所示。

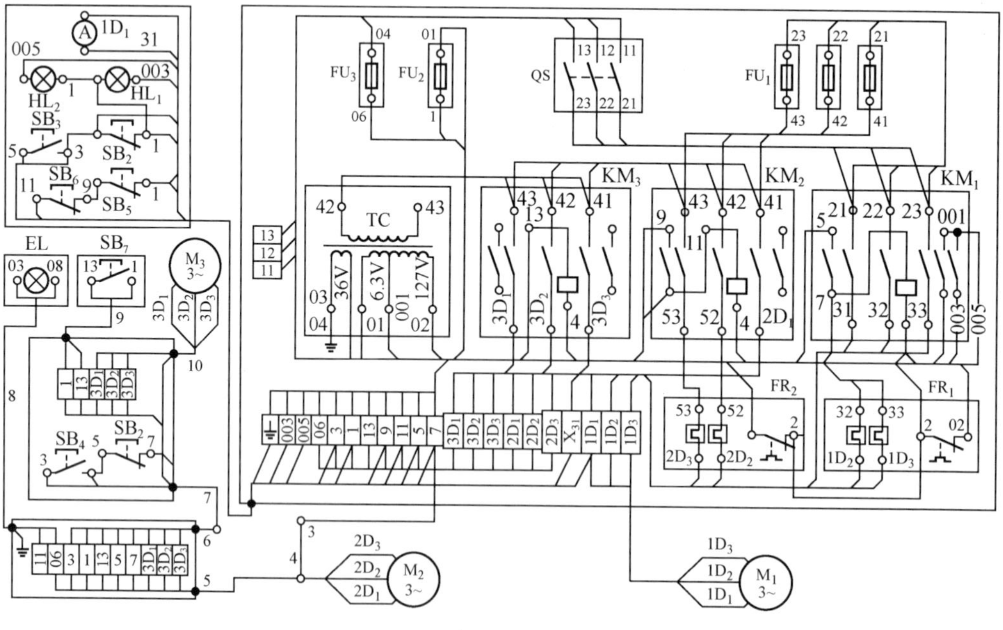


图 2-54　电气安装接线图

绘制电气安装接线图的原则如下：

1）同一电器的各部件画在一起，其布置尽可能符合电器实际情况。

2）各电气元件的图形符号、文字符号和回路标记均以电气原理图为准，严格保持一致。

3）不在同一控制箱和同一配电屏上的各电气元件都必须经接线端子板连接。接线图中的电气互联关系用线束来表示，连接导线应注明导线规格（数量、截面积等），一般不表明实际走线途径，施工时由操作者根据实际情况选择最佳走线方式。

4）控制装置的外部连接线应在图上表示清楚，并标明电源引入点。

**思考并讨论**

1. 电气原理图由哪几部分组成？各部分的作用是什么？

2. 图形符号、文字符号、项目代号的含义是什么？

3. 什么是电气节点？在电气原理图中，主电路电气节点编号如何表示？辅助电路电气节点编号如何表示？

## 2.1.4　三相异步电动机点动控制原理

### 1. 三相异步电动机直接启动条件

三相异步电动机的启动方法有直接启动和降压启动之分。直接启动的优点是设备少，线路简单。但当电动机容量较大时，直接启动时的启动电流大，持续时间长，会增加线路的压降，造成自身启动困难和影响其他负载正常工作。因此，电动机能否直接启动，可采用下式近似确定，即

$$P_{MN} \leqslant 0.05\ S_T$$

式中　$P_{MN}$——电动机额定功率，(kW)；

　　　$S_T$　——供电变压器的额定容量，(kV·A)。

在一些小型企业，为了减少启动电流对其他负载正常工作的影响，10kW 以上的电动机常采用降压启动的方法。这在后面会介绍。

### 2. 三相异步电动机单方向旋转开关控制线路

对小型台钻、冷却泵、砂轮机和风扇等，可用铁壳开关、胶盖闸刀开关、转换开关直接控制三相鼠笼式异步电动机的启动和停止，如图 2-55 所示。

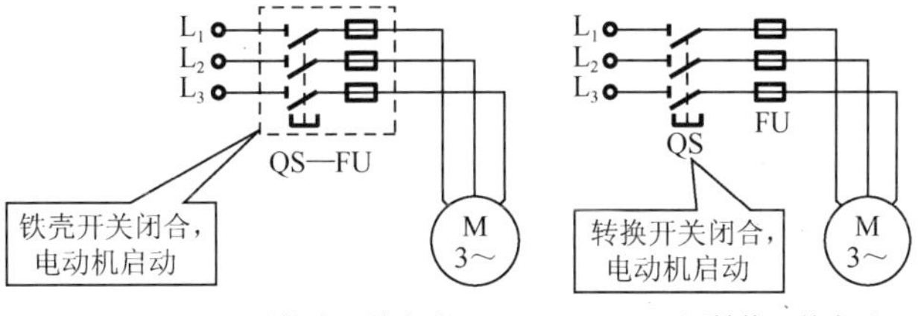


(a) 用铁壳开关启动　　(b) 用转换开关启动

图 2-55　电动机的直接启、停控制

该控制电路的动作原理很简单，合上开关 QS，电动机 M 通电旋转；断开开关 QS，电动机 M 断电停转。该电路适合于微小型电动机的不频繁直接控制。

### 3. 三相异步电动机单方向旋转点动控制线路

对容量较大而且启动、停车频繁时，使用这种手动控制方式既不方便，也不安全，因此，目前广泛采用按钮、接触器等来控制。

点动控制线路是最基本最简单的控制线路。所谓点动是指手按下按钮时，电动机启动并运转；手松开按钮时，电动机立即停止工作。点动用于机床刀架、横梁等的快速移动或机床的调整对刀等。

点动控制电路原理图如图 2-56 所示，分为主电路和控制电路两部分。

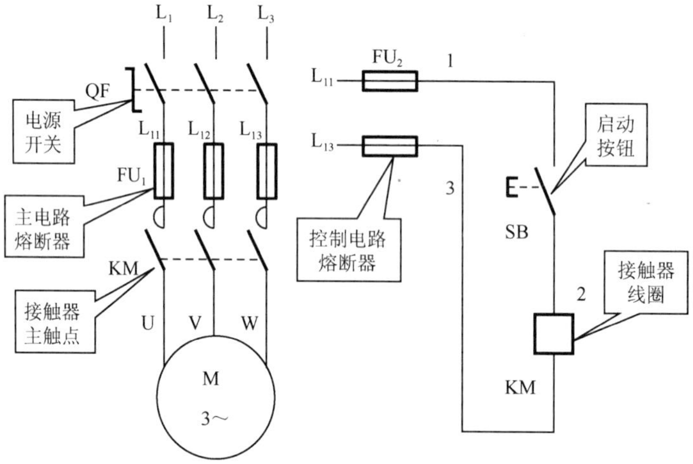


图 2-56　按钮、接触器组成的点动控制电路

电路控制原理如下：

首先合上电源开关 QF。

启动顺序：

按下 SB→KM 线圈得电→KM 主触点闭合→电动机 M 运转。

停止顺序：

松开 SB→KM 线圈失电→KM 主触点分断→电动机 M 停转。

上述采用文字叙述的方法对控制线路进行原理分析是常用的分析方法，比较烦琐，不够直观。电气原理图还可以用符号法来表示：各种电器在没有外力作用或未通电的状态记为“－”号，电器受外力作用或通电的状态记为“+”号，并将它们的关系用线段“——”表示，线段左边的符号表示原因，线段右边的符号表示结果，那么点动控制原理就可以表示如下：

SB+——KM+——M+

SB——KM——M−

上一行表示当按下按钮 SB，接触器 KM 通电吸合，电动机 M 通电旋转；下一行表示按钮 SB 复位，接触器 KM 失电，电动机失电停转。不过要注意，这里仅表示的是电器的动作，而不是触点的状态，触点的状态应根据电器的动作来决定。

在接触器控制线路里，一般设有两组熔断器，如图 2-56 所示，其中 $FU_1$ 对主电路起短路保护作用，$FU_2$ 对控制电路起短路保护作用。由于控制电路工作电流较小，所以，$FU_2$ 一般为 5A 以下即可，一旦控制电路发生短路，$FU_2$ 首先熔断。熔断器分为两组，既可以防止事故的进一步扩大，又利于故障分析。

接触器控制比开关控制有着明显的优点：减轻劳动强度，提高生产效率，只要操纵小电流的控制电路就可以控制大电流的主电路，能实现远距离控制与自动化等。

**思考并讨论**

1. 如何判断电动机能否直接启动？什么是符号分析法？
2. 三相异步电动机点动控制线路的功能是什么？如何分析？

## 2.1.5 三相异步电动机点动/长动控制原理

### 1. 三相异步电动机长动控制线路的识读

三相异步电动机的长动基本控制电路如图 2-57 所示，在点动控制电路的基础上，在控制回路中增加了一个停止按钮 $SB_1$，还在启动按钮 $SB_2$ 的两端并接了接触器的一对辅助动合触点 KM。

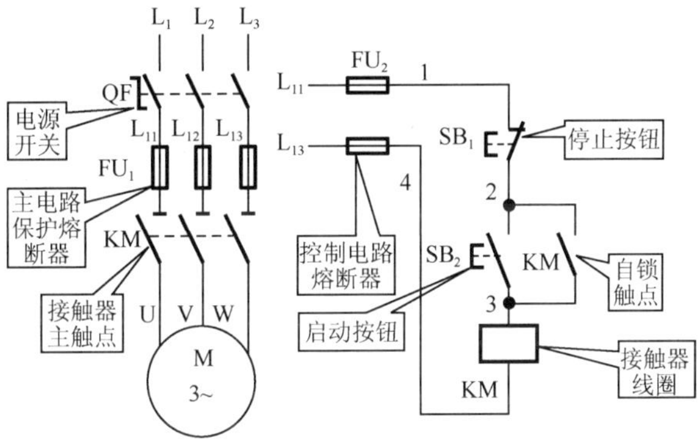


图 2-57 三相异步电动机长动基本控制线路

电路控制原理如下：

首先合上电源开关 QF。

电动机启动流程如图 2-58 所示。

图 2-58 电动机启动流程

电动机停止流程如图 2-59 所示。

用符号法分析如下：

启动：$SB_2\pm$ ——KM+自——M+

停止：$SB_1\pm$ ——KM− ——M−

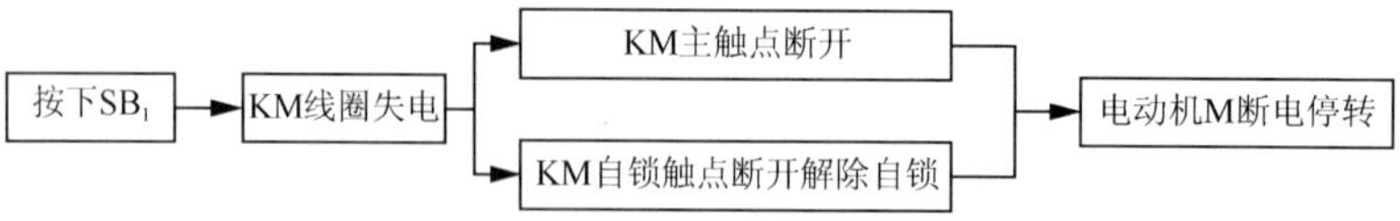


图 2-59　电动机停止流程

由此可以体会到并联在启动按钮 $SB_2$ 两端的接触器常开辅助触点，在接触器线圈得电后闭合，此时即使松开 $SB_2$，控制线路即接触器线圈回路也不会断电，电动机仍能继续运行。接触器的这个常开触点叫自锁触点。

图 2-57 所示的长动控制线路具有以下两种电路保护形式。

1）短路保护：$FU_1$ 保护主电路；$FU_2$ 保护控制电路。

2）欠压保护与失压（零压）保护：当电源电压下降时，电动机的转矩将显著降低，影响电动机的正常运行，严重时会引起电动机堵转而烧毁，采用长动控制线路就可避免上述事故的发生。因为当电源电压低于接触器线圈额定电压 85%左右时，接触器 KM 就释放了，主触点打开，自动切断主电路，可以达到欠压保护的目的。

此外，在机床运行过程中，因某种原因短时停电而导致机床停车，一旦故障排除，恢复供电，若电动机会自行启动，很可能引起设备或人身事故。采用长动控制线路后，即使电源恢复供电，由于自锁触点已断开，电动机就不会自行启动，从而避免了可能出现的事故，达到失压保护的目的。

除了以上几种情况以外，若电动机长期工作在过载状态下，也会导致电动机烧毁，所以还必须考虑到长期过载保护。图 2-57 的控制电路不具备长期过载保护功能。

若对图 2-57 作相应的改进，如图 2-60 所示。在主电路中串接入热继电器的热元件，同时将热继电器的动断触点串联到控制回路中，当电动机长时间过载后，热元件感测到后，随着发热增多，位移增大，热继电器动作，其动断触点可使 KM 线圈回路断开，KM 主触点断开，电动机停转，从而达到过载保护的目的。

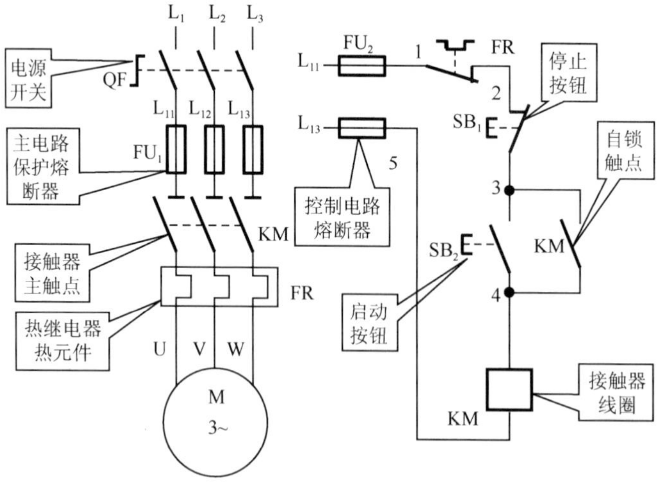


图 2-60　具有过载保护的长动控制线路

为什么电路中串接热继电器后就能起到过载保护？热继电器的结构和工作原理是怎样的？下面的内容将给出详细的介绍。

## 2. 热继电器

热继电器与电磁式继电器不同，它是根据被控对象的温度变化而动作的继电器，主要用来保护电动机的过载。电动机工作时允许短时过载，但长期过载、欠电压运行或缺相运行时，电动机的温升就会超过额定工作温升，导致绕组绝缘损坏，降低电动机的寿命，必须予以保护。而熔断器和过电流继电器只能保护电动机不超过允许的最大电流，并不能反映电动机的发热状况，因此，常采用热继电器进行过载保护。

（1）热继电器的结构和工作原理

1）热继电器的结构。

如图 2-61 所示为热继电器的结构示意图。它主要由发热元件、双金属片、触点和动作机构组成。发热元件 1 用镍铬合金丝等材料制成，直接串接在被保护的电动机的主电路内，它随电流的大小和时间的长短而发出不同的热量，从而加热双金属片 2。双金属片由两种不同膨胀系数的金属片碾压而成，右层为高膨胀系数的材料（如铜或铜镍合金），左层为低膨胀系数的材料（如瓦钢片）。双金属片 2 的一端固定，另一端为自由端，过度发热会向左弯曲。

2）热继电器的工作原理

当电动机过载时，通过热元件 1 的电流使双金属片 2 向左弯曲，2 推动推杆 3，推杆 3 带动拨叉 5 作顺时针方向转动，从而使动断触点断开以切断电路，电动机得到保护。图中，感温元件 4 用做温度补偿，调节螺钉 9 用于整定动作电流。

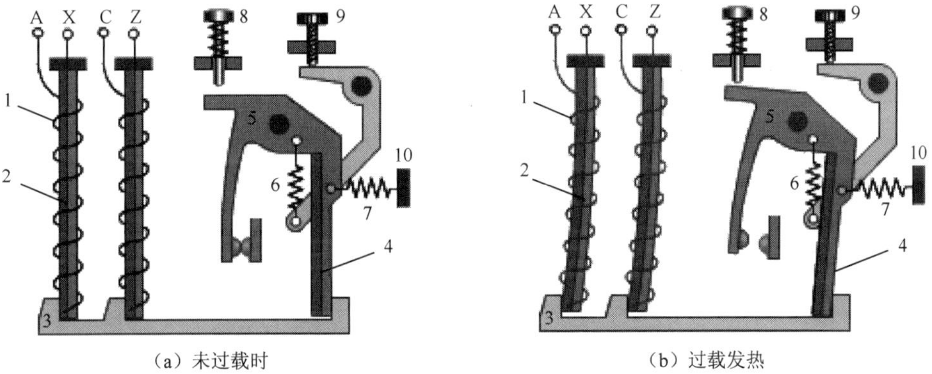


（a）未过载时　　　　（b）过载发热

图 2-61　热继电器结构示意图

1-热元件；2-双金属片；3-推杆；4-温度补偿片；5-拨叉；6-调节弹簧；7-复位弹簧；8-复位按钮；9-调节螺钉；10-支架

热继电器由于其热惯性，电路短路时不能立刻切断电路，因此不能用做短路保护；电动机启动或短路时过载也不会导致热继电器动作，这种情况下只能采用能及时反映电动机温升变化的温度继电器作为过载保护。

（2）热继电器的型号

热继电器的型号含义及图形符号如图 2-62 所示。

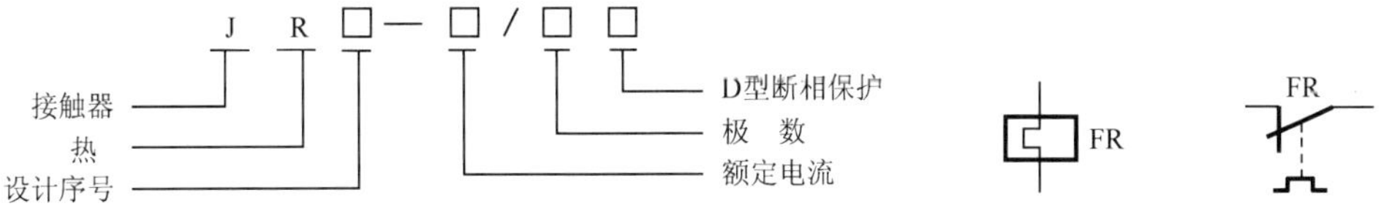


（a）型号含义　　（b）热元件　　（c）动断触点

图 2-62　热继电器的型号含义及图形符号

热继电器有制成单个的（如常用的 JR14 型系列），也有和接触器制成一体一同安装在磁力起动器的壳体之内的（如 JR14 系列配 QC10 系列）。目前，一个热继电器内一般有两个或三个热元件通过双金属片和杠杆系统作用到同一常闭触点上，如图 2-63 所示为 JR14-20/2 型的结构示意图。

（a）　　（b）　　（c）

图 2-63　热继电器的外形

JR0、JRl、JR2 和 JRl5 系列的热继电器均为两相结构，是双热元件的热继电器，可以用做三相异步电动机的均衡过载保护和定子绕组为Y连接的三相异步电动机的断相保护，但不能用做定子绕组为△连接的三相异步电动机的断相保护。

JRl6 和 JR20 系列热继电器均为带断相保护的热继电器，具有差动式断相保护机构。选择时主要根据电动机定子绕组的连接方式来确定热继电器的型号，在三相异步电动机电路中，对Y连接的电动机可选用两相或三相结构的热继电器，一般采用两相结构，即在两相主电路中串接热元件。但对于定子绕组为△连接的电动机必须采用带断相保护的热继电器。

（3）热继电器的参数和选择

1）主要参数。

① 热元件额定电流：热元件能长期流过但刚好不致引起触点动作的电流。

② 壳架额定电流：热继电器触点所允许通过的电流额定值。

2）主要参数的确定。

① 热元件的额定电流 $I_{MN}$=（0.95～1.05）$I_e$（$I_e$为负载额定电流 ）。

② 壳架额定电流大于热元件额定电流。

③ 选择二相或三相。Y连接的电动机，所以，可选二相或三相结构的热继电器；△连接的电动机或在电源和负载显著不平衡、有断相可能时，应选三相结构的热继电器。

④ 断相保护。对于Y连接的电动机，可不选；对于△连接的电动机，一般可选。

⑤ 安装方式。安装方式有插入式和独立安装式。插入式要与交流接触器配合使用。

**【例 2-3】** 某 380V 电动机，额定功率 7.5kW，△连接，试选择相应的热继电器。

**解**：选择 JR16B 系列热继电器，三相结构式，带断相保护，独立安装式。

负载额定电流 $I_e$=2×7.5kW=15（A），则热元件额定电流为

$$I_{MN}=（0.95\sim1.05）I_e=1\times15=15（A）$$

查阅相关技术手册，取“16A”为热元件的额定电流。

壳架额定电流大于热元件额定电流，查表取“20A”，因此，所选热继电器型号为 JR16B-20/3D16。

### 3. 三相异步电动机点动/长动混合控制线路的识读

在生产实际中，常遇到既要点动又要长动的控制线路。这些线路的主电路都是一样的，

仅是控制线路的不同，如图 2-64 所示。

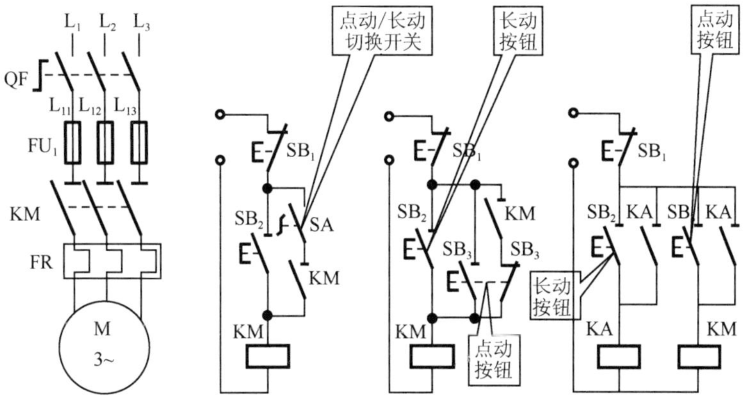


（a）主电路　（b）用开关　（c）用复合按钮　（d）用中间继电器

图 2-64　长动与点动控制线路

图 2-64 分别为实现长动与点动的各个线路。图（b）是用手动开关 SA 实现长动与点动转换的控制线路（打开 SA 为点动，闭上 SA 为长动）；图（c）用按钮 $SB_2$ 实现长动，用 $SB_3$ 实现点动；图（d）是利用中间继电器 KA 实现长动与点动的控制线路（按 $SB_2$ 为长动，按 $SB_3$ 为点动）。

1）图 2-64（b）是在长动控制线路的自保电路中串联一个开关 SA，当 SA 打开时，按下 $SB_2$ 为点动操作；当 SA 合上时，按下 $SB_2$ 为长动操作。

其工作原理用符号法表示如下：

当 SA−　　　　$SB_2$±——KM±——M±　　　电动机点动

当 SA+　启动：$SB_2$±——KM+自——M+　　　电动机长动

　　　　停止：$SB_1$±——KM——M−

其中：SA−及 SA+分别表示断开和合上开关，$SB_2$±及 $SB_1$±表示按下又释放按钮；KM±表示接触器线圈得电又失电，KM+自表示接触器线圈得电并自锁；M+及 M−表示电动机启动与停止。

2）图 2-64（c）是在长动控制线路的自保电路上增加一个复合按钮。按下 $SB_3$，常开触点接通了接触器线圈，而常闭触点切断了自锁回路，使其失去自锁功能而只有点动功能。放开 $SB_3$ 时，先断开常开触点，后闭合常闭触点，在这一过程中，接触器失电已使自保触点断开，接触器不可能继续得电，因此，$SB_3$ 是点动按钮。

电动机点动　　　　$SB_3$±——KM±——M±

电动机长动　启动：$SB_2$±——KM+自——M+

　　　　　　停止：$SB_1$±——KM−——M−

3）图 2-64（d）是在控制回路中增加了一个点动按钮 $SB_3$ 和一个中间继电器 KA（在控制电路中起信号传递、放大的作用，结构和工作原理与接触器相似，其典型型号 JZ7 相当一个最小的交流接触器）。按下 $SB_2$，中间继电器 KA 得电自保并使接触器 KM 得电，KM 主触点闭合使电动机进入连续运行。按 $SB_1$ 可使 KA 和 KM 同时失电，使电动机停转；按下 $SB_3$，只能使 KM 得电，因其没有自保，所以是点动操作。

电动机点动　　　　$SB_3\pm$ ——KM± ——M±

电动机长动　　启动：$SB_2\pm$ ——KA+自——KM+——M+

　　　　　　　停止：$SB_1\pm$ ——KA− ——KM− ——M−

比较上述三种线路如下：

（a）图比较简单，它是以开关的打开与闭合来区别点动与长动。由于启动都是用同一按钮 $SB_2$ 控制的，所以如果疏忽了开关操作，就会混淆长动与点动的作用。

（b）图虽然将点动与长动按钮分开了，但当接触器铁芯因剩磁而发生缓慢释放时，就会有点动变长动的危险。例如，在释放 $SB_3$ 时，它的常闭触点应该是在 KM 自锁触点断开后才闭合，如果接触器发生缓慢释放，自锁触点还未断开，$SB_3$ 的常闭触点却已闭合，接触器就不再失电而变成长动控制了，在某种极限状态下，这是十分危险的。所以，这种线路虽然简单但不可靠。

（c）图多用了一个按钮和一个中间继电器，从经济性来看是差了一些，然而其可靠性却大大提高了，是值得考虑的控制线路。

**思考并讨论**

1. 热继电器有什么作用？由哪些部分组成？各部分起什么作用？
2. 三相异步电动机的点动控制线路与长动控制线路有什么区别？
3. 三相异步电动机长动控制线路中有哪些保护环节？

## 2.2 三相异步电动机单向运行控制线路的安装、调试与维护

### 2.2.1 三相异步电动机单向运行控制线路的安装与调试

按照三相异步电动机单向运行控制的要求，设计相应的电气原理图、电气元件布置图和安装接线图后，就可进行电气控制线路或电气控制设备的安装和接线。

电气元件安装和接线的步骤和注意事项：

1）熟悉电气控制线路的工作原理。

2）确定所需的电器型号，选择相应的电器，了解电器各部件图形符号与实物的联系。

3）在安装板或控制箱上进行电器布置。按照电气元件布置图安排好各相关电气元件。

4）主电路连接导线截面需按照负载的大小进行选择；控制电路连接导线一般为 $1.5mm^2$ 或 $1.0mm^2$ 的软导线（如 BVR-1.5/7 系列塑铜软导线）。主电路导线可采用红、黄、绿和棕色（N 线），控制线路导线可用黑色，接地线可用黄绿线。

5）线路连接时，每个电器连接端点只能连两根导线；连接导线端头需安装接线叉片或接线鼻；电气装置连接导线端头还应套上有电气节点编号的套管；电器连接端头必须牢靠。电器间的连接导线必须从线槽中走线，并留有适当的余量，供以后维护或维修用。

6）按电气安装接线图进行连接，可先连接主电路，然后连接控制线路，控制电路连接时可优先考虑采用电位（或节点）连接法进行，即在同一电位的导线全部连接完后，才进行下一

个电位导线的连接。优点是接线时不容易接错；检查时容易发现多接或少接的导线。由于每个电器的连接端只能接两根线，因此，对于连接线比较多的电器节点，在连接该节点前，需按就近原则筹划安排电器连接端口的连接导线。这样，能减少拆装电器连接端口的次数和节约导线，加快连接时间。

7）线路连接完成后，首先应检查控制电路连接是否正确，然后通电试验，观察动作是否满足控制要求。直到完全满足控制要求为止。

在通电前，检查控制线路连接基本正确后，先用万用表电阻 100Ω 挡，测量控制电路的电源进线两端，若电阻为很大或无穷大，表明正常，若电阻为零或仅一点阻值，表明控制电路有问题，应检查连接导线是否有错误，直到正常为止；然后，可通电试验，观察动作是否满足功能要求，不满足，应进行排故，直到满足控制要求为止。

### 2.2.2 三相异步电动机单向运行控制线路的故障排除

三相异步电动机单向运行控制线路在运行过程中，会发生各种各样的故障，除机械方面的原因，更多的是电气控制方面的原因。作为电气工作人员，首先应能熟练排除电气方面的故障，以保证机床设备的正常运行。

#### 1. 排除故障的基本步骤及方法

1）熟悉电气控制线路的工作原理和控制线路的动作要求顺序。

2）通过试车观察故障现象。

3）用逻辑分析法判断产生故障的部位及原因，并分析记录。

4）用测量法确定故障点，并记录查找过程。

不通电检查——电阻法；通电检查——电压法或校灯法。

5）排除故障。

试验运行控制线路直至正常为止。

#### 2. 故障点检查基本方法

（1）电阻法

电路不通电，用万用表欧姆挡或校线挡。

通过线圈电阻是否能被测量或电器触点及导线是否导通，来判断控制电路是否导通，即电器触点线圈或导线是否完好。

操作过程以图 2-65 为例，采用万用表 100Ω 挡。

1）先检查控制电路。红表笔置于 $L_{11}$，黑表笔置于 $L_{13}$ 端。若电阻为无穷大，表明正常，继续第 2）步；若电阻为零，表示 1 和 5 端之间短路；若有线圈电阻，表明启动按钮 $SB_2$ 被短接；这时应检查线路是否有接线错误或元器件是否有问题（按钮 $SB_2$ 触点熔焊或 KM 线圈短路）。

2）按下 $SB_2$，能测量出线圈电阻，表明电路基本正常，可通电试验观察。若测出的电阻为零，表明 KM 线圈被短接，应立即检查接线是否正确或元器件是否有问题（如 KM 线圈是否短路）。此时不能通电试验。若测出的电阻为无穷大，表明电路断路。应检查连接导线或接通的接点或熔断器是否导通，或线圈是否断路。

3）检查方法：依次移动表笔，需要时，不断按按钮，以判断短路处。

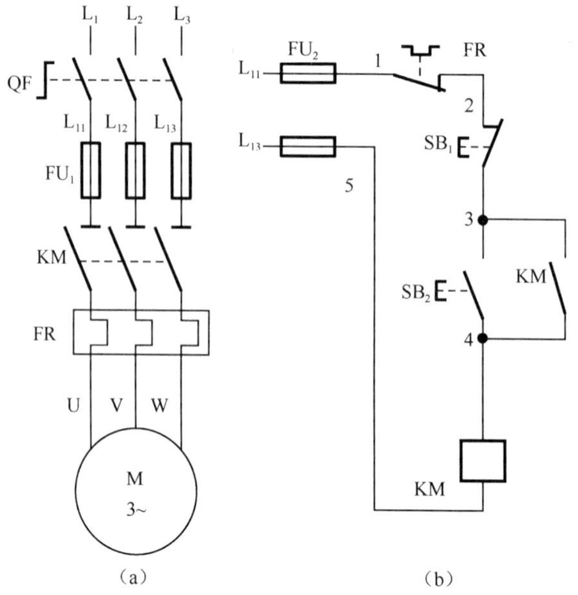


图 2-65 三相异步电动机长动控制线路

4）检查过程：

① 将黑表笔移到 1 处，若电阻为很大或无穷大，表明熔断器断开，检查熔丝是否断或接触是否良好。若电阻为零，表明熔断器是导通、好的；

② 将黑表笔移动到 FR 的 1 处，若电阻为很大或无穷大，表明 1 号导线断开，若电阻为零，表明 1 号导线是好的；

③ 将黑表笔移动到 FR 的 2 处，若电阻为很大或无穷大，表明 FR 的常闭触点断开，若电阻为零，表明 FR 的常闭触点是好的；

④ 将黑表笔移动到 $SB_1$ 的 2 处，若电阻为很大或无穷大，表明 2 号导线断开，若电阻为零，表明 2 号导线是好的；

⑤ 将黑表笔移动到 $SB_1$ 的 3 处，若电阻为很大或无穷大，表明 $SB_1$ 常闭触点断开或损坏，若电阻为零，表明 $SB_1$ 常闭触点是好的；

⑥ 将黑表笔移动到 $SB_2$ 的 3 处，若电阻为很大或无穷大，表明 3 号导线断开，若电阻为零，表明 3 号导线是好的；

⑦ 将黑表笔移动到 $SB_2$ 的 4 处，按下 $SB_2$，若电阻为很大或无穷大，表明 $SB_2$ 常开触点断开或损坏，若电阻为零，表明 $SB_2$ 常开触点是好的；

⑧ 将黑表笔移动到 KM 线圈的 4 处，按下 $SB_2$，若电阻为很大或无穷大，表明 4 号导线断开，若电阻为零，表明 4 号导线是好的；

⑨ 将黑表笔移动到 KM 线圈的 5 处，按下 $SB_2$，若电阻为很大或无穷大，表明 KM 线圈断开或损坏，若有线圈电阻，表明 KM 线圈是好的；

⑩ 将黑表笔移回 $L_{13}$，红表笔移动到 KM 线圈的 5 处，若电阻为很大或无穷大，表明 5 号导线断开，若电阻为零，表明 5 号导线是好的；

⑪ 将黑表笔移动到 $FU_2$ 的 5 处，若电阻为很大或无穷大，表明熔断器断开，检查熔丝是否断或接触是否良好？若电阻为零，表明熔断器是导通的。

5）如通电，KM 能正常启动，但没有自保。此故障现象应检查引至 KM 自保触点的两根导线及 KM 自保触点。

① 先检查引至 KM 自保触点的 3 号导线，先断开与 KM 自保触点连接的导线端，测量此 3 号线，若电阻为很大或无穷大，表明 3 号导线断开，若电阻为零，表明 3 号导线是好的；

② 用同样的方法测量引至 KM 自保触点的 4 号导线，如果 4 号导线也是好的，则可检查或判明 KM 自保触点坏。

（2）电压法

在电路能安全通电的前提下，可用电压表或校灯，通过测量线路中各个电气接点的电压是否正常，来判断控制电路触点或线圈或导线是否完好。

操作过程，同样以图 2-65 为例，控制电压为 380V，用万用表的 500V 挡。

1）表笔置于 $L_{11}$ 和 $L_{13}$ 端。若电压为 380V，则电源电压正常，继续 2）步；若电压很低或为零，表明电源电压有问题，应检查前级电源。

2）按下 $SB_2$，若 KM 通电接触，电动机旋转。表明电路正常，观察动作是否正常。若 KM 不动作，表明电路有断点，继续 3）步。

3）表笔移至熔断器的 1 和 5 端。红表笔为 1 端，黑表笔为 5 端。若电压为 380V，则熔断器正常，继续 4）步。若电压很低或为零，表明熔断器熔断了，应立即停电检查熔断器是否完好。

4）检查方法：依次移动表笔，必要时按下 $SB_2$，观察接点电压是否为 380V，若是表明为好，否则有断点。

5）检查过程：

① 保持黑表笔在 5 端，移动红表笔到 FR 的 1 端，若电压为零或很低，表明 1 号导线断线，若电压为 380V，则表明 1 号导线正常；

② 移动红表笔到 FR 的 2 端，若电压为零或很低，表明 FR 的常闭触点损坏或断开，若电压为 380V，则表明 FR 的常闭触点正常；

③ 移动红表笔到 $SB_1$ 的 2 端，若电压为零或很低，表明 2 号导线断线，若电压为 380V，则表明 2 号导线正常；

④ 移动红表笔到 $SB_1$ 的 3 端，若电压为零或很低，表明 $SB_1$ 的常闭触点损坏或断开，若电压为 380V，则表明 $SB_1$ 的常闭触点正常；

⑤ 移动红表笔到 $SB_2$ 的 3 端，若电压为零或很低，表明 3 号导线断线，若电压为 380V，则表明 3 号导线正常；

⑥ 移动红表笔到 $SB_2$ 的 4 端，按下 $SB_2$，若电压为零或很低，表明 $SB_2$ 常开触点断开，若电压为 380V，则表明 $SB_2$ 常开触点正常；

⑦ 移动红表笔到 KM 线圈的 4 端，按下 $SB_2$，若电压为零或很低，表明 4 号导线断开，若电压为 380V，则表明 4 号导线正常；

⑧ 保持红表笔不动，移动黑表笔到 KM 线圈的 5 端，按下 $SB_2$，若电压为零或很低，表明 5 号导线断开，若电压为 380V，则表明 5 号导线正常，KM 没有动作，表明 KM 线圈断开损坏了。

6）如通电，KM 能正常启动，但没有自保。此故障现象应检查引至 KM 自保触点的两根导线及 KM 自保触点。

① 保持黑表笔在 $FU_2$ 的 5 端。先检查引至 KM 自保触点的 3 号导线，先把与 KM 自保触

点连接的 3 号导线端断开，红表笔放在此处，若电压很低或为零，表明 3 号导线断开，若电压为 380V，表明 3 号导线是好的；

② 用同样的方法测量引至 KM 自保触点的 4 号导线，把与 KM 自保触点连接的 4 号导线端断开，红表笔放在此处，按下 $SB_2$，若电压很低或为零，表明 4 号导线断开，若电压为 380V，表明 4 号导线是好的；

③ 如果 4 号导线也是好的，则可检查或判明 KM 自保触点有问题。

3. 故障排除举例

【例 2-4】 以图 2-66 为例，假设启动按钮 $SB_2$ 常开触点断开。

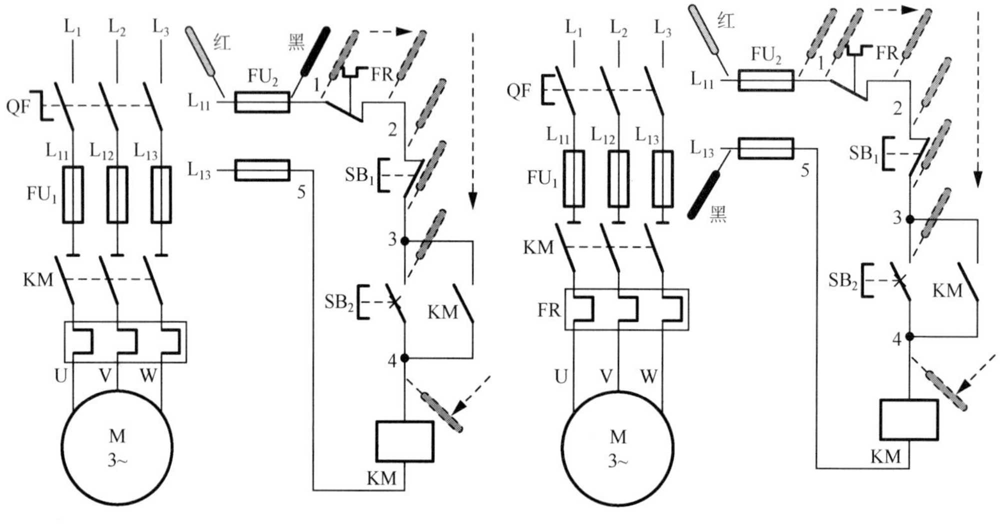


图 2-66 长动控制线路故障排除例 2-4 示意图

先通电试验观察故障现象：按启/停按钮 $SB_2$，KM 不动作。记录故障现象：KM 不动作，电动机不启动。

判断故障部位：KM 线圈通电回路。从 $FU_2$ 开始→1 号线→FR 常闭触点→2 号线→停止按钮 $SB_1$→3 号线→启动按钮 $SB_2$→4 号线→KM 线圈→5 号线→回 $FU_2$。

故障点检查基本方法：

1）电阻法。在断电情况下，用万用表 100Ω 挡，先检查控制电路，如图 2-66（a）所示。

① 将红表笔置于 $L_{11}$，将黑表笔置于 $FU_2$ 的 1 端，若电阻为很大或无穷大，表明熔断器断开，检查熔丝是否断。若电阻为零，表明熔断器是好的；

② 将黑表笔移到 FR 常闭触点的 1 处，若电阻为零，表明 1 号导线是好的；

③ 将黑表笔移到 FR 常闭触点的 2 处，若电阻为零，表明 FR 常闭触点是好的；

④ 将黑表笔移到 $SB_1$ 常闭触点的 2 处，若电阻为很大或无穷大，表明 2 号导线断开，若电阻为零，表明 2 号导线是好的；

⑤ 将黑表笔移到 $SB_1$ 常闭触点的 3 处，若电阻为零，表明 $SB_1$ 常闭触点是好的；

⑥ 将黑表笔移到 $SB_2$ 常开触点的 3 处，若电阻为零，表明 3 号导线是好的；

⑦ 将黑表笔移到 $SB_2$ 常开触点的 4 处，按下 $SB_2$，若电阻为零，表明 $SB_2$ 常开触点是

好的；

⑧ 现在应该是电阻为无穷大，表明 $SB_2$ 常开触点没有闭合，$SB_2$ 常开触点损坏。

2）电压法。在通电情况下，用万用表电压 500V 挡，先检查控制电路，如图 2-66（b）所示。

① 保持黑表笔在 $L_{13}$ 端，移动红表笔到 $FU_2$ 的 1 端，若电压为零或很低，表明 $FU_2$ 断开，应检查熔丝或接触是否良好，若电压为 380V，则表明 $FU_2$ 正常；

② 移动红表笔到 FR 常闭触点的 1 端，若电压为零或很低，表明 1 号导线断线，若电压为 380V，则表明 1 号导线正常；

③ 移动红表笔到 FR 常闭触点的 2 端，若电压为 380V，则表明 FR 常闭触点正常；

④ 移动红表笔到 $SB_1$ 常闭触点的 2 端，若电压为 380V，则表明 2 号导线正常；

⑤ 移动红表笔到 $SB_1$ 常闭触点的 3 端，若电压为 380V，则表明 $SB_1$ 常闭触点正常；

⑥ 移动红表笔到 $SB_2$ 常开触点的 3 端，若电压为 380V，则表明 3 号导线正常；

⑦ 移动红表笔到 $SB_2$ 常开触点的 4 端，按下 $SB_2$，若电压为 380V，则表明 $SB_2$ 常开触点正常；

⑧ 现在应该是电压为零，表明 $SB_2$ 常开触点断开。

记录故障点：$SB_2$ 常开触点损坏。

再通电检查，电路正常。

**【例 2-5】** 以图 2-67 为例，假设 KM 自保触点断开损坏。

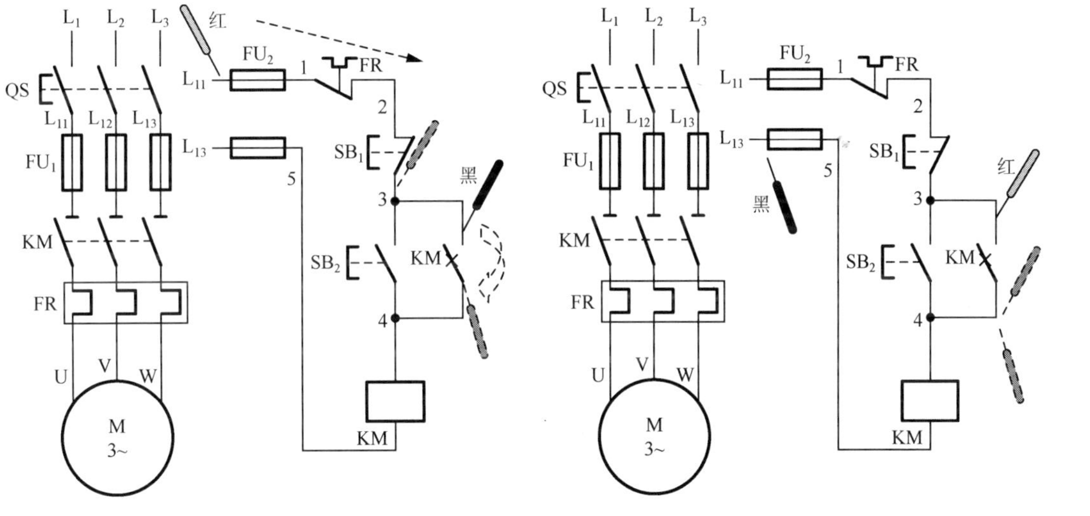


图 2-67 长动控制线路故障排除例 2-5 示意图

先通电试验观察故障现象：按启/停按钮 $SB_2$，KM 动作；释放 $SB_2$，KM 停止动作。记录故障现象：KM 不能自保，电动机点动运行。

判断故障部位：KM 自保回路。从停止按钮 $SB_1$ 的 3 处→3 号线→KM 自保触点→4 号导线→启动按钮 $SB_2$ 的 4 处。

故障点检查基本方法：

1）电阻法。在断电情况下，用万用表 100Ω 挡，先检查控制电路，如图 2-67（a）所示。

① 红表笔置于$L_{11}$，黑表笔置于KM自保触点的3处，若电阻为零，表明3号导线是好的；

② 将黑表笔移到KM自保触点的4处，按下$SB_2$，电阻若为零，表明4号导线是好的；

③ 据此可判断KM自保触点有问题，进一步检查，将红表笔移到KM自保触点的3处，手动接触器KM，按下$SB_2$，电阻应为无穷大，表明KM自保触点不能闭合，已损坏。

2）电压法。在通电情况下，用万用表电压500V挡，先检查控制电路，如图2-67（b）所示。

① 保持黑表笔在5端。移动红表笔到KM自保触点的3端，若电压为380V，则表明3号导线正常；

② 断开与KM自保触点的4处连接的导线，并将红表笔移动到导线断开处，按下$SB_2$，若电压为380V，则表明$SB_2$此4号导线正常；

③ 据此可判断KM自保触点有问题，进一步检查，将红表笔移动到导线断开的KM自保触点处，按下$SB_2$，KM动作，电压应为0V，表明KM自保触点断开，已损坏。

记录故障点：KM自保触点断开损坏。

再通电检查，电路正常。

## 技能训练

### 工作任务单

在安装板上进行图 2-68 所示的点动与长动混合控制线路的安装接线和调试。

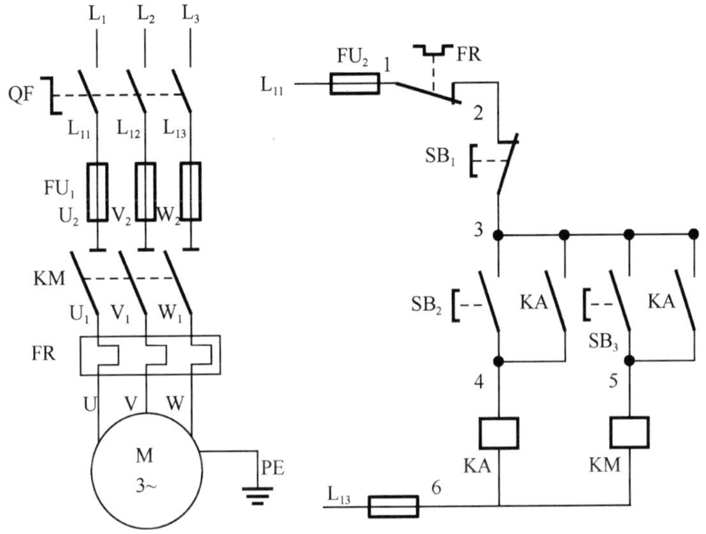


图 2-68 电动机长动/点动混合控制线路图

本任务首先由老师讲解相关知识点并在试验板上示教，学生边听边练习，然后根据任务书的要求，独立操作，完成三相异步电动机长动控制线路的安装调试。

**1．专业能力目标**

1）正确选用电动机长动控制线路的低压电气元件；

2）正确识读、安装三相异步电动机点动/长动混合控制线路；

3）能调试三相异步电动机点动/长动混合控制线路；

4）能排除三相异步电动机长动控制线路的简单故障；

5）具备对完整电气控制系统的调试、评价能力。

**2．方法能力目标**

具备独立工作能力、自学能力、交流能力、观察能力与表达能力。

**3．社会能力目标**

具备团结协作能力、计划组织能力、环境维护意识和安全文明生产等职业素养。

## 工作步骤（参考）

本任务的工作流程见图 2-69。

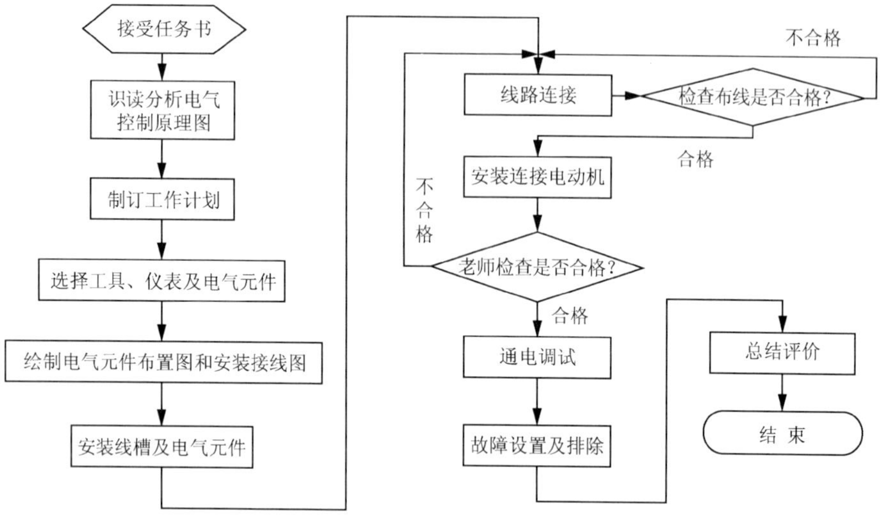


图 2-69　电动机点动控制线路安装调试工作流程图

### 1. 分析原理图

仔细分析图 2-68 所示的电气控制原理图，熟悉工作原理。

1）该控制线路由哪些低压电器组成?

2）试用符号法分析该电路的工作原理。

3）该控制电路具有哪些保护措施?

### 2. 工具、仪表与电气元件的选用

（1）工具与仪表的选用

工具与仪表的选用见表 1-2。

（2）电气元件的选用

设所用电动机额定功率为 2.2kW，额定电流为 4.5A。根据电气原理图 2-68 选用的电气元件型号、规格及数量见表 2-1。

表 2-1　电动机点动/长动控制线路电气元件明细表

| 名　称 | 规格型号 | 数　量 | 名　称 | 规格型号 | 数　量 |
|---|---|---|---|---|---|
| 低压断路器 QF | C45NC-20/3 | 1 | 三联按钮盒 | LA20-11/3H | 1 |
| 熔断器 $FU_1$ | RL1A-15/10A | 3 | 接线端子 $X_1$ | 主电路用 | 10 |
| 熔断器 $FU_2$ | RL1A-15/2A | 2 | 接线端子 $X_2$ | 控制电路用 | 6 |
| 交流接触器 KM | CJ10-10/380V | 1 | 线槽 | TC3025 | 若干 |
| 热继电器 FR | JR16B-20/3D5A | 1 | 导线 | BVR-1．0/7 | 若干 |
| 中间继电器 KA | JZ7-44/380V | 1 | 其他辅件 | 螺钉，垫圈，线鼻子 | 若干 |

注：学生可根据实训具体条件自行选择。

3．绘制电气元件布置图和安装接线图

（1）绘制电气元件布置图

根据试验板外形尺寸绘制如图 2-70 所示电气元件布置图。注意整齐均匀，间距合理，便于元件更换。注意电动机不安装在试验板上（学生也可以图 2-70 为参考，自己根据实际情况重新设计电气元件布置图）。

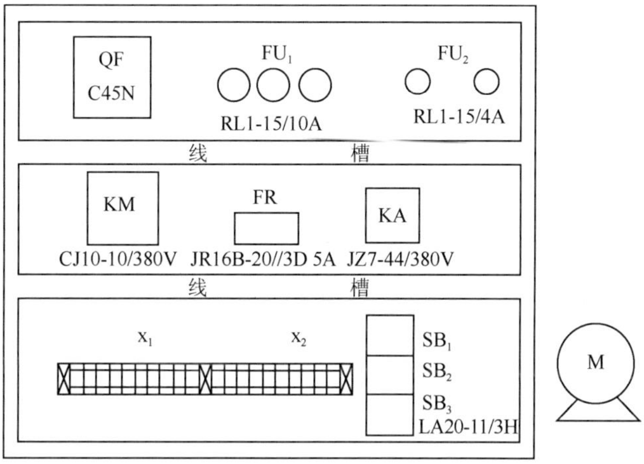


图 2-70 用中间继电器的长动/点动控制线路的电气元件布置图

（2）绘制安装接线图

根据电气原理图并结合各电气元件的布置关系，绘制如图 2-71 所示的安装接线图。

4．安装元件并布线

按图 2-71 所示的安装接线图，并按下述布线工艺要求进行线路的连接。

1）安装线槽时，应做到横平竖直、排列整齐均匀、安装牢固、便于走线。

2）布线时，严禁损伤线芯和导线绝缘层。

3）在进行线槽配线时，导线端部必须套编码套管和冷压接线头。

4）各电气元件接线端子引出导线的走向以元件的水平中心线为界限。在水平中心线以上接线端子引出的导线，必须进入元件上面的走线槽；在水平中心线以下接线端子引出的导线，必须进入元件下面的走线槽。任何导线都不允许从水平方向进入走线槽内。

5）各电气元件接线端子上引出或引入的导线，除间距很小或元件机械强度很差时允许直接架空敷设外，其他导线必须经过走线槽进行连接。

6）进入走线槽内的导线要完全置于走线槽内，并应尽可能避免交叉，装线不要超过其容量的 70%，以便于能盖上线槽盖和以后的装配及维修。

7）各电气元件与走线槽之间的外露导线，应合理走线，并尽可能做到横平竖直，垂直变换走向。同一个元件上位置一致的端子和同型号电气元件中位置一致的端子上，引出或引入的导线，要敷设在同一平面上，并应做到高低一致或前后一致，不得交叉。

8）所有接线端子、导线线头上，都应套有与电路图上相应接点线号一致的编码套管，并按线号进行连接，连接必须牢固，不得松动。

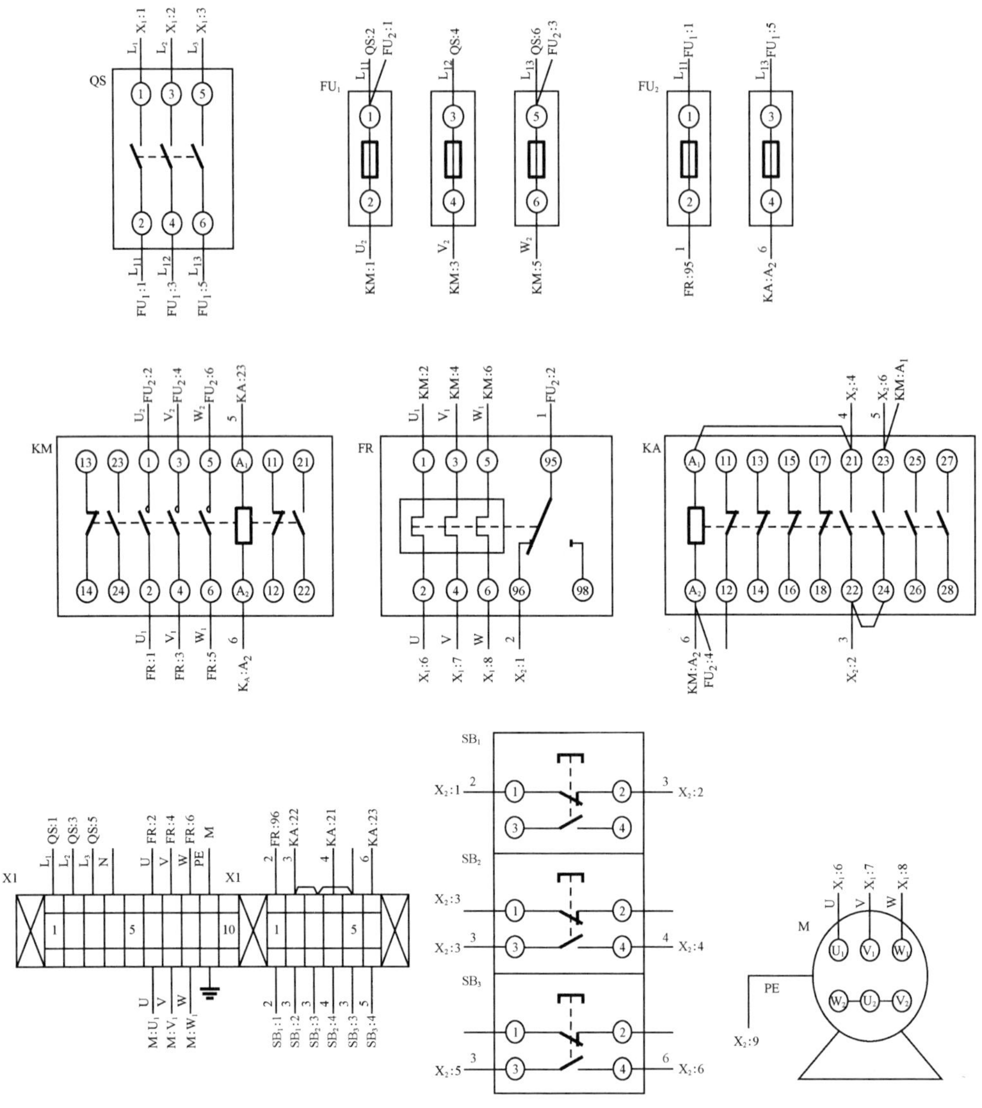


图 2-71 用中间继电器的长动/点动控制线路的电器安装接线图

9）在任何情况下，接线端子都必须与导线截面积和材料性质相适应。当接线端子不适合连接软线或不适合连接较小截面积的软线时，可以在导线端头穿上针形或叉形轧头并压紧。

10）一般一个接线端子只能连接一根导线，如果采用专门设计的端子，可以连接两根或多根导线，但导线的连接方式必须是公认的、在工艺上成熟的方式，如夹紧、压接、焊接、绕接等，并应严格按照连接工艺的工序要求进行。

**5. 检查布线**

线路连接完成后，首先应检查控制线路连接是否正确，然后不通电用万用表电阻 100Ω 挡，测量控制电路的电源进线两端，若电阻为无穷或很大，表明正常，若电阻为零或有很小的阻值，表明控制电路短路或有其他问题，应检查连接导线是否错误，直到正常为止。

**6. 安装电动机**

先连接电动机及所有金属外壳的保护地线，然后连接电源、电动机等控制板外部的导线。

**7. 自检**

1）外观检查有无漏接、错接，导线的接点接触是否良好。用万用表检查接触器线圈回路是否正常。

2）断开控制电路，检查主电路有无开路或短路现象。

3）可用兆欧表检查线路的绝缘电阻的阻值是否正常（一般应大于 0.5MΩ）。

**8. 通电调试**

1）用手拨动电动机的转子，观察转子是否有堵转的现象等。

2）在老师的监护下，合上电源开关 QF，按下 $SB_3$ 持续 1～2s，随即松开，观察电动机的点动运行是否正常（运行是否平稳，有无异常声音等）。

3）若电动机能正常运行，再按下 $SB_2$ 让电动机连续转起来，后按 $SB_1$ 让电动机自由停止。

**9. 故障处理**

在控制电路或主电路中分别人为设置一个电气故障，根据 2.2.2 节所介绍的方法进行故障检修和处理。

# 项目评价表

| | | | | |
|---|---|---|---|---|
| 学习情境：三相异步电动机的单向运行控制 | 班级 | | | |
| 工作任务：在安装板上进行图 2-68 所示的点动/长动混合控制线路的安装接线和调试 | 姓名 | | 学号 | |

**项目功能评价（25 分）**

| 序号 | 功能评价指标 | 成绩 |
|---|---|---|
| 1 | 系统是否实现了正确的工作任务要求 | |
| 2 | 使用的电气元件和所连接的电路是否任务是否符合工作任务要求 | |
| 3 | 电动机点动是否正常 | |
| 4 | 电动机长动是否正常 | |
| 5 | 电路系统工作是否可靠 | |
| | 分项得分 | |

**项目外观评价（15 分）**

| 序号 | 外观评价指标 | 成绩 |
|---|---|---|
| 1 | 所选电气元件是否正确合理 | |
| 2 | 是否符合元件安装布置图要求、电气元件安装是否正确、合理 | |
| 3 | 电路连接是否符合专业要求 | |
| 4 | 是否符合电路布线工艺要求 | |
| | 分项得分 | |

**项目过程评价（60 分）**

| 序号 | 考评内容 | 考评要求 | 评分标准 | 分值 | 成绩 |
|---|---|---|---|---|---|
| 1 | 电气原理图的绘制 | 正确绘制电气原理图；能实现控制要求；电气元件的图形符号、文字符号画法正确 | 1．电气元件的画法不正确，每处扣 1 分；<br>2．电气元件的标注不正确，每处扣 1 分；<br>3．功能不能实现，重新设计 | 5 | |
| 2 | 电气元件的选择 | 正确选择电气元件 | 电气元件的选择不合理，每件扣 1 分 | 5 | |
| 3 | 电气元件布置图 | 合理布置电气元件 | 电气元件的布置不合理，每处扣 1 分 | 5 | |
| 4 | 电气元件接线图 | 正确绘制电气元件接线图 | 电气元件接线图画法不正确，每处扣 1 分 | 5 | |
| 5 | 系统安装调试 | 能正确并完整接线；<br>电气元件的安装接线符合工艺要求；<br>线路检测方法合理正确 | 1．安装错线、漏线，每处扣 2 分；<br>2．错线、漏线号标注，每处扣 2 分；<br>3．导线安装不牢靠、松动、压皮、露铜，每处扣 2 分；<br>4．缺少必要的保护环节，每处扣 2 分；<br>5．调试方法不正确，扣 2 分；<br>6．工具使用不正确，每提示一次扣 1 分 | 30 | |
| 6 | 安全文明生产 | 参照相关的安全生产法规进行考评，确保设备和人身安全 | 1．每违反一次规定，扣 2 分；<br>2．环境卫生差，扣 2 分；<br>3．发生短路事故，每次扣 2 分；<br>4．发生重大安全事故取消考试资格 | 6 | |
| 7 | 考核时限 | 本实训的考核时限为 120 分钟 | 1．每超过 5 分钟，扣 1 分；<br>2．超过 30 分钟以上，重新做 | 4 | |
| 总评 | | | 分项得分 | | |
| | | | 教师签字： | 年　月　日 | |

## 习题二

### 一、填空题

1. 试列举两种用于不频繁手动接通和分断的开关电器________、________。

2. 列举两种主令电器________、________。

3. 选择接触器时应从其工作条件出发，控制交流负载时应选________，控制直流负载时应选________。

4. 接触器选用时，其主触点的额定工作电压应________或________负载电路电压，主触点的额定工作电流应________或________负载电路的电流，吸引线圈的额定电压应与控制回路电压________。

5. 中间继电器的作用是将一个输入信号变成________输出信号或将信号________。

6. 当电路工作时，熔断器的熔丝允许长期通过 1.2 倍的额定电流而不熔断，当电路发生________或________时，熔丝熔断切断电路。

7. 当接触器线圈得电时，使接触器________闭合，而________断开。

8. 热继电器是利用电流的________来工作的保护电器，它在电路中用做________。

9. 自动开关又称________，当电路发生________以及________等故障时，能自动切断电路。

10. 熔断器主要由________和安装熔丝的________组成。

### 二、简答题

1. 控制电器的基本功能是什么？

2. 电弧是怎么产生的？有什么危害？灭弧的手段主要有哪些？

3. 热继电器在电路中的作用是什么？带断相保护和不带断相保护的三相式热继电器各用在什么场合？

4. 低压断路器在电路中可起到哪些保护作用？

5. 试比较交流接触器和中间继电器的相同与不同之处。

6. 画出下列电气元件的图形符号，并标出其文字符号。

（1）熔断器　（2）热继电器的常闭触点　（3）复合按钮

（4）热继电器的热元件　（5）欠电流继电器的常闭触点

7. 电力拖动系统中的基本电气控制系统图有哪几种？各有什么功能？

8. 自锁环节是怎么构成的？有什么功能？

9. 试对比分析熔断器和热继电器在电路中的功能。

# 情 境 三

# 三相异步电动机的可逆运行控制

## 情境描述

在实际生产中，常需要运动部件具有正反两个方向的运动，例如，机床为满足加工工艺，要求工作台能作自动往复运动，主轴能正转与反转；建筑工地上卷扬机的吊钩要提升和下降等。上述这些部件的正反两个方向的运动都要用到三相异步电动机的可逆运行。

通过本情境的学习和实际操作训练，使学生首先掌握部分与电动机可逆运行控制相关的控制电器的种类与符号、结构与原理、使用与维护，同时掌握对具有三相异步电动机可逆运行控制的相关生产机械的电气控制系统的运行与维护技能。

## 学习与训练要求

**技能点：**

1. 正确使用常见的电工工具、电工仪表；
2. 正确识别、标识、选用三相异步电动机可逆运行所需的低压电器及相关辅件；
3. 正确识读并绘制三相异步电动机可逆运行控制系统的原理图、布置图和安装接线图；
4. 正确安装、调试三相异步电动机可逆运行控制线路；
5. 分析、排除三相异步电动机可逆运行控制线路的常见故障。

**知识点：**

1. 倒顺开关、行程开关、接近开关的结构和工作原理；
2. 三相异步电动机正反转控制原理；
3. 工作台自动往复运行控制原理；
4. 三相异步电动机正反转控制线路的装、调与故障排除；
5. 工作台自动往复运行控制线路的装、调与故障排除。

## 相关知识点

# 3.1 三相异步电动机的可逆运行控制原理

## 3.1.1 常用低压电器（2）

### 1. 倒顺开关

倒顺开关是组合开关的一种，其作用就是通过操作开关手柄，改变触点的通断情况，实现将电动机连接电源的任意两相交换，达到使三相异步电动机正/反转的目的，这种控制也称手动控制。在常用的各类组合开关中都有倒顺开关形式，如 HK1 系列、HZ10-□N/3、HZ3-132（133）等。倒顺开关的外形和原理图如图 3-1 所示。

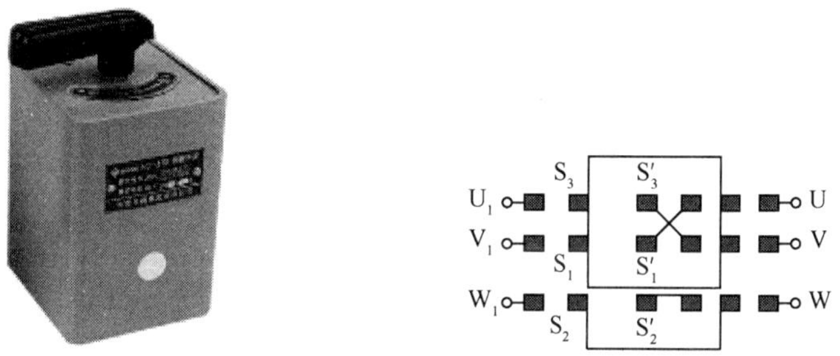


（a）外形　　（b）原理图

图 3-1　倒顺开关的外形及原理示意图

倒顺开关有 6 个固定触点，其中 $U_1$、$V_1$、$W_1$ 为一组，与电源进线相连；U、V、W 为另一组，与电动机定子绕组相连。当开关手柄置于“顺转”位置时，动触片 $S_1$、$S_2$、$S_3$ 分别与 U-$U_1$、V-$V_1$、W-$W_1$ 相连接，使电动机正转；当开关手柄置于“逆转”位置时，动触片 $S'_1$、$S'_2$、$S'_3$ 分别与 U-$U_1$、V-$W_1$、W-$V_1$ 接通，使电动机实现反转；当手柄置于中间位置时，两组动触片均不与固定触点连接，电动机停止运转。

倒顺开关在选用时，主要考虑以下因素：

1）壳架额定电压大于所处电路的额定电压；

2）壳架额定电流大于负载额定电流（一般取负载额定电流的 2.5 倍）。

### 2. 行程开关

在工作台自动往复运行控制线路中常采用行程开关或接近开关。这两种开关与按钮的区别：按钮是操作人员发指令的主令电器，而行程开关或接近开关是机械运动部件发信号的主令电器，但控制方式与按钮控制相同。

行程开关又称位置开关或限位开关。它的作用与按钮相同，只是其触点的动作不是靠手动操作，而是利用生产机械某些运动部件上的挡铁碰撞其滚轮使触点动作来实现接通或分断电路的。

行程开关的结构分为三部分：操作机构、触点系统和外壳，行程开关的外形及结构如图 3-2 所示。

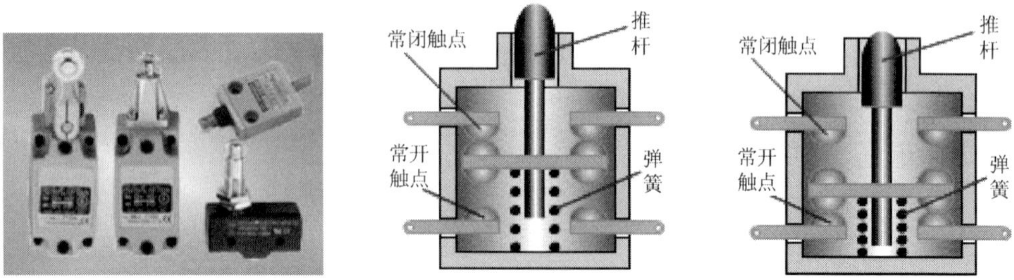


（a）外形图　（b）未撞击时　（c）撞击后

图 3-2　行程开关的外形和结构示意图

操作机构是开关的感测部分，接受机械设备发出的位移信号，并传递给触点系统。为了与各类机械有效配合，操作机构的形状有直动式、直动带轮式、摆动单轮式和摆动双轮式。触点系统是开关的执行部分，将位移信号转变为触点电信号，外壳为保护装置。

行程开关的工作原理与按钮一样。当操作机构有压力时，行程开关动作；当操作机构上没有压力时，行程开关则复位。行程开关的电气符号如图 3-3 所示。

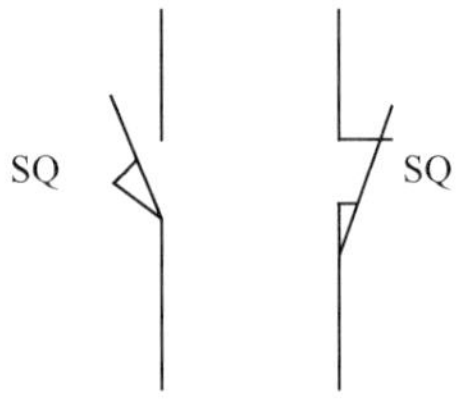


（a）动合触点　（b）动断触点

图 3-3　行程开关的电气符号

常用的行程开关有下面一些型号系列。

1）JLXK1 系列行程开关，有多种灵活的操作机构，常开、常闭触点各一对，触点额定电流为 5A，广泛应用于机床电气控制中。其型号含义如图 3-4 所示。

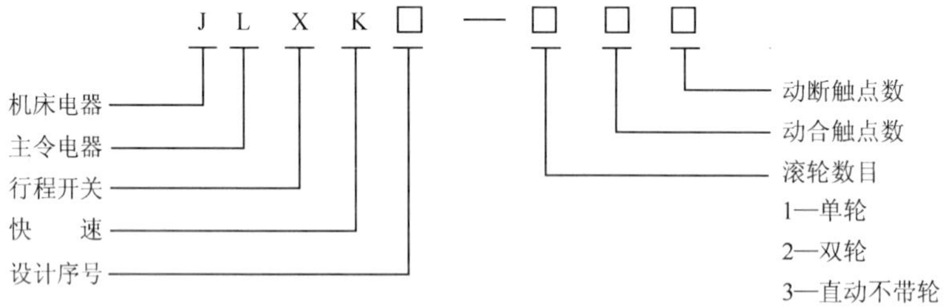


图 3-4　JLXK1 系列行程开关的型号含义

2）LX19 系列：常用做机械动作控制和程序控制，其外形、结构原理、技术条件和使用方法与 JLXK1 系列相似，型号含义如图 3-5 所示。

3）LXK3 系列：该系列行程开关的外壳与盖和传动装置的结合处都装有高性能的密封垫圈，所以该系列具有良好的防尘、防油和防水性能。其型号含义如图 3-6 所示。

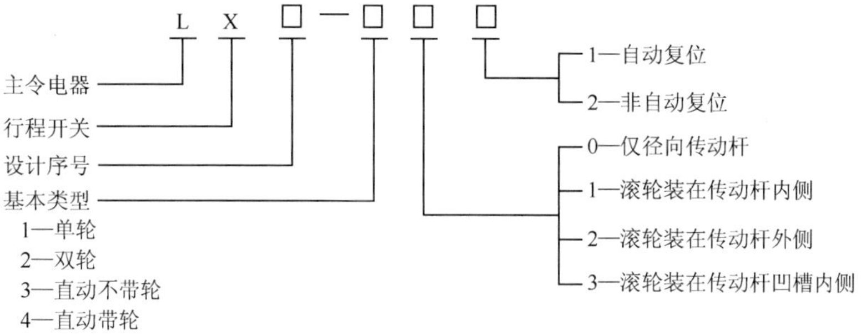


图 3-5 LX19 系列行程开关的型号含义

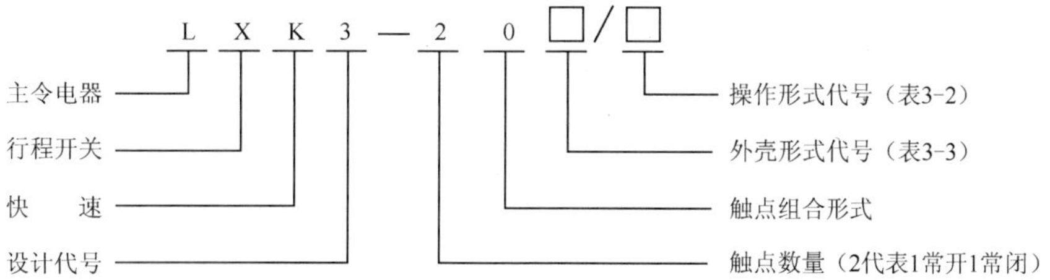


图 3-6 LXK3 系列行程开关的型号含义

LXK3 系列行程开关操作与外壳形式见表 3-1 和表 3-2。

**表 3-1 LXK3 系列行程开关操作形式**

| 标 记 | 含 义 | 标 记 | 含 义 |
|---|---|---|---|
| Z | 柱塞式 | J | 可调金属摆杆式 |
| L | 滚轮柱塞式 | $H_1$ | “叉”式，三轮在同一方向 |
| B | 滚轮转臂式 | $H_2$ | “叉”式，左轮在前，右轮在后 |
| T | 可调滚轮转臂式 | $H_3$ | “叉”式，右轮在前，左轮在后 |
| D | 弹性摆杆式 | W | 万向式 |

**表 3-2 LXK3 系列行程开关外壳形式**

| 标 记 | 含 义 |
|---|---|
| K | 无保护外壳，开启式 |
| S | 竖式，底部有一出线孔 |
| H | 横式，底部两侧各有一出线孔 |

**小提示**

行程开关的选用：在工程上主要根据动作要求、安装位置及触点数量来选择。

### 3．接近开关

行程开关工作时操作机构的推杆与挡块总有机械碰撞以及触点的机械分合，在动作频繁时，容易发生故障，工作可靠性较低。近年来，随着电子器件的发展和控制装置的需要，一些非接触式的行程开关应运而生，这类产品的特点是当挡块运动时，不需要与开关的部件接触即可发出电信号，故以其使用寿命长、操作频率高、动作迅速可靠而得到了广泛的应用。这类开关有接近开关、光电开关等。

接近开关是一种非接触式的位置开关，它由感应头、高频振荡器、放大器和外壳组成。当运动部件与接近开关的感应头接近时，就使其输出一个电信号。

接近开关有高频振荡型、电容型、感应电桥型、永久磁铁型、霍尔效应型等多种，其中以高频振荡型最为常用。高频振荡型接近开关的电路由振荡器、晶体管放大器和输出电路三部分组成，其控制由装在运动部件上的一个金属片移近或离开振荡线圈来实现。

常用的电感高频振荡式接近开关型号有 LJ1、LJ2、LJ5 等系列，电容式接近开关型号有 LXJ15、TC 等系列产品。接近开关的外形结构和电气符号如图 3-7 所示。

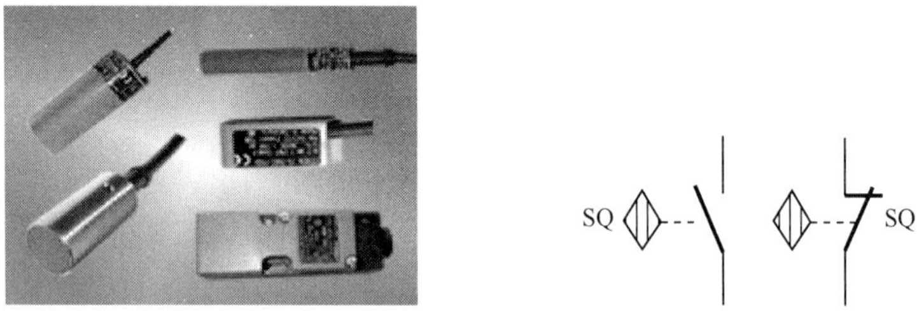


（a）外形结构　　（b）电气符号

图 3-7　接近开关的外形结构和电气符号

LJ5 系列接近开关的相关技术参数见表 3-3。

表 3-3　LJ5 系列接近开关的相关技术参数

| 接近开关类型 | 额定工作电压/V | 约定动作距离/mm | |
|---|---|---|---|
| | | 金属外壳 | 非金属外壳 |
| 直线两线型 | 10～30 | 5.8 | 10.15 |
| 直线三线型 | 6～30 | 5.8 | 10.15 |
| 直线四线型 | 10～30 | 5.8 | 10.15 |
| 交流接近开关 | 30～220 | 5.8 | 10.15 |

**小提示**

在实际工作中选用接近开关时，一般主要根据用途、安装位置、被检测物体的材质和位置检测精度要求来决定。不同类型的接近开关的接线方式可参考产品的使用说明书。

接近开关的型号含义如图 3-8 所示。

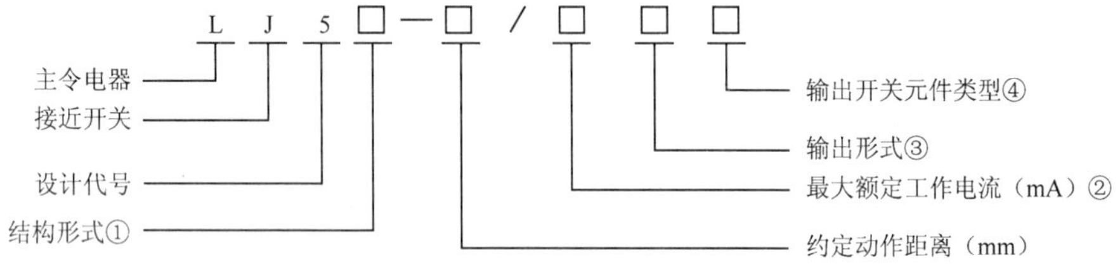


图 3-8　接近开关的型号意义

图 3-8 中各序号的注释如下：

① 结构形式：A—圆柱螺纹型；B—方型；C—槽型；D—贯穿型；

② 最大额定工作电流：1—交流 300mA；2—直流两线 50mA；3—直流三线 300mA；4—直流四线 2×50mA；

③ 输出形式：0—两线常开型；1—两线常闭型；2—三线常开型；3—三线常闭型；4—四线常开常闭型；

④ 输出开关元件类型：0—NPN 型；1—PNP 型。

例如，LJ5A-5/10，LJ5B-10/321。

**思考并讨论**

1. 行程开关有什么作用？其结构、原理是什么？有哪些常用型号及特点？
2. 什么是接近开关？其结构原理是什么？有哪些常用型号及特点？

## 3.1.2 三相异步电动机正反转控制原理及控制线路的识读

在实际工作中电动机需要向正反两个方向转动，由三相异步电动机的工作原理可知，其转向取决于三相电源的相序，当电动机输入电源的相序为 $L_1$-$L_2$-$L_3$，即为正相序时，电动机正转。这时，只需将三相电源中的任意两相对调交换相序，即可使电动机反向运转。

正反转运行线路又称为双向可逆线路，根据采用的电器不同，可分为开关控制和接触器控制两大类。

### 1. 倒顺开关控制的正、反转线路

根据倒顺开关的工作原理，可采用它来实现电动机的正反转控制，控制电路如图 3-9 所示。

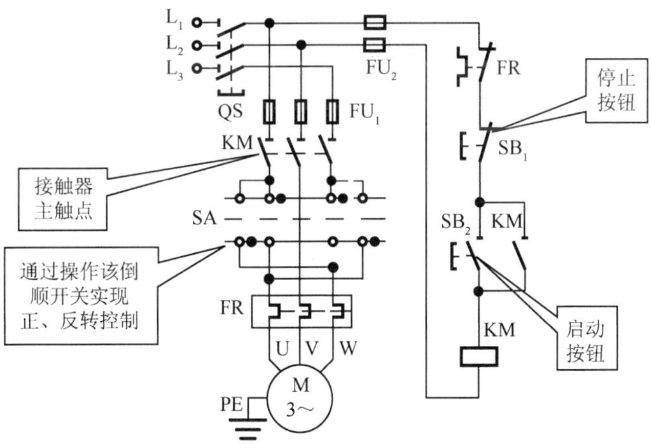


图 3-9 倒顺开关控制的正反转电路

图 3-9 是用倒顺开关控制的电动机正反转线路，QS 为电源开关，$FU_1$ 为电路保护熔断器，SA 为倒顺开关。其工作原理是：当 SA 放在中间“停”的位置时，线路不通，电动机停转；当左扳到“顺”或右扳到“倒”时，利用倒顺开关来改变电动机的通电相序，预选电动机的旋转

方向后，再通过按钮 $SB_2$、$SB_1$ 控制接触器 KM 来接通和切断电源，控制电动机的启动与停止。

倒顺开关正反转控制电路所用电器少，线路简单，但这是一种手动控制线路，频繁换向时操作人员的劳动强度大、操作不安全，因此一般只用于控制额定电流 10A、功率在 3kW 以下的小容量电动机。生产实际中更常用的是接触器正反转控制电路。

### 2. 接触器控制的正反转线路

用倒顺开关进行三相异步电动机的正反转控制，仅适合于小容量和控制要求较简单的电动机，如果是大容量和控制要求较高的电动机正反转运行则需要采用接触器控制。

（1）正反转基本控制电路

根据三相异步电动机正反转切换需改变电源相序的要求，现可用两个接触器的不同相序接法来实现。如图 3-10 所示的主电路，当 $KM_1$ 接通时，电源的相序是一种情况，电动机能正转；当 $KM_2$ 接通时，电源的相序则相反，电动机反转。

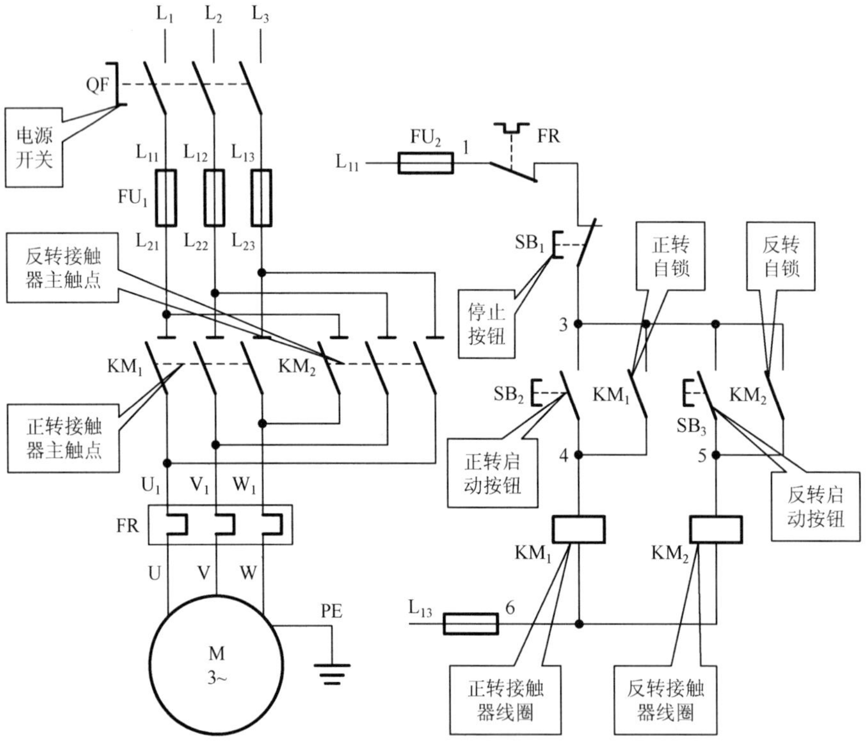


图 3-10　接触器控制的电动机正反转基本电路

线路控制原理如下：先合上电源开关 QF。

正转启动：流程如图 3-11 所示。

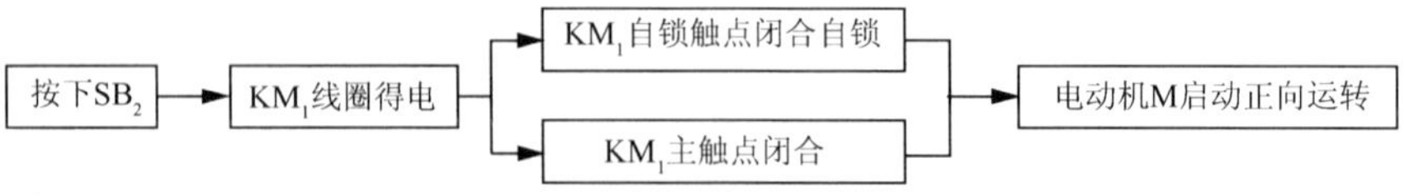


图 3-11　电动机正转启动流程

停止流程如图 3-12 所示。

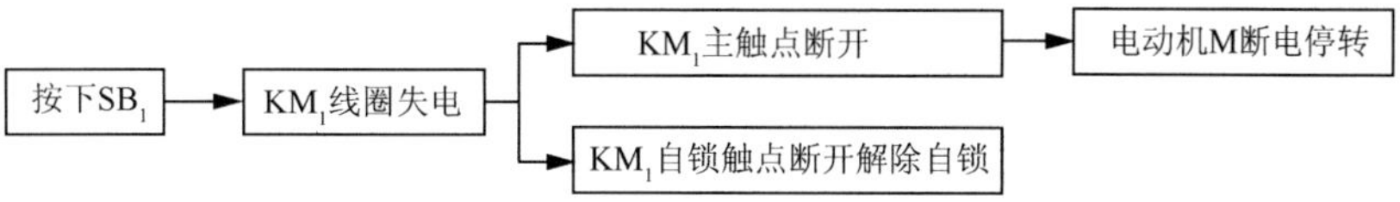


图 3-12 电动机停止流程

反转启动流程如图 3-13 所示。

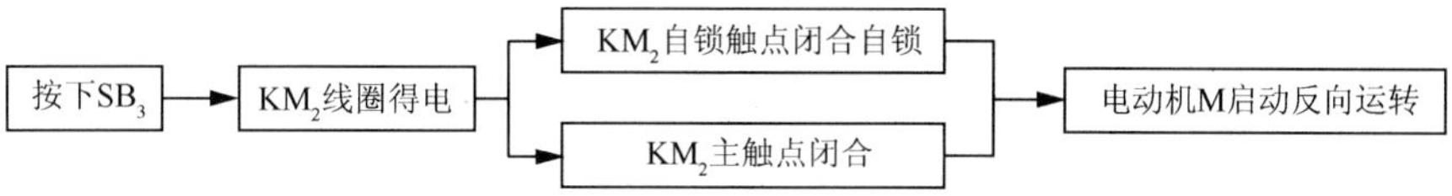


图 3-13 电动机反转启动流程

反转停止与正转停止的操作和原理相似。

该电路很方便地实现了正反转的自动控制。但是，它存在一个问题：若同时按下 $SB_2$ 和 $SB_3$，则接触器 $KM_1$ 和 $KM_2$ 线圈同时得电并自锁，它们的主触点都闭合，这时会造成电动机三相电源的相间短路，引起严重事故，所以该电路不能使用。

（2）接触器互锁的正反转控制电路

为了避免两接触器同时得电而造成电源相间短路，在控制电路中，分别将两个接触器 $KM_1$、$KM_2$ 的辅助动断触点（常闭触点）串接在对方的线圈回路里，如图 3-14 所示。这样，每个接触器的线圈电路是否能接通，将取决于另一接触器是否处于释放状态。例如，如果 $KM_1$ 已经接通，它的常闭触点把 $KM_2$ 的线圈电路切断，这时无论怎么按 $SB_3$ 按钮，$KM_2$ 线圈都不可能接通，从而就避免了两个接触器同时接通的可能。

**小提示**

在图 3-14 中，分别将两个接触器 $KM_1$、$KM_2$ 的辅助常闭触点串接在对方的线圈回路里，从而实现两个接触器之间的相互制约，这种控制效果叫电气连锁（或电气互锁）。而这两对起连锁作用的触点称为连锁触点（或互锁触点）。

接触器互锁的电动机正反转的控制原理如下：

首先合上电源开关 QF。

正转启动流程如图 3-15 所示。

停止流程如图 3-16 所示。

反转启动流程如图 3-17 所示。

符号分析如下：

电动机正转：　$SB_2\pm$ ——$KM_1+$自——M+正

当电动机要反转，先停止：$SB_1\pm$ ——$KM_1-$——M−正

电动机反转：　$SB_3\pm$ ——$KM_2+$自——M+反

（3）按钮、接触器双重互锁的正反转控制电路

用接触器互锁的电动机正反转控制线路虽然避免了两接触器同时接通的可能，但若想从

正转过渡到反转或从反转过渡到正转时，必须先按下停止按钮，然后再按启动按钮才行，操作略显不方便。因此，可采用按钮连锁和接触器电气连锁的双重连锁控制线路。

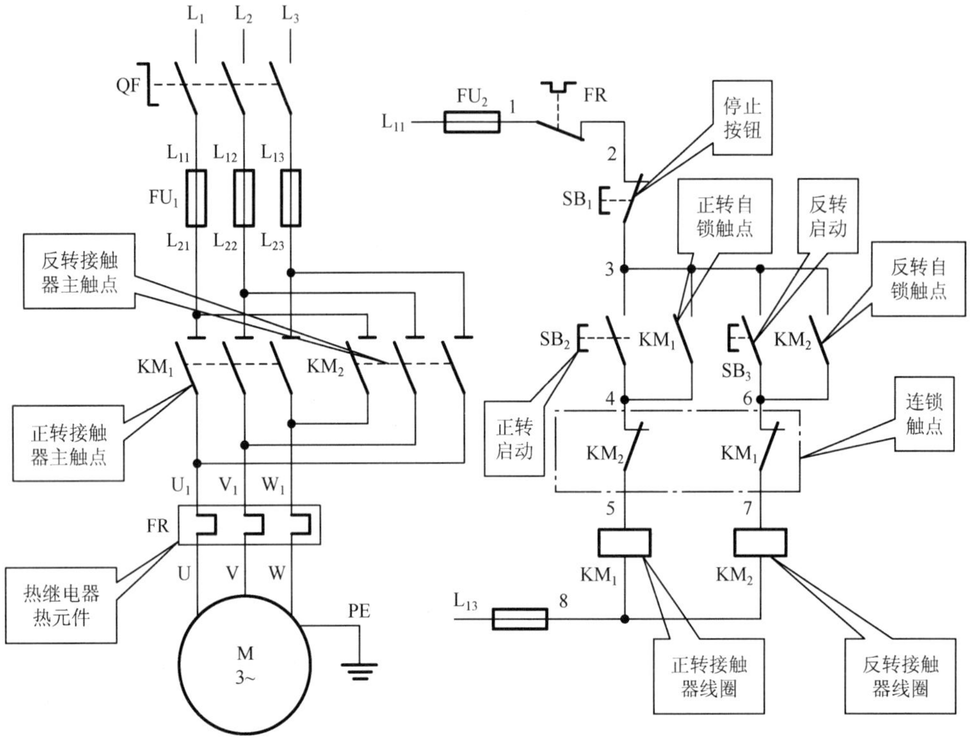


图 3-14 接触器互锁的电动机正反转控制电路

图 3-15 电动机正转启动流程

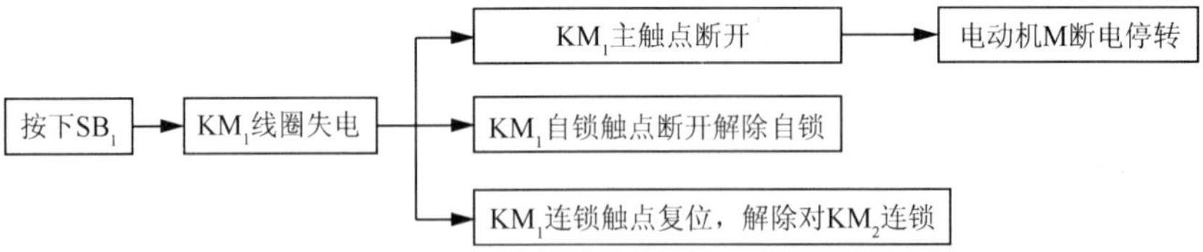


图 3-16 电动机停止流程

图 3-17 电动机反转启动流程

图 3-18 就是按钮、接触器双重互锁的正反转控制电路。按钮互锁就是将复合按钮动合触点作为启动按钮，而将其动断触点作为互锁触点串接在另一个接触器线圈支路中。这样，要使电动机改变转向，只要直接按反转按钮就可以了，而不必先按停止按钮，简化了操作。

该控制电路的工作原理可由学生自己分析。

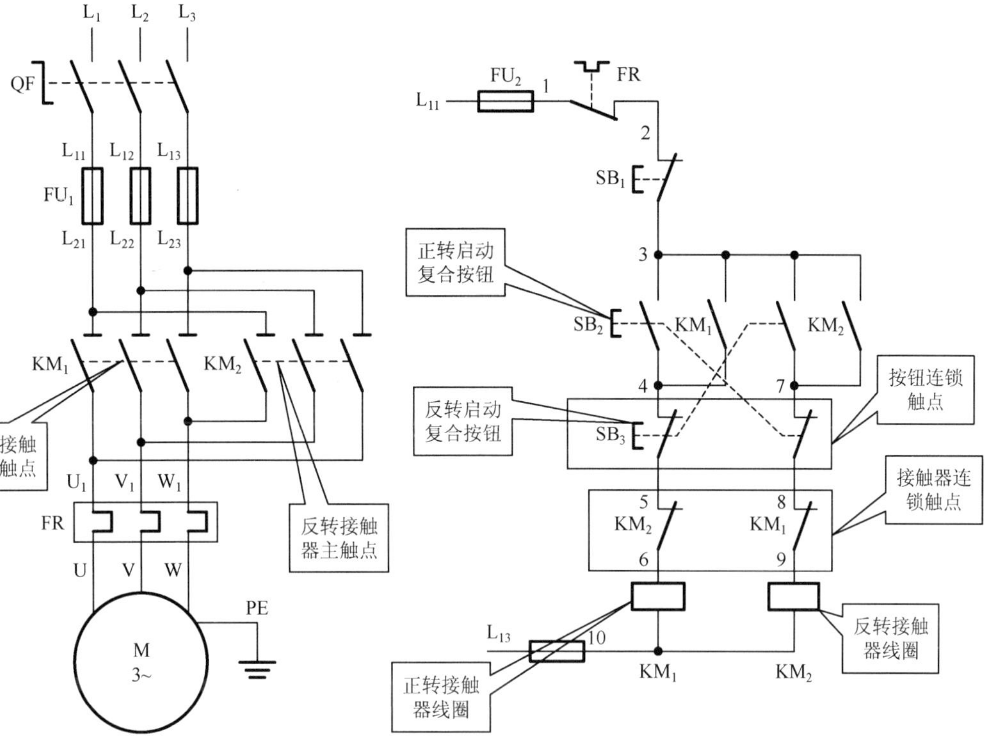


图 3-18　按钮、接触器双重互锁的电动机正反转控制电路

**思考并讨论**

1. 分析图 3-18 所示控制电路的工作原理，体会什么是双重互锁？为什么要采用双重互锁？

2. 在图 3-18 中，将 $KM_1$ 的常闭触点串接在 $KM_2$ 的线路中，同时也将 $KM_2$ 的常闭触点串接在 $KM_1$ 的线路中，这种接法有何作用？换成常开触点接在回路中效果一样吗？

## 3.1.3　工作台自动往复运行控制原理及控制线路的识读

### 1. 限位断电控制线路

如图 3-19 所示是为了达到预定点后能自动断电的控制电路。按下启动按钮后，接触器得电自锁，电动机旋转，工作台向某一方向运动。当到达预定地点时，工作台上的撞块压下限位行程开关 SQ，使 KM 断电，电动机停转，工作台停止运动。所以，行程开关在这里起停止按钮的作用。

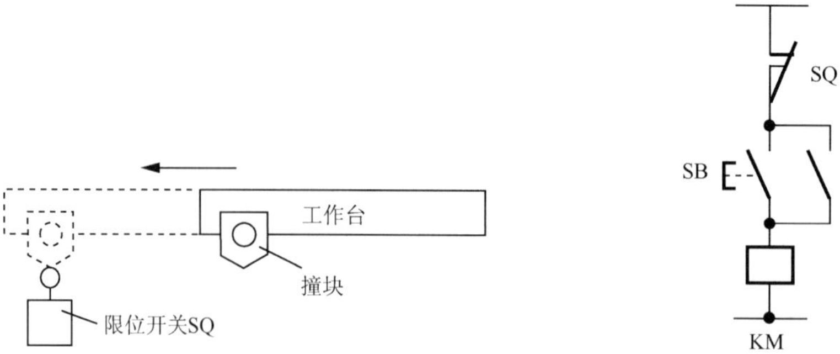

（a）工作台工作状态　　（b）电气符号

图 3-19　限位断电控制

## 2. 限位通电控制线路

图 3-20 是为达到预定位置后能自动通电的控制线路。当机械运动前进到预定点时撞击限位行程开关 SQ，使接触器 KM 通电而起到控制作用。图 3-20（a）是点动控制线路，当撞块压下 SQ 时，KM 得电，撞块离开 SQ 时，KM 失电。图 3-20（b）是长动控制线路，当撞块压下 SQ 时，KM 得电并自锁。

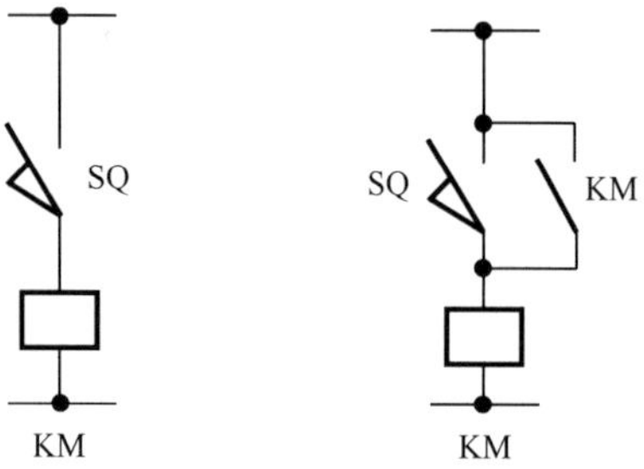

（a）点动控制　　（b）长动控制

图 3-20　限位通电控制

## 3. 工作台自动往复循环控制线路

将上述两种电路结合在一起，就可构成如图 3-21 所示的行程开关控制的正反转电路。它与按钮控制正反转电路相似，只是增加了行程开关的复合触点 $SQ_1$ 及 $SQ_2$。它们适用于龙门刨床、铣床、导轨磨床等工作部件往复运动的场合。

工作台的运动示意图如图 3-21（a）所示，电路工作原理如图 3-21（b）所示。按下正向启动按钮 $SB_2$，接触器 $KM_1$ 得电并自锁，电动机正转使工作台前进（右移）。当运行到 $SQ_2$ 位置时，撞块压下 $SQ_2$，$SQ_2$ 动断触点使 $KM_1$ 断电，$SQ_2$ 的动合触点使 $KM_2$ 得电动作并自保，电动机反转使工作台后退（左移）。当撞块又压下 $SQ_1$ 时，$KM_2$ 断电，$KM_1$ 得电，电动机又重复正转。

图 3-21 中限位行程开关 $SQ_3$、$SQ_4$ 是用做极限位置保护的。当 $KM_1$ 得电，电动机正转，运动部件压下行程开关 $SQ_2$ 时，应该使 $KM_1$ 失电，而接通 $KM_2$，使电动机反转。但若 $SQ_2$ 失灵，运动部件继续前行会引起严重事故。若在行程极限位置设置 $SQ_4$（$SQ_3$ 装在另一极端位置），则当运动部件压下 $SQ_4$ 后，$KM_1$ 失电而使电动机停止。这种限位保护的行程开关在行程控制电路中必须设置。

这种利用运动部件的行程来实现控制的称为按行程原则的自动控制或简称为行程控制。

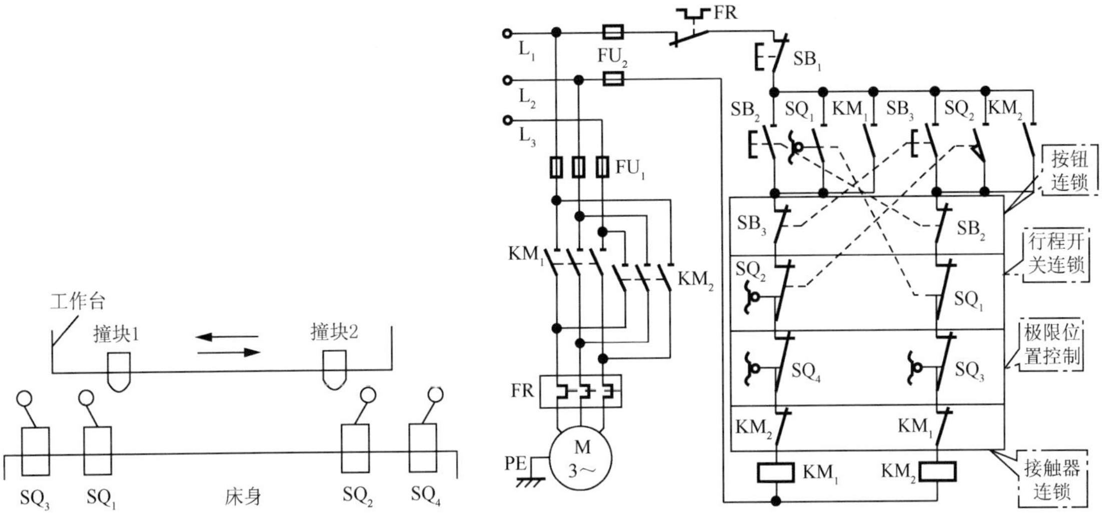


（a）工作台运动示意图　　（b）自动往返循环控制电路

图 3-21　工作台自动往返运动的示意图及控制电路

电路工作原理分析：

启动时，按下正转启动按钮 $SB_2$，$KM_1$ 线圈得电并自锁，电动机正转运行并带动机床运动部件右移，当运动部件上的撞块 2 碰撞到限位行程开关 $SQ_2$ 时，将 $SQ_2$ 压下，使其动断触点断开，切断了正转接触器 $KM_1$ 线圈回路；同时 $SQ_2$ 的动合触点闭合，接通了反转接触器 $KM_2$ 线圈回路，使 $KM_2$ 线圈得电自锁，电动机由正向旋转变为反转，带动运动部件向左运动，当运动部件上的撞块 1 碰撞到限位行程开关 $SQ_1$ 时，$SQ_1$ 动作，使电动机由反转又转入正转运行，如此往返运动。从而实现运动部件的自动循环控制。

若启动时工作台在右端，应按下 SB3 进行启动。

**思考并讨论**

1. 仔细体会行程开关在控制电路中的作用？
2. 在图 3-21（b）中，按钮 $SB_3$ 在电路中起什么作用？
3. 在图 3-21（b）中，如果接触器 $KM_1$ 不能自锁，试分析工作现象如何？

# 3.2　三相异步电动机的可逆运行控制线路的安装与调试

## 3.2.1　三相异步电动机正反转控制线路的安装调试与故障排除

### 1. 控制线路的安装与调试

线路的安装与调试请参照 2.2.1 三相异步电动机单向运行控制线路的安装与调试。

### 2. 排除故障的基本步骤及方法

为保证具有电动机正反转控制的生产机械的正常运行，下面简单介绍一些故障排除的方法和步骤。

1）熟悉正反转控制线路的工作原理和控制线路的动作顺序。

2）通电试车观察故障现象。

3）用逻辑分析法判断故障产生的部位及原因，并分析记录。

4）用测量法确定故障点，并记录查找过程。不通电检查——电阻法；通电检查——电压法或校灯法。具体操作步骤在情境二中有详细的叙述，可参考。

5）排除故障。采取相应措施排除故障后，再试验性地运行控制线路，直至正常为止。

**3．故障排除举例**

**【例 3-1】** 如图 3-22 所示，假设 $FU_2$ 处的 10 号线断开，请检查并排除故障。

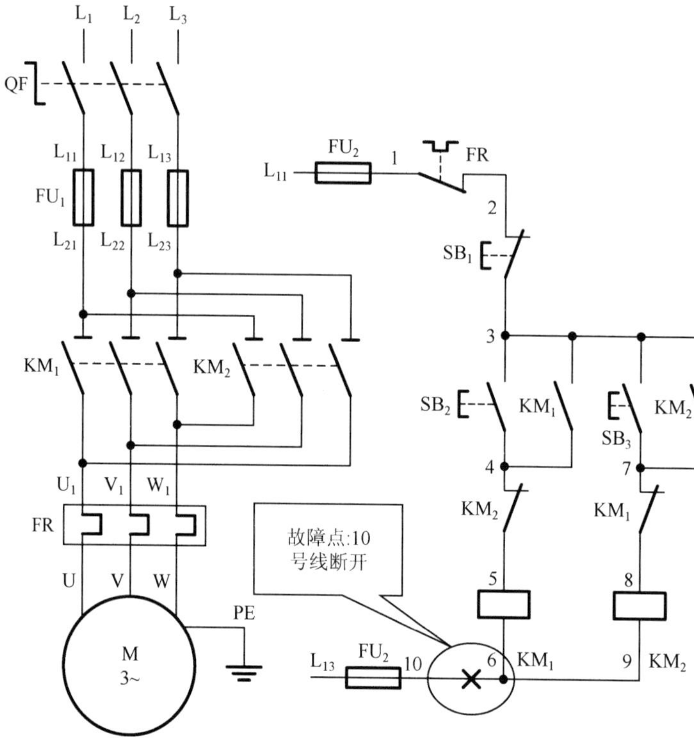


图 3-22 接触器互锁的电动机正反转控制电路故障设置

先通电试验确定故障现象：按下正转启动按钮 $SB_2$，$KM_1$ 不动作；按下反转启动按钮 $SB_3$，$KM_2$ 也不动作。由此确定故障现象为 $KM_1$ 和 $KM_2$ 都不能动作，电动机无法运转。

确定故障部位：从 $L_{11}$ 开始到 $L_{13}$ 止，先检查整个控制电路的公共部分，然后再分别检查正转、反转各自的回路。

故障点检查方法：

1）电阻法。在断电情况下用万用表的100Ω 挡，在此为了简化描述，我们就直接从上述电路的中间查起，如图 3-23 所示。

① 将红表笔置于 $L_{11}$ 处，将黑表笔置于 $KM_1$ 线圈上方 5 处，按下 $SB_2$，这时测得的电阻值为零，表明此段电路是完好导通的。

② 将红表笔置于 $L_{13}$ 处，黑表笔移至 $KM_1$ 线圈下方 6 处，这时测得的电阻应为无穷大，

表明 10 号导线是断开的，因此故障就在此。

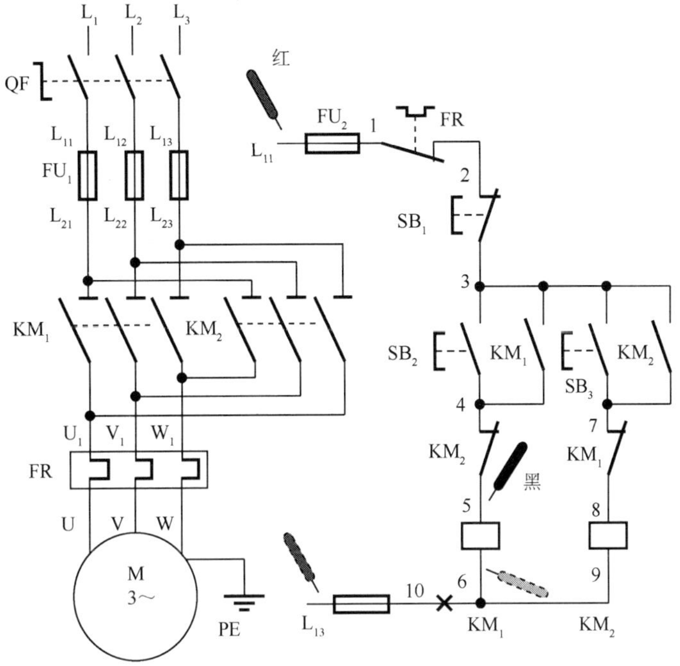


图 3-23 接触器互锁的电动机正反转控制电路电阻法故障排除例 3-1 示意图

2）电压法。在通电情况下用万用表的 500V 挡，同样为简化描述，我们还是直接从上述电路的中间查起，如图 3-24 所示。

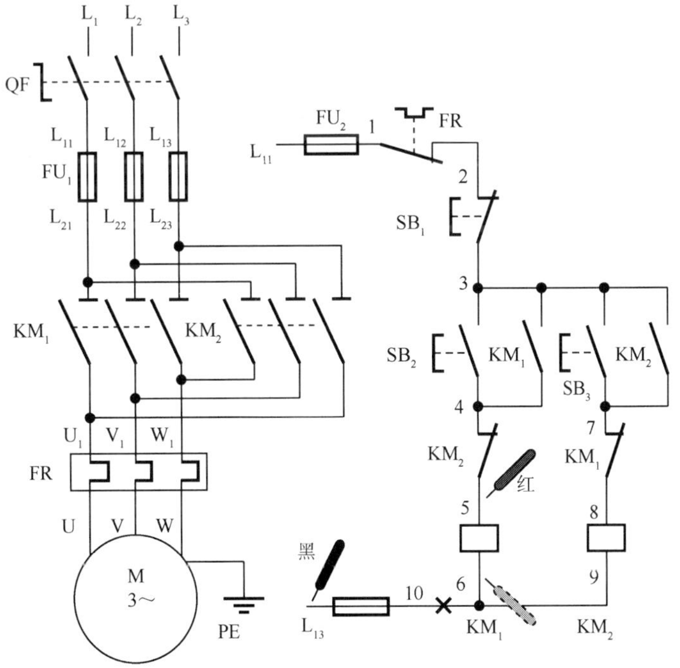


图 3-24 接触器互锁的电动机正反转控制电路电压法故障排除例 3-1 示意图

① 保持黑表笔在 $FU_2$ 的 10 端，移动红表笔到 $KM_1$ 线圈的上方 5 处，按下 $SB_2$，这时测得的电压应是 380V，表明从 1～5 这段线路是完好的。

② 将黑表笔移至 $KM_1$ 线圈下方的 6 处，按下 $SB_2$，现在的电压应为 0V，表明 10 号导线已损坏而断开了。

③ 记录故障点，并采取相应措施处理，使电路恢复正常。

**【例 3-2】** 仍以如图 3-22 为例，假设 $KM_1$ 线圈断开，按正转启动按钮不能启动电动机运行，请检查并排除故障。

首先通电试车观察故障现象：按下 $SB_2$，$KM_1$ 没反应；再按 $SB_3$，电动机能反转启动。确定故障现象：$KM_1$ 线圈回路有故障，电动机不能正转启动运行。

接下来查找故障点位置：从 $L_{11}$ 开始到 $L_{13}$ 为止，先检查整个控制电路的公共部分，然后再分别检查正转、反转各自的回路。

故障点检查方法：

1）电阻法。在断电情况下用万用表的100Ω 挡，在此为了简化描述，直接从上述电路的中间查起，如图 3-25 所示。

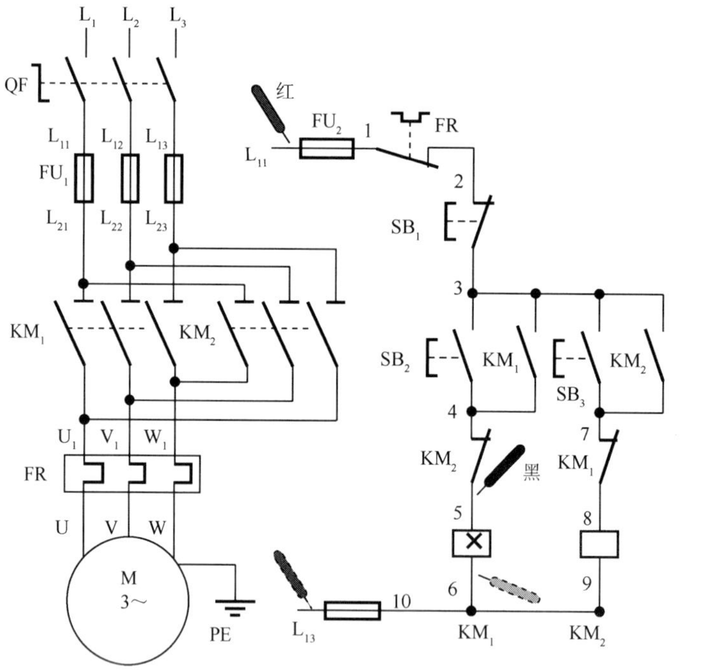


图 3-25 接触器互锁的电动机正反转控制电路电阻法故障排除例 3-2 示意图

① 将红表笔置于 $L_{11}$ 处，将黑表笔置于 $KM_1$ 线圈上方 5 处，按下 $SB_2$，这时测得的电阻值为零，表明 1～5 这段的电路是完好导通的。

② 将黑表笔移至 $KM_1$ 线圈下方 6 处，这时测得的电阻应为无穷大，表明 5～6 间的 $KM_1$ 线圈断开损坏了。再将红表笔置于 $L_{13}$ 处，这时测得的电阻应为零，说明 10 号线是好的。故障就在 $KM_1$ 线圈处。

2）电压法。在通电情况下，用万用表的 500V 挡，同样为简化描述，还是直接从上述电路的中间查起，如图 3-26 所示。

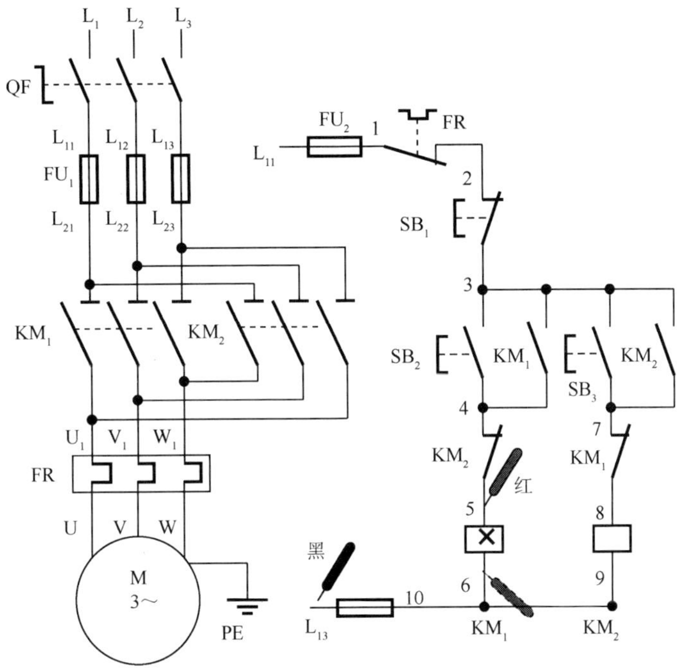


图 3-26 接触器互锁的电动机正反转控制电路电压法故障排除例 3-2 示意图

① 将黑表笔置于 $FU_2$ 的 10 端，移动红表笔到 $KM_1$ 线圈的上方 5 处，按下 $SB_2$，这时测得的电压应是 380V，表明从 1～5 这段线路是完好的。

② 将红表笔移至 $KM_1$ 线圈下方的 6 处，按下 $SB_2$，再测电压，这时的电压也为 0V，表明 $KM_1$ 线圈是断开或损坏了。

记录该故障点，并采取相应措施处理，使电路恢复正常。

**思考并讨论**

1. 电动机正反转控制电路中为什么要有连锁？如何连锁？
2. 如图 3-22 所示，接线后，试运行时发生下列故障现象，请分析其故障原因：
   （1）按正转，电动机正转不启动；按反转，电动机反转点动。
   （2）按正转，电动机正转启动；按停止，电动机正转不停。

## 3.2.2 工作台自动往复运行控制线路的装调与故障排除

### 1．线路结构分析

分析图 3-21（b）可以看出，该线路的主电路部分与正反转电路的主电路相同，而辅助电路部分稍微复杂些。所以，在线路安装过程中要注意如图 3-27 所示电路部分，这里导线比较多，容易出错。特别是在 1 处，连接在一起的导线有 7 根，在 2 处和 3 处，连接在一起的导线也分别都是 3 根，这些地方在布线时都要按相关工艺规范妥善处理好。

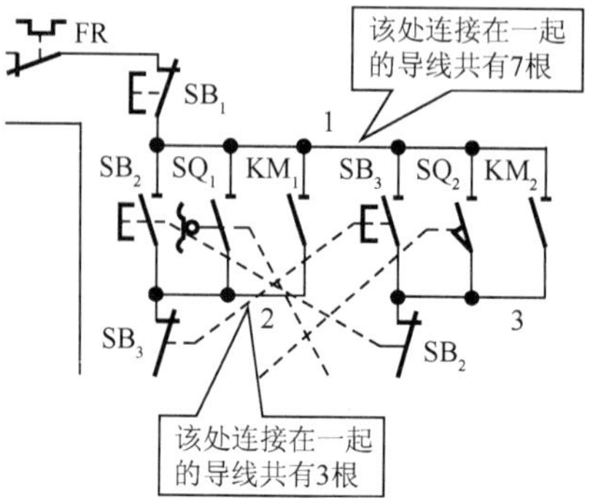


图 3-27 自动往返循环控制电路（局部）

## 2．安装调试步骤和注意事项

1）首先要熟悉电气控制线路的工作原理。

2）确定所需的电器型号，选择相应的电气元件，并了解电器各部件图形符号与实物的联系。

3）在安装板或控制箱上进行电器布置。按照电气元件布置图的规划安排好各相关电气元件、线槽和接线端子排。

4）主电路连接导线截面需按照负载的大小进行选择；控制电路连接导线一般为 $1.5mm^2$ 或 $1.0mm^2$ 的软导线（如 BVR-1.5/7 系列塑铜软导线）。主电路导线可采用红、黄、绿和棕色（N线），控制线路导线可用黑色，接地线可用黄绿线。

5）线路连接时，每个电器连接端点只能连接两根导线；连接导线端头需安装接线叉片或接线鼻；电气装置连接导线端头还应套上有电气节点编号的套管；电器连接端头必须牢靠。电器间的连接导线必须从线槽中行走，并留有适当的余量，供以后维护或维修用。

6）按电气安装接线图进行连接，可先连接主电路，然后连接控制线路，控制电路连接时可优先考虑采用电位（或节点）连接法进行，即在同一电位的导线全部连接完后，再进行下一个电位导线的连接。优点是接线时不容易接错；检查时容易发现多接或少接的导线。由于每个电器的连接端只能接两根线，因此，对于连接线比较多的电气节点，在连接该节点前，需按就近原则筹划安排电器连接端口的连接导线。这样能减少拆装电器连接端口的次数和节约导线，加快连接时间。

7）线路连接完成，首先应检查控制电路连接是否正确，然后通电试验，观察动作是否满足功能要求。直到完全满足控制要求为止。

在通电前，检查控制线路连接基本正确后，先用万用表电阻 100Ω 挡，测量控制电路的电源进线两端，若电阻为很大或无穷大，表明正常，若电阻为零或仅一点阻值，表明控制电路有问题，应检查连接导线是否有错误，直到正常为止；然后，可通电试验，观察动作是否满足功能要求，不满足，应进行排故，直到满足控制要求为止。

## 3．故障处理

以图 3-28 电路为例，在控制电路和主电路中分别人为地设置一个电气故障。

（1）控制电路训练

1）用试验法观察故障现象。

先合上电源开关 QF，然后按下 $SB_2$（或 $SB_3$），再按下 $SQ_2$（或 $SQ_1$），发现 $KM_1$ 及 $KM_2$

不吸合。

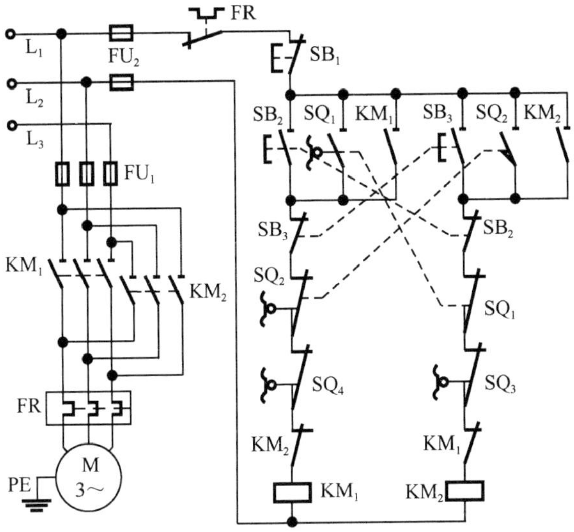


图 3-28　工作台自动往返运动控制线路

2）用逻辑分析法缩小故障范围。

根据故障现象（$KM_1$ 及 $KM_2$ 不吸合）确定故障点可能在控制电路的公共支路上，如图 3-29 所示。

3）用测量法确定故障点。

利用电工工具和仪表，采用电压法或电阻法来确定故障点，如图 3-29 所示，（具体方法前已述及）。

（2）主电路训练

1）用试验法观察故障现象。

先合上 QF，按下 $SB_2$ 时，电动机正转。当按下 $SQ_2$ 时，电动机反转但转速极低甚至不转，并发出“嗡嗡”声，此时应立即切断电源。

2）用逻辑分析法缩小故障范围。

根据故障现象分析，问题可能出现在电源电路和主电路上，如图 3-30 所示。

3）用测量法确定故障点。

断开 QF，拆除电动机并恢复绝缘。再合上 QF，按下 $SQ_2$，用测电笔沿着主回路从上至下依次测试各接点，查得交流接触器 $KM_2$ 的 $W_1$ 段的导线处开路。

4）根据故障点的情况，重新接好 $W_1$ 处的连接点或更换同规格的连接接触器 $KM_2$ 输出端 $W_1$ 与热继电器受电端的导线。

5）检修完毕通电试车。

切断电源重新连接好电动机的负载线，在老师同意并监护下，合上 QF，按下 $SB_2$（或 $SB_3$），再按下 $SQ_2$（或 $SQ_1$）观察电动机是否能实现先正转再反转运行，按下停止按钮 $SB_1$ 电动机能停止。

反复测试，直到正确为止。

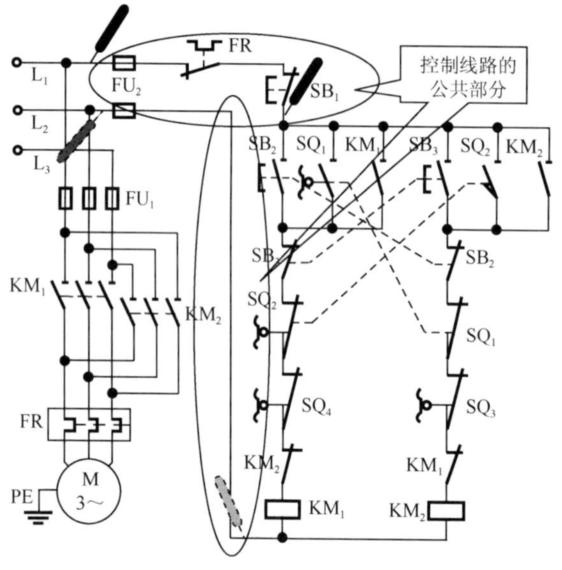


图 3-29　辅助电路部分故障范围示意图

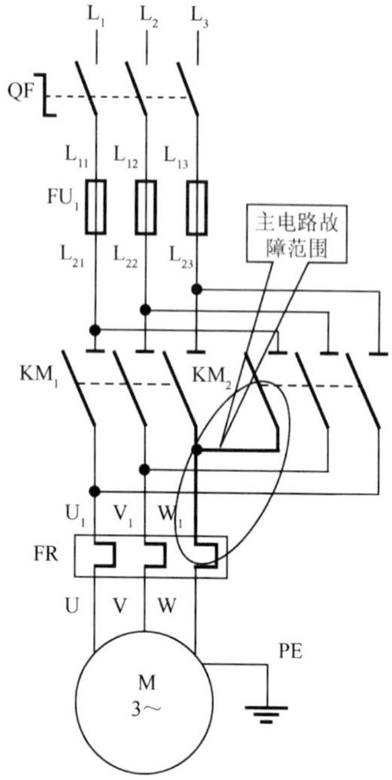


图 3-30　主电路部分故障范围示意图

## 技能训练

### 工作任务单

接触器互锁的正反转控制电路是正反转控制线路中最典型的控制电路，请在规定时间内对该电路进行安装和调试，如图 3-31 所示。

**1. 专业能力目标**

1）正确选用正反转控制线路所需的低压电气元件；
2）能正确安装、调试三相异步电动机正/反转控制线路；
3）能排查三相异步电动机正/反转控制线路的简单故障；
4）具备对完整电气控制系统的调试、评价能力。

**2. 方法能力目标**

具备一定的工作方法，以及自学能力、交流能力、观察能力与表达能力。

**3. 社会能力目标**

具备团结协作能力、计划组织能力、环境维护意识和安全文明生产等职业素养。

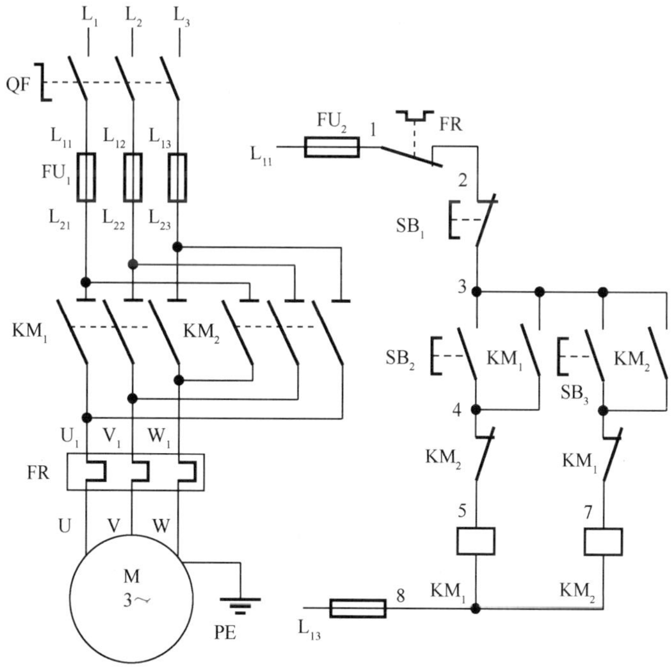


图 3-31 接触器互锁的正反转控制电路

## 工作步骤（参考）

本任务的工作流程如图 2-69 所示。

### 1．分析电气原理图

仔细识读、分析图 3-31 所示电气控制原理图，熟悉其工作原理。

1）该控制线路由哪些低压电器组成的？

2）试用符号法分析该电路的工作原理。

3）该控制电路具有什么样的保护措施？

### 2．工具、仪表与电气元件的选用

（1）工具与仪表的选用

工具与仪表的选用见表 1-2。

（2）电气元件的选用

根据图 3-31 所示的电气原理图，设电动机额定功率为 2.2kW，额定电流为 4.5A。选用电气元件的规格、型号及数量见表 3-4。

表 3-4　正反转控制线路电气元件清单

| 名　称 | 规格型号 | 数　量 | 名　称 | 规格型号 | 数　量 |
|---|---|---|---|---|---|
| 低压断路器 QF | C45NC-20/3 | 1 | 三联按钮盒 | LA20-11/3H | 1 |
| 熔断器 $FU_1$ | RL1A-15/10A | 3 | 接线端子 $X_1$ | 主电路用 | 10 |
| 熔断器 $FU_2$ | RL1A-15/2A | 2 | 接线端子 $X_2$ | 控制电路用 | 10 |
| 交流接触器 KM | CJ10-10/380V | 2 | 线槽 | TC3025 | 若干 |
| 热继电器 FR | JR16B-20/3D5A | 1 | 导线 | BVR-1.0/7 | 若干 |

注：学生也可根据实训条件选择相应的电气元件。

### 3．绘制电气元件布置图和安装接线图

（1）绘制电气元件布置图

根据试验板外形尺寸绘制如图 3-32 所示的电气元件布置图。学生也可以此为参考，自己重新设计电气元件布置图。设计时注意元件布置整齐均匀，间距合理，以便于元件更换和线路检修。考虑到电动机的外形和质量，可不安装在试验板上，放在试验台上即可。

（2）绘制安装接线图

根据电气原理图并结合各电气元件的布置关系，绘制如图 3-33 所示的安装接线图。

### 4．安装元件并布线

按图 3-32 所示布置好各电气元件，紧固各元件时，用力要均匀，紧固程度适当，不能损坏电气元件。电气元件先对角固定，不要一次拧紧，待螺钉全部上齐后再逐个拧紧。固定时用力不要过猛，不能损坏电气元件。

按图 3-33 所示的安装接线图，并按下述布线工艺要求进行线路的连接。

1）布线应横平竖直，分布均匀，变换走向时应垂直转向。布线通道要尽可能的少，同路并行导线按主、控电路分类集中，且导线单层平置、并行密排，紧贴安装面板。

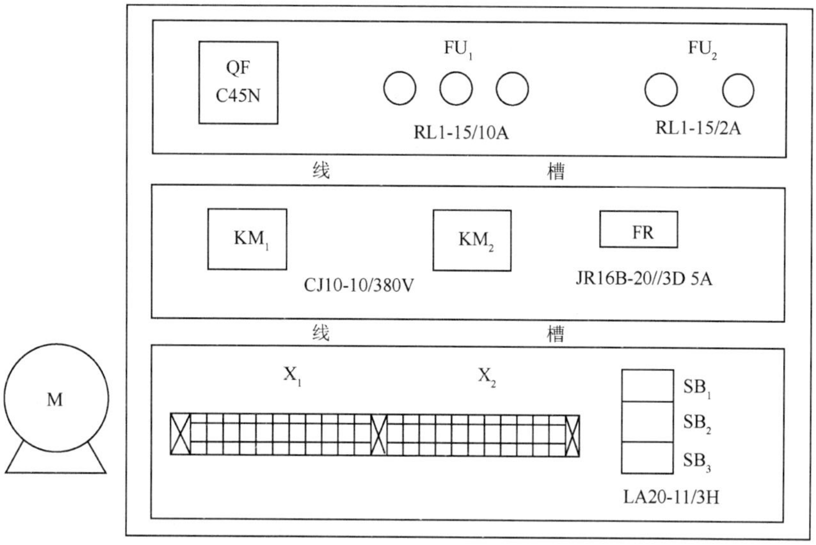


图 3-32 接触器互锁正反转控制电气元件布置图

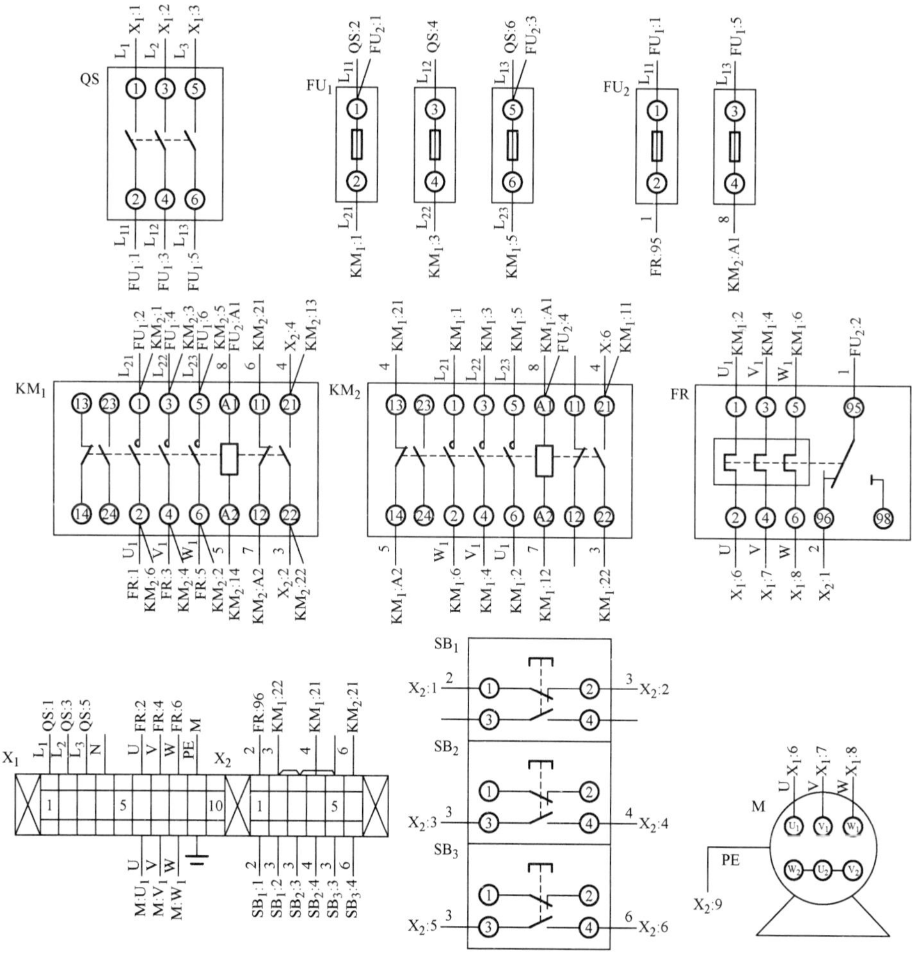


图 3-33 接触器互锁正反转控制电路安装接线图

2）控制线路的导线应高低一致，但在电气元件的接线端处为满足走线合理时，引出线可水平架空跨越板面导线。布线严禁损伤线芯和导线绝缘层。

3）布线顺序先控制线路，后主电路，以不妨碍后续布线为原则。

4）每根导线剥去绝缘层的两端要套上编码套管，编号方法采用从上到下，自左到右，逐列依次编号，每经过一个电气元件接线端子编号递增并遵循等电位同编号的原则。

5）导线与接线端子或接线桩连接时，不得压绝缘层、不反圈及不露铜过长（一般露铜 2mm 为宜）。

6）同一元件、同一回路的不同接点的导线间距离应保持一致。

7）一个电气元件接线端子上的连接导线不得多于两根，接线端子板上的连接导线一般只允许连接一根。

**5．检查布线**

线路连接完成后，首先应检查控制线路连接是否正确，然后不通电用万用表电阻 100Ω 挡，测量控制电路的电源进线两端，若电阻为无穷大或很大，表明正常，若电阻为零或有很小的阻值，表明控制电路短路或有其他问题，应检查连接导线是否错误，直到正常为止。然后再通电试验，观察动作情况，直到完全满足控制要求为止。

**6．安装电动机**

先连接电动机及所有带金属外壳器件的保护地线，然后连接电源、电动机等控制板外部的导线。

**7．通电调试**

1）用手拨动电动机的转子，观察转子是否有堵转现象等。

2）在老师的监护下，合上电源开关 QF，再按下 $SB_2$（或 $SB_3$）及 $SB_1$，看控制是否正常，并在按下 $SB_2$ 后再按下 $SB_3$，观察有无连锁作用。

3）在调试过程中，要注意安全操作和文明生产。

**8．故障处理**

在控制电路或主电路中分别人为设置一个电气故障，根据 3.2.1 节所介绍的方法进行故障检修和处理。

# 项目评价表

| 学习情境：三相异步电动机的可逆运行控制 | 班级 | | | |
|---|---|---|---|---|
| 工作任务：在安装板上进行图 3-31 所示的正反转控制线路的安装接线和调试 | 姓名 | | 学号 | |

**项目功能评价（25 分）**

| 序号 | 功能评价指标 | 成绩 |
|---|---|---|
| 1 | 系统是否实现了正确的工作任务要求 | |
| 2 | 使用的电气元件和所连接的电路是否任务是否符合工作任务要求 | |
| 3 | 电动机正转是否正常 | |
| 4 | 电动机反转是否正常 | |
| 5 | 电气互锁功能是否体现 | |
| 6 | 电路系统工作是否可靠 | |
| | 分项得分 | |

**项目外观评价（15 分）**

| 序号 | 外观评价指标 | 成绩 |
|---|---|---|
| 1 | 所选电气元件是否正确合理 | |
| 2 | 是否符合元件安装布置图要求、电气元件安装是否正确、合理 | |
| 3 | 电路连接是否符合专业要求 | |
| 4 | 是否符合电路布线工艺要求 | |
| | 分项得分 | |

**项目过程评价（60 分）**

| 序号 | 考评内容 | 考评要求 | 评分标准 | 分值 | 成绩 |
|---|---|---|---|---|---|
| 1 | 电气原理图的绘制 | 正确绘制电气原理图；能实现控制要求；电气元件的图形符号、文字符号画法正确。 | 1. 电气元件的画法不正确，每处扣 1 分；<br>2. 电气元件的标注不正确，每处扣 1 分；<br>3. 功能不能实现，重新设计 | 5 | |
| 2 | 电气元件的选择 | 正确选择电气元件 | 电气元件的选择不合理，每件扣 1 分 | 5 | |
| 3 | 电气元件布置图 | 合理布置电气元件 | 电气元件的布置不合理，每处扣 1 分 | 5 | |
| 4 | 电气元件接线图 | 正确绘制电气元件接线图 | 电气元件接线图画法不正确，每处扣 1 分 | 5 | |
| 5 | 系统安装调试 | 能正确并完整接线；<br>电气元件的安装接线符合工艺要求；<br>线路检测方法合理正确 | 1. 安装错线、漏线，每处扣 2 分；<br>2. 错线、漏线号标注，每处扣 2 分；<br>3. 导线安装不牢靠、松动、压皮、露铜，每处扣 2 分；<br>4. 缺少必要的保护环节，每处扣 2 分；<br>5. 调试方法不正确，扣 2 分；<br>6. 工具使用不正确，每提示一次扣 1 分 | 30 | |
| 6 | 安全文明生产 | 参照相关的安全生产法规进行考评，确保设备和人身安全 | 1. 每违反一次规定，扣 2 分；<br>2. 环境卫生差，扣 2 分；<br>3. 发生短路事故，每次扣 2 分；<br>4. 发生重大安全事故取消考试资格 | 6 | |
| 7 | 考核时限 | 本实训的考核时限为 120 分钟 | 1. 每超过 5 分钟，扣 1 分；<br>2. 超过 30 分钟以上，重新做 | 4 | |
| 总评 | | | 分项得分 | | |
| | | | 教师签字： | 年 月 日 | |

# 习题三

1．行程开关在机床电动气控制线路中的作用主要有哪些？

2．互锁（或连锁）控制的含义是什么？举例说明其作用？

3．试说明如图 3-34 所示电路的功能，分析其工作原理（提示：图中 $SQ_2$、$SQ_1$ 是限位行程开关，电动机 M 拖动工作台。KT 是通电延时时间继电器，当 KT 线圈得电时，其触点不是立刻动作，而是延迟一段时间才动作）。

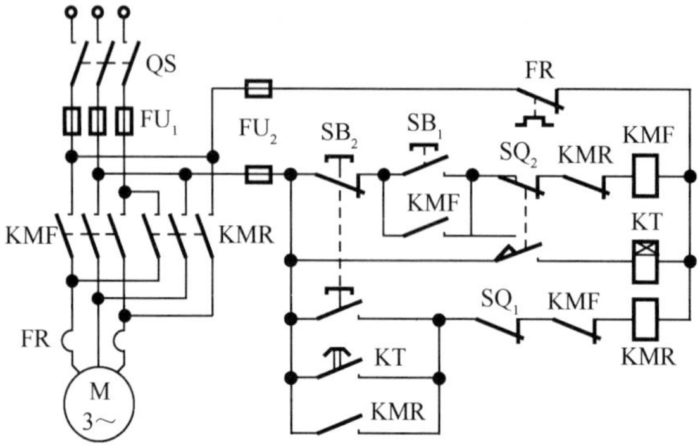


图 3-34　习题 3 电路示意图

# 情境四

# 三相异步电动机的时序运行控制

## 情境描述

目前，大多数机床设备上都配置有两台或两台以上的电动机，以完成不同的功能。而这些电动机在工作的时候必须相互协调，启动和停止都必须遵守严格的时序，才能保证操作过程的合理和工作的安全可靠，否则可能造成意外，所以，在这样的生产设备上必须对各电动机的启动和停止顺序加以严格控制。如 CA6140 型普通车床主轴电动机在加工零件时会产生大量的热量，为防止刀具损坏，启动主轴电动机之前必须先开冷却泵电动机；X62W 型万能铣床，要求主轴电动机启动后，进给电动机才能启动等。

通过本情境的学习和实际操作训练，使学生首先掌握时间继电器的种类与符号、结构与原理、使用与维护，同时掌握三相异步电动机延时启动/停止控制和顺序运行控制的维护技能。

## 学习与训练要求

**技能点：**

1. 正确使用常用的电工工具、电工仪表；
2. 正确识别、标识和选用时间继电器及相关辅件；
3. 正确识读并绘制三相异步电动机顺序控制系统的原理图、布置图和安装接线图；
4. 正确安装和调试三相异步电动机延时启动/停止控制线路；
5. 正确安装和调试两台电动机顺序启动/逆序停止控制线路；
6. 能处理三相异步电动机顺序控制线路的常见故障。

**知识点：**

1. 时间继电器的结构、工作原理及型号；
2. 三相异步电动机延时启动/停止控制原理；
3. 多台电动机顺序控制的电路的工作原理；
4. 三相异步电动机延时启动/停止控制线路的安装与调试；
5. 两台电动机顺序启动/逆序停止运行控制线路的安装、调试与故障排除。

**相关知识点**

# 4.1　三相异步电动机的时序控制原理

## 4.1.1　常用低压电器（3）

在电气自动控制系统中，有时需要继电器得到信号后不立即动作，而是要顺延一段时间后再动作并输出控制信号，以达到按时间顺序进行控制的目的。时间继电器就能实现这种功能，它的种类较多，下面介绍常用的几种。

### 1．空气阻尼时间继电器

空气阻尼式时间继电器是利用空气阻尼原理获得延时的。该类时间继电器的特点：结构简单，不受电源电压及频率的影响，价格低廉，但精度较低，只适合于延时精度要求不高的场合。

空气阻尼时间继电器由电磁机构、触点系统、延时机构三部分组成。延时方式有通电延时和断电延时两种。常用的空气阻尼时间继电器是 JS7-A 系列，其外形如图 4-1 所示。

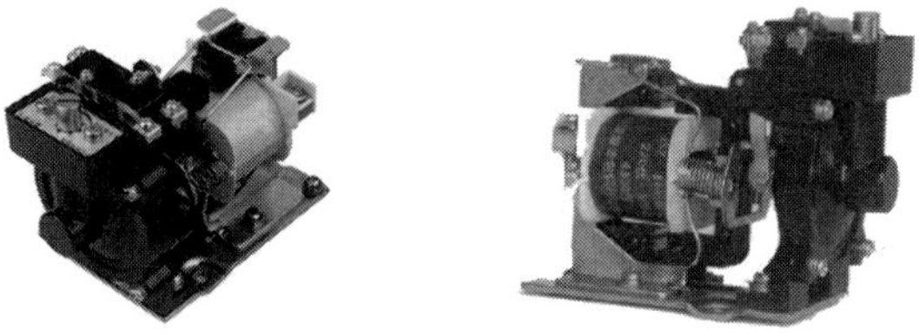

（a）　　（b）

图 4-1　空气阻尼时间继电器外形

（1）通电延时时间继电器

1）结构和原理。

图 4-2 是通电延时空气阻尼式时间继电器的结构示意图，其工作原理如下：

当线圈 1 通电时，衔铁 3 被吸引，推板 5 使微动开关 16 立即动作；而微动开关 15 还没有动作。推板 5 与活塞杆 6 之间有一段距离，活塞杆 6 在塔形弹簧 8 的作用下向上移动。在活塞 12 的表面固定有一层橡皮膜 10。因此当活塞带动橡皮膜向上移动时，空气室 11 容积扩张，形成局部真空，这样橡皮膜的上、下表面就有一定的压力差，正是这个压力差导致活塞 12 不能迅速上移。当有空气从进气孔 14 进入时，活塞才逐渐上移，而且移动的速度取决于进气口的开口大小。移动到最后位置时，杠杆 7 使微动开关 15 动作。

而当线圈 1 断电后，推板 5 在复位弹簧 4 的作用下，活塞 12 迅速向下移动，15、16 两组微动开关迅速复位，没有延时。

2）使用方法。

通电延时时间继电器的延时时间：自线圈通电时刻起到延时微动开关 15、16 动作时为止的这段时间。

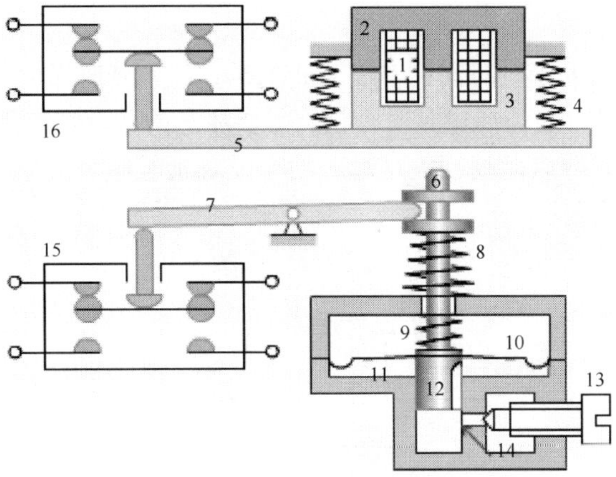


图 4-2 通电延时时间继电器原理图

1-线圈；2-铁芯；3-衔铁；4-复位弹簧；5-推板；6-活塞杆；7-杠杆；8-塔形弹簧；9-弱弹簧；10-橡皮膜；11-空气室；12-活塞；13-调节螺钉；14-进气孔；15、16-微动开关

**小提示**

在使用空气阻尼时间继电器时，可通过调节进气孔的大小来调整时间继电器的延时时间。如图 4-2 所示，通过调节螺钉 13 来调节进气孔 14 大小，就可调节延时时间，其调节范围为 0.4～180s。

（2）断电延时时间继电器

1）结构原理。

在图 4-2 中，将电磁铁中的铁芯 2 与衔铁 3 位置对调，就变为断电延时时间继电器，如图 4-3 所示。其工作原理请读者自己体会，只是注意延时触点是微动开关 15 里面的两对，一对常闭，一对常开。而微动开关 16 里面的是两对瞬时触点。

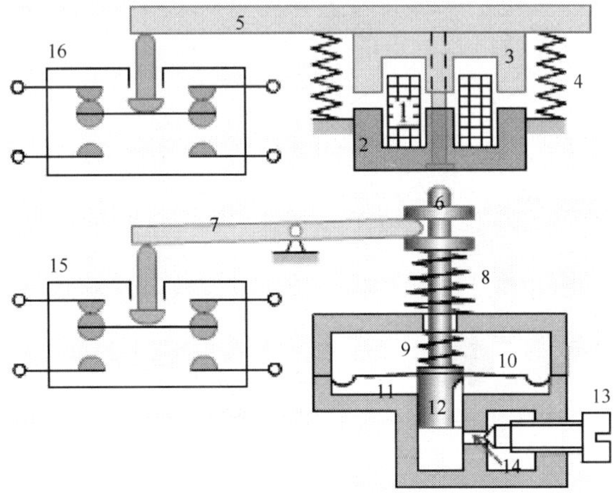


图 4-3 断电延时时间继电器原理图

1-线圈；2-铁芯；3-衔铁；4-复位弹簧；5-推板；6-活塞杆；7-杠杆；8-塔形弹簧；9-弱弹簧；10-橡皮膜；11-空气室；12-活塞；13-调节螺杆；14-进气孔；15、16-微动开关

2）使用方法。

断电延时时间继电器的延时时间：自线圈断电时刻起到延时微动开关 15 复位时为止的这段时间。延时时间调节的方法与通电延时一样。需要注意的是，要想获得断电延时，必须得让线圈先通电，而在通电时两组微动开关是瞬时动作没有延时的。

（3）时间继电器的型号

JS7-A 系列空气阻尼时间继电器的型号如图 4-4 所示。

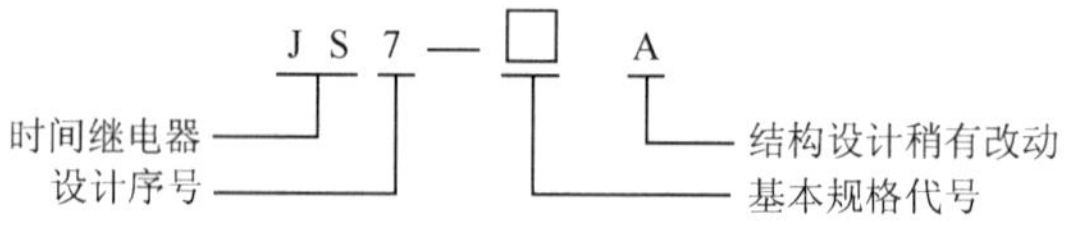


图 4-4　空气阻尼时间继电器型号含义

基本规格代号为 1、2、3、4 四种，其中 1、2 为通电延时型，3、4 为断电延时型。单数 1、3 表示没有瞬时触点，双数 2、4 表示有瞬时触点。

（4）时间继电器的电气符号

时间继电器的电气符号如图 4-5 所示。

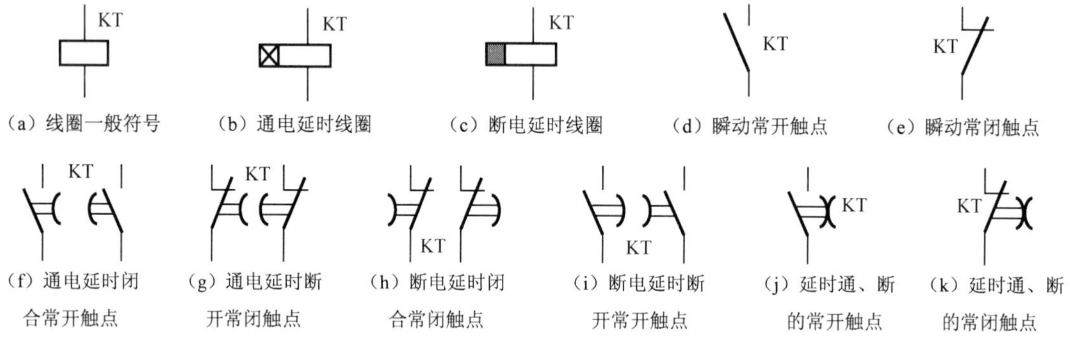


图 4-5　时间继电器的电气符号

时间继电器的每个延时触点的图形符号有两个，同一个触点的延时标记起始位置与左右方向完全相反，瞬时触点与普通电器触点的图形符号一样。

## 2. 电子式时间继电器

电子式时间继电器可分为晶体管式时间继电器和数字式时间继电器。其外形如图 4-6 所示。

（a）　（b）

图 4-6　晶体管式时间继电器和数字式时间继电器外形

晶体管式时间继电器具有延时范围广、体积小、精度高、调节方便以及寿命长等优点，因而得到了广泛的应用。晶体管式时间继电器利用 RC 电路充放电原理构成延时。

数字式时间继电器采用数字脉冲计数电路，由输入信号的频率决定延时的时间。较之晶体管式时间继电器来说，延时范围更大，精度更高，主要用于各种需要精确延时和延时时间较长的场合。

电了式时间继电器常用产品有 JS14、JS20 等系列。

JS14 系列只有通电延时型，JS20 系列既有通电延时型也有断电延时型。其中 JS14 系列的延时范围为 0.1～900s，共 11 个产品规格。

### 3. 电动式时间继电器

电动式时间继电器主要由同步电动机、电磁离合器、减速齿轮、触点系统、延时调整机构等组成。它是依靠同步电动机的转动相电磁离合器减速齿轮的配合而使触点动作的。由于系同步电动机式，延时精度只与电源频率有关，所以延时误差小，常应用在要求较高的场合。但成本高，价格贵。

图 4-7 电动式时间继电器外形

常用的电动式时间继电器有 JS10、JS11、JS17 和 7PR 系列。JS11 系列产品外形如图 4-7 所示。

### 4. 其他类型的时间继电器

（1）直流电磁式时间继电器

直流电磁式时间继电器是利用电磁线圈断电以后磁通延缓变化的原理来获得延时时间的。为了达到延时的目的，在电磁系统中增设阻尼圈，延时的长短由磁通衰减的速度决定。

其特点是：结构简单、运行可靠，延时时间范围小（0.2～0.6s），仅能在线圈断电时获得延时，只能用于直流电路和断电延时场合。

（2）双金属片时间继电器

由于热惯性的原因，双金属片在受热后会慢慢弯曲，那么安装在其上的触点的动作就有延时的特性。双金属片时间继电器就是利用这个原理工作的，其延时时间在 1min 以内。

### 5. 时间继电器的选择与使用

时间继电器有通电延时和断电延时两种类型，在实际应用中要根据控制要求与特点来选择。

对于延时精度要求不高且延时时间在 3min 以内的场合，一般采用价格较低廉的 JS7-A 系列空气阻尼式时间继电器或晶体管时间继电器，同时在选择时间继电器时要根据控制电压选择线圈电压等级和触点的形式。

对于延时精度要求较高或延时时间较长的场合，可选择电动式时间继电器或数字式时间继电器。若控制回路需要无机械触点输出时，也可采用数字式时间继电器。

**思考并讨论**

1. 空气阻尼式时间继电器由哪几部分组成？各部分的作用是什么？

2. 如有两个常开按钮和一个时间继电器组成一个楼梯公共自动延时照明电路。你认为选用什么类型的时间继电器比较合适？画出电路图。

## 4.1.2 三相异步电动机的延时启动/停止控制原理及控制电路的识读

图 4-8 是三相异步电动机延时启动/停止的控制线路。为了实现延时启动和延时停止，电路中使用了 $KT_1$ 和 $KT_2$ 两个时间继电器。$KT_1$ 为通电延时时间继电器，带有一个瞬时常开触点和一个延时闭合常开触点，控制电动机的延时启动时间；$KT_2$ 为断电延时时间继电器，带有一个延时断开常开触点，控制电动机的延时停止时间。

电路中的中间继电器 KA 起信号传递作用：启动时，接受通电延时时间继电器 $KT_1$ 的延时信号并将延时信号传递给接触器 KM 实现电动机的延时启动；停止时，将停止信号传递给断电延时时间继电器 $KT_2$ 线圈，由 $KT_2$ 延时触点切断接触器 KM 线圈电路来实现电动机的延时停止。

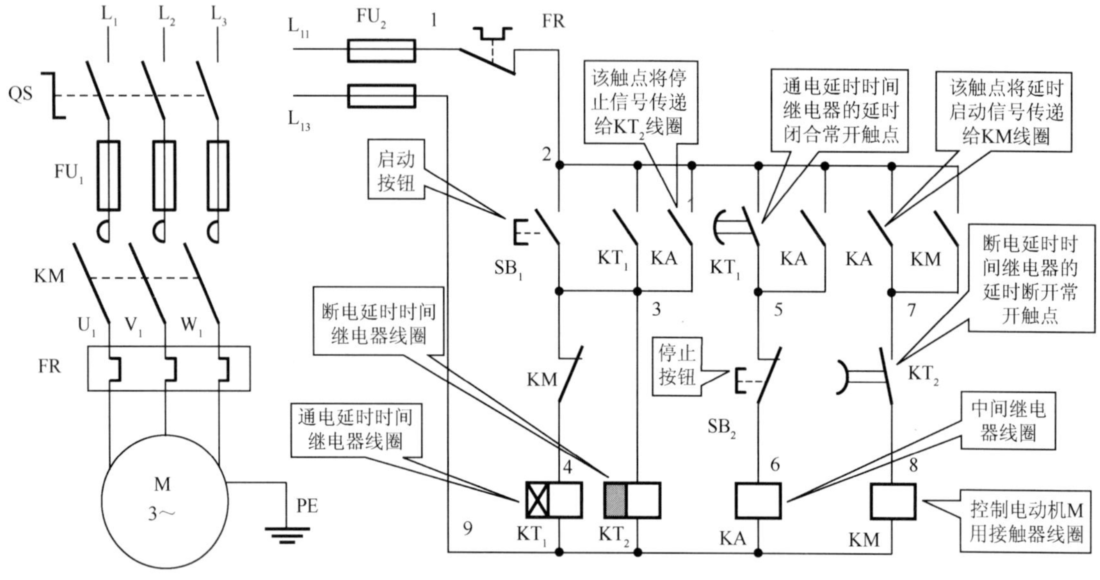


图 4-8 三相异步电动机延时启动/停止的控制线路

### 1．延时启动控制

线路延时启动的控制原理如下：

先合上电源开关 QS。

延时启动的控制流程如图 4-9 所示。

当电动机正常运转时，接触器 $KM_1$、时间继电器 $KT_1$、$KT_2$ 的线圈都处在通电状态。电动机的启动延时时间由 $KT_1$ 的调定值决定；断电延时时间继电器 $KT_2$ 的触点 $KT_2$（7-8）在电路工作时处于闭合状态。

### 2．延时停止控制

延时停止的控制流程如图 4-10 所示。

线圈的断电顺序：KA、$KT_2$、KM；电动机的断电延时时间是从按钮 $SB_2$ 按下开始到 KM 线圈断电这段时间，也就是断电延时时间继电器 $KT_2$ 线圈从断电开始到其延时断开触点 $KT_2$（2-7）断开的这段时间。

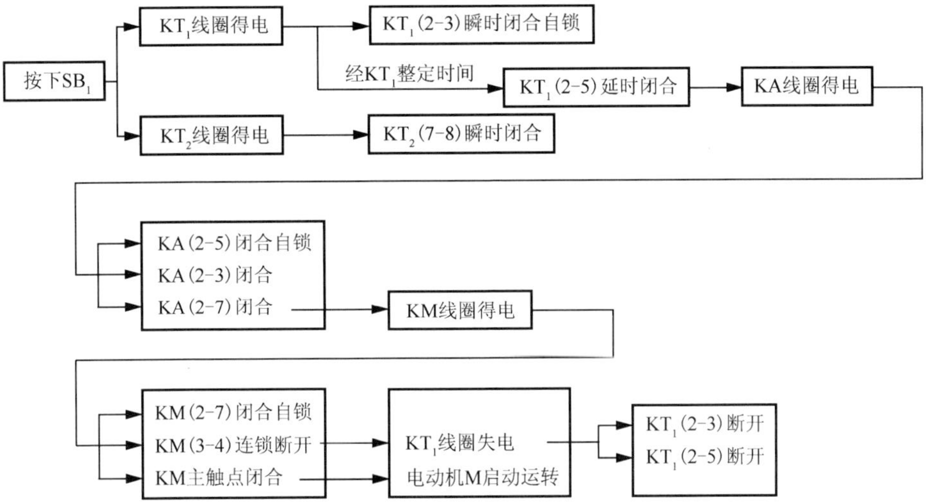


图 4-9 电动机延时启动的控制流程

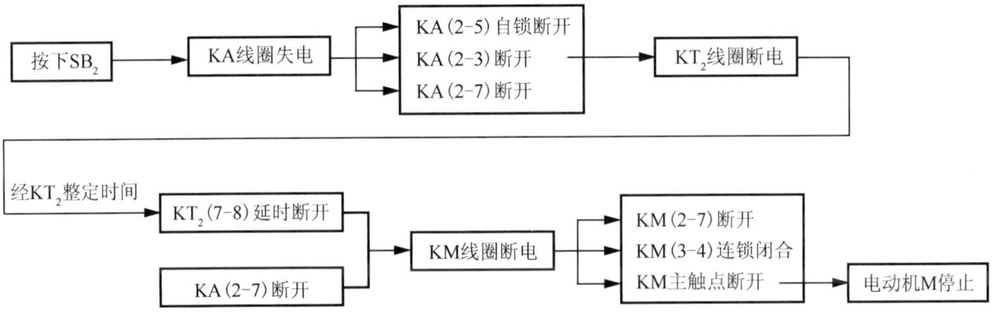


图 4-10 电动机延时停止的控制流程

**思考并讨论**

1. 如果 $KT_1$ 时间继电器的延时触点和 $KT_2$ 时间继电器的延时触点互换，对电路有何影响？

2. 如果 $KT_1$ 时间继电器的线圈与 $KT_2$ 时间继电器的线圈互换，对电路又有何影响？

### 4.1.3 三相异步电动机的顺序控制原理及控制电路的识读

电动机的顺序控制电路根据控制方式可以分为主电路实现顺序控制和控制电路实现顺序控制。下面分别来介绍这两种控制方式。

**1．主电路实现的顺序控制**

如图 4-11、图 4-12 所示是主电路实现顺序控制线路图。其特点是电动机 $M_2$ 的主电路接在 KM（或 $KM_1$）主触点下面，该主触点可以直接控制电动机 $M_1$ 启动/停止，但电动机 $M_2$ 还要受到接插器 X（或 $KM_2$）控制。

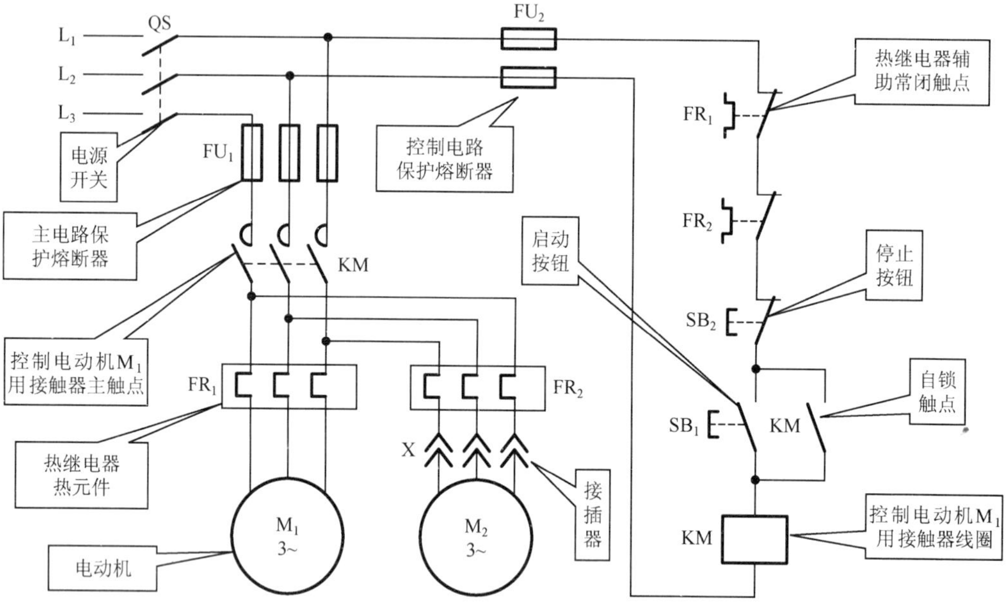


图 4-11 主电路实现顺序控制线路图 1

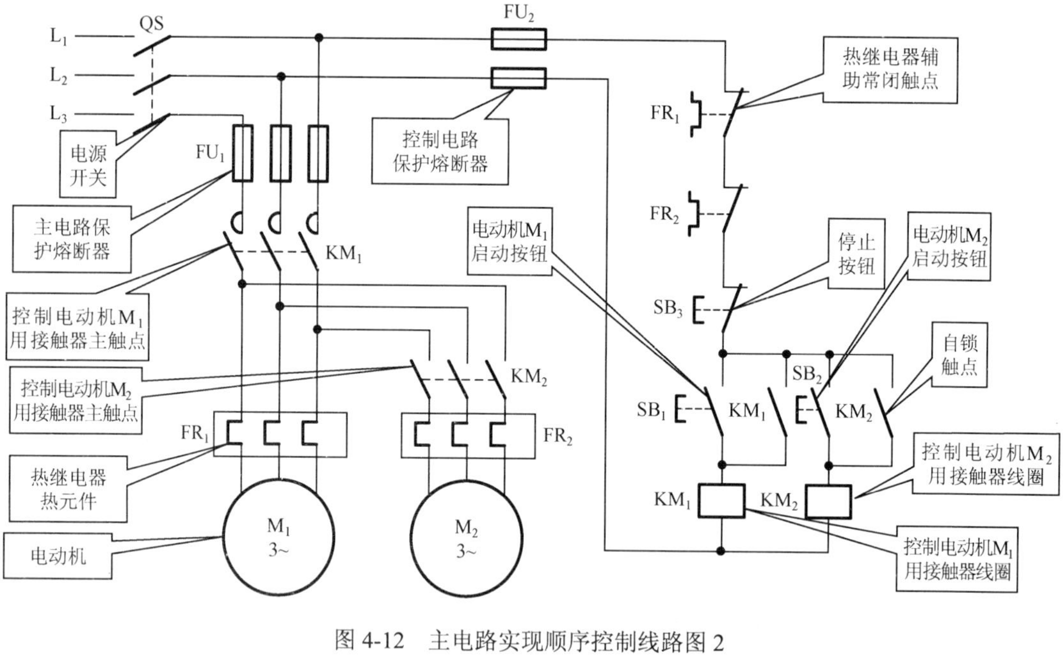


图 4-12 主电路实现顺序控制线路图 2

在图 4-11 中，只有当接触器 KM 主触点闭合即电动机 $M_1$ 启动运转以后，电动机 $M_2$ 通过接插器 X 才能接通电启动运转，若接触器 KM 主触点断开，电动机 $M_1$ 停止运转，电动机 $M_2$ 也自动停止。所以电动机的通电顺序只能是由电动机 $M_1$ 到 $M_2$，反过来则电动机不能启动。

在图 4-12 中，用 $KM_2$ 主触点来代替图 4-11 中的接插器 X，接触器 $KM_2$ 的主触点在接触器 $KM_1$ 主触点下面，这样就保证了只有当 $KM_1$ 主触点闭合即电动机 $M_1$ 启动运转后，电动机

$M_2$才可能启动运转。当然，这时电动机$M_2$能否启动运转，还要看$KM_2$的主触点是否闭合。在该电路中，按钮$SB_1$、$SB_2$分别为接触器$KM_1$、$KM_2$线圈的启动按钮，控制着电动机$M_1$、$M_2$的接通。如果先按下$SB_2$，接触器$KM_2$线圈通电自锁，$KM_2$主触点闭合，但此时由于$KM_1$的主触点没有闭合，电动机$M_1$、$M_2$都不会启动运转。只有当先按下$SB_1$，接触器$KM_1$线圈通电自锁，主触点闭合，电动机$M_1$启动运转，再按下按钮$SB_2$，接触器$KM_2$线圈通电自锁，$KM_2$主触点闭合，电动机$M_2$才能启动运转。所以，电动机的启动顺序：先按下$SB_1$启动电动机$M_1$，再按下$SB_2$启动电动机$M_2$。

在实际应用中，主电路实现的顺序控制存在一些问题：比如先按下$SB_2$，再按下$SB_1$，这时电动机$M_1$、$M_2$就会同时启动，所以不是严格意义上的先与后的启动顺序关系。此外接触器$KM_1$主触点流过两台电动机的电流，对于大容量的电动机控制，对其是个严峻的考验，容易导致触点烧毁。

### 2. 控制电路实现的顺序控制

在控制电路实现顺序控制就能避免前面的问题，而且可以做到电动机$M_1$、$M_2$的主电路结构一样，$KM_1$、$KM_2$的主触点分别独立控制电动机$M_1$、$M_2$。同时控制电路多样化，实现的控制功能也多样化。下面是由控制电路实现顺序控制的几种情况。

1）电动机$M_1$启动后电动机$M_2$才能启动，电动机$M_1$和$M_2$同时停止。

如图 4-13 所示，控制电动机$M_2$的接触器$KM_2$线圈先与接触器$KM_1$的线圈并联后再与$KM_1$的自锁触点串联，这样就保证了电动机$M_1$启动后，电动机$M_2$才能启动的顺序控制要求。

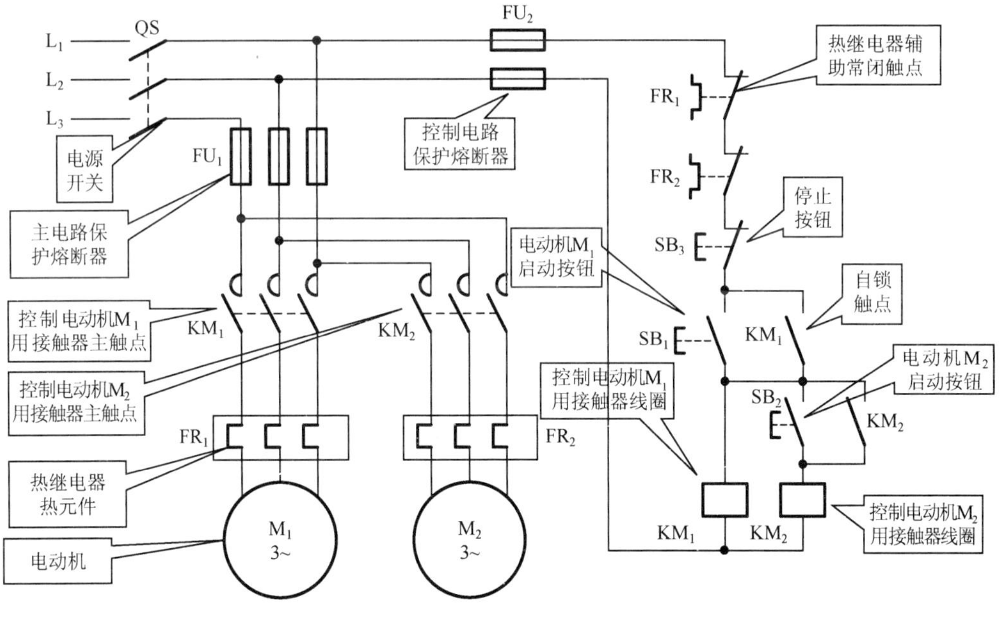


图 4-13 控制电路实现顺序控制线路图 1

控制电路的控制原理如下：

先合上电源开关 QS。

电动机$M_1$、$M_2$同时启动的控制流程如图 4-14 所示。

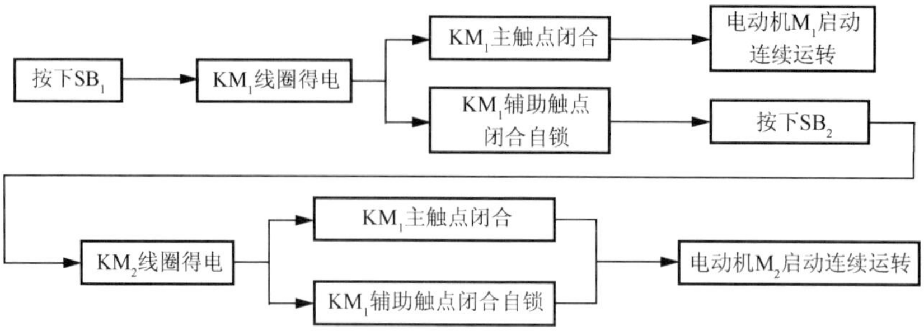


图 4-14 电动机 $M_1$、$M_2$ 顺序启动的控制流程

电动机 $M_1$、$M_2$ 同时停止的控制流程如图 4-15 所示。

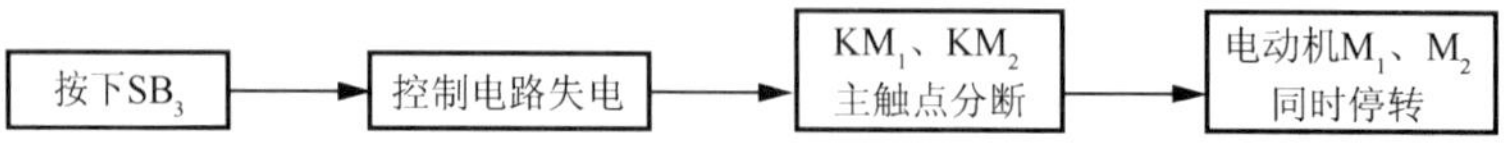


图 4-15 电动机 $M_1$、$M_2$ 顺序停止的控制流程

2）电动机 $M_1$ 启动后电动机 $M_2$ 才能启动，电动机 $M_1$ 和 $M_2$ 可以单独停止。

如图 4-16 所示，控制线路的特点是在电动机 $M_2$ 的控制电路中串接了接触器 $KM_1$ 的常开辅助触点。显然，只要电动机 $M_1$ 不启动，即使按下 $SB_{21}$，由于 $KM_1$ 的常开辅助触点未闭合，$KM_2$ 线圈也不能得电，从而保证了电动机 $M_1$ 启动后电动机 $M_2$ 才能启动的控制要求。线路中停止按钮 $SB_{12}$ 控制两台电动机同时停止，而 $SB_{22}$ 则只能用于控制电动机 $M_2$ 的单独停止。

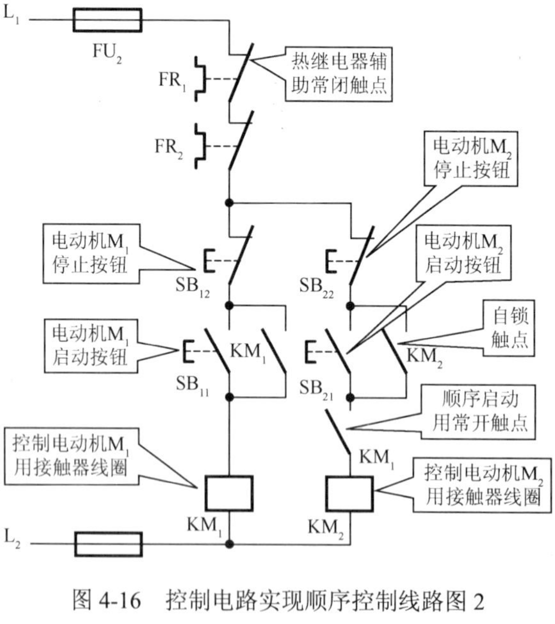


图 4-16 控制电路实现顺序控制线路图 2

3）电动机 $M_1$ 启动后电动机 $M_2$ 才能启动，电动机 $M_2$ 停后电动机 $M_1$ 才能停止。

如图 4-17 所示，控制线路中 $SB_{12}$ 两端并接了接触器 $KM_2$ 的常开辅助触点，从而实现了电动机 $M_1$ 启动后，电动机 $M_2$ 才能启动；而电动机 $M_2$ 停止后电动机 $M_1$ 才能停止的控制要求，即电动机 $M_1$、$M_2$ 是按顺序启动、逆序停止的。

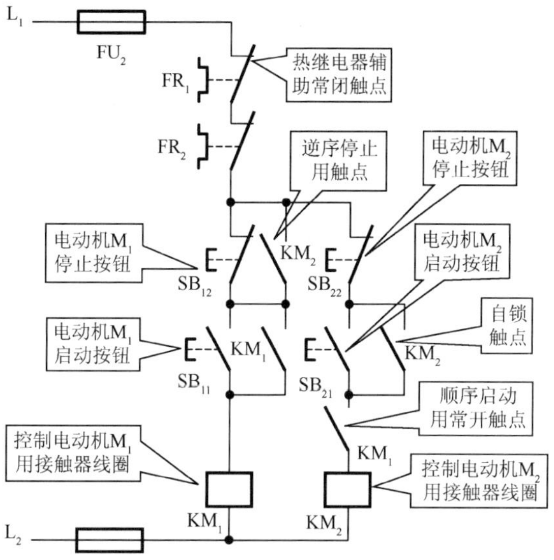


图 4-17 控制电路实现顺序控制线路图 3

# 4.2 三相异步电动机的时序控制线路的安装、调试与维护

## 4.2.1 三相异步电动机延时启动/停止控制线路的安装、调试与维护

### 1．线路结构分析

分析如图 4-18 所示的延时启动/停止控制线路可知，采用的元器件包括一个接触器、一个热继电器、两个按钮、一个中间继电器和两个时间继电器。按钮 $SB_1$、$SB_2$ 分别控制启动和停止，时间继电器 $KT_1$、$KT_2$ 分别控制启动延时时间和停止延时时间。

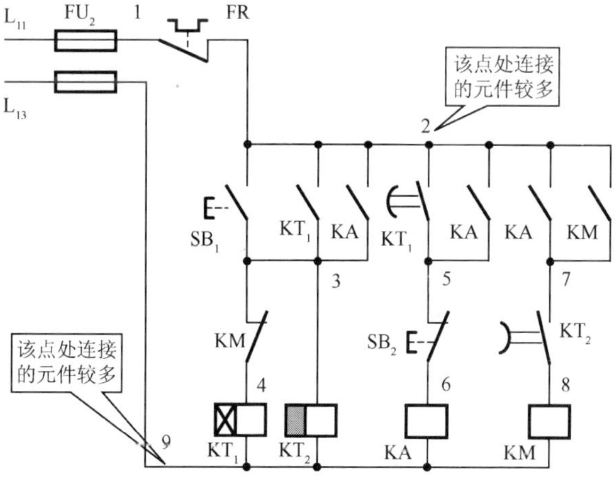


图 4-18 延时启动/停止控制线路

线路中的 2、3、9 号点处连接的电气元件较多，为减少导线连接时的交错，避免相互间的干扰，同时为减少接线出错概率，同一连接点尽可能在同一方向或者同一侧，并可按先繁后

简的顺序进行接线，不一定按电路上连接点的序号接线，但要明确连接点连接的先后顺序。

以 2 号接点为例，它是中间继电器 KA 的三个常开触点的一侧、时间继电器 $KT_1$ 两个触点一侧、接触器 KM 的自锁触点一侧、热继电器 FR 的常闭触点一侧以及按钮 $SB_1$ 常开触点的一侧的汇聚。在这其中，KA 有三个 2 号接点在同一电器上，$KT_1$ 有两个 2 号接点在同一电器上，可以就近布线，但要适当考虑 3 号接点的影响，因 3 号接点也比较多，除了与 2 号接点有关联的三个元件外还与 KM 常闭触点、$KT_2$ 线圈的一侧相连接。

从图 4-18 中可以看出，当 2 号点确定下来后，接点 1、3、5、7 的位置就自动从 2 号点的另一侧位置确定下来了。

完成了 2、3、9 号点的接线后，应做必要的核查，然后从 $SB_1$ 上引出 2、3 号导线，从 $SB_2$ 上引出 5、6 号两根导线直接连接到接线端子即可。

### 2. 安装调试的要点

1）首先要熟悉电气控制线路的工作原理。

2）确定所需的电器型号，选择相应的电气元件，并了解电器各部件图形符号与实物的联系。这里要特别注意时间继电器是通电延时型还是断电延时型，确定延时触点的位置，调整好延时时间；同时注意热继电器 FR 的整定电流，做好校验。

3）主电路连接导线截面需按照负载的大小进行选择；控制电路连接导线一般为 $1.5mm^2$ 或 $1.0mm^2$ 的软导线（如 BVR-1.5/7 系列塑铜软导线）。主电路导线可采用红、黄、绿和棕色（N 线），控制线路导线可用黑色，接地线可用黄色、绿色线。

4）安装过程中，注意 JS7-A 系列时间继电器的触点体积较小，引线过多或过度用力会导致触点螺丝打滑、内部微动开关动触点卡死，造成常开触点不能闭合。

线路连接时，每个电器连接端点只能连接两根导线；连接导线端头需安装接线叉片或接线鼻；电气装置连接导线端头还应套上有电气节点编号的套管；电器连接端头必须牢靠。电器间的连接导线必须从线槽中行走，并留有适当的余量，供以后维护或维修用。

5）按电气安装接线图进行连接，可先连接主电路，然后连接控制线路，控制电路连接时可优先考虑采用电位（或节点）连接法进行，即在同一电位的导线全部连接完后，再进行下一个电位导线的连接。优点是接线时不容易接错；检查时容易发现多接或少接的导线。由于每个电器的连接端只能接两根线，因此，对于连接线比较多的电气节点，在连接该节点前，需按就近原则筹划安排电器连接端口的连接导线。这样能减少拆装电器连接端口的次数和节约导线，加快连接时间。

6）因本线路具有延时启动/停止的功能，所以线路连接完成后，首先应检查控制电路连接是否正确，然后通电试验，并注意校验热继电器的动作整定电流、时间继电器的延时时间是否准确，观察电动机以及各元器件工作是否正常。

在通电前检查控制线路时，先用万用表电阻 100Ω 挡测量控制电路的电源进线两端，若电阻为很大或无穷大，表明正常，若电阻为零或仅一点阻值，表明控制电路有问题，应检查连接导线是否有错误，直到正常为止；然后，可通电试验，观察动作是否满足功能要求，不满足，应进行排故，直到满足控制要求为止。

### 3. 控制线路的故障检修

针对延时启动/停止控制线路，常见的故障大致分为两类：一是按下启动按钮 $SB_1$ 时，接触器 KM 不动作；二是虽然能正常延时启动，但按停止按钮 $SB_2$ 却不能延时停止。下面简要介绍上述两种故障情况如何处理。

1）按下启动按钮 $SB_1$，接触器 KM 不动作。

若接触器不动作，这时注意观察 $KT_1$、$KT_2$、KA 的线圈是否有通电动作。从电气原理图 4-19 可知，当按下 $SB_1$ 时，$KT_1$、$KT_2$ 线圈先得电动作，经过延时后，中间继电器 KA 接受通电延时时间继电器 $KT_1$ 的延时信号并将延时信号传递给接触器 KM 以实现电动机的延时启动。根据这个逻辑关系，可以将故障原因锁定在以中间继电器 KA 线圈是否动作为重点，然后再结合其他线圈的动作情况进一步缩小故障范围，判断故障位置是在前还是在后。

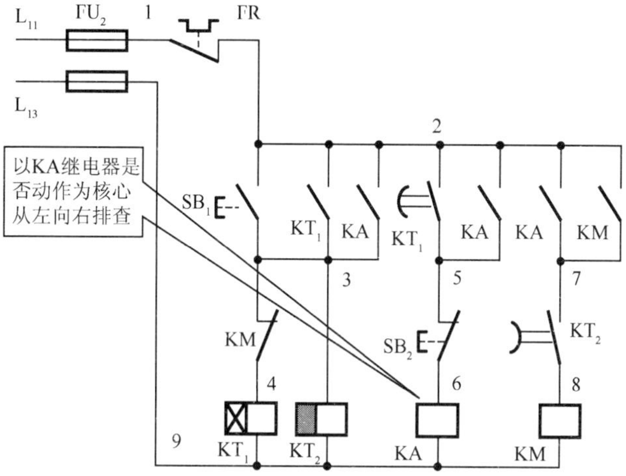


图 4-19 排查故障点示意图 1

2）虽能延时启动，但按下停止按钮 SB2 却不能延时停止。

按下启动按钮 $SB_1$ 接触器 KM 能延时动作，说明启动回路是正常的。如图 4-20 所示根据

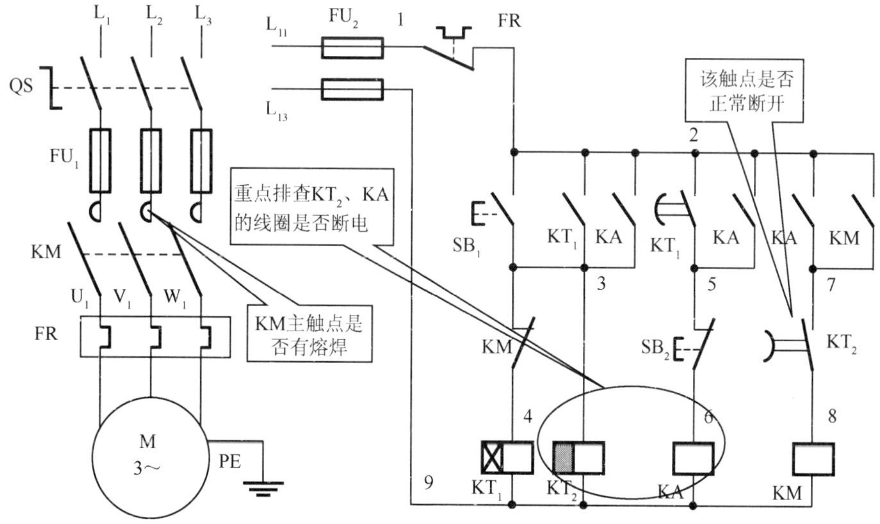


图 4-20 排查故障点示意图 2

延时停止控制原理可知，停止信号由中间继电器 KA 传递给断电延时时间继电器 $KT_2$ 线圈，由 $KT_2$ 的延时断开触点切断接触器 KM 线圈电路实现电动机的延时停止。由此，可重点检查 $KT_2$、KA 线圈是否断电，$KT_2$ 延时断开触点是否断开，如果接触器 KM 已断电释放还要看主电路 KM 的主触点是否有熔焊等。

此外，还要注意从电气元件本身上看，时间继电器的触点 $KT_1$（2-3）、$KT_1$（2-5）、$KT_2$（7-8）由于引线过多或过度用力导致触点螺钉打滑接触不良，内部微动开关动触点卡死，造成常开触点不能闭合的可能性也较大。

**思考并讨论**

在图 4-8 所示的控制电路中，如果电路出现只能延时启动，不能延时停止控制，试分析接线时可能发生的故障？

## 4.2.2 两台电动机顺序启动/逆序停止运行控制线路的安装、调试与维护

### 1．线路的结构分析

以图 4-21 所示的两台电动机顺序启动/逆序停止运行控制线路进行安装。

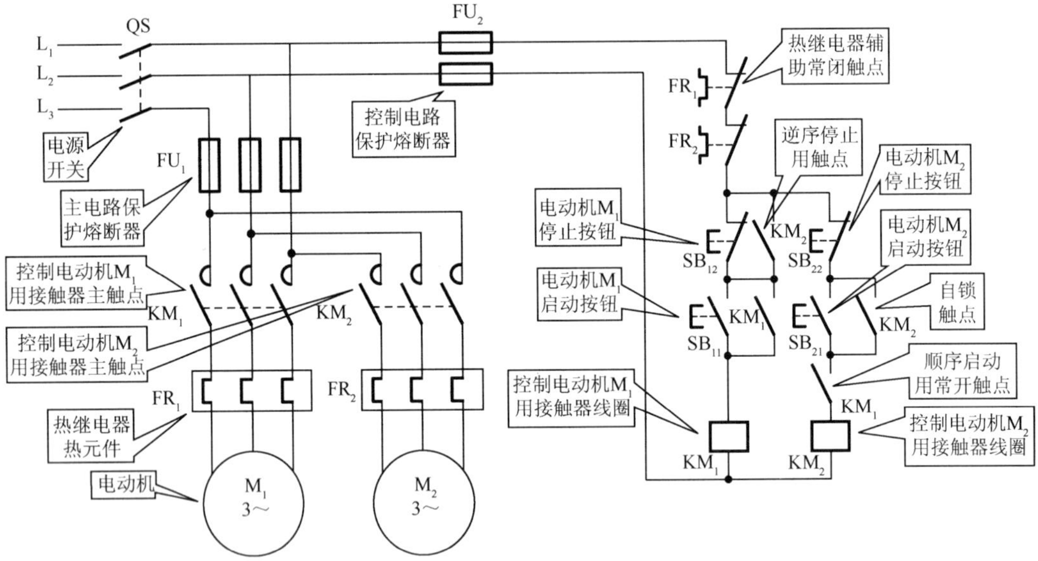


图 4-21 两台电动机顺序启动/逆序停止运行控制线路

为了使安装简化，可将图 4-21 所示的整个电路分解成三个相对独立的部分进行安装。

（1）主电路部分（图 4-22）

（2）控制电路部分 A（图 4-23）

此部分是按钮与接线端子间的连接电路图。可以先将按钮内部的 3 号、4 号、7 号线接好，然后将 3、4、5、7、8 共 5 根线引向接线端子的一侧，另一侧相同号码的 5 根线来自于

图 4-25 所示的除按钮外的其他控制电路部分，对号连接即可。

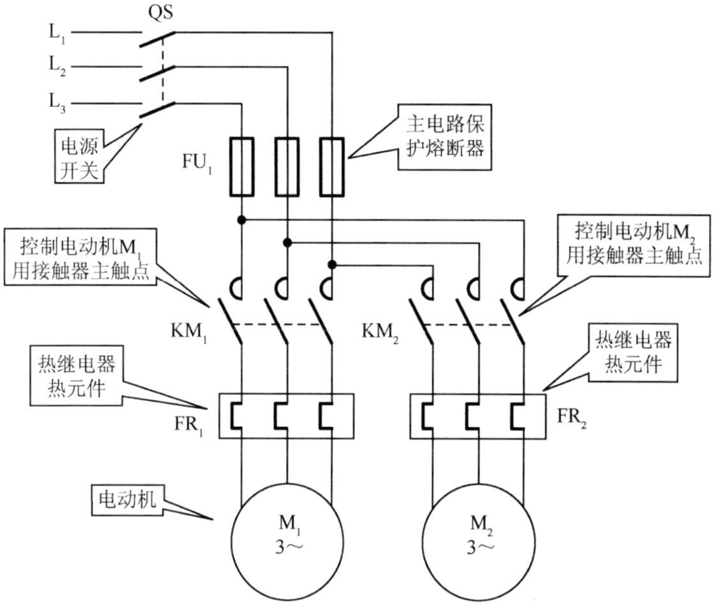


图 4-22 两台电动机顺序启动/逆序停止运行控制线路的主电路

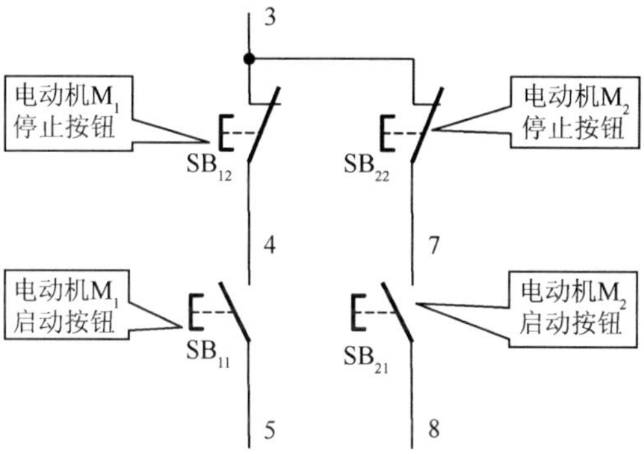


图 4-23 两台电动机顺序启动/逆序停止运行控制线路的按钮与接线端子的连接

（3）控制电路部分 B（图 4-24）

这部分是除按钮以外的控制电路。该部分电路比较简单，均为电气元件触点之间的连接，只需用导线直接在电气元件的接线柱将相关的元件连接起来即可，不过要注意连线的走向，引向接线端子一侧的 3、4、5、7、8 共 5 根线要与按钮侧的 3、4、5、7、8 号导线对号相连。

### 2. 安装调试的注意要点

安装过程中的注意要点在前面的任务中都有详细的说明，这里不再重复。

在调试过程中，要注意下面两点：

1）通电试车前，应熟悉线路的操作顺序。

① 启动时：先合上电源开关 QS，然后按下 $SB_{11}$，再按下 $SB_{21}$，顺序启动电动机 $M_1$、$M_2$。

② 停止时：先按 $SB_{22}$，再按 $SB_{12}$，逆序停止电动机 $M_2$、$M_1$。

2）通电试车时，注意校验热继电器的动作整定电流，观察电动机、各电气元件及线路的工作是否正常。由于本线路需要顺序按下两个停止按钮 $SB_{22}$、$SB_{12}$ 才能关断电路，所以，当一旦发现异常情况时必须立即切断电源开关 QS。

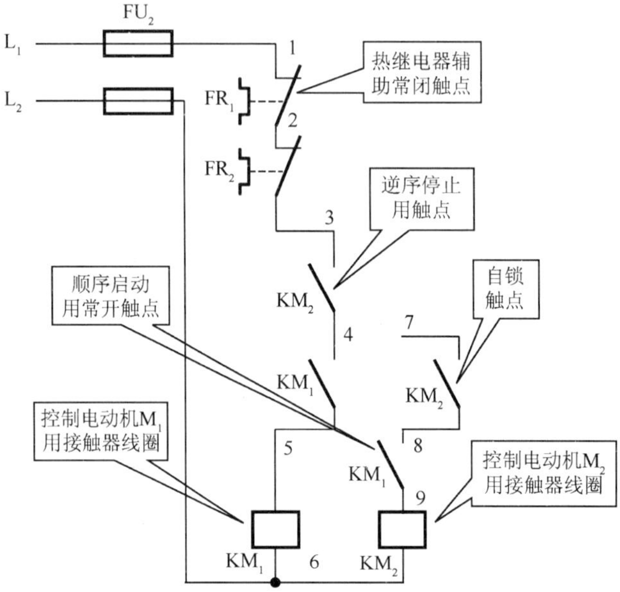


图 4-24 两台电动机顺序启动/逆序停止运行控制线路除按钮外的其余控制电路

### 3．控制线路的故障检修

在图 4-21 所示的控制电路中，由顺序启动的特点可知，只有当电动机 $M_1$ 启动后才能启动电动机 $M_2$，若电动机 $M_1$ 无法启动也即接触器 $KM_1$ 线圈不通电就无法启动电动机 $M_2$；同样由逆序停止的特点可知，一旦电动机 $M_2$ 启动后，电动机 $M_1$ 就无法用按钮 $SB_{12}$ 关断。从对控制电路的分析可知，电动机的启动运转与接在主电路中的接触器主触点闭合、对应接触器线圈的通电状态是一致的，所以可将电动机先后启动与停止的关系描述为相应线圈的通电与断电的关系。

那么在图 4-21 的控制线路中，电动机 $M_1$ 到 $M_2$ 的顺序启动控制也就是接触器 $KM_1$ 线圈与 $KM_2$ 线圈通电的先后顺序关系；电动机 $M_2$ 到 $M_1$ 的逆序停止控制也就是接触器 $KM_2$ 线圈与 $KM_1$ 线圈断电的先后顺序关系。可见接触器线圈的通电与断电状态才是问题的本质，所以在分析故障原因时要紧紧围绕这个本质问题展开，往往一个故障现象，有多个可能的原因，但结果只有一个。

**【故障检修举例】**

故障现象：合上 QS，按下 $SB_{11}$ 时，$KM_1$ 吸合，电动机 $M_1$ 启动运转；按下 $SB_{21}$ 时 $KM_2$ 不吸合，电动机 $M_2$ 不启动，如图 4-25 所示。

故障检修步骤和方法见表 4-1。

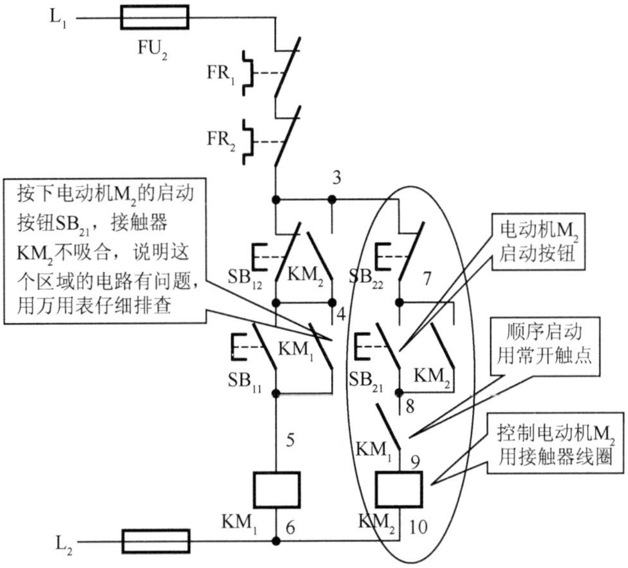


图 4-25 故障检修举例示意图

**表 4-1 故障检修步骤和方法**

| 检 修 步 骤 | 控制电路故障 |
|---|---|
| 用试验法观察故障现象 | 合上 QS，按下 $SB_{11}$ 时，$KM_1$ 吸合，按下 $SB_{21}$ 时 $KM_2$ 不吸合 |
| 用逻辑分析法判定故障范围 | 由故障现象得知故障应在控制电路的 3～10 点 |
| 用测量法确定故障点 | 用电阻测量法找到故障点为：顺序启动用 $KM_1$ 常开触点接触不良或连接导线松脱 |
| 根据故障点的情况，采取正确的检修方法排除故障 | 经检查，故障为 8 号导线松脱，即刻恢复接通该点 |
| 检修完毕通电试车 | 切断电源重新连接好故障点，在老师同意并监护下，合上 QS，按下 $SB_1$，观察线路和电动机的运行情况 |

为保证人员安全，必须在断电状态下用万用表进行测试，确认主电路、控制电路无短路故障后，征得老师同意并在老师监护下进行通电操作。

## 技能训练

### 工作任务单

在规定时间内完成两台电动机顺序启动/逆序停止运行控制线路（见图 4-26）的安装与调试，掌握控制线路安装与调试的具体方法。

#### 1. 专业能力目标

1）具备正确选用低压电气元件的能力；

2）具备三相异步电动机顺序启动/逆序停止控制线路的设计、安装的能力；

3）具备三相异步电动机顺序启动/逆序停止控制线路调试与故障排查能力；

4）具备对完整电气控制系统的调试、评价能力。

#### 2. 方法能力目标

具备独立工作能力、自学能力、交流能力、观察能力与表达能力。

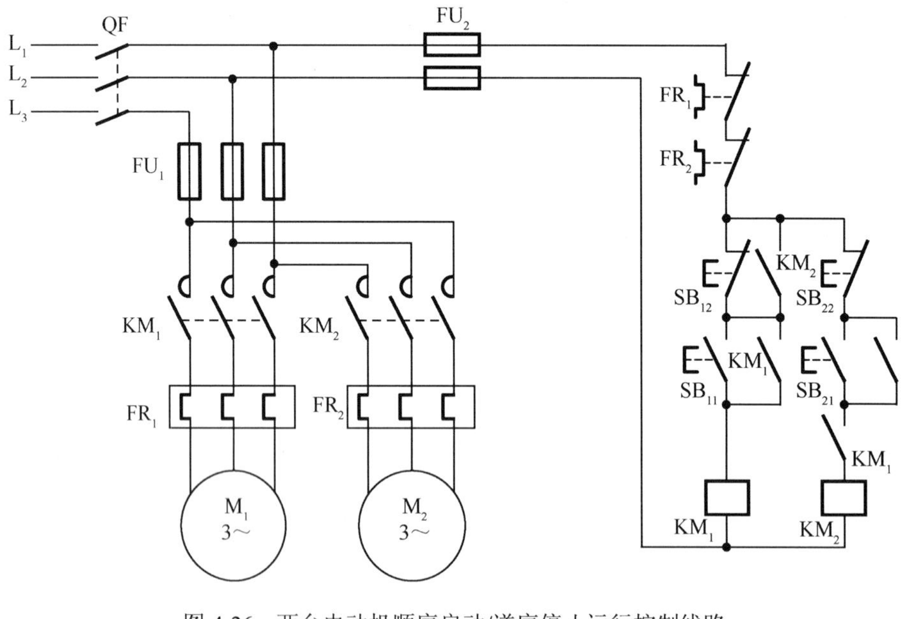


图 4-26　两台电动机顺序启动/逆序停止运行控制线路

#### 3. 社会能力目标

具备团结协作能力、计划组织能力、环境维护意识等职业素养。

## 工作步骤（参考）

本工作任务流程见图 2-69。

### 1. 分析电气原理图

分析电气控制原理图 4-26，进一步熟悉其工作原理。

1）该控制线路由哪些低压电器组成的？

2）用符号法分析该电路的工作原理。

3）明确该控制电路具有哪些保护措施？

### 2. 工具、仪表与电气元件的选用

（1）工具与仪表的选用

工具与仪表的选用见表 1-2。

（2）电气元件的选用

设电动机额定功率为 2.2kW，额定电流为 4.5A。如图 4-26 所示控制线路所选用的电气元件规格、型号及数量见表 4-2。

表 4-2 顺序启动/逆序停止运行控制线路电气元件清单

| 名　称 | 规格型号 | 数　量 | 名　称 | 规格型号 | 数　量 |
|---|---|---|---|---|---|
| 低压断路器 QS | C45NC-20/3 | 1 | 三联按钮盒 | LA20-11/3H | 2 |
| 熔断器 $FU_1$ | RL1A-15/10A | 3 | 接线端子 $X_1$ | 主电路用 | 10 |
| 熔断器 $FU_2$ | RL1A-15/2A | 2 | 接线端子 $X_2$ | 控制电路用 | 10 |
| 交流接触器 KM | CJ10-10/380V | 2 | 线槽 | TC3025 | 若干 |
| 热继电器 FR | JR16B-20/3D 5A | 2 | 导线 | BVR-1.0/7 | 若干 |

注：学生也可根据实际情况选用电气元件。

### 3. 绘制电气元件布置图和安装接线图

根据试验用配线板的尺寸大小，确定电气元件的摆放位置，并绘制出相应的电气元件布置图。可参考图 4-27 所示的电气元件布置图，学生也可根据自己的实际情况另行绘制电气元件布置图。在确定元器件的安装位置时，应做到既方便安装布线，又要考虑到便于检修。一般先确定交流接触器和继电器的位置，进行水平放置，然后逐步确定其他元器件，元器件的布置要整齐、均匀、合理。

两个电动机直接放在试验台上，不安装在试验板上。

在电气元件布置图的基础上，根据电气原理图 4-26 再绘制安装接线图。请学生参考图 2-71 自己绘制顺序启动/逆序停止控制线路的安装接线图。

### 4. 安装电气元件及布线

根据图 4-27 所示，进行电气元件的布置与安装。电气元件先对角固定，不要一次拧紧，待螺钉全部上齐后再逐个拧紧。固定时用力不要过猛，不能损坏电气元件。

根据所绘制的安装接线图，并遵照下述工艺要求进行线路的布线连接。

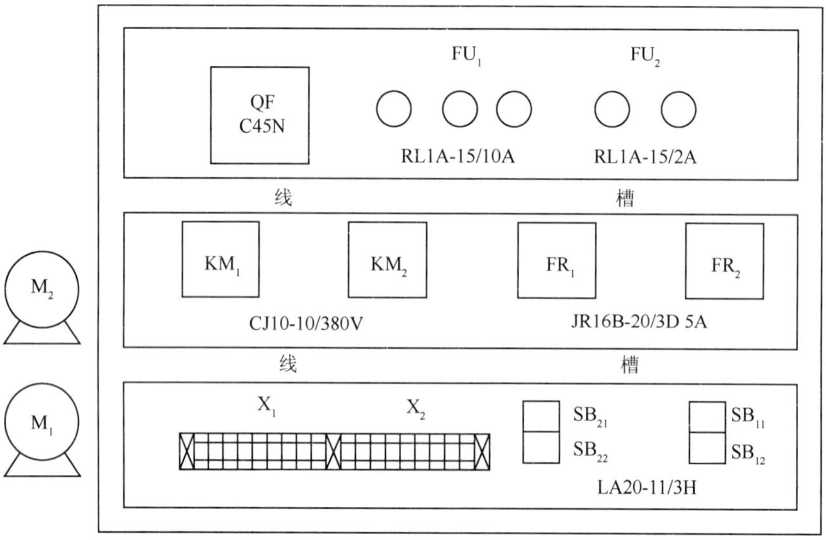


图 4-27 两台电动机顺序启动/逆序停止控制线路电气元件布置图

1）布线应横平竖直，分布均匀，变换走向时应垂直转向。布线通道要尽可能的少，同路并行导线按主、控电路分类集中，且导线单层平置、并行密排，紧贴安装面板。

2）控制线路的导线应高低一致，但在电器的接线端处为满足走线合理时，引出线可水平架空跨越板面导线。布线严禁损伤线芯和导线绝缘层。

3）布线顺序先控制线路，后主电路，以不妨碍后续布线为原则。

4）每根导线剥去绝缘层的两端要套上编码套管，编号方法采用从上到下，自左到右，逐列依次编号，每经过一个电器接线端子编号递增并遵循等电位同编号的原则。

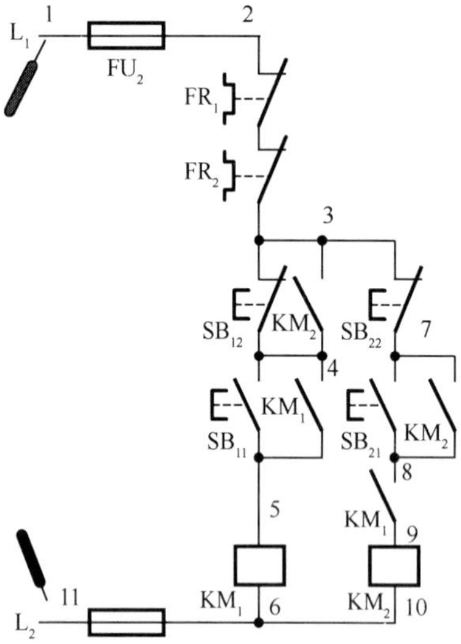


图 4-28 顺序启动/逆序停止控制线路部分

5）导线与接线端子或接线桩连接时，不得压绝缘层、不反圈及不露铜过长（一般露铜 2mm 为宜）。

6）同一元件、同一回路的不同接点的导线间距离应保持一致。

7）一个电气元件接线端子上的连接导线不得多于两根，接线端子板上的连接导线一般只允许连接一根。

### 5. 检查布线

线路连接完成后，首先应检查控制线路连接是否正确，然后不通电用万用表电阻 100Ω 挡，测量控制线路的电源进线两端（图 4-28 中 1、11 端），若电阻为无穷大或很大，表明正常，若电阻为零或有很小的阻值，表明控制电路短路或有其他问题，应检查连接导线是否错误，直到正常为止。然后再通电试验，观察各电气元件动作情况，直到完全满足控制要求为止。

### 6. 安装电动机

先连接电动机及所有带金属外壳器件的保护地线，然后连接电源、电动机等控制板外部的导线。

### 7. 通电调试

（1）通电调试控制线路

在老师的监护下，合上电源开关 QS，再按下 $SB_{11}$，观察交流接触器 $KM_1$ 是否吸合，若吸合，再按下 $SB_{21}$ 观察交流接触器 $KM_2$ 是否吸合，若吸合，按下 $SB_{22}$ 看 $KM_2$ 能否复位，按下 $SB_{12}$ 看 $KM_1$ 能否复位。

（2）通电调试主电路

1）用手分别拨动电动机的转子，观察两电动机的转子是否有堵转现象等。

2）在老师的监护下，合上电源开关 QS，再按下 $SB_{11}$，观察交流接触器 $KM_1$ 是否吸合，若吸合，观察电动机 $M_1$ 是否启动；再按下 $SB_{21}$ 观察交流接触器 $KM_2$ 是否吸合，若吸合，并观察电动机 $M_2$ 是否启动。若两个电动机按控制要求能顺序启动后，按下 $SB_{22}$ 看 $KM_2$ 能否复位，电动机 $M_2$ 是否停止；按下 $SB_{12}$ 看 $KM_1$ 能否复位，电动机 $M_1$ 是否停止。

### 8. 故障检修

人为设置一故障现象：合上 QS，按下 $SB_{11}$ 时，$KM_1$ 吸合，按下 $SB_{21}$ 时 $KM_2$ 不吸合。按照 4.2.2 节中的控制线路的故障检修介绍的方法进行故障判断和处理。

# 项目评价表

| 学习情境：三相异步电动机的时序运行控制 | 班级 | | | |
|---|---|---|---|---|
| 工作任务：在安装板上进行图 4-26 所示的顺序启动/逆序停止运行控制线路的安装接线和调试 | 姓名 | | 学号 | |

**项目功能评价（25 分）**

| 序号 | 功能评价指标 | 成绩 |
|---|---|---|
| 1 | 系统是否实现了正确的工作任务要求 | |
| 2 | 使用的电气元件和所连接的电路是否任务是否符合工作任务要求 | |
| 3 | 电动机启动过程是否表现出先后顺序 | |
| 4 | 时间继电器是否正常工作 | |
| 5 | 电路系统工作是否可靠 | |
| | 分项得分 | |

**项目外观评价（15 分）**

| 序号 | 外观评价指标 | 成绩 |
|---|---|---|
| 1 | 所选电气元件是否正确合理 | |
| 2 | 是否符合元件安装布置图要求、电气元件安装是否正确、合理 | |
| 3 | 电路连接是否符合专业要求 | |
| 4 | 是否符合电路布线工艺要求 | |
| | 分项得分 | |

**项目过程评价（60 分）**

| 序号 | 考评内容 | 考评要求 | 评分标准 | 分值 | 成绩 |
|---|---|---|---|---|---|
| 1 | 电气原理图的绘制 | 正确绘制电气原理图；能实现控制要求；电气元件的图形符号、文字符号画法正确 | 1．电气元件的画法不正确，每处扣 1 分；<br>2．电气元件的标注不正确，每处扣 1 分；<br>3．功能不能实现，重新设计 | 5 | |
| 2 | 电气元件的选择 | 正确选择电气元件 | 电气元件的选择不合理，每件扣 1 分 | 5 | |
| 3 | 电气元件布置图 | 合理布置电气元件 | 电气元件的布置不合理，每处扣 1 分 | 5 | |
| 4 | 电气元件接线图 | 正确绘制电气元件接线图 | 电气元件接线图画法不正确，每处扣 1 分 | 5 | |
| 5 | 系统安装调试 | 能正确并完整接线；<br>电气元件的安装接线符合工艺要求；<br>线路检测方法合理正确； | 1．安装错线、漏线，每处扣 2 分；<br>2．错线、漏线号标注，每处扣 2 分；<br>3．导线安装不牢靠、松动、压皮、露铜，每处扣 2 分；<br>4．缺少必要的保护环节，每处扣 2 分；<br>5．调试方法不正确，扣 2 分；<br>6．工具使用不正确，每提示一次扣 1 分 | 30 | |
| 6 | 安全文明生产 | 参照相关的安全生产法规进行考评，确保设备和人身安全 | 1．每违反一次规定，扣 2 分；<br>2．环境卫生差，扣 2 分；<br>3．发生短路事故，每次扣 2 分；<br>4．发生重大安全事故取消考试资格 | 6 | |
| 7 | 考核时限 | 本实训的考核时限为 120 分钟 | 1．每超过 5 分钟，扣 1 分；<br>2．超过 30 分钟以上，重新做 | 4 | |
| 总评 | | | 分项得分 | | |
| | | | 教师签字： | 年　月　日 | |

# 习题四

## 一、填空题

1．通电延时时间继电器有两个延时动作触点，是其________；是其________。

2．断电延时时间继电器有两个延时动作触点，是其________；是其________。

## 二、简答题

1．时间继电器在电路中的作用是什么？空气阻尼时间继电器的工作原理是什么？

2．空气阻尼时间继电器按其控制原理可分为哪几种形式，其电气图形符号是什么？

3．选用时间继电器应注意什么问题？

## 三、分析题

1．试说明图 4-29 是如何控制电路的？并分析其工作原理（提示：注意时间继电器 KT 的使用，$SB_3$ 是电动机 $M_2$ 的点动调整开关）。

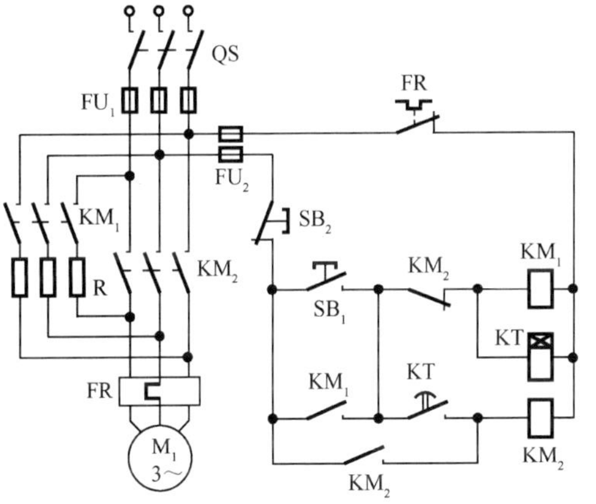


图 4-29 习题 1 控制电路示意图

2．说明图 4-30 控制电路的功能，分析其工作原理。

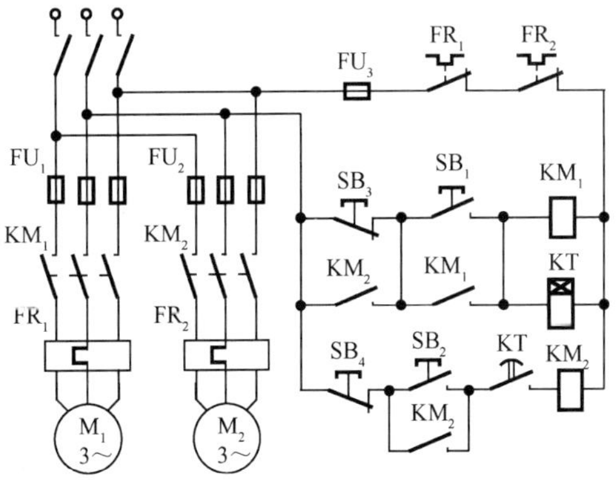


图 4-30 习题 2 控制电路示意图

# 情境五

# 三相异步电动机的降压启动控制

## 情境描述

三相异步电动机的启动方法有全电压直接启动和降压启动两种。全电压直接启动时，电动机定子绕组所加的电压为额定电压，启动电流为额定电流的4~7倍。过大的启动冲击电流对电动机本身和电网以及其他电气设备的正常运行都会造成不利影响，可能导致电动机过热，绝缘老化，影响其寿命，同时还会造成电网电压大幅度下降，影响其他用电器的正常工作，电动机自身运转不稳，甚至停转。因此，对有些电动机特别是容量较大的电动机需要采用降压启动。三相异步电动机降压启动的方法有定子绕组串电阻启动和“Y—△”降压启动等多种方式，本情境安排了相应的工作任务对这两种降压启动方式进行介绍和训练。通过本情境的学习和实际操作训练，使学生进一步掌握时间继电器的应用，同时掌握三相异步电动机降压启动控制的维护技能。

## 学习与训练要求

**技能点：**

1. 正确使用常见的电工工具、电工仪表；
2. 正确识别、标识、选用时间继电器及相关辅件；
3. 正确识读并绘制三相异步电动机控制系统的原理图、布置图和安装接线图；
4. 正确安装和调试三相异步电动机降压启动控制线路；
5. 能处理三相异步电动机降压启动控制线路的常见故障。

**知识点：**

1. 定子串电阻降压启动工作原理；
2. 绕组“Y—△”转换降压启动工作原理；
3. 串电阻降压启动控制线路的安装、调试与故障排除；
4. 绕组“Y—△”转换降压启动控制线路的安装、调试与故障排除。

相关知识点

# 5.1 三相异步电动机降压启动控制的原理

## 5.1.1 定子绕组串电阻降压启动控制电路

定子绕组串联电阻启动是指在电动机启动时把电阻串接在电动机定子绕组与电源之间，通过电阻的分压作用来降低定子绕组上的启动电压。待电动机启动后再将电阻短接，使电动机在额定电压下正常运行。这里用来限制启动电流大小的电阻称为启动电阻。

这类降压启动控制线路有手动控制、按钮和接触器控制、时间继电器自动控制等方式，这里选择具有典型代表意义的按钮接触器控制以及时间继电器自动控制的定子绕组串电阻降压启动控制线路来分析。

### 1. 按钮接触器控制串电阻降压启动

（1）电路组成

如图 5-1 所示电路为接触器控制的串电阻降压启动控制线路。该电路由交流接触器、热继电器、控制按钮、启动电阻、电源开关、熔断器、电动机和导线等组成。

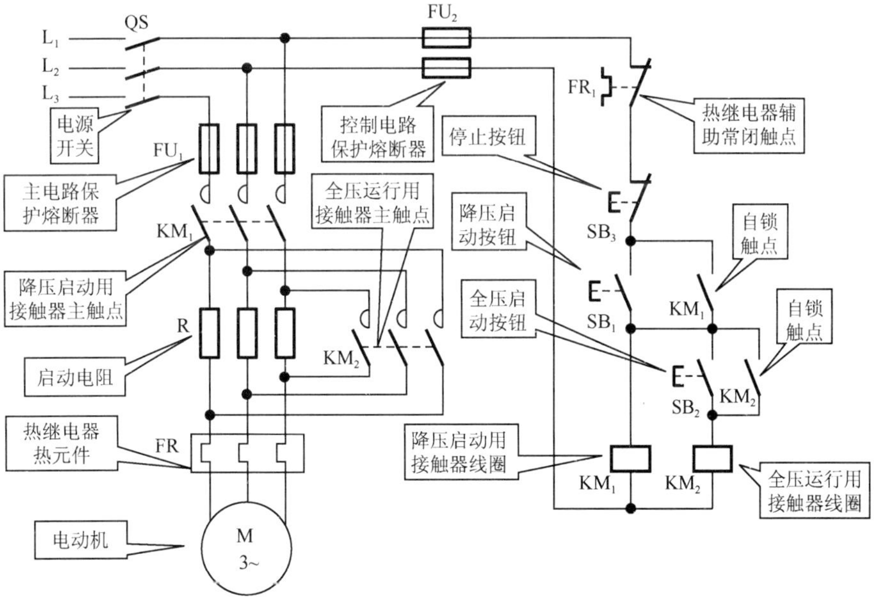


图 5-1 接触器控制的串电阻降压启动控制线路

（2）工作原理

主电路中 $KM_1$ 主触点闭合，而 $KM_2$ 主触点断开时，电动机处于串电阻 R 降压启动状态；

当主触点 $KM_2$ 闭合，$KM_1$ 也闭合时，电阻 R 被 $KM_2$ 主触点短接，电动机进入全压正常运行。

1）电路的控制原理。

先合上电源开关 QS。

启动时的控制流程如图 5-2 所示。

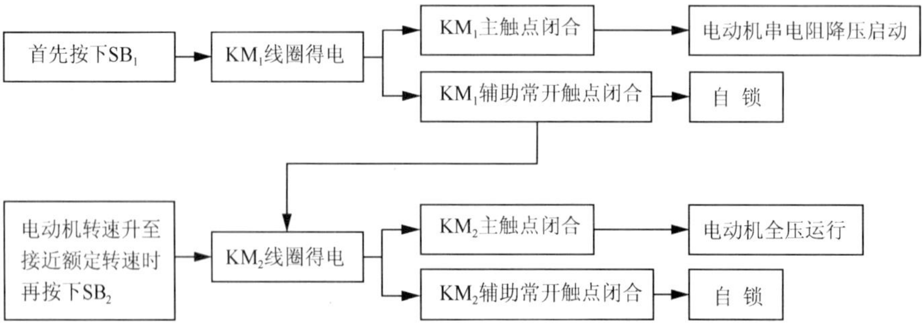


图 5-2　电动机串电阻降压启动的控制流程

停止时的控制流程如图 5-3 所示。

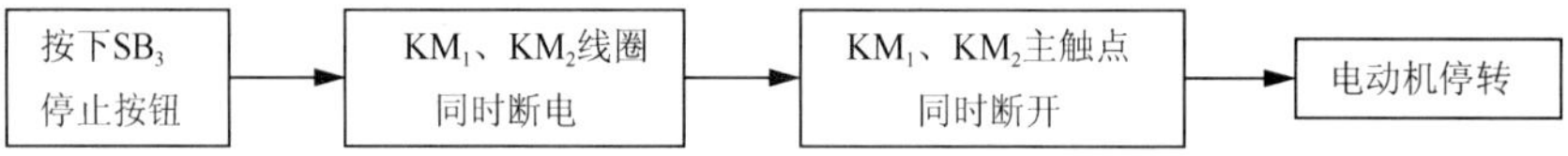


图 5-3　电动机停止的控制流程

2）电路的特点。

① 只有 $KM_1$ 线圈通电以后，$KM_2$ 线圈才能通电，即电路首先进入串电阻降压启动状态，然后才能进入全压运行。也即 $KM_2$ 线圈不能先于 $KM_1$ 线圈得电，电路不能首先进入全压运行状态。这样才能达到降压启动、全压运行的控制目的。

② 在这个控制电路中，要先后按下两个控制按钮，电动机才能进入全压运行状态，并且运行时 $KM_1$、$KM_2$ 两线圈均处于通电工作状态。

③ 在这个控制电路的操作控制中，操作人员必须具有熟练的操作技术，才能保证在恰当的时刻短接启动电阻 R，否则容易造成不良后果。短接早时，起不到降压启动的目的；短接晚时，既浪费电能又会影响负载转矩。

### 2. 时间继电器自动控制串电阻降压启动

启动电阻的短接时间由操作人员的熟练操作技术来决定，很不准确。为了解决这个问题，通常采用时间继电器来自动控制启动电阻 R 的短接时间。

（1）电路组成

如图 5-4 所示电路为时间继电器自动控制的串电阻降压启动控制线路。该电路由交流接触器、热继电器、时间继电器、控制按钮、启动电阻、电源开关、熔断器、电动机和导线等组成。

（2）工作原理

图 5-4 相对于图 5-1 增加了一个时间继电器 KT，KT 的延时闭合常开触点代替了图 5-1 中的全压运行按钮 $SB_2$。启动过程只需按一次启动按钮 $SB_1$，电路就能首先进入串电阻降压启动，经过一段时间后自动进入全压运行状态。启动时间的长短可由时间继电器 KT 来控制，只要时间继电器的动作时间事先根据电动机的启动时间长短要求调整好，那么电动机由降压启动切换到全压运行这个过程就能得到精确控制。

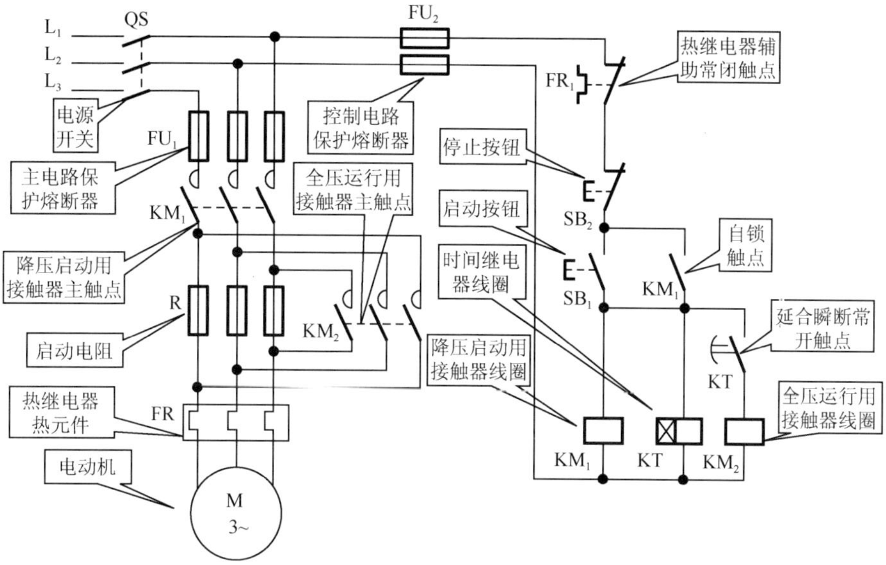


图 5-4　时间继电器控制的串电阻降压启动控制线路

1）电路的控制原理。

先合上电源开关 QS。

启动时的控制流程如图 5-5 所示。

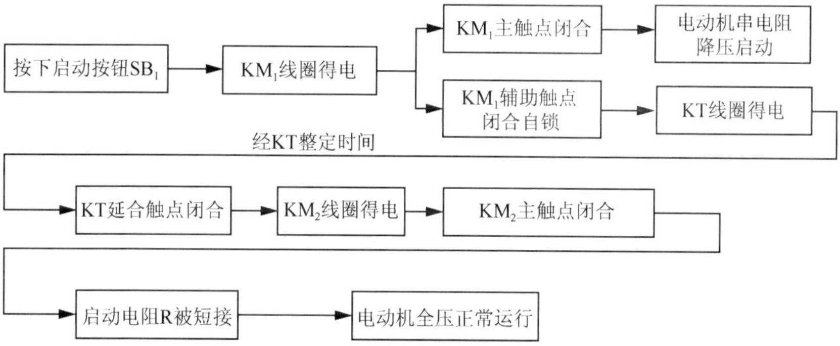


图 5-5　时间继电器控制电动机串电阻降压启动的控制流程（1）

停止时：按 $SB_2$ 停止按钮。

2）电路的特点。

① 时间继电器自动控制降压启动时间，克服了图 5-1 线路中人工操作带来的启动时间不准确的缺点。

② 在电动机运行过程中，所有的接触器和时间继电器均处于长期通电的工作状态，既带来能量的消耗也降低了控制线路工作的可靠性。

（3）改进后的电路组成

为克服上述电路的缺点，提高线路工作的可靠性，将线路进行改造，使之既可实现自动控制降压启动，又使电动机在全压正常运行时只有一只接触器工作就可以了。改进后的控制线路如图 5-6 所示。

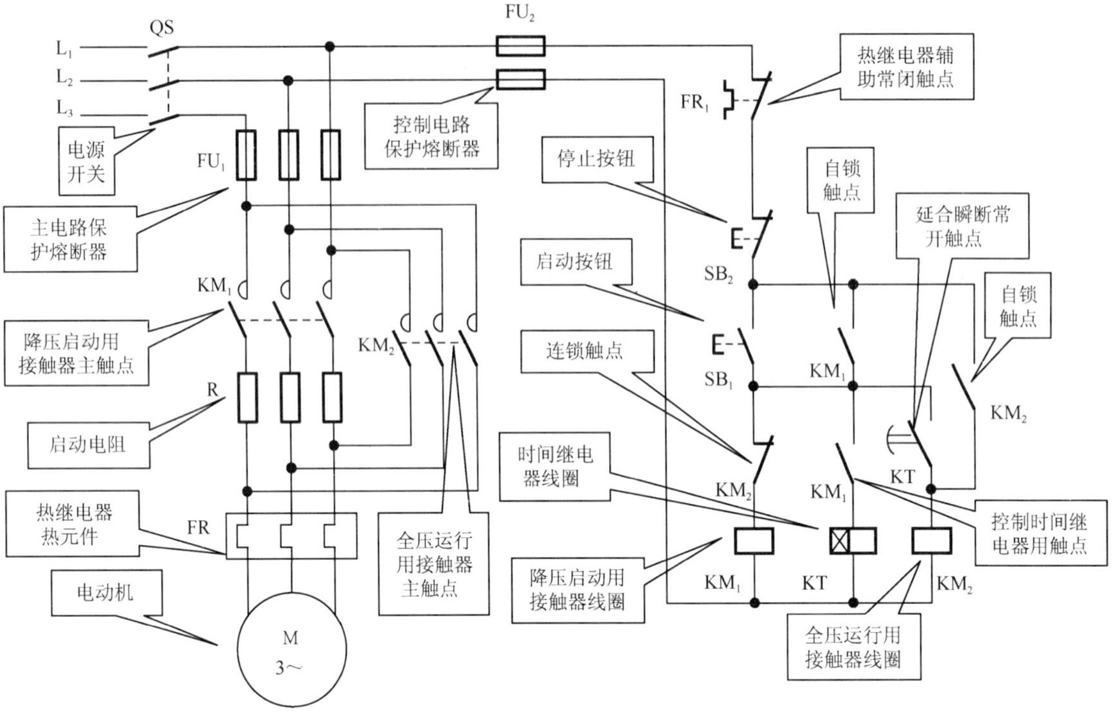


图 5-6　改进后的时间继电器控制的串电阻降压启动控制线路

（4）改进后的电路工作原理

在图 5-6 中，当 $KM_2$ 的主触点闭合时，不仅短接了启动电阻 R，而且也短接了 $KM_1$ 的主触点，这样电动机全压运行时只需 $KM_2$ 工作即可，$KM_1$ 就可复位了。在控制电路中，$KM_1$ 的线圈回路中串接了 $KM_2$ 的辅助常闭触点保证了这个需求。另外线路中增加了一个 $KM_2$ 的辅助常开触点起自锁作用。

1）电路的控制原理。

先合上电源开关 QS。

启动时的控制流程如图 5-7 所示。

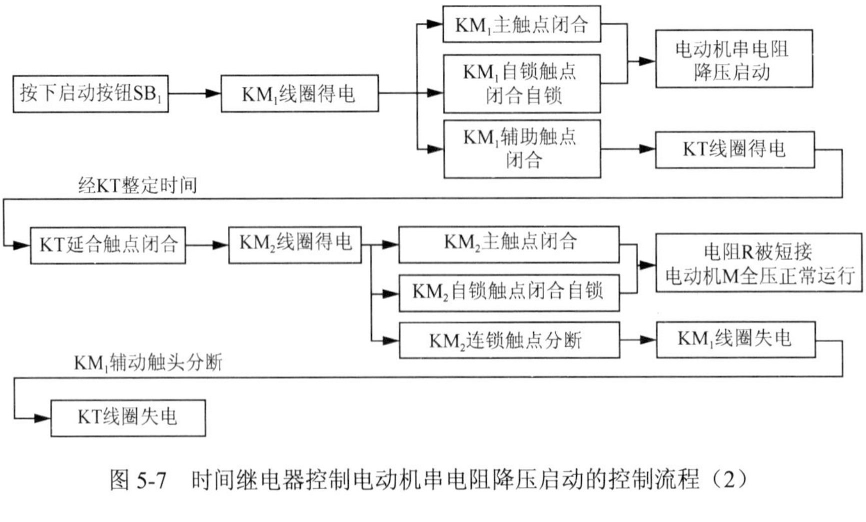


图 5-7　时间继电器控制电动机串电阻降压启动的控制流程（2）

停止时：按停止按钮 $SB_2$。

2）电路的特点。

在进入全压运行后，只有 $KM_2$ 接触器通电工作，$KM_1$ 接触器、时间继电器 KT 均释放停止工作。这样大大提高了线路工作的可靠性，同时减少了耗电量，提高了元器件的使用寿命。

**小提示**

串电阻降压启动时，加在定子绕组上的电压为直接启动时的 0.5～0.8 倍，相应的电动机的降压启动转矩也只有额定转矩的 0.25～0.64 倍，所以串电阻降压启动仅仅适用于启动转矩要求不高的生产机械，即电动机轻载或空载的场合。

### 3. 启动电阻的选择

在串电阻降压启动控制线路中，启动电阻参数的选择是很重要的一个环节。根据经验，启动电阻可利用下式近似估算，即

$$R = \frac{220}{I_e}\sqrt{\left(\frac{I_q}{I'_q}\right)^2 - 1} \quad (\Omega)$$

式中 $I_q$——电动机直接启动时的启动电流，（A）；

$I'_q$——电动机降压启动时的启动电流，（A）；

$I_e$——电动机的额定电流，（A）；

**小提示**

由于启动时间持续较短，启动电阻也仅在启动时那一瞬间短暂工作，所以，实际选用的电阻功率可取计算值的 30%即可。

**【例 5-1】** 一台三相异步电动机，功率为 28kW，$I_q/I'_q$=6.5，额定电流 52A，应串接多大的启动电阻，启动功率是多少？

**解**：启动电阻为

$$R = \frac{220}{I_e}\sqrt{\left(\frac{I_q}{I'_q}\right)^2 - 1} = \frac{220}{52}\sqrt{(6.5)^2 - 1} = 27.2(\Omega)$$

启动功率为

$$P=I_e^2\times R=52^2\times 27.2=73548.8\text{（W）}\approx 73.55\text{（kW）}$$

**思考并讨论**

1. 试述三相异步电动机采用降压启动的原因及实现降压启动的方法。
2. 怎样选择启动电阻？若启动电阻选择不当，会有什么后果？

### 5.1.2 绕组“Y—△”转换降压启动控制原理及控制电路的识读

由三相异步电动机的工作原理可知：Y连接的启动电流是△连接的启动电流的 1/3，启动电压减小为原△连接的启动电压的 0.6 倍，所以，可根据这个特点来实现三相异步电动机的降压启动。

“Y—△”降压启动是指电动机启动时，把定子绕组接成Y连接，以降低启动电压，限制启动电流，待电动机转速上升到一定值时，再把定子绕组改成△连接，使电动机进入全压运行状态。这类控制线路一般用按钮接触器控制或时间继电器控制来实现。下面分别介绍它们的结构和工作原理。

#### 1．按钮接触器控制的“Y—△”降压启动控制线路

（1）电路组成

如图 5-8 所示为接触器控制的“Y—△”降压启动控制线路。

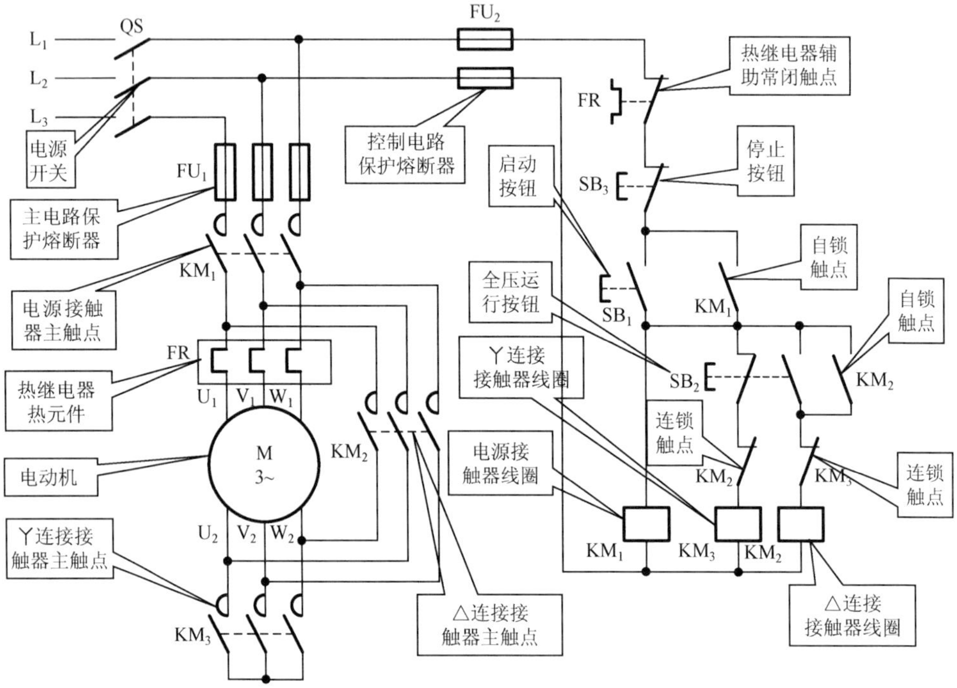


图 5-8　按钮接触器控制的“Y—△”降压启动控制线路

主电路中除电源接触器 $KM_1$ 外，还采用了另两组接触器触点 $KM_2$、$KM_3$，当 $KM_3$ 主触点闭合而 $KM_2$ 主触点断开时，电动机绕组接成Y连接降压启动。当启动完毕后，$KM_3$ 主触点断开，$KM_2$ 主触点闭合，电动机绕组接成△连接全压运行。

控制线路中，$SB_1$ 为启动按钮，$SB_2$ 复合按钮为升压按钮（或全压运行按钮），$SB_3$ 为停止按钮，电路中设有短路、过载、欠压保护功能。

（2）工作原理

1）电路的控制原理。

先合上电源开关 QS。

电动机Y连接降压启动的控制流程如图 5-9 所示。

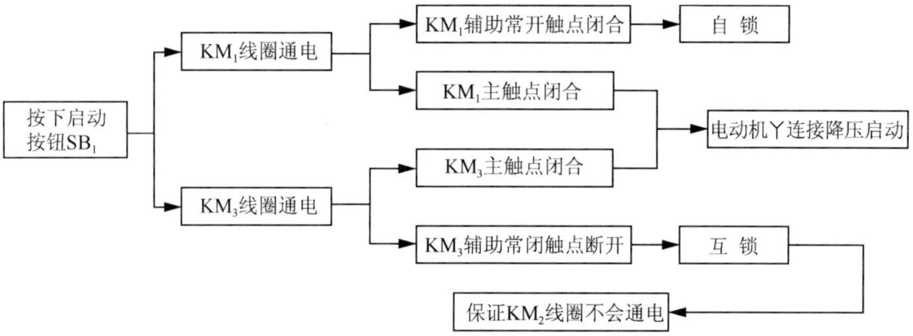


图 5-9 电动机Y连接降压启动的控制流程

当电动机转速上升到一定值时，△连接全压运行的控制流程如图 5-10 所示。

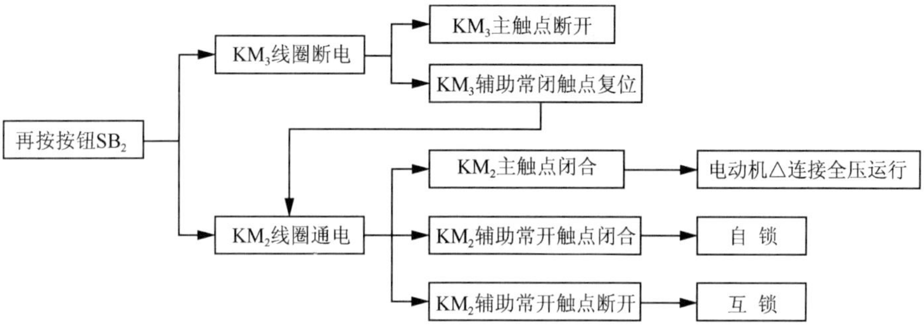


图 5-10 转速上升电动机△连接全压运行的控制流程

在这个控制线路中，$KM_2$、$KM_3$ 主触点不能同时闭合，否则将会出现主电路电源短路的严重故障。从控制电路中可以看出，$KM_2$、$KM_3$ 的常闭辅助触点分别串接在对方的线圈回路中，起到了“互锁”的功能，从而有效地避免了短路故障。

2）控制线路的特点。

① 从启动到正常运行需要两次按动按钮，略显不方便。

② 由启动切换成全压运行的过渡时间完全取决于操作人员的经验，很不准确。

### 2. 时间继电器控制的自动“Y—△”降压启动线路

为克服上述控制线路的缺陷，可采用时间继电器来代替按钮控制，构成时间继电器控制的自动“Y—△”降压启动线路。

（1）电路组成

该线路由三个接触器、一个热继电器、一个通电延时时间继电器和两个按钮组成。主电路和图 5-8 相同，只是辅助电路中增加了通电延时时间继电器 KT，用做控制启动过程的过渡时间，如图 5-11 所示。

（2）工作原理

1）线路的控制原理。

先合上电源开关 QS。

控制流程如图 5-12 所示。

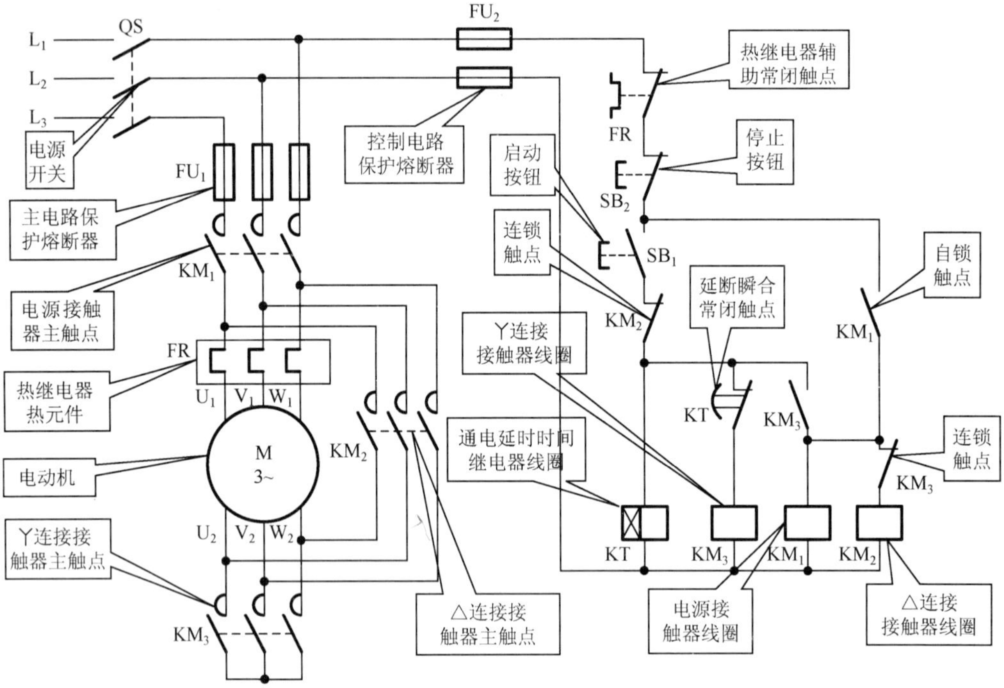


图 5-11　通电延时型时间继电器控制“Y—△”降压启动控制线路

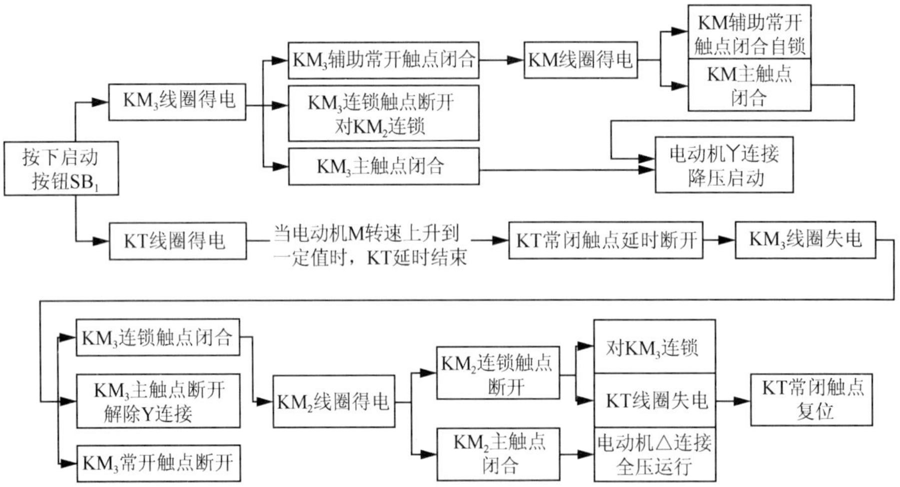


图 5-12　电动机“Y—△”降压连接启动的控制流程

停止时：只需按下 $SB_2$ 即可使整个电路失电。

在图 5-11 所示电路中，启动按钮 $SB_1$ 线路中串联的 $KM_2$ 常闭触点的作用如下：

① 当电动机全压运行后，$KM_2$ 接触器已吸合，$KM_2$ 辅助常闭触点断开，如果此时误按启动按钮 $SB_1$，能防止 $KM_3$ 线圈再通电，从而避免短路故障。

② 在电动机停转后，如果接触器 $KM_2$ 的主触点因故熔在一起或机械故障而没有分断，由于串接了 $KM_2$ 的辅助常闭触点，电动机也不会再次启动，也防止了短路的发生。

2）控制线路的特点。

① 启动过程的过渡时间由时间继电器的整定值决定，可精确控制。

② 启动完毕，电路进入全压运行时，时间继电器 KT、接触器 $KM_3$ 均不再通电，从而延长其使用寿命，整个线路中只有 $KM_1$ 全过程均工作。

以上介绍的是用通电延时型时间继电器的“Y—△”降压启动控制线路，在生产中还常采用断电延时型时间继电器控制电动机“Y—△”降压启动。下面具体认识这种电路，电路如图 5-13 所示。

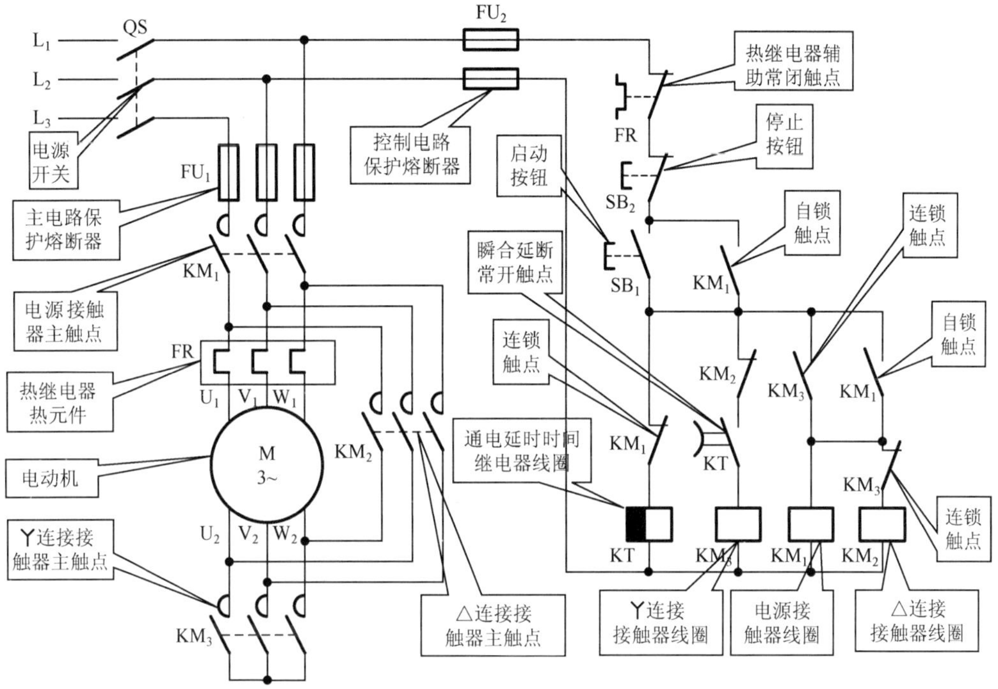

图 5-13 断电延时型时间继电器控制“Y—△”降压启动控制线路

该电路的主电路部分与图 5-11 所示的完全相同，不同之处在于控制电路部分，此处采用的时间继电器属于断电延时型。

线路的控制原理如下：

先合上电源开关 QS。

电动机△连接运行的控制流程如图 5-14 所示。

停止时：按下停止按钮 $SB_2$，所有接触器、继电器线圈电流被切断，触点全部复位。

该电路的特点：时间继电器 KT 接通只有一瞬间，一旦当 $KM_1$ 得电时 KT 即失电，这样设计有两个好处：一是降低时间继电器的线圈能耗；二是延长时间继电器线圈的寿命。

### 3. “Y—△”自动起动器

目前，已经有现成的“Y—△”自动起动器独立供应，可根据需要直接选用，使用起来更加方便。自动起动器由交流接触器、热继电器、时间继电器、熔断器等组成，工作原理与时间继电器控制的“Y—△”降压启动的控制电路原理相似。

“Y—△”自动启动器其外形和内部结构如图 5-15 所示，常用的有 QX1、QX3、QX4、QX10 和 QX3-13 五个系列。

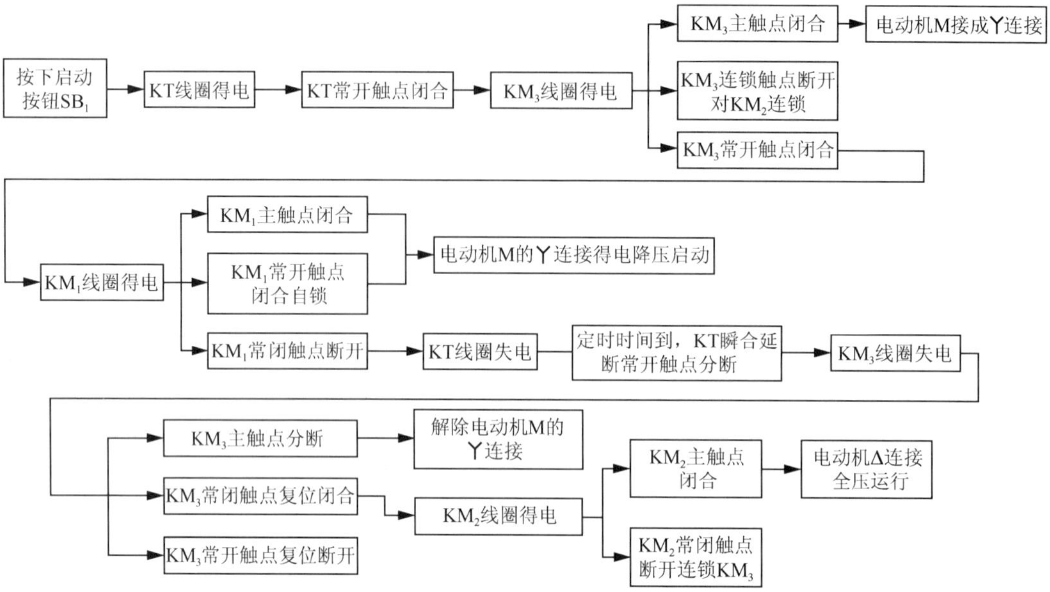


图 5-14 断电延时时间继电器控制的“Y—△”降压启动控制流程

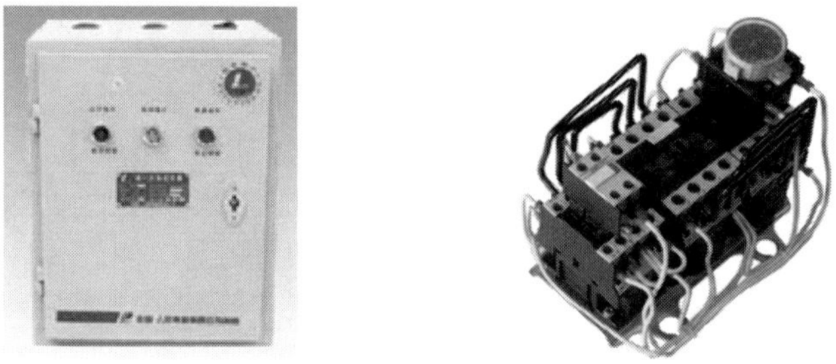

（a）外形　　（b）内部结构

图 5-15 “Y—△”自动起动器外形和内部结构

**思考并讨论**

1. 如果电动机只能Y连接启动，不能△连接运转，试分析接线时可能发生的故障。
2. 时间继电器 KT 损坏后，对电路的运行有何影响？

# 5.2 三相异步电动机降压启动控制线路的安装、调试与维护

## 5.2.1 定子绕组串电阻降压启动控制线路的安装、调试与检修

### 1. 安装与调试的注意要点

定子绕组串电阻降压启动控制线路安装与调试的一般步骤和注意事项。

（1）安装

1）首先要熟悉电气控制线路的工作原理。

2）根据所选电动机的相关参数，确定所需的电气设备、电气元件的型号及数量、导线规格等，并了解电器各部件图形符号与实物的联系。

安装前应仔细检查各电气元件是否正常，对各自的动作情况进行必要的测试和记录，尤其对于时间继电器，要认真检查其电磁系统和触点延时动作情况，并将延时时间调定为5s。

3）在安装板或控制箱上进行电器布置。按照电气元件布置图的规划安排好各相关电气元件、线槽和接线端子排。

4）主电路连接导线截面需按照负载的大小进行选择；控制电路连接导线一般为 $1.5mm^2$ 或 $1.0mm^2$ 的软导线（如 BVR-1.5/7 系列塑铜软导线）。主电路导线可采用红、黄、绿和棕色（N线），控制线路导线可用黑色，接地线可用黄绿线。

5）线路连接时，每个电器连接端点只能连接两根导线；连接导线端头需安装接线叉片或接线鼻；电气装置连接导线端头还应套上有电气节点编号的套管；电器连接端头必须牢靠。电器间的连接导线必须从线槽中行走，并留有适当的余量，供以后维护或维修用。

6）按电气安装接线图进行连接，可先连接主电路，然后连接控制线路，控制电路连接时可优先考虑采用电位（或节点）连接法进行，即在同一电位的导线全部连接完后，再进行下一个电位导线的连接。优点是接线时不容易接错；检查时容易发现多接或少接的导线。由于每个电器的连接端只能接两根线，因此，对于连接线比较多的电气节点，在连接该节点前，需按就近原则筹划安排电器连接端口的连接导线。这样，能减少拆装电器连接端口的次数和节约导线，加快连接时间。

7）线路连接完成后，在通电前先用万用表电阻 100Ω 挡，测量控制电路的电源进线两端，若电阻为很大或无穷大，表明正常，若电阻为零或仅一点阻值，表明控制电路有问题，应检查连接导线是否有错误，直到正常为止。

（2）调试

1）通电前做好三件事：

① 控制电路检查无误后，检查三相电源；

② 清理实训台，无其他杂乱物；

③ 做好绝缘防护措施。

2）按照安全操作规程，通电试车时，应先从电源开关到负载进行操作；断电时要从负载到电源进行操作。

① 先不接电动机，合上 QS，按下 $SB_1$ 按钮，$KM_1$ 和 KT 得电，注意观察 KT 线圈在得电后经过 5s 是否有动作，同时注意 $KM_2$ 线圈是否得电动作，而 $KM_1$ 是否失电复位。

② 断开 QS，接好电动机线。按下 $SB_1$ 观察电动机是否得电启动，转速逐渐上升经 5s 后电路是否自动切换，直到全压运行。

**2．控制线路的检修**

串电阻降压启动控制线路在长期的运行过程中，因电气元件使用寿命到期、没有及时维护保养等原因，或者在安装过程中线路连接出错等因素，出现各种故障，造成电路不能正工作。串电阻降压启动控制常见的故障大致有以下几类：

1）启动电阻引起的故障；

2）时间继电器引起的故障；

3）交流接触器引起的故障；

4）热继电器引起的故障。

这些故障现象各自的特征比较明显，很容易区别和处理。

**【故障排除例 5-1】**

故障现象：用万用表检测线路无短路，进行空载试验时，按下启动按钮 $SB_1$，一会儿就闻到控制箱有一股烧焦味，立刻按下停止按钮 $SB_2$，打开控制箱，发现启动电阻烧焦了。

分析：根据故障现象可知，说明启动电阻因过热烧了。导致这种故障的原因：① 电动机可能有短路现象；② 启动电阻参数选择太小；③ 频繁启动造成过热。这里，第③种原因可排除，问题应该出在前两种情况。

检查：用万用表检查电动机，无短路问题，说明是启动电阻本身问题。

处理：重新计算启动电阻参数，更换新的启动电阻，按规范操作试车，故障排除。

**【故障排除例 5-2】**

故障现象：空载试验时，按下启动按钮 $SB_1$，发现 $KM_2$ 的主触点马上吸合动作，降压启动成了全压启动。

分析：如图 5-16 所示，从故障现象来看，故障多出在时间继电器上，要么是时间继电器延时整定时间调得太短或者是把瞬时常开触点当成了延时常开触点。

检查处理：仔细检查时间继电器各接线，发现在该接延时常开触点的地方接成了瞬时常开触点。调整重新接线，再次按规范操作试车，故障排除。

**【故障排除例 5-3】**

故障现象：如图 5-17 所示，在控制电路中人为设置一故障：$FU_2$ 熔丝熔断。

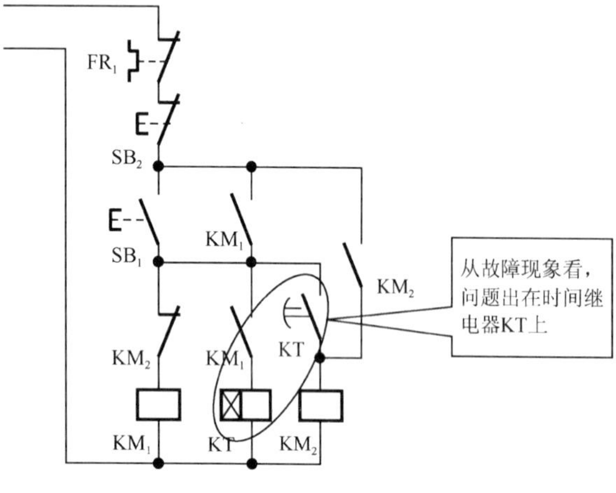


图 5-16 降压启动故障举例

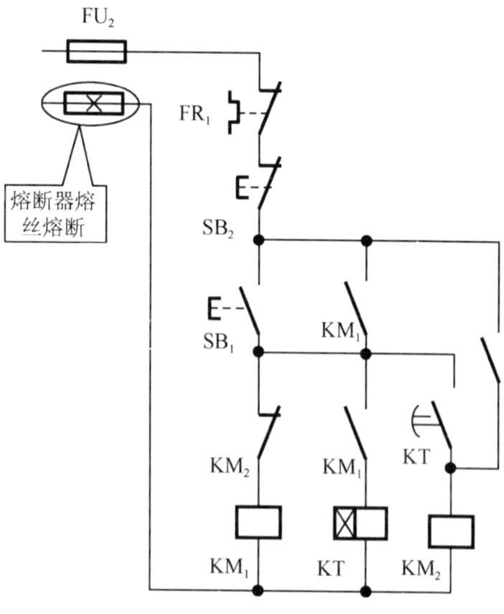


图 5-17 故障示意图

故障排除步骤和方法见表 5-1。

表 5-1 串电阻降压启动控制线路故障检修步骤和方法

| 检修步骤 | 控制电路故障 |
|---|---|
| 用试验法观察故障现象 | 合上 QS，按下 $SB_1$ 时，$KM_1$、$KM_2$、KT 均不吸合 |
| 用逻辑分析法判断故障范围 | 由故障现象得知：故障点可能在控制电路的公共支路上 |
| 用测量法确定故障点 | 用电阻测量法找到故障点为 $FU_2$ 熔丝断路 |
| 根据故障点的情况，采取正确的检修方法排除故障 | 更换 $FU_2$ 的熔丝 |
| 检修完毕通电试车 | 切断电源重新连接好故障点，在老师同意并监护下，合上 QS，按下 $SB_1$，观察线路和电动机的运行情况是否正常运行 |

**思考并讨论**

1. 如果 $KM_1$ 接触器线圈短路损坏，试分析可能产生的故障现象。
2. 如果 $KM_2$ 接触器的辅助常开触点（自锁触点）忘了接，试分析可能产生的故障现象。

## 5.2.2 绕组“Y—△”转换降压启动控制线路的安装、调试与检修

### 1. 安装调试的注意要点

在本线路的安装过程中，除参考前面几个任务中的安装调试注意要点外，还要特别注意以下几个方面。

（1）元器件布置与接线

本控制线路所用元器件较多，建议将电源开关 QS、熔断器 $FU_1$、$FU_2$ 排成一行，接触器 $KM_1$、$KM_2$、$KM_3$、时间继电器 KT 及热继电器 FR 排成一行，各元器件要摆放合理、排列整齐。

绘制接线图时，注意分清三只接触器的作用，标注主电路线号时，要考虑电动机绕组接线端（$U_1$、$V_1$、$W_1$、$U_2$、$V_2$、$W_2$）作Y连接和△连接时接线方式的区别，如图 5-18 所示。

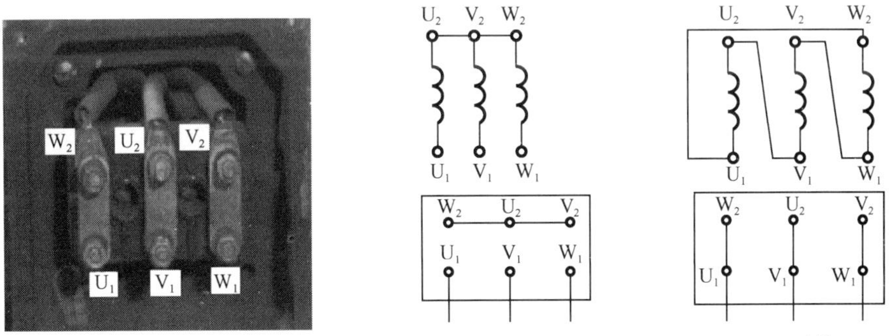


（a）电动机接线端子　（b）Y连接　（c）△连接

图 5-18 电动机绕组的接线方式

（2）电路布线和检查

如图 5-19 所示，控制电路部分 9 号点位处的端子和导线较多，要对照原理图认真核对，标注好线号其中 $KM_1$ 自锁触点下端子到 $KM_1$ 线圈上端子（进线端）之间的连接容易漏接，在

接线时一定要注意认真检查。

1）电路布线。

按照电路安装的原则和接线图的走线方位和线号顺序，把电气元件上有线号的各端子用导线连接起来，并符合接线要求。

主电路中使用的导线截面积较大，要将各端子与心线压接牢靠、接触良好。电动机的接线要正确，$KM_2$ 上下端子与电动机的 $U_1$、$V_1$、$W_1$、$W_2$、$U_2$、$V_2$ 对应接线，以防将电动机端子接错导致不能降压启动。同时 $KM_3$ 的下方端子要短接。

2）电路检查。

对照原理图、接线图，逐线检查线号，防止错接、漏接，并注意所有接线端子的接线是否符合工艺要求。最后用万用表检查线路的正确性。

① 主电路的检查：如图 5-20 所示。将万用表调到 R×1 挡。

检查 $KM_1$ 的控制：把万用表笔分别搭在 $U_{11}$ 和 $U_2$ 两端，应测得断路；而按下 $KM_1$ 触点架时，应测得电动机一相绕组的电阻值。再用同样的方法检测 $V_{11}$～$V_2$、$W_{11}$～$W_2$ 之间的电阻值。

检查Y连接启动：将万用表笔分别搭在 $U_{11}$、$V_{11}$、$W_{11}$ 任意两端，同时按下 $KM_1$ 和 $KM_3$ 的触点架，应测得电动机两相绕组串联的电阻值。

检查△连接运行：将万用表笔分别搭在 $U_{11}$、$V_{11}$、$W_{11}$ 任意两端，同时按下 $KM_1$ 和 $KM_2$ 的触点架，应测得电动机两相绕组串联后再与第三相绕组并联的电阻值。

断路检查：将万用表笔分别搭在 $U_{11}$、$V_{11}$、$W_{11}$ 任意两端，均应测得断路。

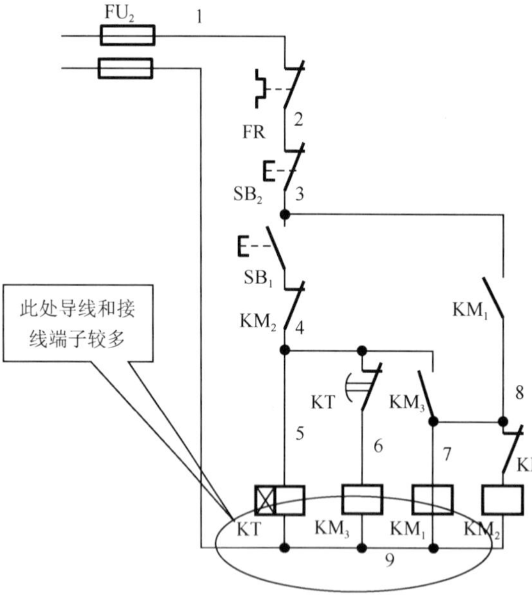


图 5-19　控制电路部分示意图

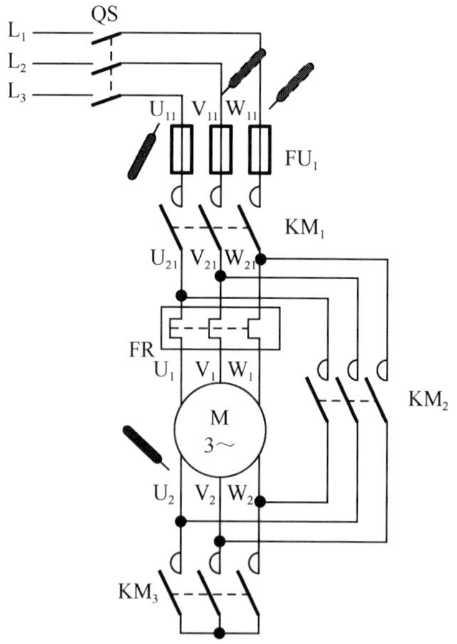


图 5-20　主电路检查示意图

② 控制电路的检查：如图 5-21 所示。

同时按下 $SB_1$ 和 $KM_1$ 触点架，应测得 KT、$KM_3$、$KM_1$、$KM_2$ 四只线圈并联的电阻值；同时按下 $SB_1$ 和 $KM_3$ 的触点架，应测得 KT、$KM_3$、$KM_1$ 三只线圈的并联电阻值；同时按下 $KM_1$ 与 $KM_3$ 的触点架，也应测得上述三只线圈的并联电阻值。

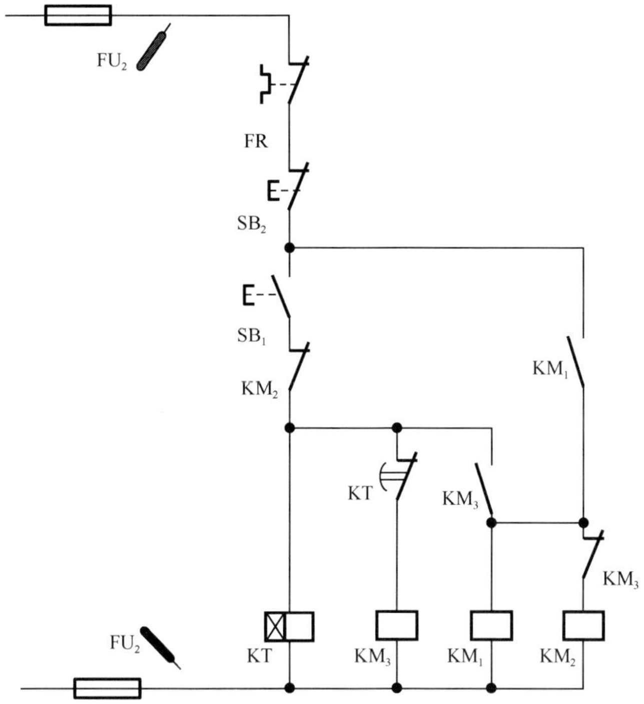


图 5-21 控制电路检查示意图

同时按下 $SB_1$ 和 $KM_1$ 触点架，再轻按 $KM_3$ 触点架使其常闭触点先断开（不要放开 $KM_1$ 触点架），切除 $KM_2$ 线圈，测得的电阻值应增大；如果在按下 $SB_1$ 的同时轻按 $KM_2$ 的触点架，使其常闭触点断开，则应测得线路由通而断。

再检查 KT 的控制，按下 $SB_1$ 测得 KT 与 $KM_3$ 两个线圈并联的电阻值，用手按下 KT 的衔铁约 5s 后，KT 的延断瞬合常闭触点先断开，切除 $KM_3$ 线圈，测得的电阻值应增大。

**小提示**

时间继电器往往有一对延时动作触点，还有一对瞬时动作触点，接线前应认真检查其触点的种类和使用要求。

### 2．线路的故障检修

结合图 5-11 所示的控制线路，当线路出现故障时，应从以下几个方面着手进行排除。

（1）进一步熟悉控制原理图和接线图

该线路中采用通电延时时间继电器来控制电动机Y连接启动的时间和向△连接运行状态的转换。这里特别注意的是，由于用 $KM_3$ 的常开辅助触点来控制接触器 $KM_1$ 的线圈回路，从而保证 $KM_3$ 主触点的“封星”线先短接后，再使 $KM_1$ 接通三相电源，因而 $KM_3$ 的主触点不操作启动电流，其容量可适当降低。

在 $KM_2$ 和 $KM_3$ 之间互设连锁触点，防止它们同时动作造成短路。

此外，线路转入△连接运行后，$KM_2$的常闭触点断开，切除时间继电器KT，避免KT线圈长时间运行而空耗电能，并延长其寿命。

（2）确定故障范围

根据故障现象用逻辑法大致确定故障范围。

（3）检查电气元件

对故障范围内的电气元件进行排查，包括观察各电器的触点表面情况、分合动作和接触情况；测量接触器线圈的电阻值；观察电动机接线盒内的端子标记；测量电动机各绕组的电阻值等。若电气元件无问题，则进行线路检查。

（4）检查线路

对照接线图仔细核对接线，认真检查各端子接线是否牢固，有无脱落。最后使用万用表按前面“安装调试注意要点”中电路检查方法，分别对主电路、控制电路部分进行检查，确定故障点位置。

**【故障排除例5-4】**

故障现象：线路经万用表检测动作无误，进行空操作试车时，按下$SB_1$后KT及$KM_3$、$KM_1$得电动作，但延时过了5s而线路无转换动作。

分析：该故障现象说明时间继电器的延时触点未动作。由于按下$SB_1$时KT已得电动作，所以判断KT的电磁铁位置不正确，造成延时器工作不正常。

检查：用手按压时间继电器KT的衔铁，约5s，延时器的顶杆已放松，顶住了衔铁，而未听到延时触点切换的声音。仔细观察，发现电磁机构与延时器距离太近，使气囊动作不到位。

处理：调整电磁机构位置，使衔铁动作后，气囊顶杆可以完全复位。

重新试车，故障排除。

**【故障排除例5-5】**

故障现象：不带电动机合上QS，按下$SB_1$，$KM_3$及$KM_2$就“噼啪噼啪”切换却不能吸合。

分析：一启动$KM_3$和$KM_2$就反复切换动作，说明时间继电器没有延时动作。一按$SB_1$启动按钮，时间继电器线圈得电吸合，触点也立即动作，造成了$KM_3$和$KM_2$的相互切换，不能正常启动。经分析，问题出在时间继电器的触点上。

检查：检查时间继电器的接线，发现时间继电器的触点使用错误，该接到延时触点的导线却接到了瞬动触点上了，所以，一通电接点就反复动作。

处理：将导线改接到时间继电器的延时触点上，重新试车，故障排除。

### 思考并讨论

根据图5-11的控制线路，如果出现如下故障现象，分析可能的故障原因。

1. $KM_1$、$KM_3$动作，KT不动作。
2. KT、$KM_1$、$KM_3$动作，延时结束，$KM_2$不动作。

## 技能训练

### 工作任务单

完成如图 5-22 所示三相异步电动机“Y—△”降压启动控制线路的安装、调试与故障检修。

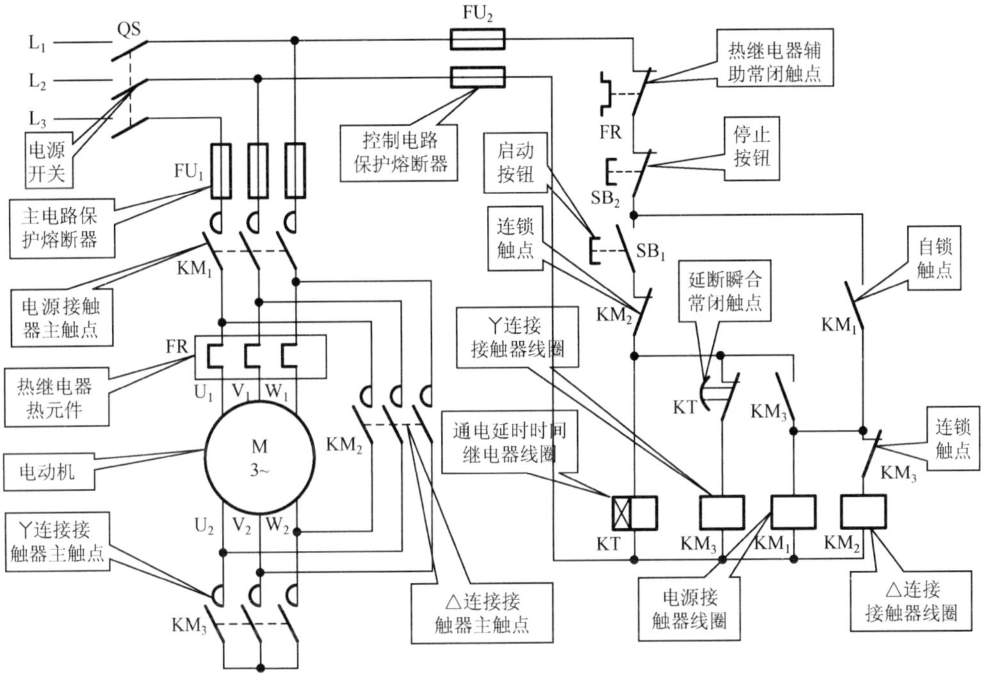


图 5-22 通电延时型时间继电器控制“Y—△”降压启动控制线路

**1．专业能力目标**

1）会正确选择、安装电动机“Y—△”降压启动控制线路的元器件；
2）能安装三相异步电动机“Y—△”降压启动控制线路；
3）能调试三相异步电动机“Y—△”降压启动控制线路；
4）能处理电动机“Y—△”降压启动控制线路故障；
5）具备对完整电气控制系统的调试、评价能力。

**2．方法能力目标**

具备独立工作能力、自学能力、交流能力、观察能力与表达能力。

**3．社会能力目标**

具备团结协作能力、计划组织能力、环境维护意识和安全文明生产等职业素养。

## 工作步骤（参考）

本工作任务流程见图 2-69。

### 1. 分析原理图

分析如图 5-22 所示电气控制原理图，熟悉其工作原理。

1）该控制线路由哪些低压电器组成的？

2）用符号法分析该电路的工作原理。

3）该控制电路具有哪些保护措施？

### 2. 工具、仪表与电气元件的选用

（1）工具与仪表的选用

工具与仪表的选用见表 1-2。

（2）电气元件的选用

根据如图 5-22 所示控制电路，结合所选电动机 Y112M-2，功率为 4kW，额定电流为 8.2A。选用的电气元件规格、型号及数量见表 5-2。

表 5-2 “Y—△”降压启动控制线路电气元件清单

| 名　称 | 规格型号 | 数　量 | 名　称 | 规格型号 | 数　量 |
|---|---|---|---|---|---|
| 低压断路器 QF | C45 NC-10A | 1 | 三联按钮盒 | LA20-11/3H | 1 |
| 熔断器 $FU_1$ | RL1A-15/10A | 3 | 接线端子 $X_1$ | 主电路用 | 15 |
| 熔断器 $FU_2$ | RL1A-15/4A | 2 | 接线端子 $X_2$ | 控制电路用 | 15 |
| 交流接触器 KM | CJ10-10/380V | 3 | 线　槽 | TC3025 | 若干 |
| 热继电器 FR | JR16B-20/3D11A | 1 | 导　线 | BVR-1．0/7 | 若干 |
| 时间继电器 $KT_1$ | JS7-2A | 1 | 其他辅件 | 螺钉、垫圈等 | 若干 |

注：学生也可根据实际情况自行选用电气元件。

### 3. 绘制电气元件布置图和安装接线图

（1）绘制电气元件布置图

根据试验配线板的大小，确定电气元件的摆放位置，并绘制出相应的电气元件布置图，如图 5-23 所示。学生也可根据自己的实际情况另行绘制电气元件布置图。注意在确定元器件的安装位置时，既要方便安装布线，又要便于检修。一般先确定交流接触器和继电器的位置，进行水平放置，然后再确定其他元器件摆放。元器件的布置要整齐、均匀、合理。

电动机直接放在试验台上。

（2）绘制安装接线图

在电气元件布置图的基础上并根据电气原理图再绘制安装接线图。学生可参考图 2-71 的样式绘制本控制线路的安装接线图。

### 4. 电气元件安装及布线

首先根据图 5-23 所示电气元件布置图安装好各元件。注意固定时用力不要过猛，不能损坏电气元件，电气元件在安装时先对角固定，不要一次拧紧，待螺钉全部上齐后再逐个拧紧。

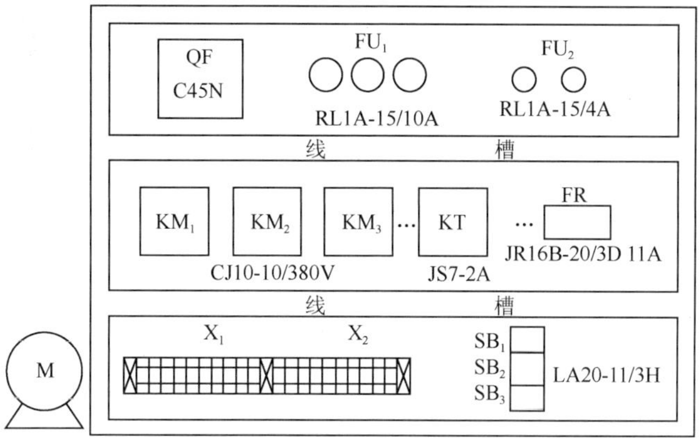


图 5-23 “Y—△”降压启动控制线路电气元件布置图

再根据电气原理图和接线图，结合前面所介绍的布线工艺要求进行布线。这里要特别注意以下几点：

1）主电路中 $KM_1$、$KM_2$、$KM_3$ 三个接触器的主触点接线，避免接线错误引起电源短路。

2）电动机接线端子处的接线：△连接的接法。

### 5. 检查布线

线路连接完成后，应检查控制线路连接是否正确。

1）外观检查

检查有无漏接、错接，导线的接点接触是否良好。

2）用万用表进行检查。

按 5.2.2 节“线路的故障检查”中所介绍的检查方法对线路连接的正确性进行检查。

### 6. 安装电动机

先连接电动机及所有带金属外壳器件的保护地线，然后连接电源、电动机等控制板外部的导线。

用于“Y—△”降压启动控制的电动机，必须有 6 个出线端子，如图 5-19 所示。接线时，要保证电动机△形接法的正确性：即接触器主触点闭合时，应该保证定子绕组的 $U_1$ 与 $W_2$、$V_1$ 与 $U_2$、$W_1$ 与 $V_2$ 相连接。接触器 $KM_3$ 的进线必须从三相定子绕组的末端引入，若误将其从首端引入，则在 $KM_3$ 吸合时，会产生三相电源短路事故。

### 7. 通电调试

1）用手拨动电动机的转子，观察转子是否有堵转现象等。

2）在老师的监护下，合上电源开关 QS。再按下 $SB_1$，观察交流接触器 $KM_1$ 与 $KM_3$ 是否吸合，电动机是否Y连接启动；经过一定时间延时，再观察交流接触器 $KM_3$ 是否断开，$KM_2$ 是否吸合，电动机是否△连接运行。按下停止按钮 $SB_2$，$KM_1$ 与 $KM_2$ 能否复位，电动机停转。

### 8. 故障检修

（1）故障设置

如图 5-24 所示，在控制电路中人为设置一故障：$KM_3$ 线圈所接 8 号线断开。

（2）故障排除步骤和方法

故障排除步骤和方法见表 5-3。

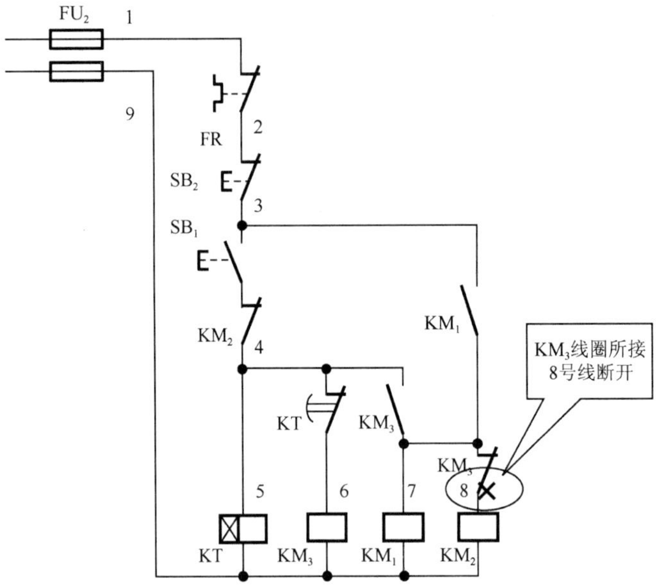


图 5-24 故障示意图

**表 5-3 "Y—△"降压启动控制线路故障检修步骤和方法**

| 检修步骤 | 控制电路故障 |
|---|---|
| 用试验法观察故障现象 | 合上 QS，按下 $SB_1$ 时，$KM_1$、$KM_3$ 均吸合，电动机Y连接启动，但不能△连接运行 |
| 用逻辑分析法判断故障范围 | 由故障现象得知：由于 $KM_2$ 不能吸合才造成电动机不能△连接运行，分析电气原理图初步确定故障点可能在控制电路的 $KM_2$ 线圈回路中间 |
| 用测量法确定故障点 | 用电阻测量法找到故障点为控制电路 $KM_2$ 线圈回路上所接的 8 号线断开 |
| 根据故障点的情况，采取正确的检修方法排除故障 | 恢复接通 8 号线 |
| 检修完毕通电试车 | 切断电源重新连接好故障点，在老师同意并监护下，合上 QS，按下 $SB_1$，观察线路和电动机的运行情况，检验合格后电动机正常运行 |

# 项目评价表

| | | | | |
|---|---|---|---|---|
| **学习情境**：三相异步电动机的降压启动控制 | **班级** | | | |
| **工作任务**：在安装板上进行图 5-22 所示的三相异步电动机“Y—△”降压启动控制线路的安装接线和调试 | **姓名** | | **学号** | |

**项目功能评价（25 分）**

| 序号 | 功能评价指标 | 成绩 |
|---|---|---|
| 1 | 系统是否实现了正确的工作任务要求 | |
| 2 | 使用的电气元件和所连接的电路是否任务是否符合工作任务要求 | |
| 3 | 电动机的降压启动是否正常 | |
| 4 | 电路系统工作是否可靠 | |
| | 分项得分 | |

**项目外观评价（15 分）**

| 序号 | 外观评价指标 | 成绩 |
|---|---|---|
| 1 | 所选电气元件是否正确合理 | |
| 2 | 是否符合元件安装布置图要求、电气元件安装是否正确、合理 | |
| 3 | 电路连接是否符合专业要求 | |
| 4 | 是否符合电路布线工艺要求 | |
| | 分项得分 | |

**项目过程评价（60 分）**

| 序号 | 考评内容 | 考评要求 | 评分标准 | 分值 | 成绩 |
|---|---|---|---|---|---|
| 1 | 电气原理图的绘制 | 正确绘制电气原理图；能实现控制要求；电气元件的图形符号、文字符号画法正确。 | 1．电气元件的画法不正确，每处扣 1 分；<br>2．电气元件的标注不正确，每处扣 1 分；<br>3．功能不能实现，重新设计 | 5 | |
| 2 | 电气元件的选择 | 正确选择电气元件 | 电气元件的选择不合理，每件扣 1 分 | 5 | |
| 3 | 电气元件布置图 | 合理布置电气元件 | 电气元件的布置不合理，每处扣 1 分 | 5 | |
| 4 | 电气元件接线图 | 正确绘制电气元件接线图 | 电气元件接线图画法不正确，每处扣 1 分 | 5 | |
| 5 | 系统安装调试 | 能正确并完整接线；<br>电气元件的安装接线符合工艺要求；<br>线路检测方法合理正确； | 1．安装错线、漏线，每处扣 2 分；<br>2．错线、漏线号标注，每处扣 2 分；<br>3．导线安装不牢靠、松动、压皮、露铜，每处扣 2 分；<br>4．缺少必要的保护环节，每处扣 2 分；<br>5．调试方法不正确，扣 2 分；<br>6．工具使用不正确，每提示一次扣 1 分 | 30 | |
| 6 | 安全文明生产 | 参照相关的安全生产法规进行考评，确保设备和人身安全 | 1．每违反一次规定，扣 2 分；<br>2．环境卫生差，扣 2 分；<br>3．发生短路事故，每次扣 2 分；<br>4．发生重大安全事故取消考试资格 | 6 | |
| 7 | 考核时限 | 本实训的考核时限为 120 分钟 | 1．每超过 5 分钟，扣 1 分；<br>2．超过 30 分钟以上，重新做 | 4 | |
| 总评 | | | 分项得分 | | |
| | | | 教师签字： | 年　月　日 | |

## 习题五

**一、填空题**

1．三相异步电动机的降压启动控制方式有________、________和________启动。

2．三相异步电动机直接启动时，启动电流可达额定电流的________倍。

3．在电气原理图中，各电器的触点都是按________时的状态画出。

**二、选择题**

1．下面关于继电器的叙述中，正确的是（　　）。

A．继电器实质上是一种传递信号的电器　　B．继电器是能量转换电器

C．继电器是电路保护电器　　D．继电器是一种开关电器

2．下列选项中不是电气控制系统中常设的保护环节的是（　　）。

A．过电流保护　　B．短路保护　　C．过载保护　　D．过电压保护

3．机床电气控制系统中用做传递信号的电器是（　　）。

A．交流接触器　　B．控制按钮　　C．继电器　　D．行程开关

4．机床电气控制系统中主要用来切换控制线路的电器是（　　）。

A．交流接触器　　B．控制按钮　　C．热继电器　　D．中间继电器

**三、简答题**

1．三相异步电动机在什么条件下可直接启动？

2．串电阻降压启动时，启动电阻如何选取？

3．串电阻降压启动和“Y—△”降压启动分别在什么情况下适用？

4．机床继电器控制线路中一般应设哪些保护？各有什么作用？

# 情境六

# 三相异步电动机的制动控制

## 情境描述

三相异步电动机当前多作为起重设备和机床设备的动力装置。起重设备在吊装重物时需要准确定位，而机床在生产加工过程中为了提高生产效率，在完成某一工步后要求立即停止。但是由于惯性作用，电动机在断开电源以后不会马上停止转动，而是需要继续转动一段时间后才能停下来。为了满足生产机械这种要求就需要对拖动电动机采取制动措施。

三相异步电动机的制动方法一般有机械制动和电气制动两种。目前，电气制动常用的方法有反接制动、能耗制动、电容制动和再生发电制动。在实际生产过程中前两种使用较多，本情境安排了两个相应的工作任务针对这两种制动方式进行训练。通过本情境的学习和实际操作训练，使学生可掌握速度继电器的应用，同时掌握三相异步电动机制动控制线路的安装、调试与维护技能。

## 学习与训练要求

**技能点：**

1. 正确使用常见的电工工具、电工仪表；
2. 正确识别、标识、选用速度继电器及相关辅件；
3. 正确识读并绘制三相异步电动机控制系统的原理图、布置图和安装接线图；
4. 正确安装和调试三相异步电动机制动控制线路；
5. 能处理三相异步电动机制动控制线路的常见故障。

**知识点：**

1. 速度继电器的结构、工作原理及应用；
2. 反接制动控制线路的结构和工作原理；
3. 能耗制动控制线路的结构和工作原理；
4. 反接制动控制线路的安装、调试与故障排除；
5. 能耗制动控制线路的安装、调试与故障排除。

相关知识点

# 6.1 三相异步电动机的制动控制原理

## 6.1.1 速度继电器

### 1. 速度继电器的工作原理与结构

速度继电器主要用于电动机的反接制动，故又称为反接制动继电器。是一种反映电动机转速和转向的继电器，其主要作用是以电动机旋转速度的快慢为指令信号，与接触器配合实现对电动机的控制。机床上常用的速度继电器有 JY1 型、JFZ0 型两种。JY1 型速度继电器的外形如图 6-1 所示。

图 6-1 JY1 型速度继电器外形

JY1 型速度继电器的结构和工作原理如图 6-2 所示。主要由转子、定子、支架、胶木摆杆（也称定子柄）和触点系统组成。

转子是一块固定在轴上的永久磁铁。浮动的定子与转子同心，而且能独自偏摆，定子由硅钢片叠成，并装有鼠笼式绕组。速度继电器的轴与电动机轴相连，电动机旋转时，转子随之一起转动，形成旋转磁场。鼠笼式绕组切割磁力线而产生感应电流，该电流与旋转磁场作用产生电磁转矩，当该电磁转矩大于反力弹簧 7 所产生的阻力矩时，定子便随转子向转子的转动方向偏摆，定子柄 5 则推动相应触点动作。定子柄推动触点的同时，也压缩反力弹簧，其反作用阻止定子继续转动。当转子的转速下降到一定数值时，电磁转矩小于反力弹簧的反作用力矩，定子返回原来位置，对应的触点恢复原始状态，随即切断电动机的电源，电动机就不会反转。所以，调整反力弹簧的预压缩量即可改变触点动作的转速。

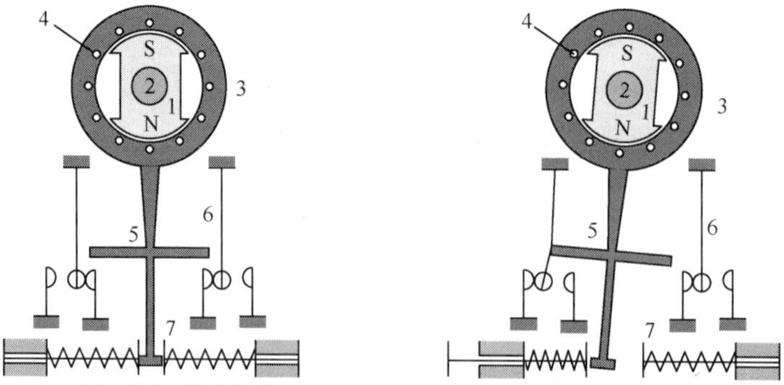


（a）当转速小于设定值时　（b）当转速大于设定值时

图 6-2 JY1 型速度继电器的结构和工作原理

1-转子；2-电动机轴；3-定子；4-鼠笼式绕组；5-定子柄；6-动触点；7-反力弹簧

**小提示**

一般速度继电器的动作转速为100～300r/min，触点复位转速为100r/min以下。

使用速度继电器时，应将其转子装在被控制电动机的同一根轴上，而将其常开触点串联在控制电路中，通过控制接触器线圈来实现反接制动。考虑到电动机的正反转需要，速度继电器的触点也配有正转和反转各一副，接线时要注意，不能接错。

速度继电器在电路图中的符号如图6-3所示。

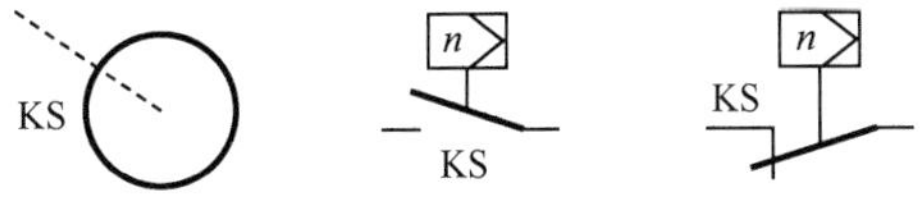


（a）转子　（b）动合触点　（c）动断触点

图6-3　速度继电器的电气符号

### 2．速度继电器的选用

速度继电器选用的主要依据是：所控制的转速大小、触点的数量以及电压、电流等。常用速度继电器的技术参数见表6-1。

**表6-1　速度继电器的主要技术参数**

| 型号 | 触点额定电压/V | 触点额定电流/A | 触点对数 | | 额定工作转速/（r/min） | 允许操作频率/（次/h） |
|---|---|---|---|---|---|---|
| | | | 正转动作 | 反转动作 | | |
| JY1 | 380 | 2 | 1组转换触点 | 1组转换触点 | 100～3000 | <30 |
| JFZ0-1 | | | 1常开、1常闭 | 1常开、1常闭 | 300～1000 | |
| JFZ0-2 | | | 1常开、1常闭 | 1常开、1常闭 | 1000～3000 | |

**思考并讨论**

仔细体会速度继电器的工作原理，如果想改变触点动作的转速，该如何调整速度继电器？

## 6.1.2　三相异步电动机反接制动原理及控制电路的识读

### 1．反接制动原理

依靠改变电动机定子绕组的电源相序来产生制动力矩，迫使电动机迅速停转的方法叫反接制动。其制动原理如图6-4所示，在图6-4（a）中，当QS向上投合时，电动机定子绕组电源相序为$L_1$-$L_2$-$L_3$，电动机将沿旋转磁场方向（如图6-4（b）中顺时针方向所示），以$n<n_1$的转速正常运行。当电动机需要停转时，通过拉断开关QS使电动机先脱离电源（此时转子由于惯性仍按原方向旋转），然后迅速将开关QS向下投合，由于$L_1$、$L_2$两相电源线对调，此时电动机定子绕组电源相序变为$L_2$-$L_1$-$L_3$，旋转磁场反转（如图6-4（b）中逆时针方向所示），此时转子将以$n+n_1$的相对转速沿原转动方向切割旋转磁场，在转子绕组中产生感生电流，其

方向可用右手定则来判断，如图 6-4（b）所示。而转子绕组一旦产生电流，又将受到旋转磁场的作用产生电磁转矩，其方向可用左手定则来判断。可见此转矩方向与电动机的转动方向相反，从而迫使电动机受制动迅速停转。

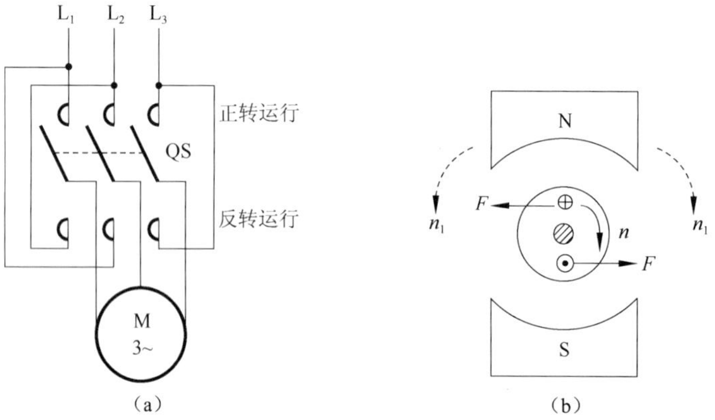


图 6-4　反接制动原理图

值得注意的是当电动机的转速接近零值时，应立即切断电动机电源，否则，电动机将由制动变为反转。为此在反接制动设备中，为保证电动机的转速在被制动到接近零值时能迅速可靠地切断电源，防止误变为反向启动，常利用速度继电器（又称反接制动继电器）来自动切断电源。

具体的反接制动控制线路见后面叙述。

### 2. 单向启动反接制动控制电路

单向启动反接制动控制线路如图 6-5 所示。反接制动线路的主电路与正反转控制线路的主电路相似，只是在反接制动时增加了三只限流电阻。线路中 $KM_1$ 为正转运行控制接触器，$KM_2$ 为反接制动控制接触器，KS 为速度继电器，其轴与电动机轴相连（图 6-5 中用点画线表示）。

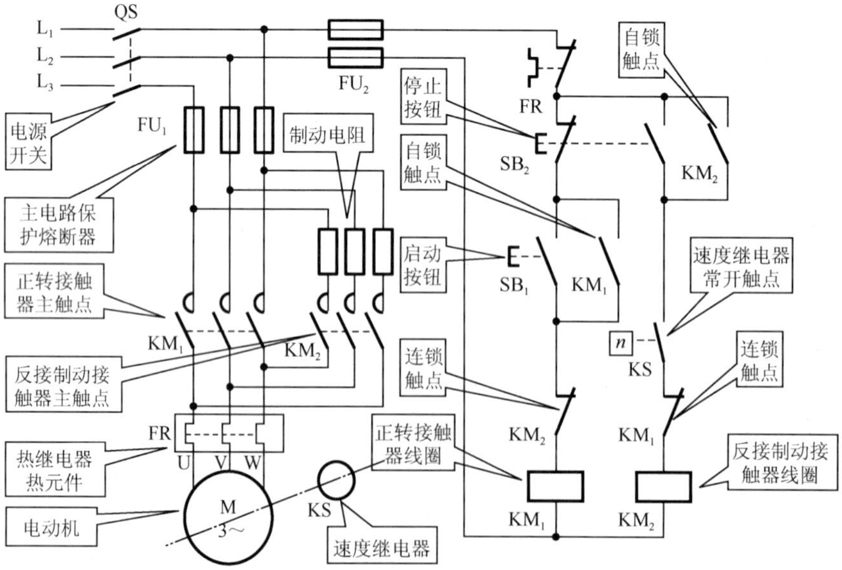


图 6-5　单向启动反接制动控制线路

线路的控制原理如下：

先合上电源开关 QS。

单向启动的控制流程如图 6-6 所示。

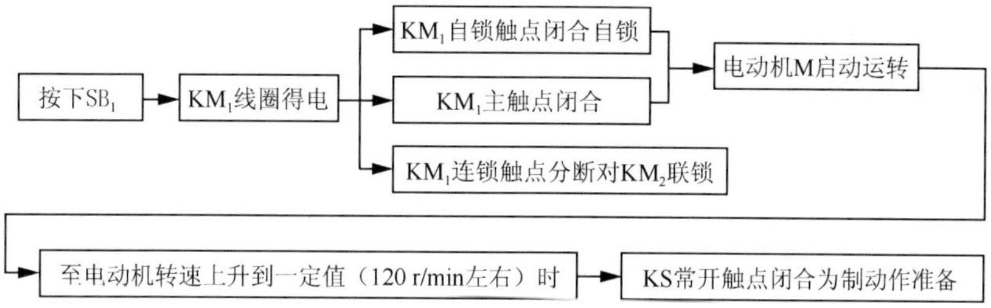


图 6-6 电动机单向启动的控制流程

反接制动的控制流程如图 6-7 所示。

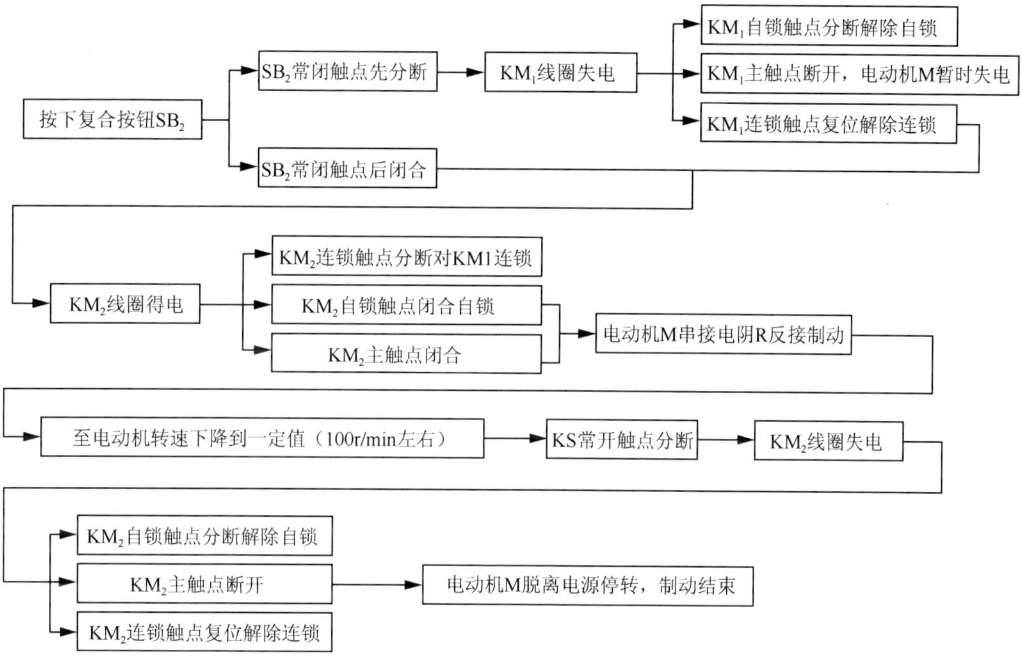


图 6-7 电动机反接制动的控制流程

反接制动时，由于旋转磁场与转子的相对转速（$n_1+n$）很高，所以转子绕组中感生电流很大，致使电动机定子绕组中的电流也很大，一般约为电动机额定电流的 10 倍左右。因此，反接制动适合于 10kW 以下容量电动机的制动，而且对 4.5kW 以上的电动机进行反接制动时，必须在定子绕组回路中串接限流电阻，以限制反接制动电流。

至于限流电阻 R 的大小在工程实践中可根据以下经验公式进行估算。

设电源电压为 380V 时，若要使反接制动电流为电动机直接启动时的启动电流的 1/2 $I_{st}$，则三相电路中每相应串接的电阻值为

$$R \approx 1.5 \times 220/I_{st} \quad (\Omega)$$

若要使反接制动电流等于电动机直接启动时的启动电流 $I_{st}$，则每相应串接的电阻值为

$$R \approx 1.3 \times 220 / I_{st} \quad (\Omega)$$

如果反接制动时，只在主电路两相中串接限流电阻，那么电阻值应增大至三相串接时的1.5倍。

**小提示**

反接制动的优点是制动力强，制动迅速。缺点是制动准确性差，制动过程中冲击强烈，易损坏传动部件，制动能量消耗大，不宜频繁制动。所以反接制动方式一般适用于制动要求迅速且系统惯性比较大，不经常启动与制动的场合，如铣床、镗床、中型车床等主轴的制动控制。

### 3．双向启动反接制动控制电路

双向启动反接制动控制电路的电气原理图如图 6-8 所示，该线路所用的电器较多。其中 $KM_1$ 既是正转运行接触器，又是反转运行时的反接制动接触器；$KM_2$ 既是反转运行接触器，又是正转运行时的反接制动接触器；$KM_3$ 作为短接限流电阻 R 用；中间继电器 $KA_1$、$KA_3$ 和接触器 $KM_1$、$KM_3$ 配合完成电动机的正向启动、反接制动的控制要求；中间继电器 $KA_2$、$KA_4$ 和接触器 $KM_2$、$KM_3$ 配合完成电动机的反向启动、反接制动的控制要求；速度继电器 KS 有两对常开触点 KS-1、KS-2，分别用于电动机正转和反转时反接制动的时间；R 既是反接制动限流电阻，又是正向启动的降压限流电阻。

电路的控制原理如下：

先合上电源开关 QS。

正转启动的控制流程如图 6-9 所示。

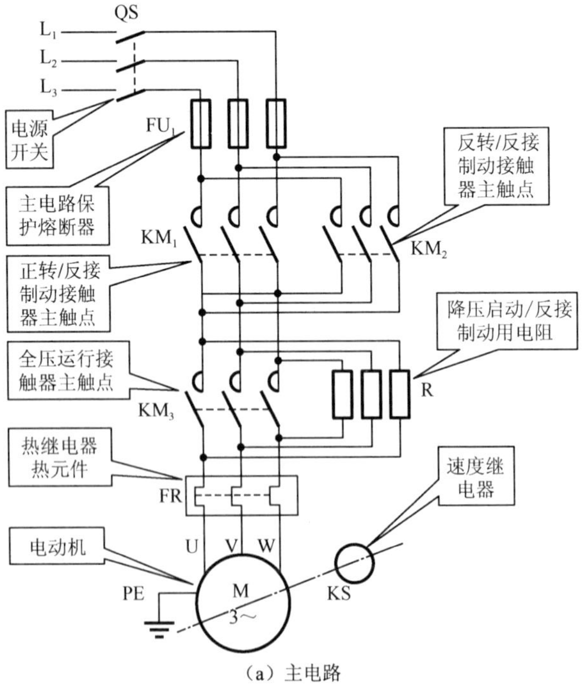


（a）主电路

图 6-8　双向启动反接制动控制线路

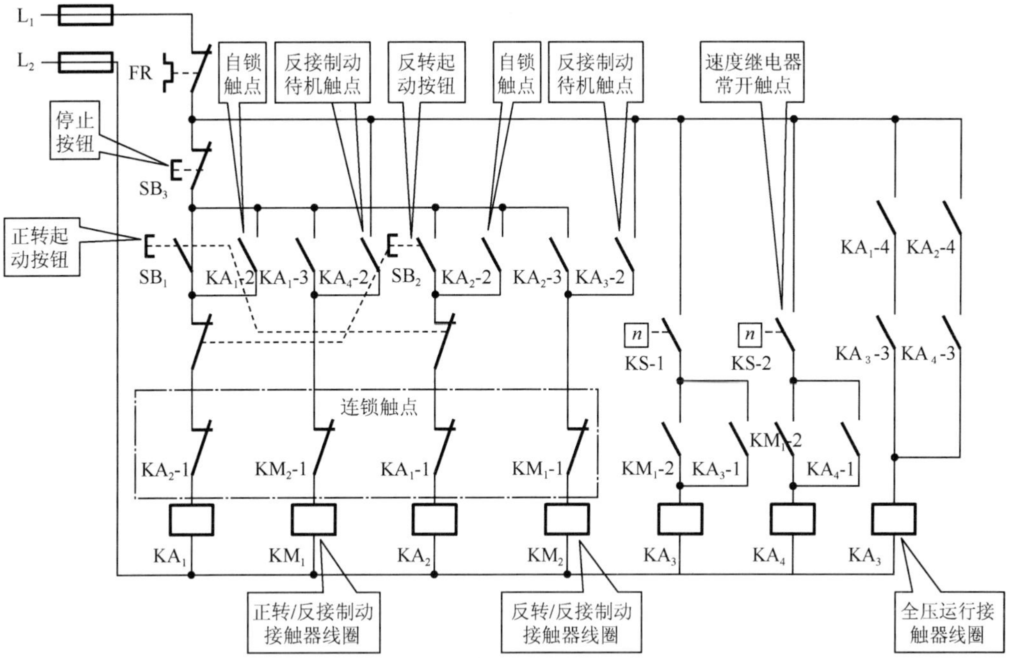


（b）控制电路

图 6-8　双向启动反接制动控制线路（续）

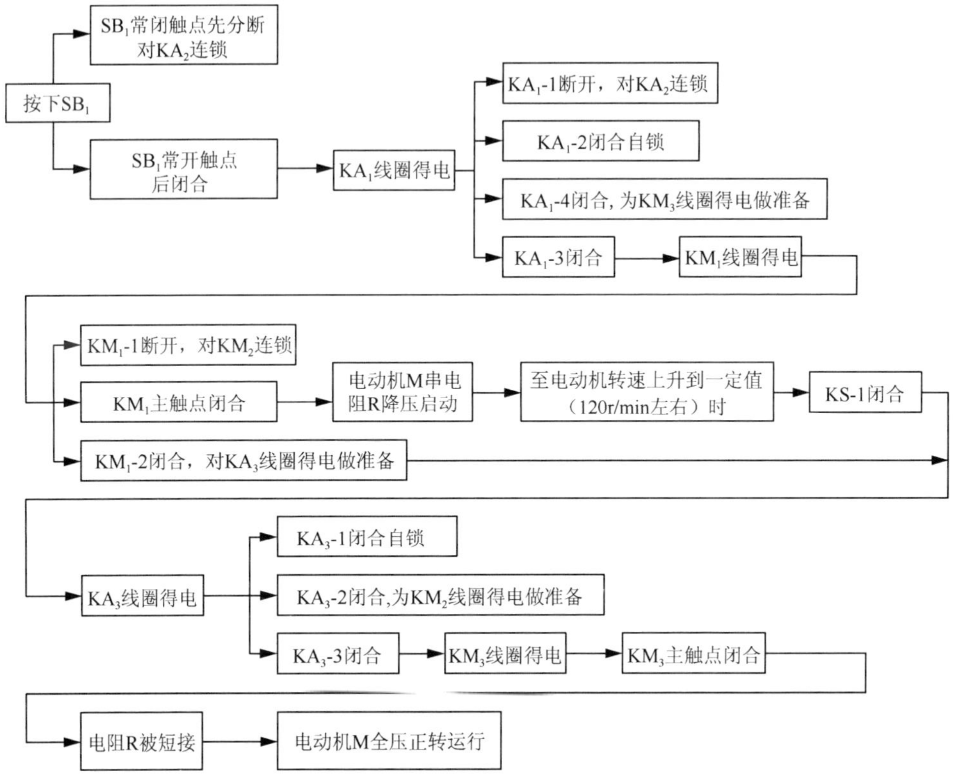


图 6-9　电动机正转启动的控制流程

反接制动停止的控制流程如图 6-10 所示。

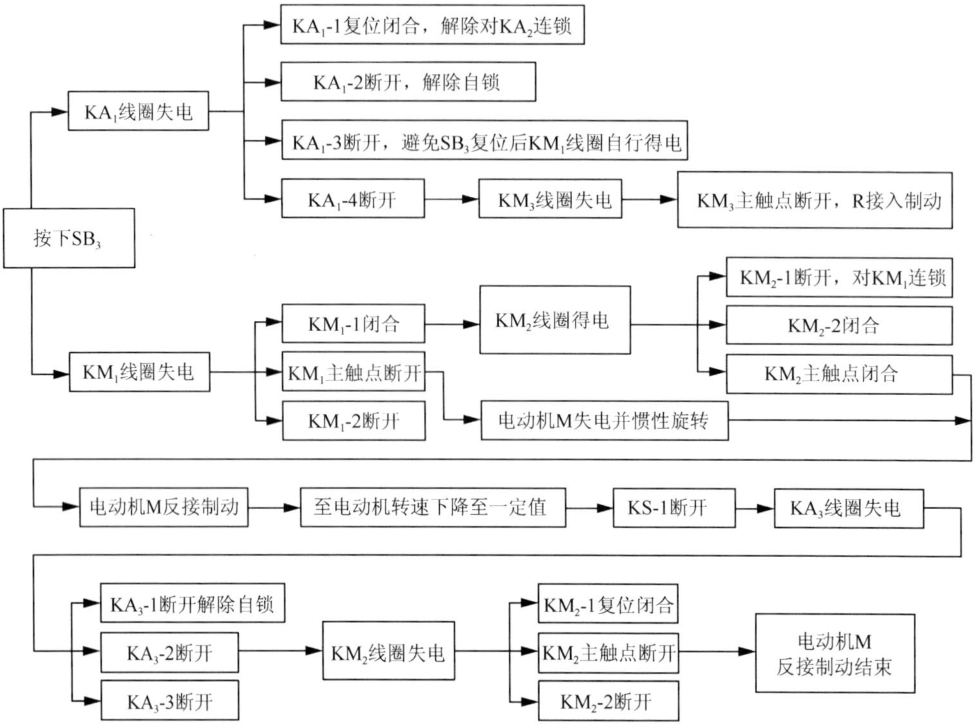


图 6-10　电动机反接制动停止的控制流程

电动机的反向启动及反接制动是由启动按钮 $SB_2$、中间继电器 $KA_2$、$KA_4$、接触器 $KM_2$、$KM_3$、停止按钮 $SB_3$、速度继电器的常开触点 KS-2 等电器来完成的，其启动过程、制动过程与上述正向启动反接制动的过程相似，读者可在理解了上述工作过程的基础上自行分析。

**思考并讨论**

1. 为什么在反接制动主回路中要串接电阻器？
2. 速度继电器在反接制动控制线路中起什么作用？

## 6.1.3　三相异步电动机能耗制动原理及控制电路的识读

### 1. 能耗制动原理

能耗制动是在切除三相交流电源之后，定子绕组通入直流电流，在定子、转子之间的气隙中产生静止磁场，惯性转动的转子导体切割该磁场，形成感应电流，产生与惯性转动方向相反的电磁力矩而使电动机迅速停转，并在制动结束后将直流电源切除。其制动原理如图 6-11 所示。

先断开交流电源开关 $QS_1$，切断电动机的交流电源，此时转子仍沿原方向惯性运转；随后立即合上直流电源开关 $QS_2$，并将 $QS_1$ 向下合闸，电动机 V、W 两相定子绕组通入直流电，使定子中产生一个恒定的静止磁场，惯性运动的转子因切割磁力线而在转子绕组中产生感生电流，其方向可用右手定则判断出来，上面应标记为⊕，下面标记为⊙。转子绕组中一旦产生感生电流，又将立即受到静止磁场的作用而产生电磁转矩，用左手定则判断可知此转矩的方向正好与电动机的转向相反，使电动机受制动迅速停转。

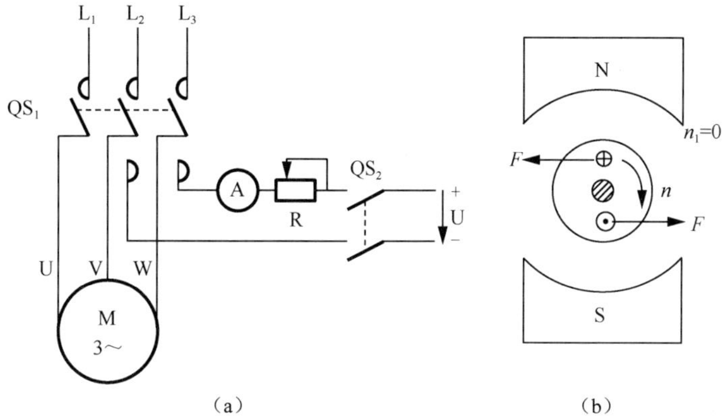


图 6-11 能耗制动原理图

由于这种制动方法是通过在定子绕组中通入直流电以消耗转子惯性运转的动能来进行制动的，所以称为能耗制动，也称为动能制动。

**小提示**

从电动机的机械特性图中可以看出，当电动机的转速下降为零时，制动转矩也将为零，所以，能耗制动能使电动机准确停车。

### 2. 直流电源

在能耗制动控制线路中，直流电源一般通过整流环节直接从三相电源获得。常用的整流环节有半波整流和全波整流。

（1）半波整流

半波整流能耗制动一般选用一个整流二极管串接在电动机定子绕组其中一相电源电路中，利用晶体二极管的单向导通特性，把 380V 的交流电压整变为脉动的直流电压。

（2）全波整流

用四只整流二极管构成桥式整流电路，有分立元件的，也有集成元件的。这种整流电路输出的脉动电压较之半波整流平稳。

由于能耗制动并不要求恒稳电压，所以，不需要设置滤波电路和稳压电路。

（3）直流电源的选择

能耗制动中，通入电动机的直流电流不能太大，过大会烧坏定子绕组。因此，能耗制动直流电源的选择有一定的要求，以单相桥式整流电路为例，估算方法和步骤如下：

1）先测量出电动机三相绕组任意两相之间的电阻 $R_0$（Ω）。

2）测量电动机的空载电流 $I_0$（A）。

3）能耗制动所需的直流电流为

$$I_L=KI_0\text{（A）}$$

直流电压为

$$U_L=I_L R_0\text{（V）}$$

式中，$K$ 为系数，一般取 3.5～4。

若考虑到电动机定子绕组发热情况，并使制动达到较为满意的效果，对于转速高、惯性大的拖动系统可取上限。

4）单相桥式整流变压器副边绕组电压和电流的有效值分别为

$$U_2=U_L/0.9\text{（V）}$$

$$I_2=I_L/0.9\text{（A）}$$

变压器计算容量为

$$S=U_2I_2\text{（VA）}$$

如果制动不频繁，可取变压器实际容量为

$$S'=\text{（}1/3-1/4\text{）}S\text{（VA）}$$

5）可调电阻 $R\approx2\Omega$，功率 $P_R=I_L^2R$（W），实际选用时，电阻功率也可小些。

6）整流二极管的额定电压、反向击穿电压和功率等参数要与现场条件吻合。

**思考并讨论**

仔细体会反接制动和能耗制动的工作原理，对比两种制动方式的不同。

### 3. 无变压器单相半波整流单向启动能耗制动控制线路

无变压器单相半波整流单向启动能耗制动控制线路如图 6-12 所示。该线路采用单相半波整流器作为直流电源，所用附加设备少，线路简单，成本低，适用于 10kW 以下的小容量电动机，且对制动要求不高的场合。

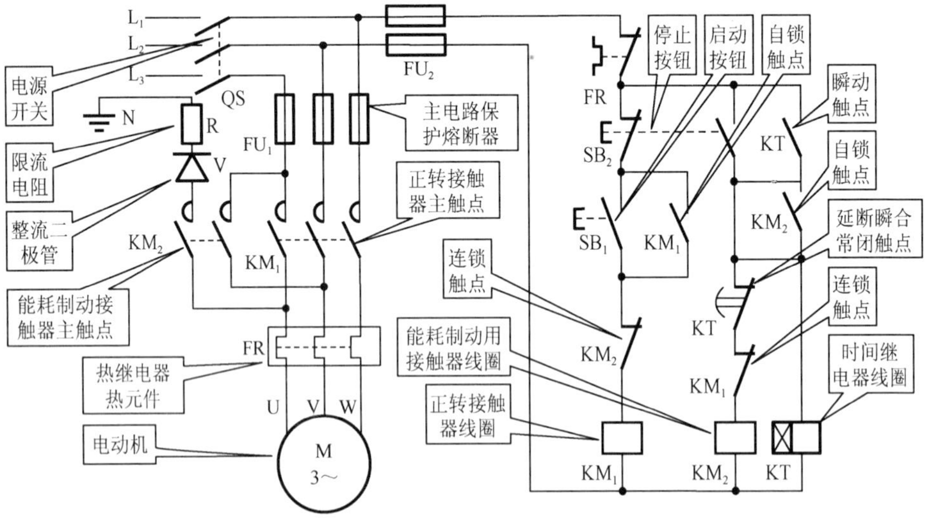


图 6-12　无变压器单相半波整流单向启动能耗制动控制线路

线路的控制原理如下：

先合上电源开关 QS。

单相启动运转的控制流程如图 6-13 所示。

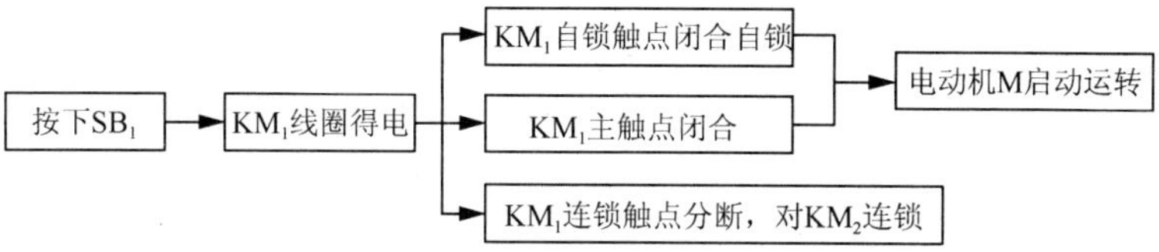


图 6-13 电动机单相启动的控制流程

能耗制动停止的控制流程如图 6-14 所示。

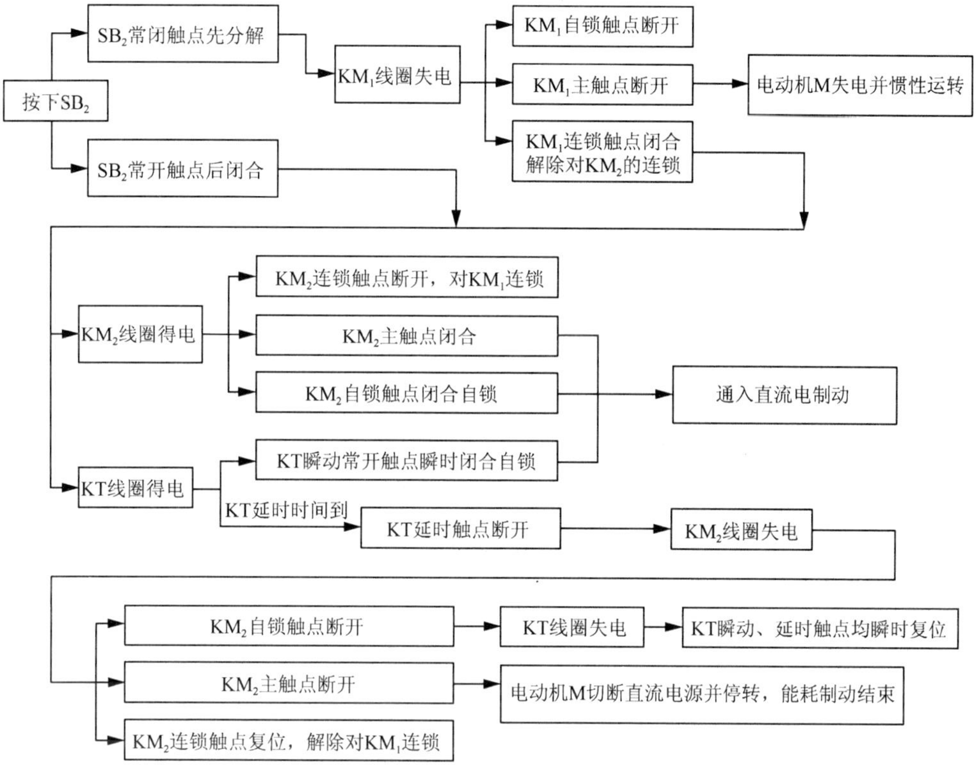


图 6-14 电动机能耗制动停止的控制流程

**小提示**

图 6-12 中 KT 的瞬动常开触点除了起自锁作用外，在 KT 出现线圈断线或机械卡住等故障时，按下并松开 $SB_2$ 后能使电动机制动后脱离直流电源（规避 $KM_2$ 自锁不能解除的现象）。

### 4．无变压器单相半波整流双向启动能耗制动控制线路

无变压器单相半波整流双向启动能耗制动控制线路如图 6-15 所示。该线路相对于图 6-12 所示的线路，增加了正、反转控制功能。

线路的控制原理如下：

先合上电源开关 QS。

正向启动运行的控制流程如图 6-16 所示。

能耗制动停止的控制流程如图 6-17 所示。

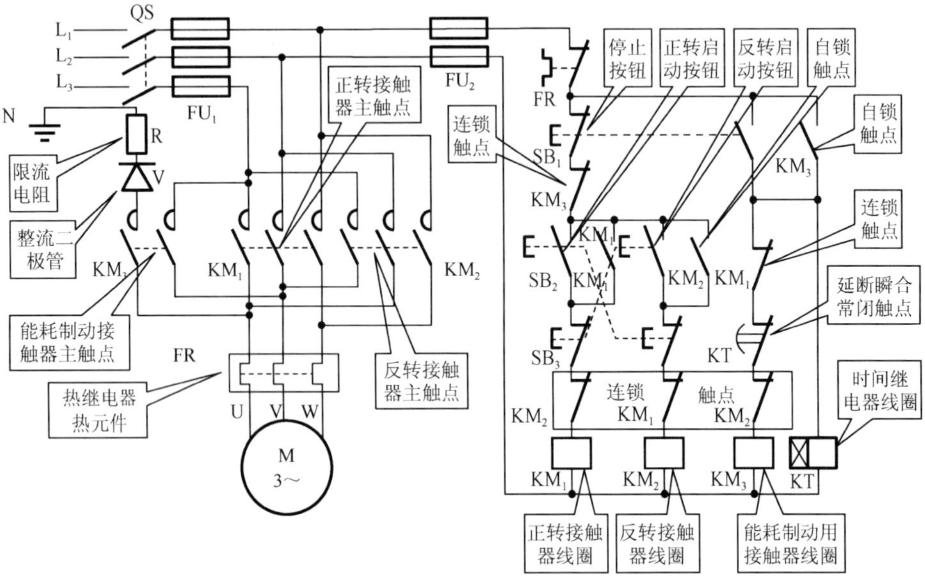


图 6-15 无变压器单相半波整流双向启动能耗制动控制线路

图 6-16 电动机正向启动的控制流程

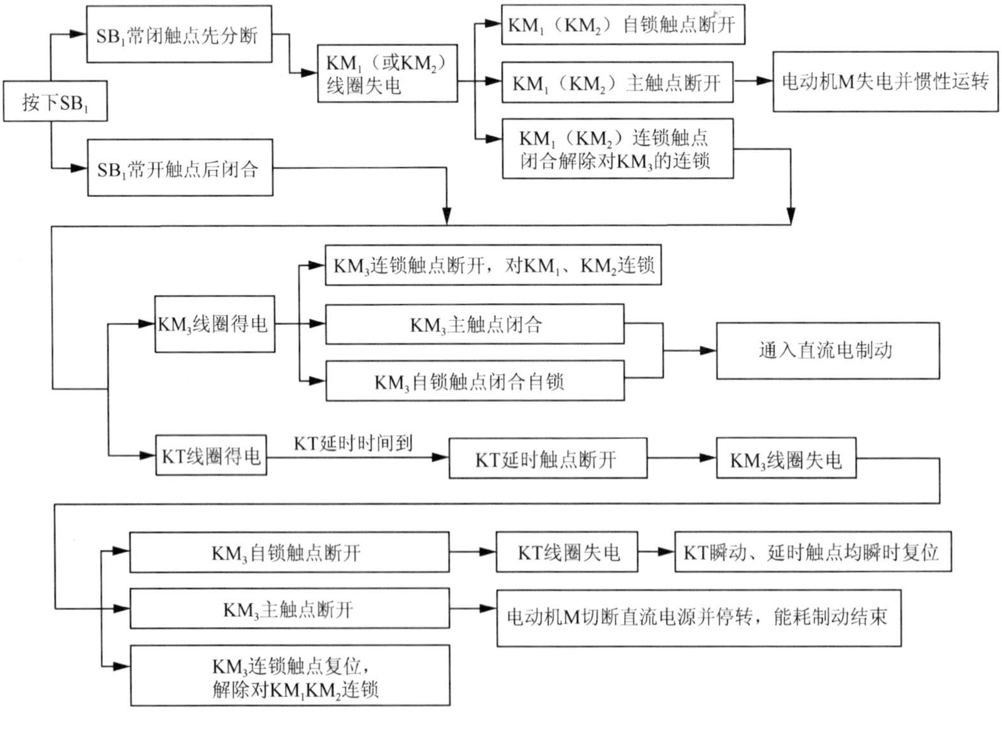


图 6-17 电动机能耗制动停止的控制流程

反转启动运行的控制流程如图 6-18 所示。

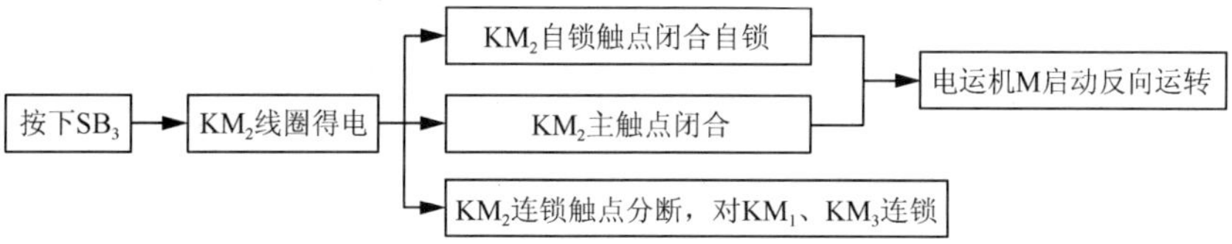


图 6-18　电动机反转启动的控制流程

**5．有变压器单相全波整流单向启动能耗制动控制线路**

对于 10kW 以上容量的电动机，大多采用有变压器单相全波整流能耗制动。控制线路如图 6-19 所示。

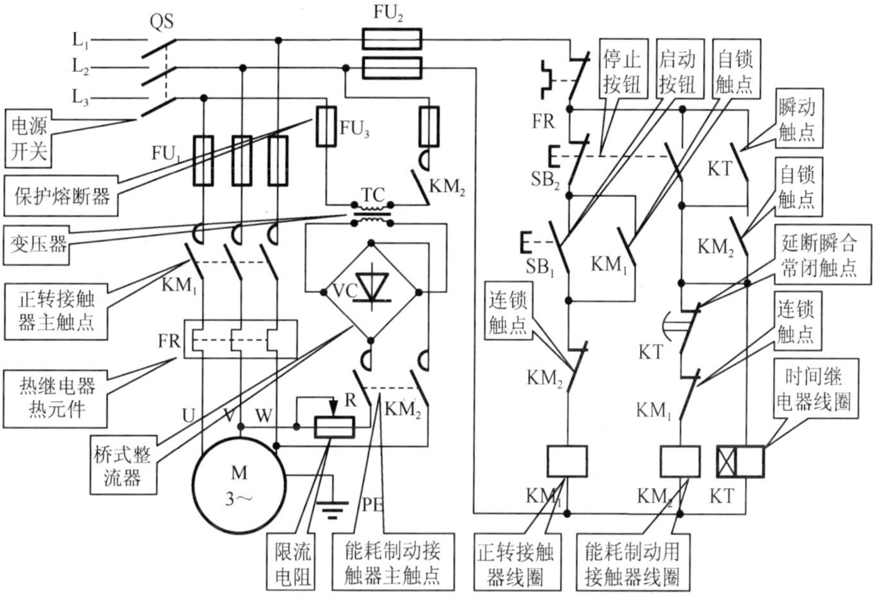


图 6-19　有变压器单相全波整流单向启动能耗制动控制线路

该电路中，通过整流变压器 TC 和桥式全波整流器提供直流电源给电动机绕组，而整流变压器和可调电阻用来调节直流电流，从而调节制动强度。

控制线路的工作原理与无变压器单相半波整流单向启动能耗制动控制线路相同，读者可自行分析。

**小提示**

在如图 6-19 所示线路中，$KM_2$ 的主触点分两组使用：其中一对用在变压器的输入端，另两对用在变压器的输出端，这样就使得整流变压器的原边（交流侧）与副边（直流侧）同时切换，有利于提高触点的使用寿命。

能耗制动时产生的制动力矩大小，与通入定子绕组中的直流电流大小、电动机的转速及转子电路中的电阻有关。电流越大，产生的静止磁场就越强，而转速越高，转子切割磁力线的速度就越大，产生的制动力矩也就越大。

能耗制动的优点是制动平稳、准确，对机械传动装置的冲击小，而且能量消耗少；缺点是需要附加直流电源，设备成本较高，制动力较弱，特别在低速时制动力矩小。

**思考并讨论**

1. 整流电路在能耗制动控制中起什么作用？
2. 半波整流能耗制动与全波整流能耗制动的区别在哪里？

# 6.2 三相异步电动机制动控制线路的安装、调试与维护

## 6.2.1 三相异步电动机反接制动控制线路的安装、调试与检修

### 1. 安装与调试的注意要点

在进行反接制动控制线路的安装与调试时，除参考前面各任务的注意要点外，针对自身的电路特点还要注意下面一些问题。

（1）安装

1）熟悉反接制动控制线路图，充分理解电路工作原理。

2）安装前先了解所选速度继电器的结构，熟悉其工作原理。

3）辨别清楚速度继电器的常开触点、常闭触点的接线端子。

4）调整好速度继电器的动作值和复位值。

5）安装速度继电器时要确保速度继电器的安装位置和电动机同轴。

6）电动机、速度继电器和电气元件的金属外壳要可靠接地。接地线按规定使用黄、绿双色线。

（2）调试

1）通电试车时，若反接制动不正常，应检查速度继电器是否符合规定要求。

2）若需调整速度继电器的调节螺钉，必须切断电源，防止短路。

3）在试车过程中，制动操作不宜过于频繁。

4）通电试车必须在老师指导下进行，做到安全文明操作。

### 2. 控制线路的故障检修

三相异步电动机反接制动控制线路的故障分主电路和控制电路两部分。主电路故障主要表现为正转缺相、反接制动缺相、正转及反接制动均缺相；控制电路故障主要表现为电动机无法启动，正转不能启动及无反接制动等。

（1）主电路故障

1）正转缺相。

① 故障分析：正转缺相，说明电动机和三相电源是正常的，故障应该出在 $KM_1$ 主触点及两端连线 $U_{11}$、$V_{11}$、$W_{11}$、$U_{21}$、$V_{21}$、$W_{21}$ 范围内，如图 6-20 所示。

② 故障检查：首先观察 $KM_1$ 的主触点本身有无接触不良或烧断现象，然后按下 $KM_1$ 的触点架，用万用表电阻挡检查 $KM_1$ 各对触点间有无断路。最后再检查 $KM_1$ 主触点两端的连线有无断线。

2）反接制动缺相。

① 故障分析：该故障与正转缺相相似，但由于反接制动接触器 $KM_2$ 的主触点串联了限流电阻 R，所以故障范围除了 $KM_2$ 触点接触不良或损坏、连接导线松脱或断线外，电阻 R 的损坏也将形成缺相。

② 故障检查：用万用表电阻挡测限流电阻的电阻值，并检查连接导线及 $KM_2$ 主触点的接触是否良好。

3）正转及反接制动均缺相。

① 故障分析：若正反转均缺相，故障范围应该包括：电动机绕组断开、电源缺相、熔断器 $FU_1$ 熔心烧断、热继电器 FR 热元件烧断、主电路连接导线松脱或断线。

② 故障检查：在完成前面两种故障现象检查的基础上，再做如下检查，断开电源拆下电动机，而后在闭合电源，按下 $SB_1$ 使 $KM_1$ 闭合，如图 6-21 所示。

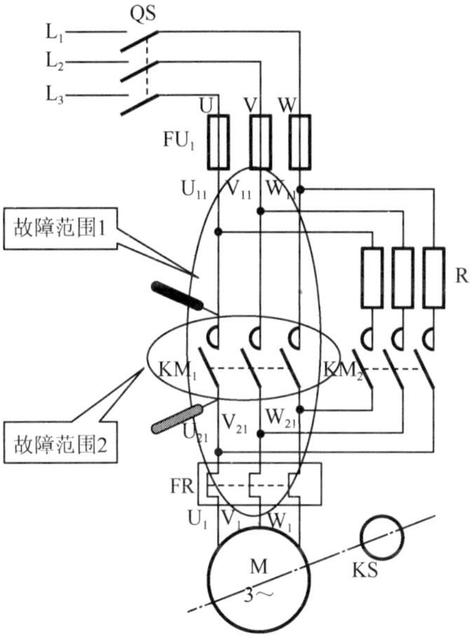


图 6-20　单向启动反接制动控制主电路

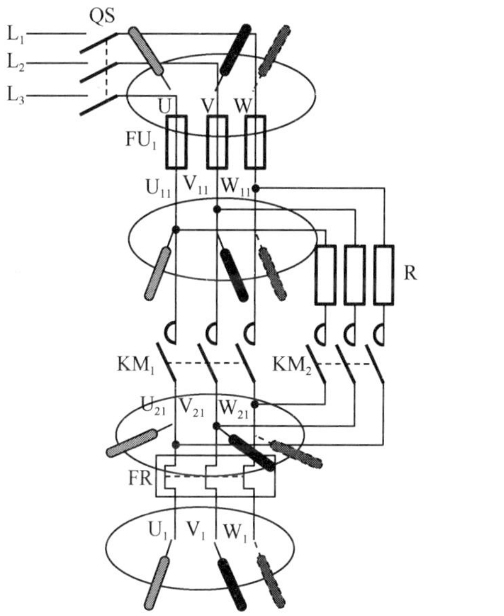


图 6-21　正转及反接制动均缺相故障检查

4）用万用表的交流电压 500V 挡测量 $U_1$、$V_1$、$W_1$ 端子上的电压。

① 若 $U_1$、$V_1$、$W_1$ 端子电压不正常，则继续测量 FR 上方 $U_{21}$、$V_{21}$、$W_{21}$ 之间的线电压，$FU_1$ 上下端 $U_{11}$、$V_{11}$、$W_{11}$ 之间和 U、V、W 之间的线电压，再测量三相电源中任意一相的相电压，然后检查所有连接导线的接线，从而判断故障位置。

② 若 $U_1$、$V_1$、$W_1$ 端子电压正常，则用万用表的欧姆挡测量电动机的三相绕组是否有断路，从而判断故障位置。

（2）控制电路故障

1）正转启动接触器不动作

① 故障分析：正转启动接触器不动作，对照图 6-22，故障范围为熔断器 $FU_2$ 熔芯烧断、

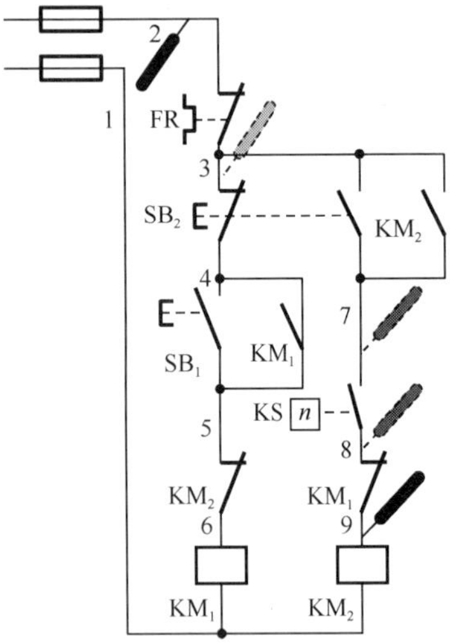


图 6-22 正转启动接触器故障检查

热继电器 FR 常闭触点断开、$SB_2$ 按钮常闭触点损坏、$SB_1$ 按钮常开触点断开、接触器 $KM_2$ 辅助常闭触点损坏，或 1 号、2 号、3 号、4 号、5 号、6 号连接线松脱或断线。

② 故障检查：用万用表欧姆挡逐一测量熔断器 $FU_2$ 熔芯、FR 常闭触点、按钮 $SB_2$ 的常闭触点、按钮 $SB_1$ 的常开触点、$KM_2$ 的常闭触点及连线是否松脱或断线，从而确定故障点的准确位置。

2）无反接制动。

① 故障分析：对照图 6-22，无反接制动时，故障应该出在 $KM_2$ 接触器线圈所在回路中，这就包括回路中所有的电气元件相关触点和连接导线，也包括 $KM_2$ 接触器线圈本身。

② 故障检查：接通电源，用万用表交流 500V 挡，以 2 号线为基准对 9 号与 8 号线测量电压。若 9 号线无电压，则 $KM_2$ 线圈断；8 号线无电压，则 $KM_1$ 常闭触点损坏。按下按钮 $SB_1$，$KM_1$ 线圈得电，$KM_1$ 主触点闭合，电动机正转运行，此时速度继电器 KS 的触点闭合，7 号与 8 号线应接通，再次以 2 号线对 7 号线测量电压，若无电压，说明 KS 触点损坏或 8 号线不通，若测得电压为 380V，说明 KS 触点闭合良好。

3）断开电源，用万用表欧姆挡测量 $SB_2$ 常开触点及两端连线 3 号线与 7 号线是否良好。

故障点确定后，要用正确的方法进行排除：

① 属于元器件接触不良或损坏的，予以修理或更换。更换时要注意所换元器件的型号、规格与原来的一致。

② 连接导线接触不良或断线，则予以紧固或更换导线。

**思考并讨论**

1. 针对图 6-8 双向启动反接制动控制电路，发生反接制动缺相故障的原因可能有哪些？
2. 针对图 6-8 双向启动反接制动控制电路，无反接制动的故障原因可能有哪些？

### 6.2.2 三相异步电动机能耗制动控制线路的安装、调试与检修

若对如图 6-23 所示的线路进行安装调试，选择电动机型号为 Y112M-2，功率为 4kW，额定电流为 8.2A。

#### 1. 安装与调试的注意要点

在进行能耗制动控制线路的安装调试时，除参考前面反接制动控制线路的安装注意要点外，针对自身的电路特点还要注意下面一些问题。

（1）安装

1）熟悉能耗制动控制线路图，充分理解电路工作原理。

2）安装前先确定好能耗制动所需的电流、电压以及限流电阻的相关参数：

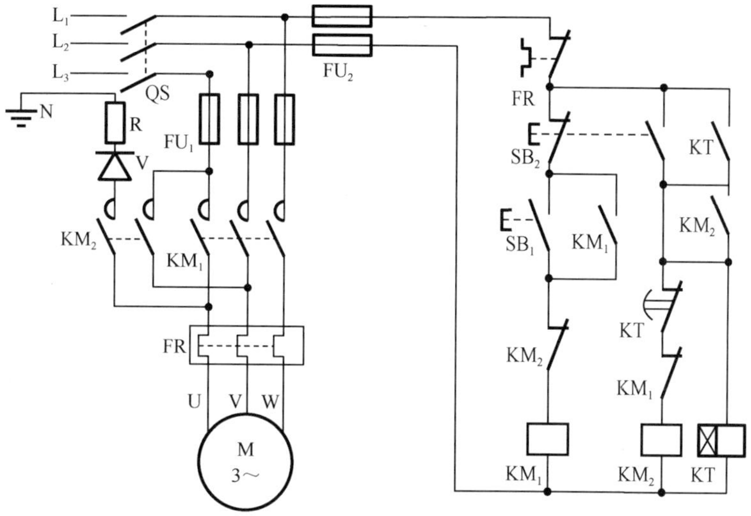


图 6-23　无变压器单相半波整流单向启动能耗制动控制线路

直流电流为

$$I_L=KI_0\ (\mathrm{A})$$

直流电压为

$$U_L=I_L R_0\ (\mathrm{V})$$

式中　$K$=3.5～4.0；限流电阻 $R\approx 2\Omega$；功率 $P_R=I_L^2R$（W）。

整流二极管的额定电压、反向击穿电压以及功率等参数要符合要求。

3）若电流过大，整流二极管要配装散热器及其支架。

4）限流电阻因功率较大，一般安装在控制板外面。

5）时间继电器的整定时间不宜调得太长，以免制动时间过长引起电动机绕组过热。

6）在进行主电路安装连接时，应认真分析其结构，特别要注意直流电源接入电动机绕组回路的接法，如图 6-24 所示。

7）接线过程中，使用 $KM_2$ 的主触点时要特别注意，三对主触点只用其中两对，注意对应关系，避免导致主电路短路。辅助电路中时间继电器 KT 的触点使用时要分清瞬时触点和延时触点。

8）电动机及所有带金属外壳的元器件要可靠接地。接地线按规定使用黄、绿双色线。

（2）调试

1）通电试车时，若能耗制动效果不理想，应检查限流电阻的参数是否合适。

2）在进行制动试车时，停止按钮要按到底。

3）在调试过程中，制动操作不宜过于频繁，以免引起电动机绕组过热。

4）通电试车必须在老师指导下进行，做到安全文明操作。

**2．线路的故障检修**

三相异步电动机能耗制动控制线路的故障主要表现为制动效果不理想或无制动等，故障的根源也分为主电路部分和控制电路部分。

一般主电路的故障出在直流电源的接入回路，如图 6-24 所示范围，主要元件涉及接触器 $KM_2$ 主触点、整流二极管 V、限流电阻 R 和相关的各连接点。

而控制电路的故障主要表现在如图 6-25 所示范围内。涉及时间继电器 KT 的线圈回路和接触器 $KM_2$ 的线圈回路。

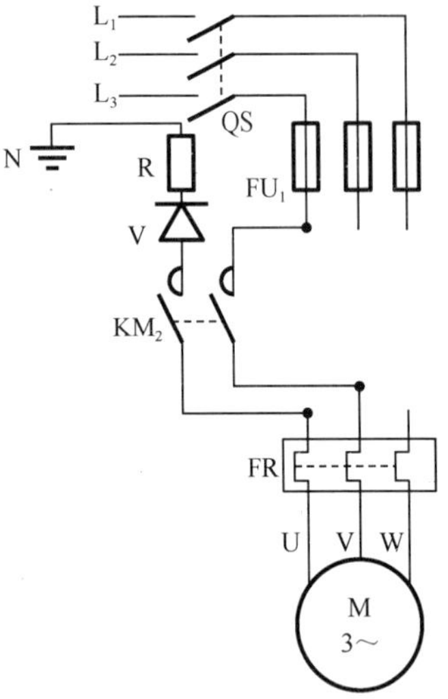


图 6-24　无变压器单相半波整流能耗制动控制线路之主电路局部

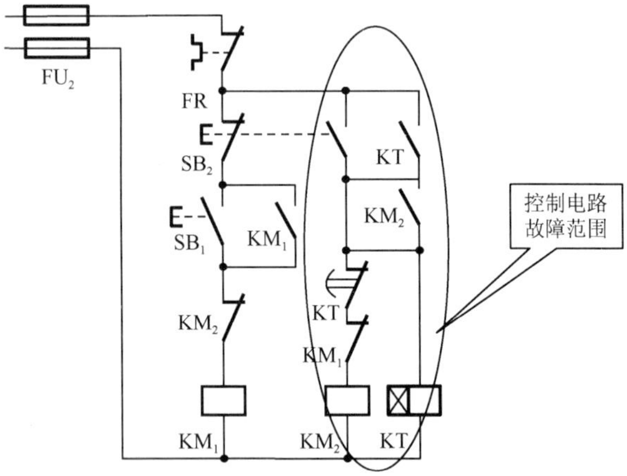


图 6-25　控制电路的故障范围

**【故障举例 6-1】**

故障现象：按下启动按钮 $SB_1$，电动机能正常启动运转。而按下停止按钮 $SB_2$ 后，无制动效果。

故障分析：根据故障现象可知，电动机能正常启动并运行，说明电动机本身和涉及启动、运行的主电路与辅助电路的相关部分是正常的。无制动效果，说明直流电源没有进入电动机绕组，所以故障应该出在直流电源部分。

故障检查：首先切断电源，拆下电动机。再接通电源，按下启动按钮 $SB_1$，这时应该能听见接触器 $KM_1$ 动作的声音，再按下停止按钮 $SB_2$，注意观测接触器 $KM_2$ 有无动作。如果有，问题出在主电路，若没有，问题出在辅助回路。结果 $KM_2$ 有动作，用万用表检查主电路的直流电源接入回路，如图 6-26 所示。

切断电源，把万用表调到欧姆挡，将红表笔置于 1 点处，按下 $KM_2$ 的触点架，移动黑表笔分别依次经过 2、3 点，结果当黑表笔在 3 点处时，电阻为无穷大，仔细查看发现接在 $KM_2$ 一个主触点处的线头脱落。

故障处理：找到故障点后，重新将线头压实接好。再连接电动机，通电试车，恢复正常。

**【故障举例 6-2】**

故障现象：按下启动按钮 $SB_1$，电动机能正常启动运转。而按下停止按钮 $SB_2$ 后，同样无制动效果。经初步检查发现，在按下 $SB_2$ 时，$KM_2$ 响了一下便没有反应了。

故障分析：结合故障举例 6-1 的分析，若按下 $SB_2$ 时接触器 $KM_2$ 只响了一下，说明接触器 $KM_2$ 或时间继电器 KT 的线圈回路有问题。决定用万用表检查上述线圈回路。

故障检查：切断电源，用万用表欧姆挡检查接触器 $KM_2$ 和时间继电器 KT 的线圈回路，如图 6-27 所示。结果发现两回路线路连接均没有问题，再仔细观察，发现本该接在 KT 延时触点上的导线接在了瞬时触点上了，所以才导致按下 $SB_2$ 时，$KM_2$ 只响一下便没反应了。

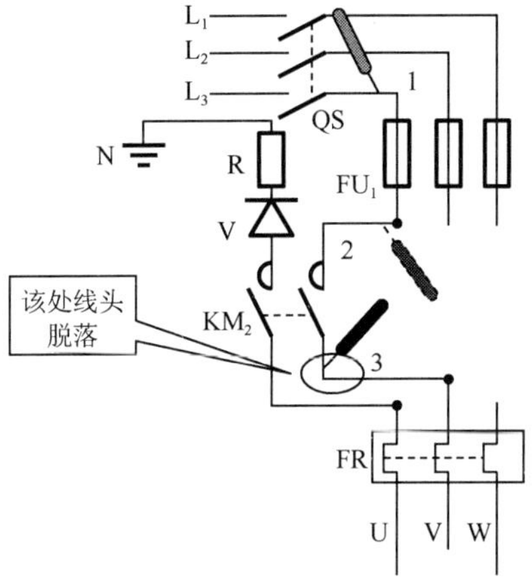


图 6-26　能耗制动控制线路故障检查示意 1

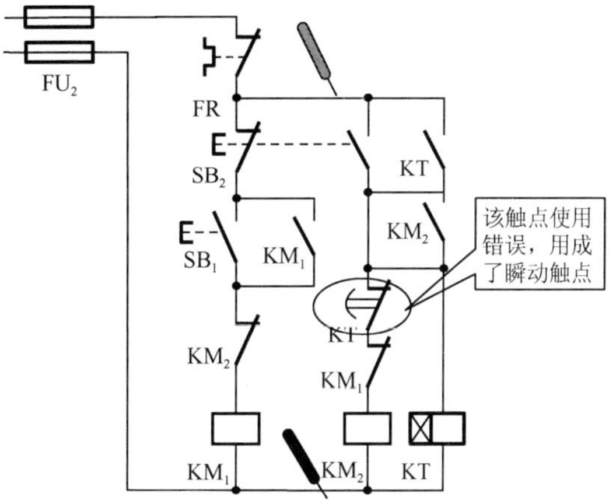


图 6-27　能耗制动控制线路故障检查示意 2

故障处理：找到故障原因后，重新将导线换到 KT 的延时触点上压实接好。再连接电动机，通电试车，恢复正常。

## 思考并讨论

在如图 6-19 所示的线路中，如果时间继电器 KT 出现故障不能正常工作，会导致整个控制线路出现什么问题？

## 技能训练

### 工作任务单

完成如图 6-28 所示三相异步电动机反接制动控制线路的安装与调试。

设所选的电动机为 Y112M-2，功率为 4kW，额定电流 8.2A。

1．专业能力目标

1）会正确选择、安装电动机反接制动控制线路的元器件；

2）能安装三相异步电动机反接制动控制线路；

3）能调试三相异步电动机反接制动控制线路；

4）能处理电动机反接制动控制线路故障；

5）具备对完整电气控制系统的调试、评价能力。

2．方法能力目标

具备独立工作能力、自学能力、交流能力、观察能力与表达能力。

3．社会能力目标

具备团结协作能力、计划组织能力、环境维护意识和等职业素养。

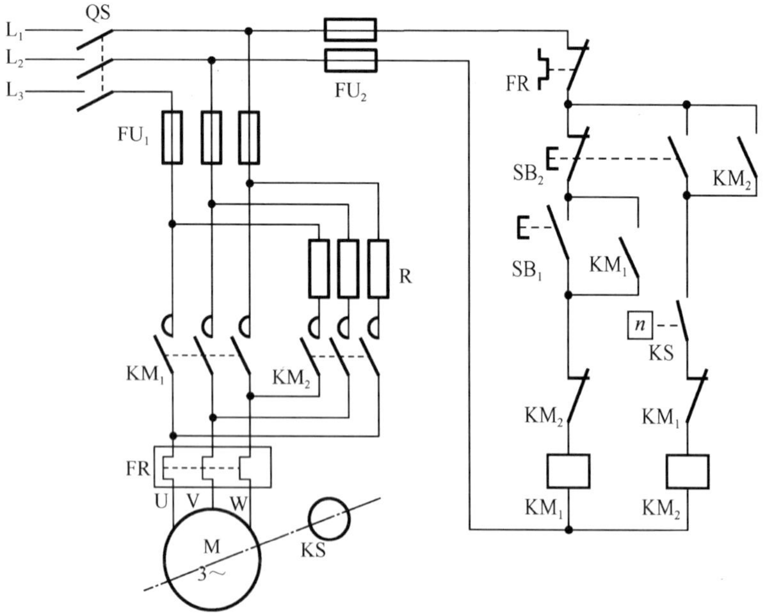


图 6-28 三相异步电动机反接制动控制线路

## 工作步骤（参考）

本工作任务流程见图 2-69。

### 1. 工具、仪表与电气元件的选用

（1）工具与仪表的选用

工具与仪表的选用见表 2-3。

（2）电气元件的选用

根据图 6-28 所示控制电路，结合所选电动机 Y112M-2，功率为 4kW，额定电流为 8.2A。选用的电气元件规格、型号及数量见表 6-2。

表 6-2 反接制动控制线路电气元件的选用

| 名 称 | 规格型号 | 数 量 | 名 称 | 规格型号 | 数 量 |
|---|---|---|---|---|---|
| 低压断路器 QS | C45 NC-10A | 1 | 三联按钮盒 | LA20-11/3H | 1 |
| 熔断器 $FU_1$ | RL1A-15/10 | 3 | 接线端子 $X_1$ | 主电路用 | 10 |
| 熔断器 $FU_2$ | RL1A-15/4 | 2 | 接线端子 $X_2$ | 控制电路用 | 10 |
| 交流接触器 KM | CJ10-10/380V | 2 | 线槽 | TC3025 | 若干 |
| 热继电器 FR | JR16B-20/3D11A | 1 | 导线 | BVR-1.0/7 | 若干 |
| 限流电阻 R | 175Ω/3kW | 3 | 其他辅件 | 螺钉，垫圈，线鼻子 | 若干 |
| 速度继电器 KS | JY1 | 1 | | | |

注：学生也可根据实训具体条件选择电气元件。

### 2. 绘制电气元件布置图和电气接线图

根据试验用配线板的尺寸大小，确定电气元件的摆放位置，并绘制出相应的电气元件布置图。可参考如图 6-29 所示的电气元件布置图，学生也可根据自己的实际情况另行绘制电气元件布置图。在确定元器件的安装位置时，应做到既方便安装布线，又要考虑到便于

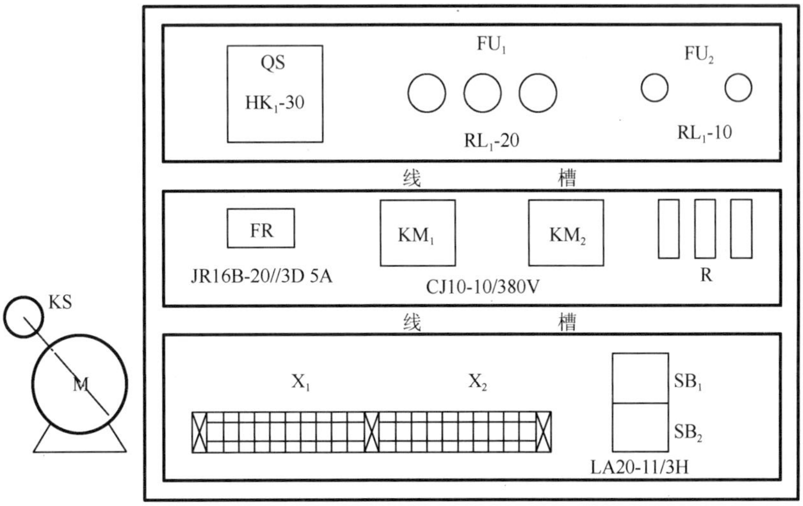


图 6-29 反接制动控制线路电气元件布置图

检修。一般先确定交流接触器的位置，进行水平放置，然后逐步确定其他元器件，元器件的布置要整齐、均匀、合理。考虑到电动机的体积和重量，就不安装在试验板上。

在电气元件布置图的基础上再绘制类似图 2-71 的电气接线图。

### 3．安装线槽、电气元件

根据图 6-29 所示，进行电气元件的布置与安装。电气元件先对角固定，不要一次拧紧，待螺钉全部上齐后再逐个拧紧。固定时用力不要过猛，不能损坏电气元件。

### 4．布线

根据电气原理图和接线图，结合电气布线的工艺要求进行布线。布线时要注意两接触器用于连锁的常闭触点不能接错，否则，会导致电路不能正常工作甚至有短路隐患。此外还要特别注意速度继电器的触点分布，两组触点不要使用错了。

### 5．检查布线

线路连接完成后，首先应根据图 6-28 检查线路连接是否正确。

检查项目内容：

1）外观检查有无漏接、错接，导线的接点接触是否良好。

2）用万用表欧姆挡进行检查。

断开电源，用万用表电阻100Ω 挡，将表笔放在控制电路的进线两端，按下 $SB_1$ 时读数应为接触器 $KM_1$ 的线圈电阻值。按下 $SB_2$ 时，若电阻为无穷大，表明正常；若电阻为零或有很小的阻值，表明控制电路短路或有其他问题，应检查连接导线是否错误，直到正常为止。

在不接电动机的情况下再通电试验，观察各接触器的动作情况，直到满足控制要求为止。

### 6．安装电动机、速度继电器

安装速度继电器前，要弄清楚其结构，找到常开触点的接线端。安装时，采用速度继电器的连接头通过联轴器与电动机转轴直接连接的方法，并使两轴中心线重合。

### 7．通电调试

首先用手拨动电动机的转子，观察转子是否有堵转现象等。

在老师的监护下，合上电源开关 QS，再按下 $SB_1$，观察交流接触器 $KM_1$ 是否吸合，电动机是否启动运转。按下 $SB_2$，再观察交流接触器 $KM_1$ 是否断开，而 $KM_2$ 应吸合一下便断开，实现反接制动。

在调试过程中，要注意安全操作和文明生产。

### 8．故障检修

（1）故障检修注意事项

1）排除故障前要十分熟悉电路的工作原理，以及电路的布线方式；

2）排除故障的思路和方法要正确；

3）使用万用表时要注意量程；

4）故障排除更换元件时，所拆除的连接导线必须做好标记，以免接错；

5）检修过程中严禁产生新的故障，否则应立即停止检修；

6）带电检查时，必须有指导老师在现场监护，确保用电安全。

（2）故障检修步骤和方法

故障检修步骤和方法见图 6-30 和表 6-3。

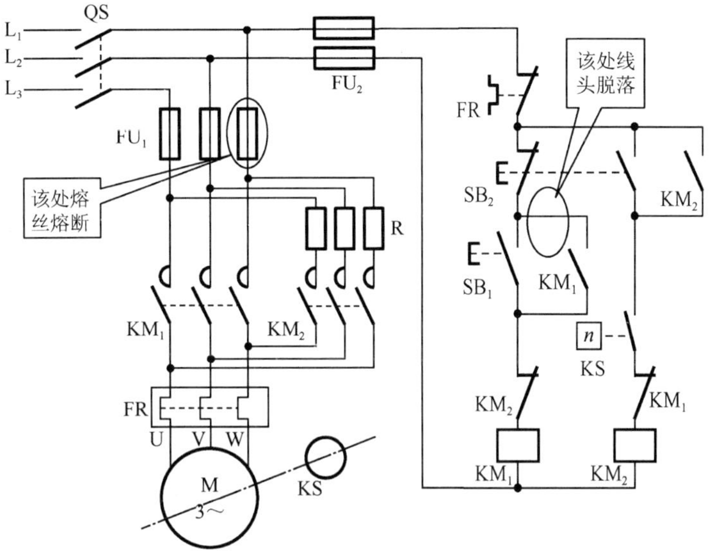


图 6-30 人为设置两处故障的线路图

**表 6-3 故障检修步骤和方法**

| 检 修 步 骤 | 控制电路故障 | 主电路故障 |
| --- | --- | --- |
| 用试验法观察故障现象 | 合上 QS，按下 $SB_1$ 时，$KM_1$ 不能自锁 | 先合上 QS，按下 $SB_1$ 时，电动机 M 转速极低甚至不转，并发出“嗡嗡”声，此时应立即切断电源 |
| 用逻辑分析法判断故障范围 | 由故障现象得知故障应在 $KM_1$ 自锁线路上 | 根据故障现象分析，故障范围可能在主电路电源路上 |
| 用测量法确定故障点 | 用电阻测量法找到故障点为 $KM_1$ 线圈回路上 3 号线松脱 | 根据故障现象，断开 QS，用电阻测量法找得故障点为主回路 $FU_1$ 熔丝熔断 |
| 根据故障点的情况，采取正确的检修方法排除故障 | 重接 3 号线 | 更换熔丝 |
| 检修完毕通电试车 | 切断电源重新连接好故障点，在老师同意并监护下，合上 QS，按下 $SB_1$，过后再按下 $SB_2$，观察线路和电动机的运行情况，检验合格后电动机正常运行并制动 | |

# 项目评价表

| | | | | |
|---|---|---|---|---|
| **学习情境**：三相异步电动机的制动控制 | **班级** | | | |
| **工作任务**：在安装板上进行图 6-28 所示的三相异步电动机反接制动控制线路的安装接线和调试 | **姓名** | | **学号** | |

**项目功能评价（25 分）**

| 序号 | 功能评价指标 | 成绩 |
|---|---|---|
| 1 | 系统是否实现了正确的工作任务要求 | |
| 2 | 使用的电气元件和所连接的电路任务是否符合工作任务要求 | |
| 3 | 电动机的启动是否正常 | |
| 4 | 速度继电器工作是否正常 | |
| 5 | 制动效果是否明显 | |
| 6 | 电路系统工作是否可靠 | |
| | 分项得分 | |

**项目外观评价（15 分）**

| 序号 | 外观评价指标 | 成绩 |
|---|---|---|
| 1 | 所选电气元件是否正确合理 | |
| 2 | 是否符合元件安装布置图要求、电气元件安装是否正确、合理 | |
| 3 | 电路连接是否符合专业要求 | |
| 4 | 是否符合电路布线工艺要求 | |
| | 分项得分 | |

**项目过程评价（60 分）**

| 序号 | 考评内容 | 考评要求 | 评分标准 | 分值 | 成绩 |
|---|---|---|---|---|---|
| 1 | 电气原理图的绘制 | 正确绘制电气原理图；能实现控制要求；电气元件的图形符号、文字符号画法正确。 | 1．电气元件的画法不正确，每处扣 1 分；<br>2．电气元件的标注不正确，每处扣 1 分；<br>3．功能不能实现，重新设计 | 5 | |
| 2 | 电气元件的选择 | 正确选择电气元件 | 电气元件的选择不合理，每件扣 1 分 | 5 | |
| 3 | 电气元件布置图 | 合理布置电气元件 | 电气元件的布置不合理，每处扣 1 分 | 5 | |
| 4 | 电气元件接线图 | 正确绘制电气元件接线图 | 电气元件接线图画法不正确，每处扣 1 分 | 5 | |
| 5 | 系统安装调试 | 能正确并完整接线；<br>电气元件的安装接线符合工艺要求；<br>线路检测方法合理正确 | 1．安装错线、漏线，每处扣 2 分；<br>2．错线、漏线号标注，每处扣 2 分；<br>3．导线安装不牢靠、松动、压皮、露铜，每处扣 2 分；<br>4．缺少必要的保护环节，每处扣 2 分；<br>5．调试方法不正确，扣 2 分；<br>6．工具使用不正确，每提示一次扣 1 分 | 30 | |
| 6 | 安全文明生产 | 参照相关的安全生产法规进行考评，确保设备和人身安全 | 1．每违反一次规定，扣 2 分；<br>2．环境卫生差，扣 2 分；<br>3．发生短路事故，每次扣 2 分；<br>4．发生重大安全事故取消考试资格 | 6 | |
| 7 | 考核时限 | 本实训的考核时限为 120 分钟 | 1．每超过 5 分钟，扣 1 分；<br>2．超过 30 分钟以上，重新做 | 4 | |
| 总评 | | | 分项得分 | | |
| | | | 教师签字： | 年　月　日 | |

## 习题六

1．在电动机主电路中，既然装有熔断器，为什么还要装热继电器？

2．什么是反接制动？试说明速度继电器在反接制动中应用。

3．什么是能耗制动？与反接制动相比有什么优缺点？

4．某升降台由一个三相异步电动机拖动，直接启动，直流能耗制动。要求按下启动按钮后过 3s 电动机正向启动，工作台上升，再过 5s，电动机自动反向，工作台下降，再经 5s 后，电动机停车，能耗制动，试设计主电路与控制电路。

5．设计一个小车运行控制线路，小车由三相异步电动机驱动，要求达到下列要求：

（1）小车由起点出发，到终点能自动停止；

（2）在终点停留 2min 后，自动返回原位停止；

（3）要求能在前进和后退的任意位置处都能停止或启动。

# 上　篇

# 知识点归纳与小结

## 1. 低压电器

低压电器通常是指在交流电压 1200V，直流电压小于 1500V 的电路中起接通、断开、保护、控制和调节电气设备的作用。机床电气控制中常用的低压电器在前面已经有相应的介绍，在此，根据各种电器的功能，再对它们作分类认识。

（1）低压电器的分类

常用低压电器分类如图 P1-1 所示。

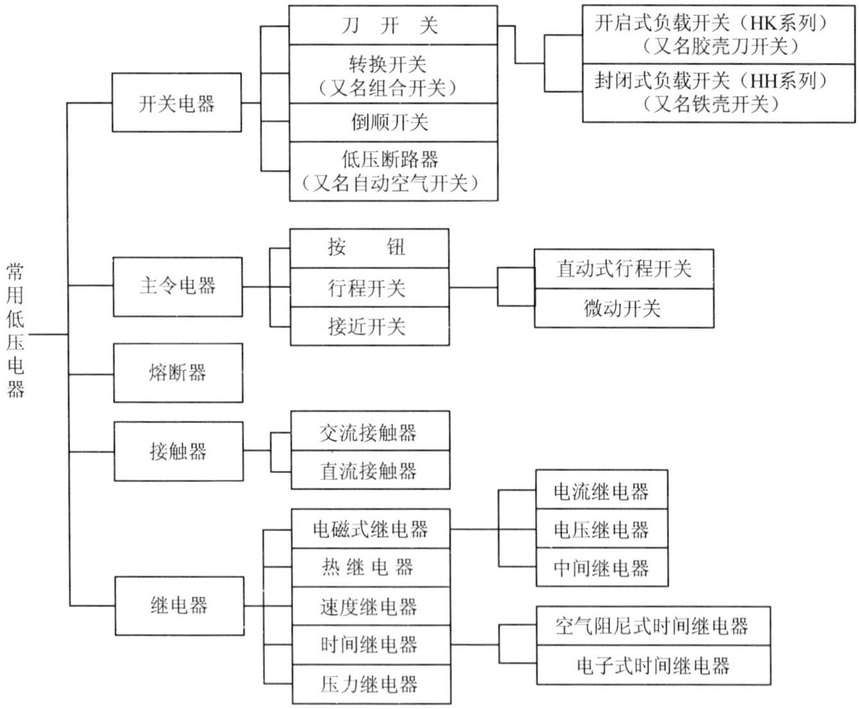


图 P1-1　常用低压电器的分类示意图

（2）低压电器的选择原则

正确合理地选择控制电器是电气系统安全运行、可靠工作的保证。机床常用电器的选择，主要根据电器产品目录上的各项技术指标进行。随着我国科学技术的不断进步和新国标的实施，符合 IEC 国际标准的新产品不断涌现，在实际生产中，请参照各机床电器厂产品样本，择优选用。

选择电器元件的基本原则：

1）根据对控制元件功能的要求，确定电器元件类型。

以继电器—接触器控制系统为例，当元件用于通、断功率较大的动力电路时，应选用交流接触器；若元件用于切换功率较小的电路（控制电路或微型电动机的主电路）时，则应选择中间继电器；若还伴有延时要求，则应选用时间继电器；伴有限位控制，则应选用行程开关等。

2）根据电器控制的电压、电流及功率的大小确定元器件的规格。

3）确定元器件预期的工作环境及供应情况，如防油、防尘、防爆及货源等。

4）确定元器件在应用时所需的可靠性等。

常用机床电器的具体选用请参考前面内容里已有的详细叙述。

### 2. 电气图

在电工技术领域中用以表达信息以及信息交流的主要形式是电气图。所谓电气图就是用电气图形符号代替真实电器元件而绘制的图形，它的种类很多，作用也各不相同，其命名主要根据其所表达信息的类型和表达方式而确定。

（1）电气原理图

电气原理图是表达电气设备工作原理的线路图。在电气原理图中，并不考虑电气元件的实际安装位置和连线情况，只是把各元件按接线顺序用符号展开在平面图上，用直线将各元件连接起来。一般分为电源电路、主电路和辅助电路三部分。

（2）电气元件布置图

布置图是根据电气元件在控制板上的实际安装位置，采用简化的外形符号（如正方形、矩形、圆形等）绘制的一种简图。它不表达各电气元件的具体结构、作用、接线情况及工作原理，主要用于电器元件的布置和安装。

（3）安装接线图

接线图是根据电气设备和电气元件的实际位置和安装情况绘制的，它只用来表示电气设备和电气元件的位置、配线方式和接线方式，而不明显表示电气动作原理和电气元件之间的控制关系。它是电气施工的主要图样，主要用于安装接线、线路的检查和故障处理。

识读和绘制电气图的注意事项在前面内容中有详细介绍。

### 3. 三相异步电动机基本控制线路

任何一个复杂的电气控制系统都是由若干具有特定功能的典型单元控制回路组成的，所以应首先了解和掌握常用的电动机基本控制环节。在前面的内容里已经识读并训练了一些典型的控制环节线路，其中主要包括以下线路：

1）三相异步电动机直接启动控制线路；

2）三相异步电动机降压启动控制线路；

3）三相异步电动机点动、连续运转控制线路；

4）三相异步电动机正/反转运行控制线路；

5）三相异步电动机延时启/停控制线路；

6）三相异步电动机顺序启/停控制线路；

7）三相异步电动机制动控制线路。

除了以上几个基本控制线路外，在实际生产中还有很多具有特定功能的其他控制线路，我们可以在实际工作中多学习、多积累。

**4．继电逻辑控制电路的经验设计法**

所谓经验设计法是指在充分了解生产机械的工艺特点、加工过程和控制要求的基础上，采用边分析边设计边修改，直至完成设计任务的一种方法。

设计时在满足控制要求的前提下，始终要将控制系统的安全性和可靠性放在首位，尽可能利用工作较为可靠的典型环节，并在此基础上进行必要的补充、修改和完善。

采用经验法设计时，一般要注意以下问题。

（1）保证电路工作的正确性

要使电路工作时达到控制要求，首先必须充分了解和分析被控制设备的工艺、工作特点和对控制的要求，然后确定控制方案并设计控制电路。对初步完成后的电路要进行反复推敲、比较，不断修改直至正确可靠。有条件时，还可以对已完成的电路进行模拟试验或试运行。

分析已介绍过的各种控制线路，可发现有一个共同的规律，即电动机的启动与停止是由接触器主触点来控制的，而主触点的动作是由控制回路中接触器线圈的“得电”与“失电”来决定的。线圈的“得电”与“失电”则是由线圈所在控制回路中一些常开、常闭触点组成的“与”、“或”、“非”等条件来控制。分析、总结可得出以下结论：

1）当几个条件同时满足才使线圈得电动作时，可用几个常开触点串联。

2）几个条件中只要具备其中任一条件，线圈就能得电动作时，可用几个常开触点并联。

3）几个条件中只要具备其中任一条件，线圈就能失电复位时，可用几个常闭触点串联。

4）要求几个条件同时满足才使线圈失电复位时，可用几个常闭触点并联。

（2）保证电路工作的安全性

电路的安全性是指当发生误操作或其他事故时，最低限度不应造成电气设备、机械设备损坏或人身安全等事故，同时还要能有效地防止事故扩大。主要有下列措施：

1）连锁控制。连锁是保证电路安全的重要措施，电路中同时接通时会出现严重后果的电器一定要设置电气连锁。例如，在电动机正反转控制电路中，正、反向接触器在任何情况下都不允许同时接通，在控制电路中必须设置触点互锁功能。

2）多功能控制。对多功能（如自动、半自动、手动等）控制电路，一般采用组合开关或万能转换开关来切换电路的功能，此时要考虑设备在某种功能下运行时，按下其他功能按钮或直接进行电路功能切换可能给设备带来的后果。

3）行程原则控制。按行程原则控制时，若设备或运动部件越过极限位置，可能会导致严重事故出现，此时应当增设超限位保护。

4）欠压和失压保护。设备在运行过程中发生停电事故后再供电时，一般要求设备不应自行启动，因此，控制电路应当具备欠压和失压保护。

5）安全电压。对人容易触及的照明电路，要采用较低的安全电压，以防人员触电。

6）报警电路。有些设备动作比较复杂，操作人员不便于观察时，要考虑设置信号显示、报警等电路。

7）过载、短路保护。控制电路应根据需要设置必要的保护，如电动机的过载保护、电路的过电流保护等。

（3）保证电路工作的可靠性

为使线路设计简单且准确可靠，在设计具体的线路时，应注意以下几个问题：

1）简化电路、减少触点、提高可靠性。从可靠性设计的观点看，在满足功能要求的前提下，电路越简单、电气元件越少、触点越少，则控制电路故障概率就越低，工作可靠性越高。

① 合并同类触点。如图 P1-2 所示，在获得同样功能的情况下，图 P1-2（b）比图 P1-2（a）在电路上少了一对触点。但是在合并触点时应当注意触点额定电流的限制。

② 利用转换触点。利用具有转换触点的中间继电器，将两对触点合并成一对转换触点，如图 P1-3 所示。

③ 在直流电路中利用半导体二极管的单向导电性来有效地减少触点数。如图 T1-4 所示的电路，对于弱电控制电路是行之有效的，目前在自动化磨床上得到应用。

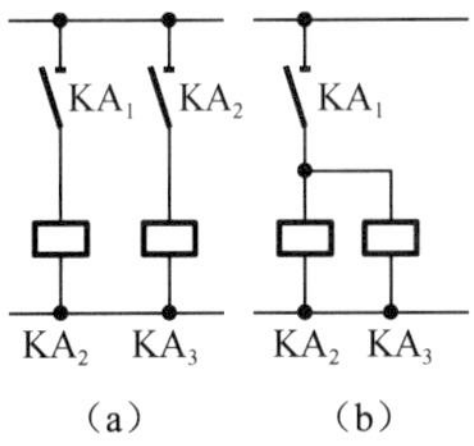


图 P1-2 合并同类触点

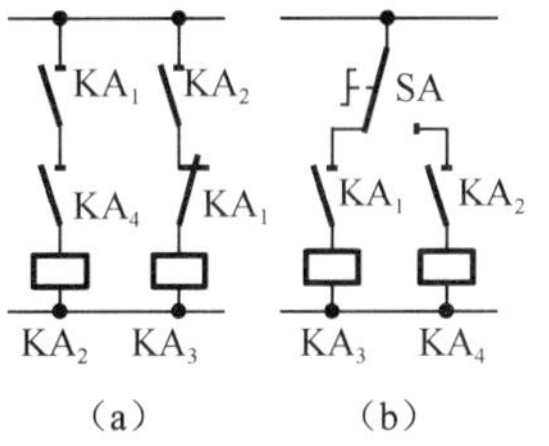


图 P1-3 利用转换触点

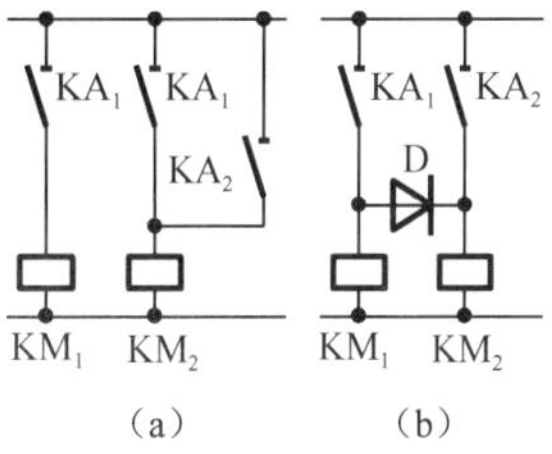


图 P1-4 利用二极管减少触点

2）线圈最好不要串联连接。交流线圈不能串联使用，即使两个线圈额定电压之和等于外加电压也不允许串联使用。对于直流电磁线圈，只要其电阻相等，一般是可以串联的。

图 P1-5（a）中两个交流接触器的线圈相串联，由于它们的阻抗不同，使两个线圈上的电压分配不均匀。特别是交流电磁线圈，当衔铁未吸合时，其气隙较大，电感很小，因而吸合电流很大。因此，当有一个接触器先动作时，该接触器的阻抗要比未吸合接触器的阻抗大，因此，未吸合的接触器可能会因线圈电压达不到其额定电压而不吸合，同时使电路电流增加，严重时将使线圈烧毁。

电感量相差悬殊的两个电磁线圈也不要并联。图 P1-5（b）中直流电磁铁 YA 与继电器 KA 并联，在接通电源时可正常工作，但在断开电源时，由于电磁铁线圈的电感比继电器线圈的电感大得多，所以断电时，继电器很快释放，但电磁铁线圈产生的自感电势可能使继电器又动作，一直到继电器电压再次下降到释放值时为止，这就造成继电器的误动作。解决的方法可各用一个接触器的触点来控制，如图 P1-5（c）所示。

如图 P1-6 所示电路，也是一种直流电磁铁线路与直流中间继电器线圈不正确的电路连接。当触点 KM 断开时，电磁铁线圈 YA 电感量较大，产生的感应电势加在中间继电器 KA 上，使流经中间继电器的感应电流有可能大于其工作电流而使 KA 重新吸合，且要经过一段时间后

KA 才释放。这种误动作是不允许的。因此，一般可在 KA 的线圈电路内单独串联一个常开触点 $KM_1$。

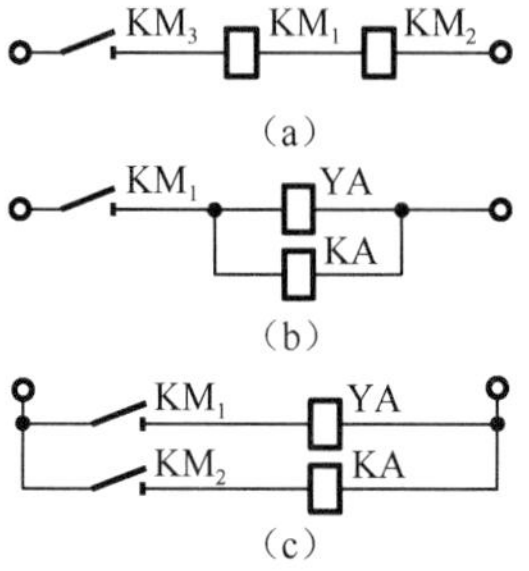


图 P1-5　电器线圈的连接

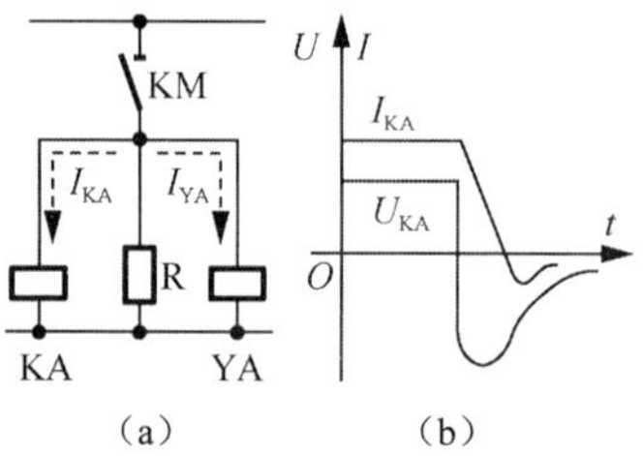


图 P1-6　电器线圈并联的处理

大容量的直流电磁铁线圈不要与继电器的线圈直接并联，如图 P1-7 所示。

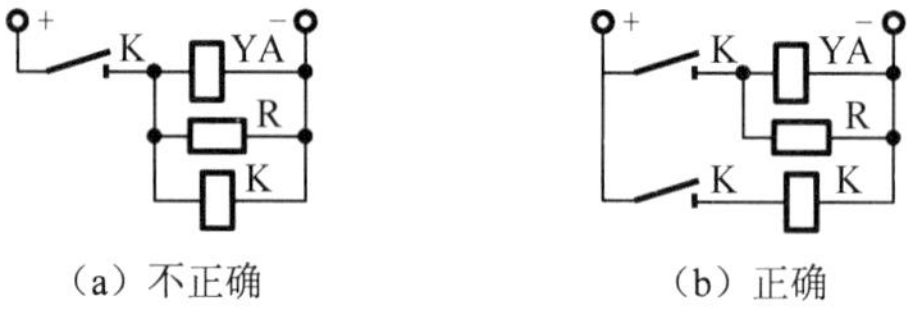


图 P1-7　电磁铁线圈的处理

3）在控制线路中应避免出现寄生电路。寄生电路（或称假回路）是在线路动作过程中意外接通的电路。

如图 P1-8（a）所示是一个具有指示灯 HL 和热保护的正反转控制电路。在正常工作时，能完成正反向启动、停止和信号指示。但当热电器 FR 动作时，线路就出现了寄生电路，如图中虚线所示，使正向接触器 $KM_1$ 不能释放，起不了保护作用。同样的情况如图 P1-8（b）、（c）所示。

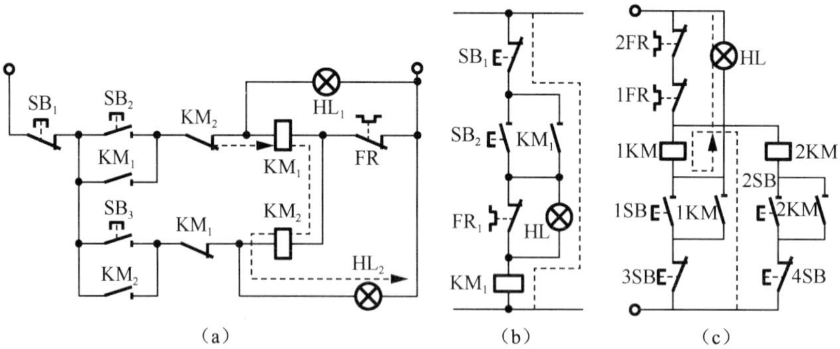


图 P1-8　寄生电路

4）尽量减少连接导线。控制电路时，应考虑各电气元件的实际位置，尽可能地减少配线时的连接导线。图 P1-9（a）是不合理的。因为按钮一般装在操作台上，而接触器则是装在电器柜内的，这样接线需要 4 根从控制柜向按钮站的连线，所以一般都将启动按钮和停止按钮直接连接，这样就只需要三根从控制柜到按钮站的连线，如图 P1-9（b）所示。

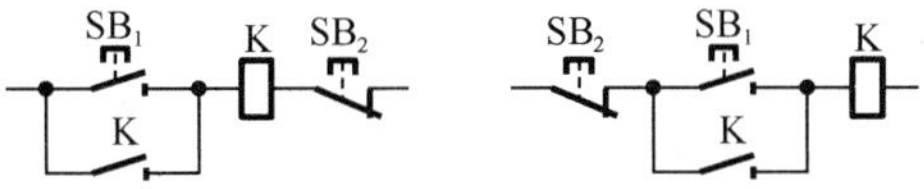


（a）不合理　　（b）合理

图 P1-9　连接导线的多少

如图 P1-9（b）所示线路不仅连接导线少，更主要的是它工作可靠，因为如果按钮 $SB_1$、$SB_2$（或接的是行程开关等）发生短路故障时，图 P1-9（a）的线路将造成电源短路，而图 P1-9（b）则不会。

5）尽量减少电器不必要的通电时间。如图 P1-10（a）中，$KM_2$ 接触器动作后，$KM_1$ 和 KT 就失去了作用，不必继续通电。因此，图 P1-10（b）线路较为合理，可节约电能和延长该电气元件寿命。

6）设计控制电路，应考虑电气元件触点的断流容量。如容量不够时，可增加触点数目。即在接通电路时用几个触点并联；在断开电路时用几个触点串联。当控制的支路数较多，而触点数目不够时，可采用中间继电器借以增加控制支路的数量。

7）避免许多电气元件依次动作，才能接通另一个电气元件的控制线路，如图 P1-11 所示。

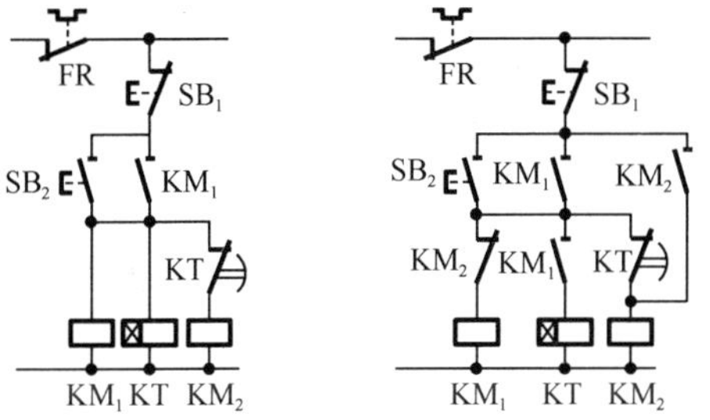


（a）　　（b）

图 P1-10　合理通断电路

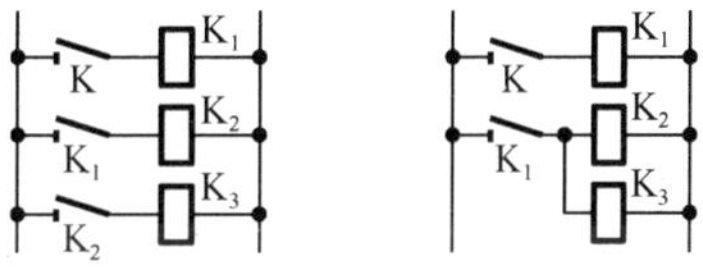


（a）不合理　　（b）合理

图 P1-11　避免多个线圈依次动作

8）可逆线路的连锁。在频繁操作的可逆线路中，正反向接触器之间不仅要有电气连锁，而且要有机械连锁。

9）要有完善的保护措施。在电气控制线路中，为保证操作人员、电气设备及生产机械的安全，一定要有完善的保护措施。常用的保护环节有漏电保护、短路保护、过载、过流、过压、失压保护等，有时还应设有合闸、断开、事故、安全等指示信号。

### 5. 电路保护环节

电气控制系统除了要能满足生产机械的具体工艺要求外，要想长期无故障地运行，还必须要有各种保护措施。保护环节是所有机床电气控制系统不可缺少的组成部分。电气控制系统中的保护环节包括：

短路保护、过流保护、过载保护、欠（零）压保护。

（1）短路保护

电动机绕组、导线的绝缘损坏或线路发生故障时往往会引起短路，巨大的短路电流会导致电气设备损坏。因此发生短路时，必须迅速切断电源。

常用的短路保护元件有熔断器和自动开关。

熔断器结构简单、价廉，但动作准确性较差，熔丝断了后需重新更换，而且若只断了一相还会造成电动机的单相运行，所以只适用于自动化程度和动作准确性要求不高的系统。

对于自动开关，只要发生短路就会自动跳闸，将三相电路同时切断。自动开关结构较复杂，操作频率低，广泛用于要求较高的场合。

（2）过流保护

广泛应用于直流电动机或绕线转子异步电动机，由于三相鼠笼式异步电动机短时过电流不会产生严重后果，故一般不采用过流保护而采用短路保护。

过电流往往由于不正确的启动和过大的载转矩引起，一般比短路电流要小。

电动机运行时，产生过电流的可能性比发生短路的可能性要大得多，频繁正反转启动、制动的重复短时工作的电动机更是如此。

直流电动机和绕线转子异步电动机线路中的过电流继电器也起着短路保护的作用，一般过电流动作时的电流强度值为启动电流的 1.2 倍。

（3）过载保护

电动机长期超载运行，其绕组温升超过允许值，绕组的绝缘材料就会变脆，电动机的寿命就会减少，严重时甚至会损坏电动机。过载电流越大，达到允许温升的时间就越短。常用的过载保护元件是热继电器。热继电器可以满足这样的要求：当电动机在额定电流下运行时，电动机的温升为额定温升，热继电器不会动作，在过载电流较小时，热继电器要经过较长时间才会动作，过载电流较大时，热继电器会在较短时间内动作。

由于热惯性的原因，热继电器不会因电动机短时过载冲击电流或短路电流的影响而瞬时动作，所以在使用热继电器作过载保护的同时，还必须设有短路保护。用做短路保护的熔断器的熔丝的额定电流不应超过热继电器发热元件额定电流的 4 倍。

当电动机的工作环境温度和热元件工作环境温度不同时，保护的可靠性会受到影响。目前，较好的热继电器一般都采用热敏电阻作为测温元件，将热敏电阻串在电动机绕组中，能更准确地测量出电动机绕组的温升。

（4）欠（零）压保护

电动机正在运行时，电源电压过分地降低会引起电动机转速下降甚至停转，或者引起一些电器误动作；电源电压因某种原因消失，那么在电源电压恢复时电动机就将自行启动。这两种情况都可能引起设备损坏甚至人身事故，因此必须予以保护。针对电压过分降低的保护称为欠电压保护；为防止电压恢复时电动机自行启动的保护称为零压保护。

在图 P1-12 中，电压继电器 KZ 起零压保护作用，当电源电压过低或消失时，电压继电器 KZ 就要释放，接触器 $KM_1$、$KM_2$ 也随之失电，因为此时主令控制器 QC 不在零位（$QC_0$ 未闭合），所以在电压恢复时，KZ 不会通电动作，接触器 $KM_1$、$KM_2$ 也就不会得电。要使电动机重新启动，必须先将主令开关 QC 打回零位，使触点 $QC_0$ 闭合，KZ 通电并自锁，然后再将 QC 打向正向或反向位置，电动机才能启动。这样就通过 KZ 继电器实现了欠压保护。

许多机床不是用控制开关，而是用按钮开关操作的。利用按钮的自动复位作用和接触器的自锁作用，可不必另设零压保护继电器。如图 P1-13 所示，当电源电压过低或消失时，接触器 KM 释放，KM 的主、辅触点同时打开，使电动机电源切断并失去自锁。当电源恢复正常时，操作人员必须重新按下启动按钮 $SB_2$，才能使电动机启动。所以，像这样带有自锁环节的电路本身就具有零压保护作用。

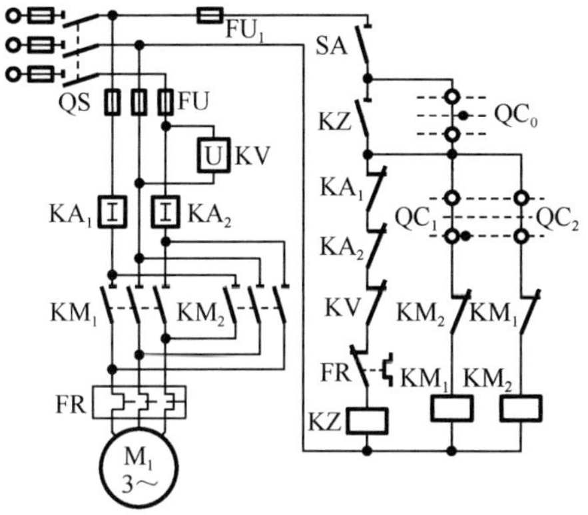


图 P1-12　欠压保护

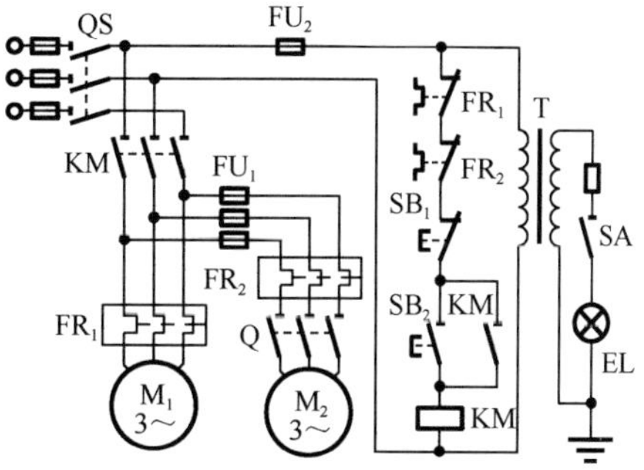


图 P1-13　自锁环节的零压保护

下篇

# 典型机床设备电气控制

机床是制造业最基本、最重要的设备，应用极其广泛，它一般采用交流或直流电动机作为动力源，因此其控制以电气控制为主，即电动机拖动控制。控制系统用电气手段为机床提供动力，实现对主轴转速、进给量的控制，同时还完成冷却，保护、照明等系统的控制。

普通机床电气控制是目前应用最广泛的技术，熟悉和掌握普通机床控制线路的安装、调试和故障分析，有助于进一步认识其他机床的控制线路，有助于提高选择、使用和维护机床电气控制设备的基本技能和解决实际工程问题的能力。

本篇各情境就是通过对常见典型机床电气控制系统进行分析，总结电气控制原理图的识图方法和步骤，使学生掌握机床电气控制系统图的分析方法，能对普通机床电气控制系统进行安装和调试，充分体会并掌握各机床电气控制系统的工作原理，并能对常见的电气故障进行诊断和排除。

## 能力培养目标

1．专业能力目标

（1）能对典型机床电气控制系统的功能、原理、电气保护进行综合分析；

（2）能对典型机床的电气控制系统进行安装调试；

（3）能正确分析和处理典型机床电气控制系统的常见故障；

（4）进一步掌握常用电气元件的功能与选择方法；

（5）具有典型机床电气控制系统运行及维护能力。

2．方法能力目标

（1）培养综合查询技术资料、解决问题的能力；

（2）在工作过程中培养团队合作能力、沟通能力和自主思考问题的能力；

（3）进一步训练独立工作能力、自学能力、交流能力、观察能力与表达能力。

3．社会能力目标

具备团结协作能力、计划组织能力、环境维护意识及安全文明生产等职业素养。

## 学习与训练要求

技能点：

1．安全、正确操作机床设备；

2．能正确使用电工工具、电工仪表进行电气测量；

3．正确识别、标识、选用常用低压电器及相关辅件；

4．能正确识读电气控制系统原理图、电气元件布置图和电气安装接线图；

5．能正确分析、判断和处理典型控制环节常见的故障；

6．具备收集、运用相关技术标准和技术资料的技能。

知识点：

1．典型机床的加工工艺特点和电气控制要求；

2．典型机床电气控制系统的工作原理；

3．机床电气控制系统安装调试与检修规范；

4．机床电气控制系统的常规保养方法。

# 机床电气控制系统安装调试与检修规范

## 一、安全规范

1）工作前应详细检查自己所用的电工工具是否安全可靠，穿戴好必要的防护用品；
2）线路在未经确定无电前，一律视为有电状态，所以不可用手触摸；
3）送电前必须认真检查，确定是否符合要求并和有关人员协调好，方能送电；
4）电气设备运行时，要有良好的通风散热条件和防火措施；
5）所有电气设备的金属外壳都必须有可靠的保护接地；
6）若必须进行带电作业时，要有专人监护；
7）在工作过程中，对拆除下的导线要将带电线头包好，防止触电；
8）工作结束时，所有材料、工具、仪表等分别归类放置，并恢复原有的防护装置。

## 二、机床电气控制系统安装、调试工作流程

对典型机床的电气控制系统进行安装、调试，一般按下面的步骤进行。

### 1. 收集整理机床设备的电气技术资料

主要包括以下内容：
1）设备说明书；
2）电气控制原理图；
3）电气设备总装接线图；
4）电气元件布置图与接线图；
5）电气设备明细表。

### 2. 电气原理图的分析

在熟悉普通机床基本结构、运动形式以及对电力拖动系统的要求基础上，进行电气原理图识读和分析。常用“查线读图法”进行，其步骤如图 P2-1 所示。

（1）分析主电路

从主电路入手，根据机床所用电动机和执行电器的控制要求，分析它们的控制内容。主要包括：机床各个电动机及其他设备的类别、用途、接线方式、运行要求；电动机启动、转向、调速、制动等方面控制要求和情况；主电路使用的控制电器和保护电器；电源情况等。

（2）分析控制电路

根据主电路中各电动机和执行电器的控制要求，逐一找出控制电路中的控制环节，利用电动机的典型控制环节的知识，按功能不同将控制线路“化整为零”来分析。包括控制电路电源、各种继电器接触器的用途、电气元件之间相互关系、连锁控制环节等。

分析控制线路最基本的方法是“查线读图法”，即看过主电路后，再看辅助电路，并用辅助电路的分支路去分析研究相应主电路的方式。

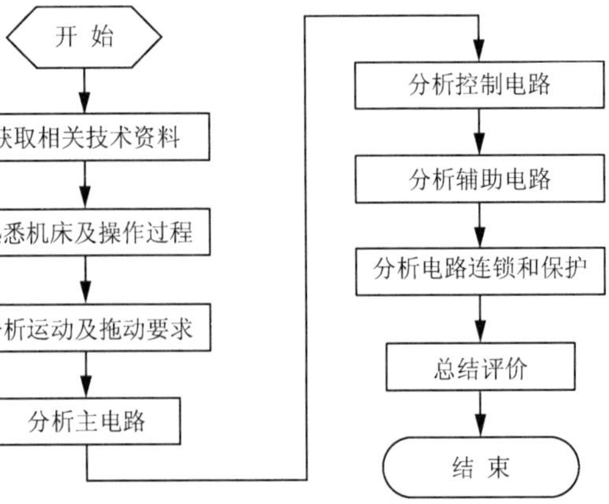


图 P2-1 机床电气原理图读图步骤

（3）分析辅助电路

辅助电路包括电源指示、各执行元件的工作状态显示、参数测定、照明和故障报警等部分，它们大多是由控制电路中的元件来控制的，所以在分析辅助电路时，还要回过头来对照控制电路进行分析。

（4）分析连锁及保护环节

机床对于安全性及可靠性有很高的要求，实现这些要求，除了合理地选择拖动和控制方案外，还需在控制线路中设置一系列电气保护和必要的电气连锁。

对于机械—电气—液压联合控制的机床，必须了解机床运动和机床操作，以此为前提，才能对电气控制过程做出正确的分析和判断。

（5）总体检查

经过“化整为零”，分析完每个局部电路原理及各部分之间控制关系后，再通过“集零为整”的过程，查证整个控制电路，从整体的角度进一步检查和理解各控制环节间的联系，清楚理解全部电路原理，电气系统控制过程，各电气元件的作用，及了解相关主要技术参数情况。

### 3. 电气控制系统的安装

普通机床电气控制系统安装步骤也参见如图 2-69 所示。

（1）安装准备工作

1）获取《任务书》及相关资料。

2）拟定电气控制系统安装、调试方案。

3）识读电路原理图、电气元件布置图、电气安装接线图。

4）选取电工工具、测量仪表。

5）根据电气设备明细表按要求选取和检查电气元件。

6）施工过程中的安全组织、现场条件满足相关要求。

（2）电气设备（元件）安装

1）根据元件清单配齐电气设备、元件、材料和辅助用品。

2）安装栅形布线槽。

3）按照电气设备布置图安装电气元件。

4）根据平面布置图安装控制柜外元件。

（3）接线

1）根据平面布置图等图纸安装导线通道。

2）打印线号和元件编号，给元件贴上与布置图等图纸一致的编号。

3）根据平面布置图放线。

4）根据接线图进行控制柜内部接线，套上与图纸一致的编码套管。

5）进行控制箱外部布线，套上与图纸一致的编码套管。

6）按要求进行导线的剥削、线头制作、导线的连接、导线与接线柱的连接。

（4）电路检查

按照电阻法、电压法等方法对电路进行接线检查。

（5）安装电动机和电气设备保护线

按照要求安装电动机和传动带，并紧固。

**4．电气控制系统的调试**

机床电气控制系统的调试是安装完成后紧接着进行的一个环节，它的具体步骤如下。

（1）拟定调试的方案

机床电气安装后，经过检查后进行电气调试。在调试前应当制订调试方案，主要内容包括：记录表格制定、调试过程、测试调试记录、结果分析等。

（2）通电前测试

1)检测电动机及线路的绝缘电阻。相—相、相—地绝缘电阻应相间、相对地不低于 0.5MΩ，控制电路绝缘电阻对地不低于 0.5MΩ。

2）检查电动机外壳、元器件外壳保护线及其他保护线是否接好。

3）根据元件布置图，检查元件的安装位置是否正确。

4）根据平面布置图，检查线路走向与元件、设备的安装是否正确。

5）检查电动机和带轮等机械部件是否安装好。

6）根据原理图、接线图、对电路进行对点检查、短路检查、回路检查，修改完善控制线路。

7）检查导线接点是否符合要求，压接是否牢固。

（3）通电操作

1）验电。检查电源是否正常。

2）根据原理图和调试方案进行线路功能检测，机床不带电动机等负载调试。

先进行单个功能的调试，观察对应的元件动作是否正确；再进行整体调试，观察各电气元件动作顺序是否正确。

3）根据原理图进行线路功能检测，机床带电动机等负载调试。

首先检查电动机与生产机械的传动装置是否正常，然后进行单个功能的调试，看电动机的运行和转动方向是否正常，机构动作是否正常。之后再进行机床的整体调试，观察机构动作顺序是否正确，运动形式是否满足工艺要求。最后校验机床满负载运行是否工作可靠。

4）停车，完善调试记录。

（4）完成测试

收拾工具，清理现场，做到文明生产要求。

## 三、机床电气控制系统检修规范

### 1．机床电气控制系统的故障调查

（1）问

机床发生故障后，首先应向操作者了解故障发生的前后情况，有利于根据电气设备的工作原理来分析发生故障的原因。一般问的内容主要有：

1）故障发生在开机前、开机后，还是发生在运行中；是运行中自行停车，还是发现异常情况后由操作者停下来的？

2）发生故障时听到什么异常声响，是否见到弧光、火花、冒烟或闻到了焦糊味？

3）是否拨动了什么开关、按钮之类的？

4）仪表及指示灯发生了什么情况？

5）以前是否出现过类似故障，是如何处理的？

操作人员的陈述可能不完整，有些情况可能没有说出来，甚至有些陈述内容是错误的，但仍要仔细询问，因为有些故障是由于操作者粗心大意，对机床不熟悉，采用不正确的操作方法造成的，在进行检查时要验证操作者的陈述，找到故障原因。

（2）看

在机床断电的状态下检查以下内容：

1）检查电源线进口处，观察电线有无碰伤，排除电源接地、短路等故障。

2）观察电气箱内熔断器有无烧损痕迹。

3）观察配线、电气元件有无明显的变形损坏、过热烧焦或变色。

4）检查限位开关、继电保护装置、热继电器是否动作。

5）检查可调电阻的滑动触点、电刷支架是否离开原位。

6）检查断路器、接触器、继电器等电器元件的可动部分是否动作灵活。

7）用兆欧表检查电动机及控制线路的绝缘电阻，一般应不小于0.5MΩ。

8）机床运作和密封部位有无异常的飞溅物、脱落物、溢出物，如油、烟、介质、金属铁屑等。

（3）听

各种机床运动时均伴有声音和振动，机床正常时，其声音、振动有一定规律和节奏，并保持持续和稳定。当声音和振动异常时，就是与故障相关联的信号，这是听觉检查的关键。

（4）闻

辨别有无异味，机床运动部件发生剧烈摩擦，电气绝缘烧损，会产生油、烟气、绝缘材料的焦糊味。

（5）摸

机床的电动机、变压器、接触器和继电器线圈发生短路故障时，温度会显著上升，可切断电源后，用手去触摸检查。

### 2．机床电气故障的分析与通电检查

（1）电路分析

1）根据调查的结果，分析是机械系统故障、液压系统故障、电气系统故障还是综合性

故障。

2）参考机床的电气原理图及有关技术说明书进行电路分析，大致估计有可能产生故障的部位，是主电路还是控制电路，是交流电路还是直流电路等。

3）对复杂的机床电气线路，要掌握机床的性能、工艺要求，可将复杂电路划分成若干单元，再分析判断。

（2）通电检查

1）通电检查前，要尽量使电动机和所传动的机械部分分离，将电气控制装置上相应转换开关置于零位，行程开关恢复到正常位置。

2）通电检查时，一般按先主回路后控制回路、先简单后复杂的顺序分区域进行，每次通电检查的范围不要太大，范围越小，故障越明显。

3）断开所有开关，取下所有熔断器，再按顺序，逐一插入需检查部位的熔断器，然后合上开关，观察有无冒火、冒烟、熔体熔断等现象。

## 四、机床电气系统维修及维修后的注意事项

当找出电气设备的故障点后，就要着手进行修复、试车、记录等，然后交付使用，但故障修复后还必须注意以下事项：

1）在找出故障点和修复故障时，应注意不能把找出的故障点作为寻找故障的终点，还必须进一步分析，查明产生故障的根本原因。

2）找出故障点后，一定要针对不同的故障情况和部位采取相应正确的修复方法，不要轻易采用更换电器元件和导线等方法，更不允许轻易改动线路或更换规格不同的电器元件，以防止产生人为故障。

3）在故障修理工作中，一般情况下应尽量做到复原。但有时为了尽快恢复生产，根据实际情况也允许采取适当的应急措施，但绝不可凑合行事，而且一旦机床空闲必须马上复原。

4）电气故障修复完毕，需要通电试运行时，应和操作者配合，避免出现新的故障。

5）每次故障排除后，应及时总结经验，并做好维修记录。

6）修理后的电气装置必须满足其质量标准要求，电气装置的检修质量标准包括：

① 外观整洁，无破损和炭化现象；

② 所有的触点均应完整、光洁、接触良好；

③ 压力弹簧和反作用力弹簧应具有足够的弹力；

④ 操纵、复位机构都必须灵活可靠；

⑤ 各种衔铁运动灵活，无卡阻现象；

⑥ 接触器的灭弧罩完整、清洁、安装牢固；

⑦ 继电器的整定数值符合电路使用要求；

⑧ 指示装置能正常发出信号。

# 情 境 七

# CA6140型普通车床电气控制系统安装、调试与维护

## 情境描述

CA6140 型普通卧式车床是生产实际中应用最为广泛的车床之一，具有典型性，其动力源采用三相交流异步电动机，且主轴运动和进给运动由一台电动机拖动，刀架快速移动由快速电动机拖动外还有一台冷却泵电动机。电气控制系统也具有代表性。

本情境通过老师或现场操作人员的操作示范，使学生了解 CA6140 的机械结构和电气控制特点，在掌握 CA6140 的电气控制原理基础上，进行其电气控制系统的安装和调试，并在老师的指导下对本机床进行故障判断和故障排除的训练。

## 学习与训练要求

**技能点：**

1. 正确使用电工工具和仪表；
2. 正确选用和调试常用低压电器；
3. 正确理解并掌握 CA6140 型普通车床的电气控制原理；
4. 能正确安装和调试 CA6140 型普通车床的电气控制线路；
5. 能正确分析、判断和处理 CA6140 型普通车床电气控制线路常见的故障。

**知识点：**

1. CA6140 型普通车床的机械结构和主要参数；
2. CA6140 型普通车床电气控制系统的工作原理；
3. CA6140 型普通车床电气控制系统故障排除的基本方法；
4. 车床电气控制系统的保养方法。

相关知识点

# 7.1 CA6140 型普通车床概述

## 7.1.1 车床概述

车床是最常用的一种机床，它能完成切削内圆、外圆、端面、攻螺纹、钻孔、镗孔、倒角、切槽及切断等加工工序。

按用途和结构的不同，车床主要分为卧式车床和落地车床、立式车床、转塔车床、单轴自动车床、多轴自动、半自动车床、仿形车床、多刀车床和各种专门化车床。在所有车床中，以卧式车床（见图 7-1）应用最为广泛。卧式车床加工尺寸公差等级可达 IT8～IT7，表面粗糙度 $R_a$ 值可达 1.6 μm。

车床的基本运动是主轴通过卡盘带动工件旋转，溜板带动刀架直线移动。前者称为主运动，它传递车削时的主要切削功率；后者称为进给运动，它使刀具移动以切削新的金属。车床的辅助运动是指刀架的快进与快退、尾架的移动、工件的夹紧和松开。

根据被加工零件的材质、车刀材料、几何形状、工件直径、加工方式及冷却条件的不同，要求车削加工具有不同的切削速度，因而主轴就需要在相当大的范围内变速。对于普通车床，其调速通常采用变速箱有级变速。根据主轴系统转动惯量的大小，主轴电动机的制动可采用电气制动、机械制动甚至不制动。车削加工一般不要求反转，加工螺纹时的主轴正反转由操作手柄通过机械方法实现。车削加工的进给运动通常通过挂轮箱从主轴分得部分功率以实现纵向、横向进给，因此，刀架移动与主轴旋转都由同一台电动机拖动。车床加工时需要对刀具进行冷却，所以，一般车床都有一台电动机拖动冷却泵，有的车床常备一台润滑油泵电动机。

一般中、小型普通车床电气控制线路的特点是：采用交流异步电动机拖动，且一般主轴运动和进给运动都由一台主电动机拖动。电动机容量在 5kW 左右时，一般都采用直接启动；而容量在 10kW 以上时，为避免对电网的冲击，多采用降压启动。对主轴电动机空载启动的机床，虽电动机容量较大，但也可采用直接启动。

## 7.1.2 CA6140 型普通车床结构

CA6140 型普通车床是生产实际中最常用车床之一，具有典型性。图 7-1 为 CA6140 型普通车床外形图。它由主轴变速箱、进给箱、溜板箱、溜板与刀架、尾座、床身等部分构成。电气箱位于床身后部。

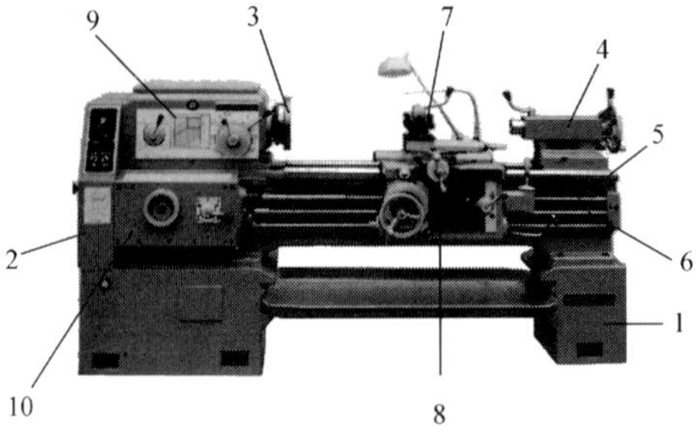


图 7-1 CA6140 型普通车床

1-床身；2-挂轮箱；3-卡盘；4-尾座；5-丝杠；6-光杠；7-溜板与刀架；8-溜板箱；9-主轴变速箱；10-进给箱

### 7.1.3 CA6140 型普通车床技术参数

CA6140 型普通车床技术参数见表 7-1。

表 7-1 CA6140 型普通车床主要技术参数

| 名　称 | 参　数 | 单　位 |
|---|---|---|
| 床身最大回转直径 | 400 | mm |
| 工件最大长度 | 750，1000，1500，2000 | mm |
| 主轴前端锥度 | 莫氏 6 号 | |
| 主轴孔直径 | 48 | mm |
| 主轴转速 | 正转 24 级，10～1400 | r/min |
| | 反转 12 级，14～1580 | r/min |
| 进给量 | 纵向 64 级，0.028～6.33 | mm/r |
| | 横向 64 级，0.014～3.16 | mm/r |
| 纵向快速速度 | 4 | m/min |
| 横向快速速度 | 2 | m/min |
| 车削螺纹 | 公制 44 种，螺距 1～192m<br>英制、模数、径节螺纹等数十种 | |
| 主电动机 | 7.5kW，1450r/min | |
| 快速移动电动机 | 0.25kW，1360r/min | |
| 冷却泵电动机 | 90 | W |

## 7.2 CA6140 型普通车床电气控制电路分析

### 7.2.1 CA6140 型普通车床运动分析

#### 1. 主运动

车床主运动是指工件的旋转运动，由主轴通过卡盘或顶尖带着工件旋转，主轴的旋转由主轴电动机经传动机构拖动。车削加工时，根据工件的材质、加工方式等条件，要求主轴能在一定范围内变速。加工螺纹等工件时，主轴能够正、反转。

### 2．进给运动

进给运动是指刀架的纵向或横向运动，也是由主轴电动机拖动，其运动方式有手动和电动两种。在进行螺纹加工时，工件的旋转速度与刀架的进给速度之间有严格的比例关系。车床刀架的纵向和横向两个方向的进给运动是由主轴箱输出轴依次经挂轮箱、进给箱、光杆传入溜板箱获得的。

### 3．辅助运动

辅助运动是指刀架的快速移动、尾座的移动以及工件的夹紧和放松等。溜板箱快速移动由单独的快速移动电动机拖动。

## 7.2.2 CA6140型普通车床的电气控制要求

1）主轴电动机选用三相笼型感应电动机，为了保证主运动与进给运动之间的严格比例关系，只用一台电动机来拖动。主轴采用机械变速，由改换床头箱内齿轮传动比来实现。

2）车削螺纹，主轴要正、反转，需利用摩擦离合器来实现，电动机只作单向旋转。

3）主轴电动机的启动、停止能实现自动控制。启动为直接启动，无需电气制动。

4）车床设有冷却泵电动机驱动泵输出冷却液，以防止工件和刀具温度过高。冷却泵电动机只需单向旋转，且与主轴电动机有连锁关系，即主轴电动机启动后方可选择启动与否；主轴电动机停止时，冷却泵电动机立即停车。

5）溜板箱快速移动由单独的快速移动电动机拖动，采用点动控制。

6）电路必须有短路、过载、欠压和零压等保护环节，并有安全可靠的照明和信号指示。

CA6140型普通车床电动机运行控制方式及要求见表7-2。

表7-2 CA6140型普通车床电动机运行控制方式及要求

| 控制对象 | 电动机控制方式 | | | | 连锁 |
|---|---|---|---|---|---|
| | 启动 | 变速 | 换向 | 停止 | |
| 主轴电动机 $M_1$ | 直接启动 | 无+机械离变速 | 单向 | 自由停车 | 电动机 $M_3$ 与电动机 $M_1$ 连锁 |
| 冷却泵电动机 $M_2$ | 手动直接启动 | 无 | 单向 | 自由停车 | |
| 快速移动电动机 $M_3$ | 点动 | 无 | 单向+机械离合器 | 自由停车 | |

## 7.2.3 CA6140型普通车床电气控制电路分析

### 1．CA6140型车床电气操作示意图

CA6140型普通车床的电气操作示意图如图7-2所示。

### 2．电气系统主要参数

（1）回路电压

1）电源及主回路电压：三相交流AC，380V，50Hz；

2）控制回路电压：单相交流AC，110V，50Hz；

3）照明回路电压：单相交流AC，24V，50Hz；

4）指示灯回路电压：单相交流AC，6.3V，50Hz。

（2）热继电器的整定电流

1）主轴电动机 $M_1$ 热继电器的整定电流：15.4A；

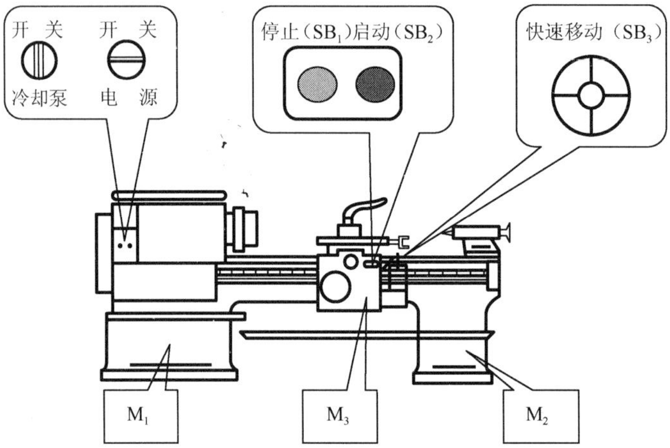


图 7-2　CA6140 型普通车床操作示意图

2）冷却泵电动机 $M_2$ 热继电器的整定电流：0.32A。

（3）电气设备及元件的参数

CA6140 型普通车床电气设备及元件参数明细见表 7-3。

表 7-3　CA6140 型普通车床电气设备清单

| 符号 | 元件名称 | 型　　号 | 规　　格 | 件　数 | 作　　用 |
|---|---|---|---|---|---|
| $M_1$ | 主轴电动机 | Y132M-4-B3 | 7.5kW，1450r/min | 1 | 主运动和进给运动 |
| $M_2$ | 冷却泵电动机 | AOB-25 | 90W | 1 | 供给冷却液 |
| $M_3$ | 快速移动电动机 | AOS5634 | 0.25kW，1360r/min | 1 | 刀架的快速移动 |
| $KM_1$ | 交流接触器 | CJ0-10A | 127V，10A | 1 | 控制主轴电动机 $M_1$ |
| $KM_2$ | 交流接触器 | CJ0-10A（或用中间继电器 JZ7—44 代替） | 127V，10A | 1 | 控制冷却泵电动机 $M_2$ |
| $KM_3$ | 交流接触器 | CJ0-10A（或用中间继电器 JZ7—44 代替） | 127V，10A | 1 | 快速移动电动机 $M_3$ |
| QS | 低压断路器 | DZ5-20 | 380V，20A | 1 | 电源总开关 |
| $SB_2$ | 按钮 | LA2 型 | 500V，5A | 1 | 主轴启动 |
| $SB_1$ | 按钮 | LA2 型 | 500V，5A | 1 | 主轴停止 |
| $SB_3$ | 按钮 | LA2 型 | 500V，5A | 1 | 快速移动电动机 $M_3$ 点动 |
| $SA_1$ | 转换开关 | HZ7-10/3 | 10A，三极 | 1 | 控制冷却泵电动机 |
| $SA_2$ | 转换开关 | | | 1 | 控制照明灯 |
| | 钥匙式电源开关 | | | 1 | 开关锁 |
| | 行程开关 | LX3-11K | | 1 | 打开皮带罩时被压下 |
| | 行程开关 | LX5-11K | | 1 | 电气箱打开时闭合 |
| $FR_1$ | 热继电器 | JR16-20/3D | 15.4A | 1 | 电动机 $M_1$ 过载保护 |
| $FR_2$ | 热继电器 | JR2-1 | 0.32A | 1 | 电动机 $M_2$ 过载保护 |
| TC | 变压器 | BK-200 | 380/127，36，6.3V | 1 | 控制与照明用变压器 |
| FU | 熔断器 | $RL_1$ | 40A | 1 | 全电路的短路保护 |
| $FU_1$ | 熔断器 | $RL_1$ | 4A | 1 | TC 一次侧的短路保护 |
| $FU_2$ | 熔断器 | $RL_1$ | 2A | 1 | 控制回路的短路保护 |

（续表）

| 符号 | 元件名称 | 型　号 | 规　格 | 件　数 | 作　用 |
|---|---|---|---|---|---|
| $FU_3$ | 熔断器 | $RL_1$ | 1A | 1 | 信号回路的短路保护 |
| $FU_4$ | 熔断器 | $RL_1$ | 1A | 1 | 照明回路的短路保护 |
| EL | 照明灯 | K-1，螺口 | 40W，36V | 1 | 机床局部照明 |
| HL | 指示灯 | DX1-0 | 白色，配 6V/0.15A 灯 | 1 | 电源指示灯 |

### 3．CA6140 型普通车床电气原理图分析

CA6140 型普通车床的电气原理图如图 7-3 所示。

（1）主电路

1）主电动机 $M_1$ 完成主轴运动和刀架横向、纵向进给拖动。电动机为不调速笼型感应电动机，主轴采用机械变速，正反转采用机械换向机构操纵。

2）冷却泵电动机 $M_2$，加工时提供冷却液，防止刀具和工件温升过高。

3）电动机 $M_3$ 为刀架快速移动电动机，可随时点动控制启动和停止。

3 台电动机功率分别为 7.5kW、250W、90W，容量小于 10kW，采用直接启动，均为接触器控制的单向运行电路。

在图 7-3 中，三相交流电源通过转换开关 QS 引入，接触器 $KM_1$ 的主触点控制 $M_1$ 的启动和停止。

接触器 $KM_2$ 的触点控制 $M_2$ 的启动和停止。$KM_3$ 的触点控制 $M_3$ 的启动和停止。

$KM_1$ 线圈由按钮 $SB_1$、$SB_2$ 控制，$KM_3$ 由 $SB_3$ 进行点动控制，$KM_2$ 线圈用开关 $SA_1$ 控制。

主轴正反转运动由摩擦离合器实现。

（2）控制电路

控制电路的电源由控制变压器 TC 次级输出 110V 电压。

1）主轴电动机 $M_1$ 的控制。

要点与提示：主轴电动机 $M_1$ 是带有过载保护，直接启动控制的典型环节。

按下按钮 $SB_2$[6] → 接触器 $KM_1$[6]得电吸合 → $KM_1$[2]主触点闭合 → 主轴电动机 $M_1$[2]启动运行

→ 动合触点 $KM_1$（7—9）[7]闭合，自锁。

→ 动合触点 $KM_1$（7—9）[9]闭合，作为 $KM_2$ 线圈得电条件，连锁。

按下停止按钮 $SB_1$[6]，$KM_1$ 失电释放，电动机 $M_1$ 停转。

2）冷却泵电动机的控制。

要点与提示：冷却泵电动机的控制是对两台电动机 $M_1$、$M_2$ 顺序连锁控制环节。

主轴电动机 $M_1$ 启动后，即在 $KM_1$ 得电吸合的前提下，其辅助动合触点 $KM_1$（13—15）[9]闭合，合上 $SA_1$[9]，$KM_2$ 才能得电吸合，冷却泵电动机 $M_2$[3]启动。

3）刀架快速移动的电动机的控制。

要点与提示：$M_3$ 采用点动控制。

按下按钮 $SB_3$[8]，$KM_3$[8]得电吸合，$KM_3$[4]闭合，对 $M_3$ 点动控制。在机械传动系统和离合器配合下，驱动溜板箱带动刀架按照选定方向快速移动。松开 $SB_3$，$KM_3$ 失电释放，电动机 $M_3$ 停转。

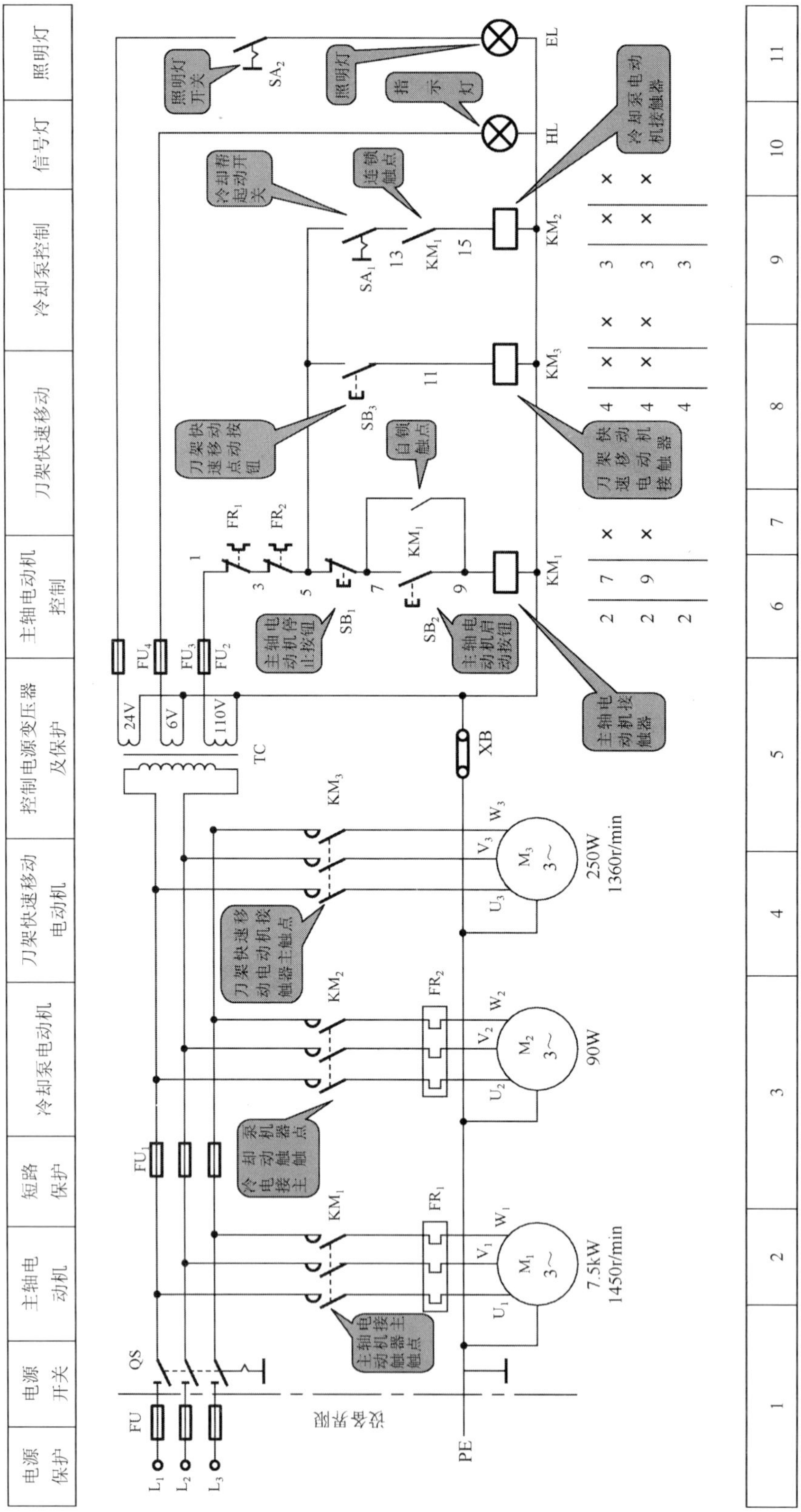


图 7-3 CA6140型普通车床电气原理图

4）照明和信号电路

控制变压器 TC 副边分别输出 24V、6V 电压，作为车床照明灯和信号灯电源。照明灯 EL 受开关 $SA_2$ 控制，HL 为电源信号灯。

（3）电路保护

电动机 $M_1$、$M_2$ 为连续运行电动机，分别设有 $FR_1$、$FR_2$ 热继电器作过载保护；电动机 $M_3$ 为短时工作电动机，未设过载保护。熔断器 FU、$FU_1$～$FU_4$ 分别对主电路、控制电路和辅助电路实施短路保护。

**思考并讨论**

1. CA6140 普通车床的主轴是如何实现正反转控制的？
2. 冷却泵电动机和主轴电动机的工作有何关系？
3. 试述电动机 $M_1$ 的工作情况。刀架快速移动是如何实现的？

## 7.2.4 CA6140 型普通车床电气系统典型故障的检修

### 1. 照明电路故障

（1）故障描述

现有一台 CA6140 型普通车床，在车削工件端面时，照明灯突然熄灭，扳动照明开关无效，初步检查发现：车床的电源指示灯正常，主轴电动机、冷却泵电动机、刀架快速移动电动机都能够正常工作。

（2）检修程序

根据故障描述，结合机床的电气原理图和电气接线图，可参考图 7-4 所示的步骤检修。

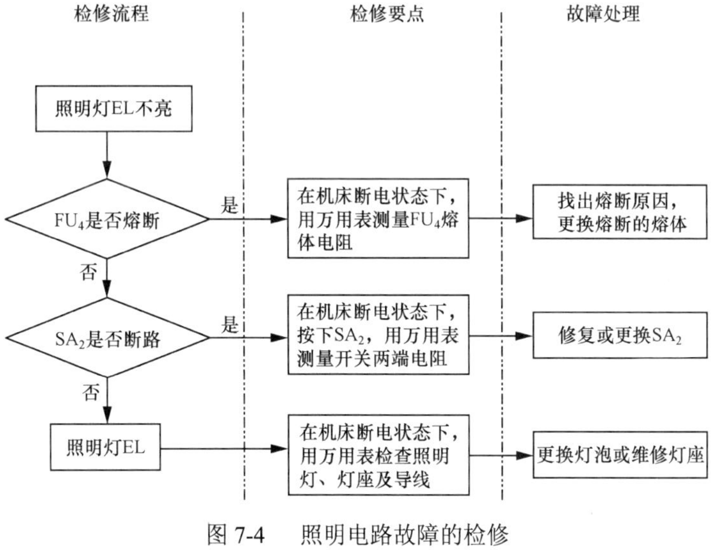


图 7-4 照明电路故障的检修

### 2. 刀架快速移动电动机电路故障

（1）故障描述

现有一台 CA6140 型普通车床，在车削工件外圆时，刀架不能快速移动，初步检查发现：

照明灯、电源指示灯正常；主轴电动机和冷却泵电动机正常。

（2）检修程序

根据故障描述，结合机床的电气原理图和电气接线图，可参考图 7-5 所示的步骤检修。

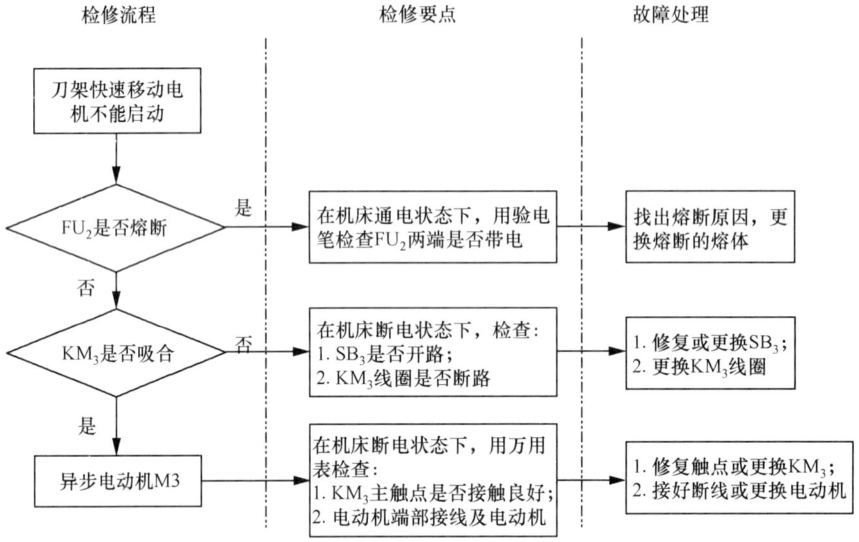


图 7-5　刀架快速移动电动机电路故障的检修

### 3. 主轴电动机电路故障

（1）故障描述

现有一台 CA6140 型普通车床，在加工螺杆时，主轴不能转动，初步检查发现主轴电动机不能启动，但电源指示灯和照明灯正常。

（2）检修程序

根据故障描述，结合机床的电气原理图和电气接线图，可参考图 7-6 所示的步骤检修。

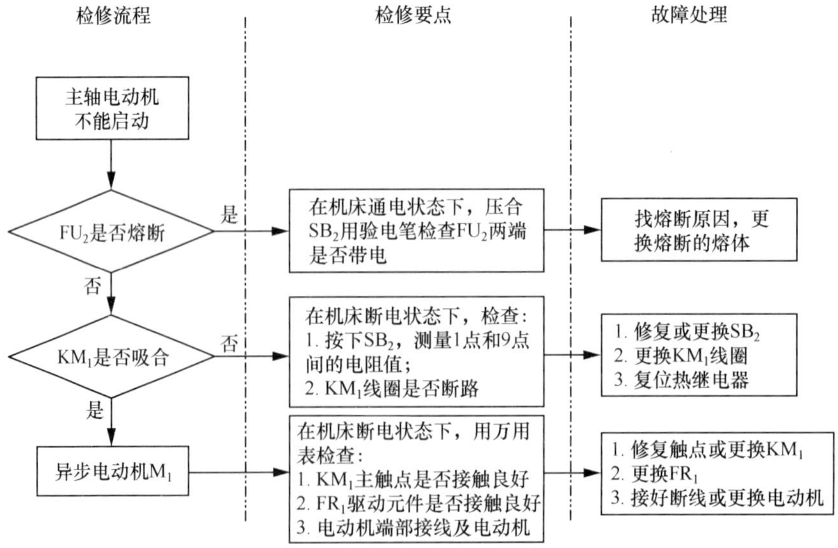


图 7-6　主轴电动机电路故障的检修

# 7.3 车床电气控制系统的保养

车床在运行过程中难免会发生各种故障，轻者机床停止工作，影响生产，重者造成安全事故。出现故障及时排除固然重要，加强日常检修维护，消除隐患，防止故障发生才是重中之重。

## 1. 保养

车床电气系统的保养周期及内容见表 7-4。

表 7-4 车床电气系统的保养

<table>
<tr><th colspan="2">项 目</th><th>内 容</th><th>说 明</th></tr>
<tr><td colspan="2">例保</td><td>1. 检查电气设备各部件是否运行正常；<br>2. 检查电气设备有无安全隐患，如开关箱内是否有水或油污进入；<br>3. 检查导线及控制管线有无破损现象；<br>4. 检查导线及控制变压器有无过热现象；<br>5. 向操作工人了解设备运行情况</td><td>一周一次</td></tr>
<tr><td rowspan="3">一保</td><td>线路</td><td>1. 检查线路有无过热现象，电线的绝缘是否有老化现象及机械损伤。蛇皮管是否脱落或损伤，并修复；<br>2. 检查电线紧固情况，拧紧触点连接处，接触良好；<br>3. 必要时更换个别损伤的电气元件、开关、按钮和线路；<br>4. 清扫电气控制箱，吹除灰尘</td><td>一月一次</td></tr>
<tr><td>其他电器</td><td>1. 检查电气开关、按钮，清除灰尘和油污，要求动作灵敏可靠；<br>2. 检查控制变压器、交流接触器、热继电器的线圈是否发热；<br>3. 检查信号过流装置是否完好；<br>4. 检查接线端子排是否有过热或融化现象；<br>5. 必要时更换不能使用的电气部分；<br>6. 检查接地线接触是否良好；<br>7. 测量线路及各电器的绝缘电阻</td><td>一月一次</td></tr>
<tr><td>开关箱</td><td>1. 检查电气控制箱的外壳及其密封性是否良好，是否有油污透入；<br>2. 门锁及开门的连锁机构是否能正常使用并进行修理</td><td>一月一次</td></tr>
<tr><td colspan="2">二保</td><td>1. 进行一保的全部项目；<br>2. 更换损坏的配件、电线套管、金属软管及塑料管等；<br>3. 重新整定热保护、过流保护及仪表装置，要求动作灵敏可靠；<br>4. 空载运行时，要求各开关动作灵敏可靠；<br>5. 核对图纸，提出对大修的要求</td><td>电动机封闭式三年一次；电动机开启式二年一次</td></tr>
<tr><td colspan="2">大修</td><td>1. 进行二保、一保的全部项目；<br>2. 全部拆开电气控制箱（电气控制板）重装所有配线；<br>3. 解体旧的各电气开关，清扫各电气元件的灰尘和油污，除去锈迹，并进行防腐工作，必要时更新；<br>4. 重新排线安装电器，消除缺陷；<br>5. 进行试车，要求各连锁装置、信号装置、仪表装置动作灵敏可靠；<br>6. 电动机无异常声响，无过热现象，三相电流平衡；<br>7. 油漆电气控制箱、电源箱及其部件；<br>8. 核对图纸，要求图纸编号符合要求</td><td>与机床大修同步进行</td></tr>
</table>

### 2. 车床电气系统的完好标准

1）各电气开关线路清洁、整齐并有编号，无损伤，接触点接触良好；

2）电气开关箱门密封性良好；

3）电气线路及电动机绝缘电阻符合要求；

4）热保护、过流保护、指示信号、照明装置符合要求；

5）各电气设备动作灵敏可靠，电动机无异常声响，各部温升正常，三相电流平衡；

6）零部件齐全且符合要求；

7）图纸资料齐全。

## 技能训练

### 工作任务单

试对一台CA6140型卧式普通车床的电气控制系统进行安装、调试、检测并排除故障，使其达到正常的工作状态。

**能力目标：**

1．能够对CA6140型卧式车床进行操作，知道车床的各种工作状态、加工范围及操作方法。

2．能够按照机床电路图的识图原则识读车床电气接线图，知道车床电气元件的分布位置和走线情况。

3．能够检测并排除老师设置的模拟故障。

4．掌握车床电气设备维修安全操作的相关规定及检修流程。

**任务描述：**

1．根据CA6140的电气原理图，安装并调试其电气控制线路；

2．根据CA6140的电气原理图，分析故障，判断故障发生的部位；

3．按照车床电气设备维修安全操作的相关规定以及检修流程，利用万用表、低压验电笔检测CA6140型卧式车床的电气系统，确定故障点。

4．正确使用电工工具排除故障。

5．运行维修后的CA6140车床，观察其运行状态，测量并调整相关参数，使机床达到正常工作状态。

### 工作步骤（参考）

**1．CA6140型普通车床电气控制系统安装**

（1）安装前准备工作

1）根据表7-3电气元件明细表配齐电气设备、电气元件以及导线、材料。

2）万用表等电工仪表、工具准备（见表1-2）。

3）工作场地条件达到要求。

（2）安装电气元件

根据元件布置图按照电气安装工艺要求安装固定电气元件。安装电气元件和紧固各连接时，用力要均匀合适，紧固程度适当。具体要求见本篇相关内容和附件。电气元件布置和安装，参照图7-7 CA6140普通车床电气元件布置图进行。

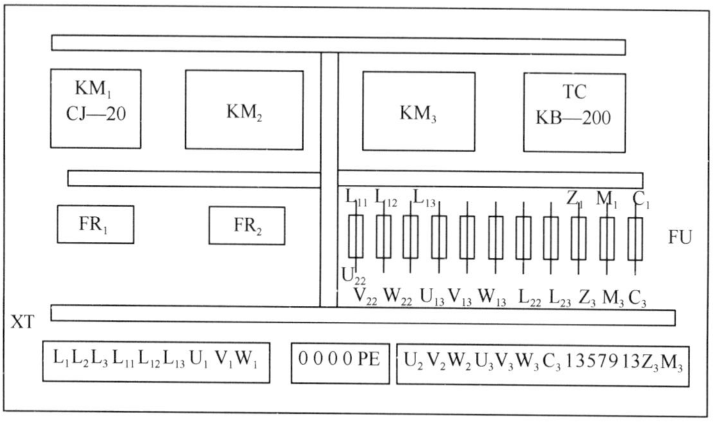


图 7-7　CA6140 型普通车床电气元件布置示意图

（3）安装栅形布线槽和电气元件支撑

根据平面布置图安装固定零件。机柜外元件安装前的支撑处理，根据平面布置图安装控制柜外元件。

1）仔细检查所用器件是否良好，规格型号等是否合乎图纸要求。

2）柜外的自动开关应垂直安装，受电端应在开关的上方，负载侧应在开关的下方。组合开关安装应使手柄旋转在水平位置为分断状态。

3）所有熔断器垂直安装，其上端为受电端。若采用 RL 系列熔断器，其受电端应为其底座的中心端。

4）按照图 7-7 所示，各器件安装位置要合理，间距适当，便于维修查线和更换气件，要整齐、匀称、平正。使整体布局科学、美观、合理，为配线工艺提供良好的基础条件。

5）元件的安装紧固要松紧适度，保证既不松动，也不因过紧而损坏器件。

6）安装元件要使用适应的工具，禁止用不适当的工具安装或敲打式的安装。

（4）根据平面布置图和接线图安装导线

按照图 7-8 所示安装和接线工艺技术要求进行导线安装。

接线的基本要求如下。

1）布线时，严禁损伤线芯和导线绝缘层。

2）在进行线槽配线时，导线端部必须套编码套管和冷压接线头。

3）各电气元件接线端子引出导线的走向以元件的水平中心线为界限。在水平中心线以上接线端子引出的导线，必须进入元件上面的走线槽（或线束集中走线，如图 7-7 所示）；在水平中心线以下接线端子引出的导线，必须进入元件下面的走线槽。任何导线都不允许从水平方向进入走线槽内。

4）各电气元件接线端子上引出或引入的导线必须经过走线槽进行连接。

5）各电气元件与走线槽之间的外露导线，应合理走线，并尽可能做到横平竖直，垂直变换走向。同一个元件上位置一致的端子和同型号电气元件中位置一致的端子上，引出或引入的导线，要敷设在同一平面上，并应做到高低一致或前后一致，不得交叉。

6）所有接线端子、导线线头上，都应套有与电路图上相应接点线号一致的编码套管，并按线号进行连接，连接必须牢固，不得松动。

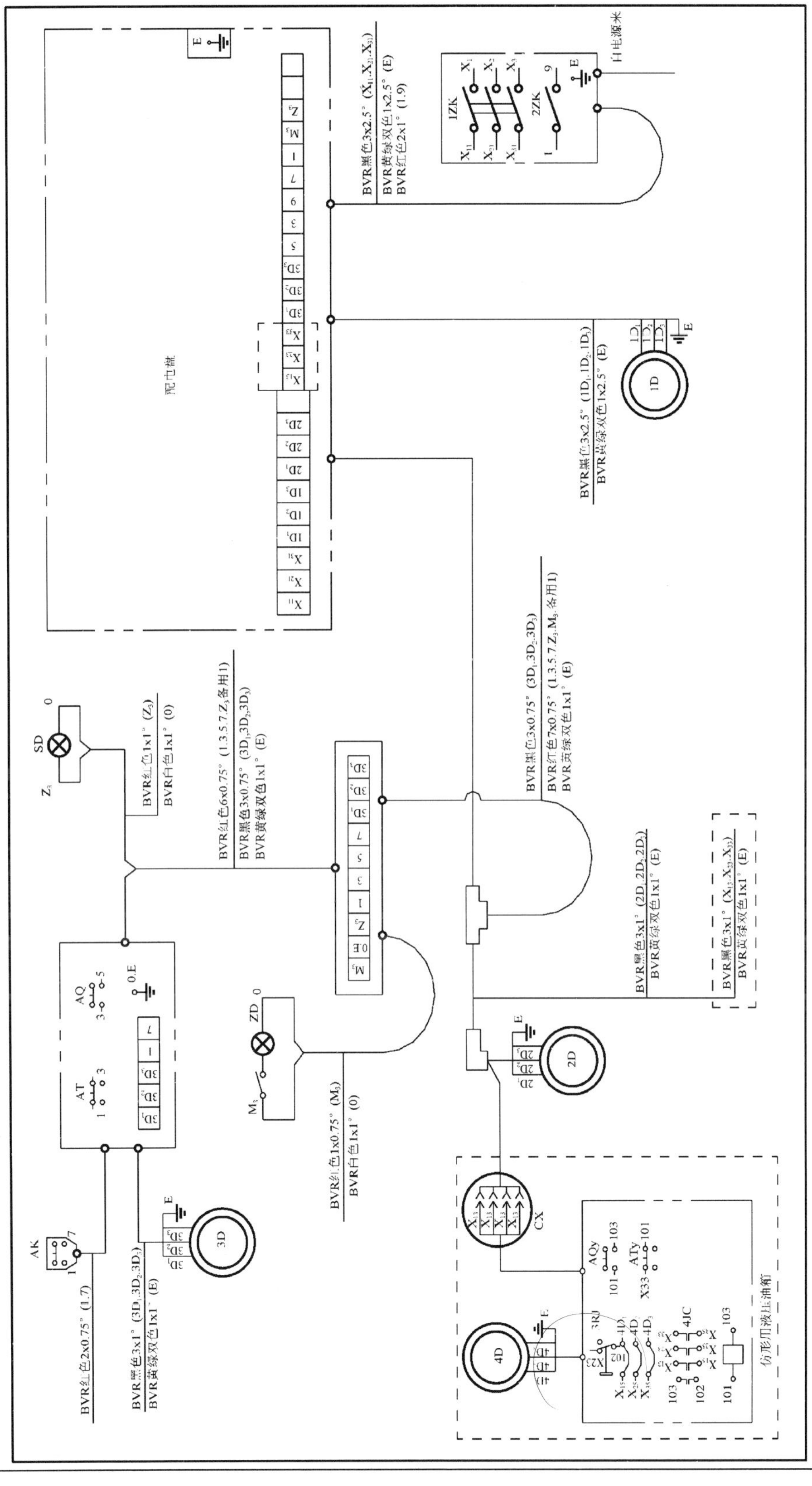


图 7-8 CA6140 型普通车床电气安装接线图

（5）检查布线

线路连接完成后，首先应检查控制线路连接是否正确，然后不通电用万用表电阻 100Ω 挡，测量控制电路的电源进线两端，若电阻为无穷大或很大，表明正常，若电阻为零或有很小的阻值，表明控制电路短路或有其他问题，应检查连接导线是否错误，直到正常为止。

（6）安装电动机及保护接地

先连接电动机及所有金属外壳的保护地线，然后连接电源、电动机等控制板外部的导线。

（7）自检

1）外观检查有无漏接、错接，导线的接点接触是否良好。用万用表检查接触器线圈回路是否正常。

2）断开控制电路，检查主电路有无开路或短路现象。

3）可用兆欧表检查线路的绝缘电阻的阻值是否正常（一般应大于 0.5MΩ）。

### 2. CA6140 型普通车床电气控制系统调试

（1）通电前测试

1）检测电动机及线路的绝缘电阻：相—相、相—地绝缘电阻应相同，相对地不低于 0.5MΩ，控制电路绝缘电阻对地不低于 0.5MΩ。

2）检查电动机外壳、元器件外壳保护线及其他保护线是否接好。

3）根据元件布置图，检查元件的安装位置是否正确。

4）根据平面布置图，检查线路走向和元件、设备的安装位置是否正确。

5）检查电动机和皮带轮是否安装好。

6）根据原理图、接线图、对电路进行对点检查、短路检查、回路检查。

7）检查导线接点是否符合要求，压接是否牢固。

（2）通电调试

1）验电，检查电源是否正常。

2）根据原理图和调试方案进行线路功能检测，先进行机床不带电动机调试。单个功能的调试，观察操作对应的元件动作是否正确。机床的整体调试，观察动作顺序是否正确。

3）根据原理图进行线路功能检测，机床带负载进行调试。首先用手拨动电动机的转子，观察转子是否有堵转的现象等，检查电动机与传动装置是否正常。而后进行单个功能的调试，电动机的运行和转动方向是否正常，机构动作是否正常。

4）机床的整体调试，观察机构动作顺序是否正确，运动形式是否满足工艺要求。经过调试确定机床满负载运行是否工作可靠。

### 3. CA6140 型普通车床电气控制系统故障诊断及检修

（1）合不上电源开关 QS

CA6140 型普通车床的电源开关 QS 采用钥匙开关作为开锁断电保护，用位置开关作开门（配电柜门）断电保护。因此，出现电源开关 QS 合不上闸时，先检查钥匙开关的位置是否正确（正确位置触点应断开），再检查位置开关是否因电气柜门没关紧、打开或其他原因造成触点闭合（正常工作时是断开的）。

（2）“全无”故障

1）试车时，“全无”故障。

“全无”故障，即试车时，信号灯、照明灯、机床电动机都不工作，控制电动机的接触器、继电器等均无动作和响声。

2）分析。

全无故障通常发生在电源线路。信号灯、照明灯、电动机控制电路的电源均由变压器TC提供，故障范围在变压器TC以及TC供电线路。而变压器TC副边三个公共连接点0号导线断线或接触不良时，也会造成全无故障。

3）检查方法。

用电压法和电阻法检查，由电源侧向变压器方向测量，与由变压器TC向电源方向测量，根据测量结果找出故障点。

（3）主轴电动机 $M_1$ 不能启动

图7-9为主轴电动机 $M_1$ 不能启动电压法诊断检修流程图。

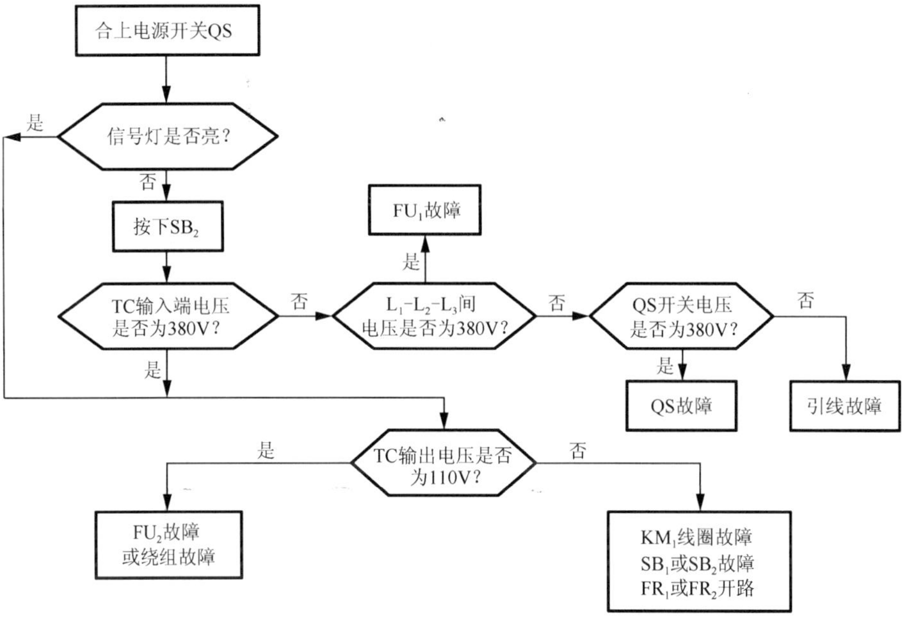


图7-9　主轴电动机 $M_1$ 不能启动电压法诊断检修流程

1）通电试车。

主轴电动机 $M_1$ 不能启动原因较多，应当首先确定故障发生在主电路或控制电路。试车时首先观察接触器线圈是否得电，若不得电，可试试刀架快速电动机，并观察 $KM_3$ 线圈是否得电。若接触器 $KM_1$ 线圈得电，要观察电动机 $M_1$ 是否转动，是否有“嗡嗡”声。如有“嗡嗡”声，则为电动机 $M_1$ 缺相故障。

2）故障分析。

若接触器线圈不得电，则故障在控制电路。如试刀架快速电动机时，$KM_3$ 线圈也不能得电，故障范围在接触器 $KM_3$ 线圈公共线路上；若 $KM_3$ 线圈得电，故障范围在 $KM_1$ 线圈至零线路上。

若接触器线圈正常得电，电动机 $M_1$ 不启动，则故障在电动机 $M_1$ 主电路上。

3）检查方法

控制电路故障检查用电压法或电阻法皆可。值得注意的是，控制电路由变压器TC 110V

绕组输出提供电源，该绕组与接触器线圈电路串联，用电阻法测量时，要在确认变压器 TC 绕组无故障后，将其当做二次回路断开，方法是将 $FU_2$ 拧下即可；或不断开，利用其构成的回路来测量。

主电路故障多为电动机缺相故障，电动机缺相时，不允许长时间通电，故主电路故障不宜采用电压法。只有接触器 $KM_1$ 主触点以上电路在接触器 $KM_1$ 主触点不闭合时，方可采用电压法测量。

测量缺相故障，可用电阻法测量判断，利用电动机绕组构成的回路进行测量。方法是切断电源后，用万用表测量电动机绕组之间的电阻。

接触器主触点上方线路可用电压法，接触器主触点下端电路采用电阻法，若都没找到故障，故障点必定在接触器主触点上。

**注意**：使用电阻法测量时如果压下接触器触点测量，变压器绕组会与电动机绕组构成回路，影响测量结果。

（4）主轴电动机 $M_1$ 启动后不能自锁

故障现象是按下按钮 $SB_2$ 时，主轴电动机 $M_1$ 能启动运行，但松开按钮 $SB_2$ 后，主轴电动机 $M_1$ 也随之停止。造成这种故障的原因是接触器的自锁常开触点接触不良或连接导线松脱。

（5）主轴电动机 $M_1$ 不能停车

造成这种故障的原因多为接触器的主触点熔焊；停止按钮 $SB_1$ 线路中 5、7 两点连接导线短路；接触器铁芯表面粘有污垢。可采用下列方法判明是哪种原因造成电动机 $M_1$ 不能停车：若断开 QS，接触器释放，则说明故障为 $SB_1$ 被击穿或导线短接；若接触器过一段时间释放，则故障为铁芯表面粘牢污垢；若断开 QS，接触器则不释放，则故障为主触点熔焊，打开接触器灭弧栅，可直接观察到该故障。根据具体故障情况采取相应措施。

（6）刀架快速移动电动机不能启动

故障分析方法、检查方法与主轴电动机 $M_1$ 基本相同，若 $KM_3$ 线圈不得电，故障多发生在按钮 $SB_3$ 上。按钮 $SB_3$ 安装在十字手柄上，经常活动，造成 $FU_2$ 熔断的短路点也常发生在按钮 $SB_3$ 上。试车时，注意将十字手柄扳到中间位置后再试，否则不易分清故障是电气部分故障还是机械部分故障（见图 7-10）。

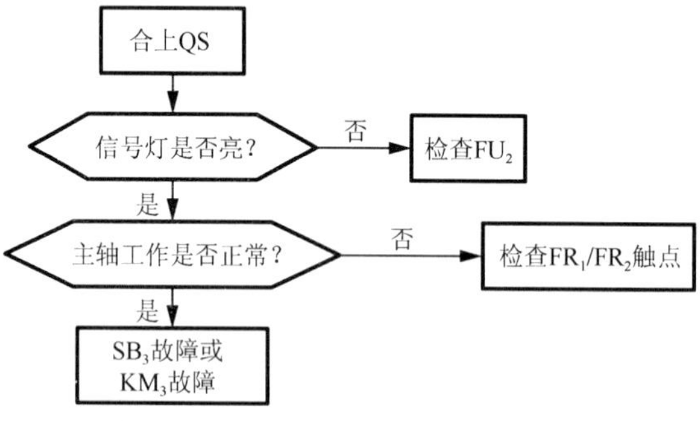


图 7-10 快速移动电动机 $M_3$ 不能启动故障诊断检修流程

（7）水泵电动机不能启动

故障分析方法与电动机 $M_1$ 的故障分析方法基本相同，如发生热继电器热元件因水泵电动机接线盒进水短路而烧断，要考虑 $FU_1$ 是否超过额定值。

如新安装水泵转动但泵不上水，多为水泵电动机电源相序不对，不能泵水。

## 项目评价表

| 学习情境 | | CA6140 型普通车床电气控制系统的安装、调试与维护 | | 班级 | | |
|---|---|---|---|---|---|---|
| | | | | 姓名 | | |
| 序号 | 考评内容 | 考评要求 | 评分标准 | 分值 | 扣分 | 成绩 |
| 1 | 电气元件的选择 | 正确选择电气元件 | 电气元件的选择不合理，每件扣 1 分 | 10 | | |
| 2 | 电气元件的布置 | 合理布置电气元件 | 电气元件的布置不合理，每处扣 1 分 | 10 | | |
| 3 | 线路敷设与安装 | 能正确并完整接线；<br>电气元件的安装接线符合工艺要求；<br>线路检测方法合理正确 | 1. 安装错线、漏线，每处扣 2 分；<br>2. 错线、漏线号标注，每处扣 2 分；<br>3. 导线安装不牢靠、松动、压皮、露铜，每处扣 2 分；<br>4. 缺少必要的保护环节，每处扣 2 分；<br>5. 调试方法不正确，扣 2 分；<br>6. 工具使用方法不正确，每提示一次扣 1 分 | 25 | | |
| 4 | 故障检测与排除 | 能正确判断故障出现的部位并能准确找到故障点；<br>能顺利找到故障原因并排除故障 | 1. 不能正确分析或指不出故障范围扣 10 分<br>2. 检查步骤杂乱，无条理扣 5 分；<br>3. 检修方法不正确扣 5 分；<br>4. 更换元件不合适扣 5 分；<br>5. 不能彻底排除故障扣 10 分 | 25 | | |
| 5 | 通电试车 | 能正确配置熔断器熔芯；<br>能正确整定和设置有关继电器的动作 | 1. 不会整定继电器的动作值扣 5 分；<br>2. 配错熔芯一处扣 1 分；<br>3. 一次试车不成功扣 5 分，二次试车不成功扣 10 分，三次试车不成功本项不得分 | 20 | | |
| 6 | 安全文明生产 | 参照相关的安全生产法规进行考评，确保设备和人身安全 | 1. 每违反一次规定，扣 2 分；<br>2. 环境卫生差，扣 2 分；<br>3. 发生短路事故，每次扣 2 分；<br>4. 发生重大安全事故取消考试资格 | 10 | | |
| 合　计 | | | | 100 | | |

## 习题七

1. 电气原理图常用什么方法进行分析？简述机床电气原理图的分析步骤。
2. CA6140 型普通车床主轴是如何实现正反转的？
3. 试分析 CA6140 型普通车床电气控制系统的工作过程。
4. CA6140 型车床的电气控制系统采用了哪些保护措施？
5. 试分析 CA6140 型普通车床电气控制系统发生下列情况时可能的故障原因。
(1) 3 台电动机均不能启动；
(2) 主轴电动机启动后，松开启动按钮，电动机停止；
(3) 快移电动机不能启动。
6. CA6140 型普通车床电气控制系统为什么没有对 $M_3$ 进行过载保护？
7. 在 CA6140 型普通车床中，若主轴电动机只能点动，可能的原因是什么？

## 情 境 八

# X62W型万能铣床电气控制系统的调试与维护

### 情境描述

铣床是一种用途十分广泛的金属切削机床，其使用范围仅次于车床。铣床可加工平面、斜面以及螺旋面和沟槽等，装上分度头或圆工作台，还可扩大其工艺范围。X62W 型万能铣床是生产中应用最为广泛的铣床之一，最具有典型性，它使用了 3 台异步电动机，分别用于驱动主轴、工作台和冷却泵，其电气控制系统比 CA6140 型车床复杂。

本情境通过老师或现场操作人员的操作示范，使学生了解 X62W 型铣床的机械结构和电气控制特点，掌握铣床的电气控制原理，并在老师的指导下对本机床进行故障判断和故障排除的训练。

### 学习与训练要求

技能点：

1. 正确使用电工工具和仪表；
2. 正确选用和调试常用低压电器；
3. 正确理解并掌握 X62W 型万能铣床的电气控制原理；
4. 能正确分析、判断和处理 X62W 型万能铣床电气控制线路常见的故障。

知识点：

1. X62W 型万能铣床的机械结构和主要参数；
2. X62W 型万能铣床电气控制系统的工作原理；
3. X62W 型万能铣床电气控制系统故障排除的基本方法；
4. 铣床电气控制系统的保养方法。

相关知识点

# 8.1 X62W 型万能铣床概述

## 8.1.1 铣床概述

铣床是用铣刀在工件上铣削加工各种表面的机床，除能铣削平面、沟槽、轮齿、螺纹和花键轴外，还能加工比较复杂的型面，效率较刨床高，在机械制造和修理部门广泛得到应用，在金属切削机床中使用数量仅次于车床。

通常铣刀旋转运动为主运动，工件或铣刀的移动为进给运动。它可以加工平面、垂直面、斜面、各种沟槽或成型面，如果配上附件（如分度头、圆转盘等）也可以加工螺旋槽、凸轮、成型面等。

按布局形式和适用范围分类，主要有升降台铣床、龙门铣床、单柱铣床和单臂铣床、仪表铣床、工具铣床等。升降台铣床有万能式、卧式和立式几种，主要用于加工中小型零件。图 8-1 分别为卧式和立式铣床。

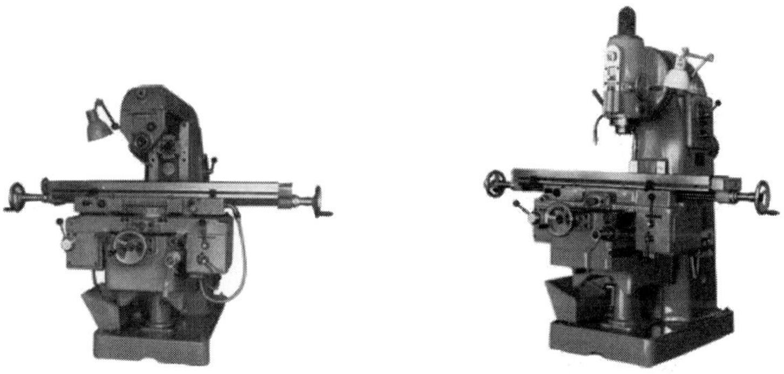

（a）XU5025 型，XU5030 型万能升降台铣床　　（b）XV5025 型，XV5030 型立式升降台铣床

图 8-1　铣床外形

## 8.1.2 X62W 型万能铣床主要结构

X62W 型万能铣床是应用最广泛的铣床，适合于各类机械加工企业。它由底座、床身、主轴、刀杆、横梁、工作台、溜板和升降台等几部分组成，可配有圆工作台（圆转盘）、分度头等附件。其主要部件的分布如图 8-2 所示。

X62W 型万能铣床的床身固定在底座上，用来固定和支撑铣床各部件。升降台可沿床身导轨作上下移动，安装在升降台上的工作台和滑座可分别作纵向、横向移动。顶面上有供横梁移动用的水平导轨。前壁有燕尾形的垂直导轨，供升降台上下移动。内部装有电动机，主轴变速机构，电气设备及润滑油泵等部件。

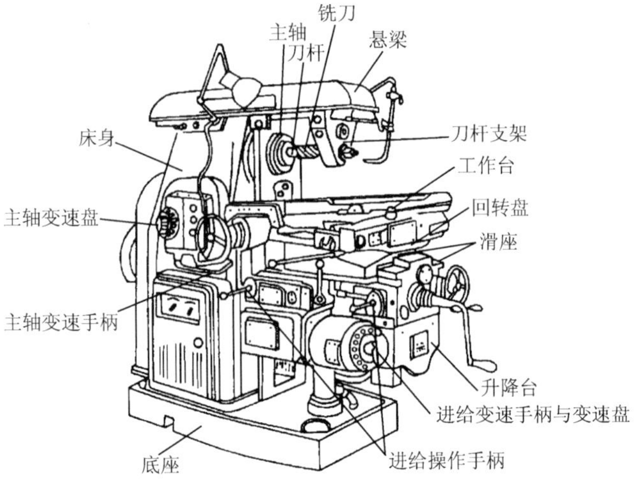


图 8-2　X62W 型万能铣床结构

### 8.1.3　X62W 型万能铣床主要技术参数

X62W 型万能铣床主要技术参数见表 8-1。

表 8-1　X62W 型万能铣床主要技术参数表（参考）

| 参数名称 | 参　数 | 单　位 |
|---|---|---|
| 工作台工作面（宽×长） | 320×1250 | mm |
| 主轴转速 | 18 | 级 |
| | 30～1500 | r/min |
| 主轴锥孔 | 7∶24 | |
| 主电动机 | 5.5 | kW |
| | 1410 | r/min |
| 进给电动机 | 1.5 | kW |
| | 1410 | r/min |
| 冷却电动机 | 0.125 | kW |

## 8.2　X62W 型万能铣床电气控制电路分析

### 8.2.1　铣床的运动形式

卧式万能铣床有三种运动形式。需要注意的是，X62W 型万能铣床的电气控制与机械操纵配合十分紧密，是典型的机械、电气联合动作的控制系统。

### 1．主运动

X62W 型万能铣床可卧铣和立铣，主运动是主轴带动铣刀的旋转运动。

### 2．进给运动

铣床的进给运动是指工作台带动工件在上、下、左、右、前和后 6 个方向上的直线运动或圆形工作台的旋转运动，可以手动和电动。工作台设有快速移动控制，是通过快速电磁铁的吸合而改变传动链的传动比来实现的。图 8-3 表明了铣床进给运动传递过程。

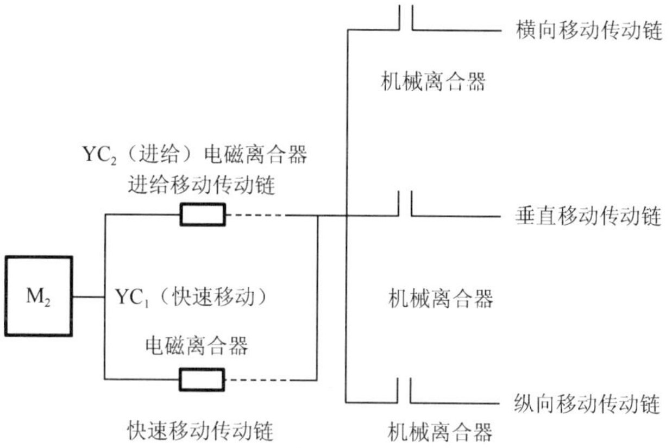


图 8-3　铣床进给运动传递示意图

### 3．辅助运动

铣床的辅助运动是指工作台带动工件在上、下、左、右、前和后 6 个方向上的快速移动。

## 8.2.2　铣床的电力拖动特点及控制要求

1）由于铣床的主运动和进给运动之间没有严格的速度比例关系，因此，铣床采用单独拖动的方式，即主轴的旋转和工作台的进给分别由两台笼型感应电动机拖动。

2）铣床有顺铣和逆铣的加工方式，要求主轴电动机能实现正、反旋转，但这可以根据工艺要求和铣刀的种类，在加工前预先设置主轴电动机的旋转方向，而在加工过程中则不需改变其旋转方向。

3）由于铣刀是一种多刃刀具，其铣削过程是断续的，因此为了减小负载波动对加工质量造成的影响，主轴上装有飞轮。然而因其转动惯性较大，要求主轴电动机能实现制动停车，以提高工作效率。

4）工作台在 6 个方向上的进给运动，是由进给电动机分别拖动三根进给丝杆来实现的，都应该有正、反向旋转，因此进给电动机能正、反转。为了保证机床、刀具的安全，在铣削加工时，只允许工件同一时刻作某一个方向的进给运动。另外，在用圆工作台进行加工时，要求工作台不能移动。因此，各方向的进给运动之间应有连锁保护。

5）为了缩短调整运动的时间，提高生产效率，工作台应有快速移动控制，这是通过快速移动电磁离合器的吸合来改变传动链的传动比来实现的（见图 8-3）。

6）X62W 型卧式万能铣床采用机械变速的方法即改变变速箱的传动比来实现主轴变速，为了保证在变速时齿轮易于啮合，减小齿轮的冲击，要求主轴和进给电动机变速时都应具有变速冲动控制。

7）根据工艺要求，主轴旋转与工作台进给应有先后顺序控制的连锁关系，即进给运动要在铣刀旋转之后才能进行。铣刀停止旋转，进给运动就该同时停止或提前停止。否则，易造成工件与铣刀相碰事故。

8）为了使操作者能在铣床的正面、侧面方便操作，对主轴电动机的启动、停止以及工作台进给运动的选向和快速移动，设置了多地点控制（两地控制）方案。

9）冷却泵电动机用来拖动冷却泵，采用主令开关控制其单方向旋转。

X62W 型卧式万能铣床电动机运行方式及控制要求见表 8-2。

表 8-2 X62W 型卧式万能铣床电动机运行方式及控制要求

<table>
<tr><th rowspan="2">控制对象</th><th colspan="4">控制内容</th><th>连　锁</th></tr>
<tr><th>启　动</th><th>变　速</th><th>换　向</th><th>停　止</th><td rowspan="7">① 电动机 $M_1$ 启动后电动机 $M_2$ 才能工进连锁；<br>② 6 个进给方向机械+电气连锁；<br>③ 圆转盘进给连锁；<br>④ 上刀制动主轴连锁</td></tr>
<tr><td>主轴电动机 $M_1$</td><td>直接启动+<br>变速冲（点）动</td><td>无<br>（机械变速）</td><td>手动设置<br>正反转</td><td>电磁离合器<br>制动</td></tr>
<tr><td>进给电动机 $M_2$</td><td>直接启动+<br>变速冲（点）动</td><td>无<br>（机械变速）</td><td>接触器控制<br>正反转</td><td>自由停车</td></tr>
<tr><td>冷却泵电动机 $M_3$</td><td>手动直接启动</td><td>无</td><td>单向</td><td>自由停车</td></tr>
<tr><td>主轴制动<br>电磁离合器 YB</td><td colspan="4">上刀制动转换开关接通或主轴停止按钮接通</td></tr>
<tr><td>正常进给<br>电磁离合器 $YC_2$</td><td colspan="4">$YC_2$ 与 $YC_1$ 互锁，电源接通正常进给时接触器接通</td></tr>
<tr><td>快速进给<br>电磁离合器 $YC_1$</td><td colspan="4">接触器触点接通时，互锁 $YC_2$</td></tr>
</table>

## 8.2.3 X62W 型万能铣床电气控制电路分析

### 1. X62W 型电气系统主要参数

（1）回路电压

1）电源及主回路电压：三相交流 AC，380V，50Hz；

2）控制回路电压：单相交流 AC，110V，50Hz；

3）照明回路电压：单相交流 AC，24V，50Hz；

4）制动回路电压：直流 DC，24 V。

（2）热继电器的整定电流

1）主电动机 $M_1$ 热继电器的整定电流：16.5A；

2）进给电动机 $M_2$ 热继电器的整定电流：4A；

3）冷却泵电动机 $M_3$ 热继电器的整定电流：0.5A。

（3）电气设备及元件的参数

X62W 型万能铣床电气控制系统的元件明细及作用见表 8-3。

表 8-3 X62W 型万能铣床电气元件明细表及作用

| 符号 | 名称 | 作用 | 符号 | 名称 | 作用 |
|---|---|---|---|---|---|
| $M_1$ | 主轴电动机 | 主轴电动机 | $SA_4$ | 照明灯开关 | 照明灯开关 |
| $M_2$ | 进给电动机 | 进给电动机 | $SA_5$ | 转换开关 | 主轴换向开关 |
| $M_3$ | 冷却泵电动机 | 冷却泵电动机 | QS | 隔离开关 | 电源隔离开关 |
| $KM_1$ | 接触器 | 主轴电动机启动接触器 | $SB_1$、$SB_2$ | 按钮 | 主轴停止按钮 |
| $KM_2$ | 接触器 | 进给电动机正转接触器 | $SB_3$、$SB_4$ | 按钮 | 主轴启动按钮 |
| $KM_3$ | 接触器 | 进给电动机反转接触器 | $SB_5$、$SB_6$ | 按钮 | 工作台快速移动按钮 |
| $KM_4$ | 接触器 | 快速进给接触器 | $FR_1$ | 热继电器 | 主轴电动机热继电器 |
| $SQ_1$ | 行程开关 | 工作台向右进给行程开关 | $FR_2$ | 热继电器 | 进给电动机热继电器 |
| $SQ_2$ | 行程开关 | 工作台向左进给行程开关 | $FR_3$ | 热继电器 | 冷却泵电动机热继电器 |
| $SQ_3$ | 行程开关 | 工作台向前、向下进给行程开关 | $FU_{1\sim8}$ | 熔断器 | 熔断器 |
| $SQ_4$ | 行程开关 | 工作台向后、向上进给行程开关 | TC | 变压器 | 控制电路、照明、电磁离合器、电源变压器 |
| $SQ_6$ | 点动开关 | 进给变速瞬时点动开关 | UR | 整流器 | 整流器 |
| $SQ_7$ | 点动开关 | 主轴变速瞬时点动开关 | YB | 电磁制动器 | 主轴制动电磁制动器 |
| $SA_1$ | 转换开关 | 工作台转换开关 | $YC_1$ | 电磁离合器 | 电磁离合器（快速传动链） |
| $SA_2$ | 转换开关 | 主轴上刀制动开关 | $YC_2$ | 电磁离合器 | 电磁离合器（工作传动链 ） |
| $SA_3$ | 转换开关 | 冷却泵开关 | | | |

### 2. 电气控制原理图

X62W 型万能铣床的电气控制原理如图 8-4（主电路）、图 8-5（控制电路）所示。

### 3. X62W 型铣床电气控制电路分析

（1）主轴电动机 $M_1$ 的控制

1）主轴电动机 $M_1$ 的启动与停车制动。

要点与提示：主轴电动机 $M_1$ 运转时，上刀制动开关 $SA_2$ 的触点 $SA_{2-1}$ 闭合而 $SA_{2-2}$ 断开，工作状态选择开关 $SA_2$ 扳到上刀制动位置时，触点状态相反，主轴制动。主轴变速瞬动点动行程开关 $SQ_7$ 只在变速手柄回位瞬间动作，铣床不作变速操作时，$SQ_7$ 不受压，其动断触点 $SQ_{7-2}$ 闭合而动合触点 $SQ_{7-1}$ 断开。

$M_1$ 的启动电路与停车制动电路如图 8-4、图 8-5 所示，工作及控制过程如下：

启动顺序：

按下 $SB_3$ 或 $SB_4$[6]→$KM_1$[6]得电吸合→主触点闭合→主轴电动机按照 $SA_5$ 选定的方向旋转。

启动→
- →$KM_1$(103—105) [9]断开，确保YB不能得电
- →$KM_1$(15—17) [6]闭合，自锁
- →$KM_1$(23—15)闭合，接通控制电路电源

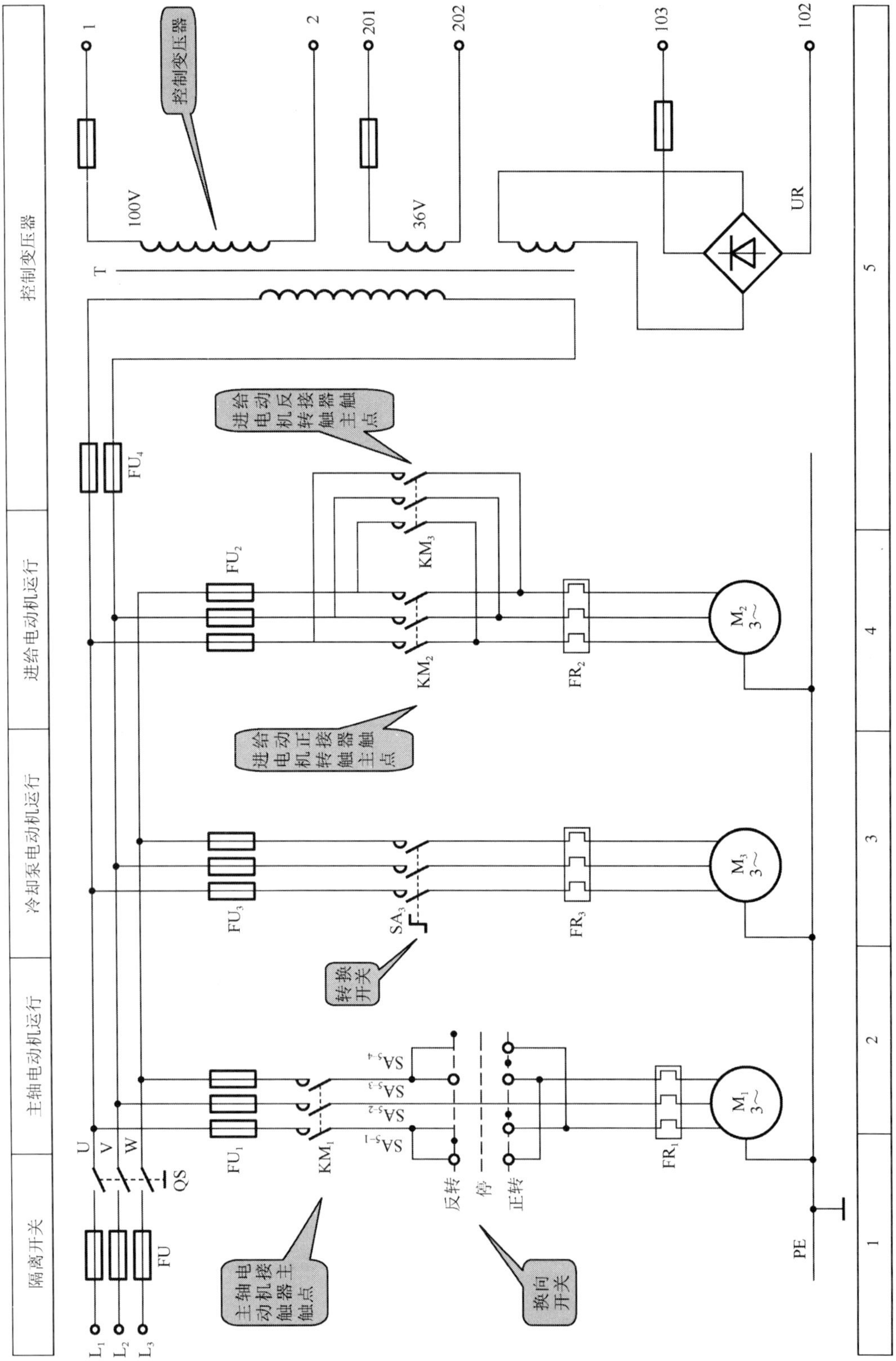


图 8-4 X62W 型万能铣床电器控制电路（主电路）

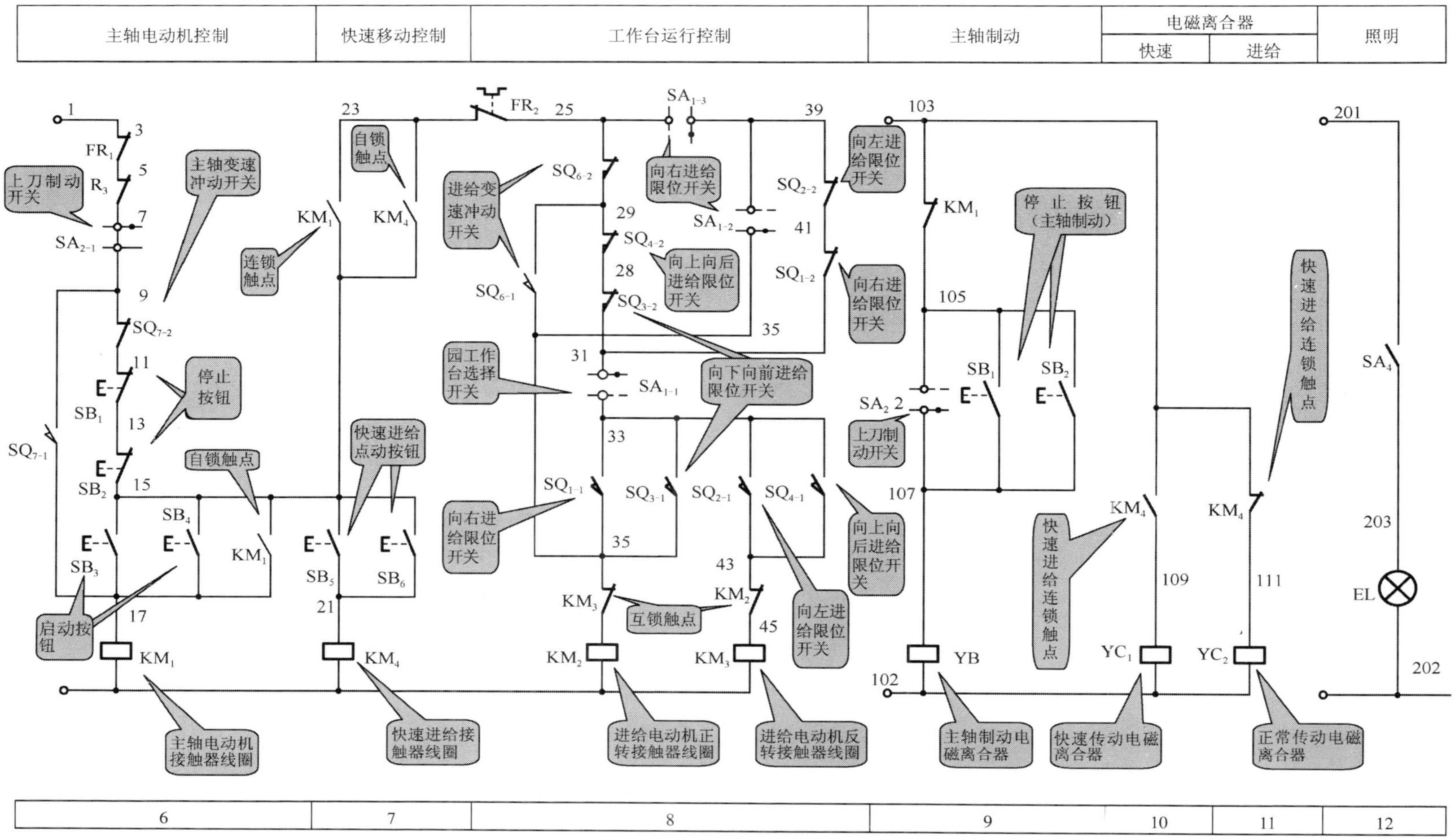


图 8-5 X62W 型万能铣床电气控制电路（控制电路）

主轴停车制动（以按下 SB1 为例）顺序：

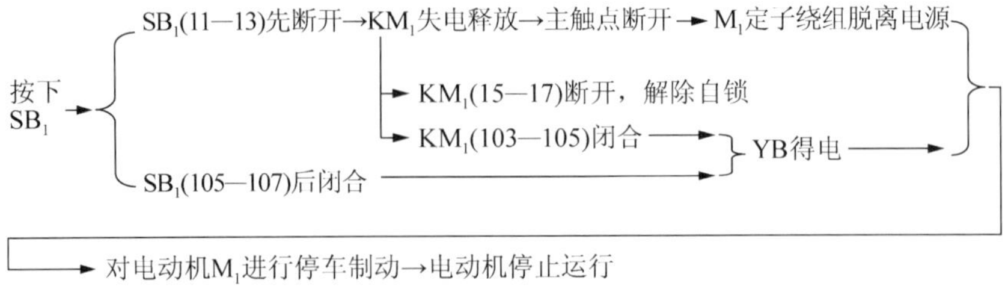


2）主轴电动机 $M_1$ 上刀制动。

主轴上刀制动时，$SA_2$ 的 $SA_{2-2}$ 闭合而 $SA_{2-1}$ 断开。由于触点 $SA_{2-1}$ 断开，$KM_1$ 不能启动；触点 $SA_{2-2}$ 闭合，接通 YB 线圈电路，使主轴处于制动状态。

3）主轴变速时的瞬时点动。

要点与提示：当主轴电动机 $M_1$ 转动时，可以不按停止按钮 $SB_1$ 或 $SB_2$ 直接进行变速操作。该过程就是变速点动（冲动）过程，主轴变速冲动结束后，应重新按启动按钮 $SB_3$ 或 $SB_4$，使 $KM_1$ 得电吸合并自锁，电动机 $M_1$ 在新的转速下继续转动。

主轴变速时，将手柄向下压并向外拉出时，通过机械联动机构，短时压下冲动主轴变速瞬时点动行程开关 $SQ_7$，触点 $SQ_{7-1}$ 闭合而触点 $SQ_{7-2}$ 断开。由于触点 $SQ_{7-2}$ 断开，切断接触器 $KM_1$ 线圈自锁电路，因此，触点 $SQ_{7-1}$ 闭合时，接触器 $KM_1$ 得电吸合，电动机 $M_1$ 启动运转，触点 $SQ_{7-1}$ 复位后，$KM_1$ 失电，$M_1$ 停转，完成一次瞬时点动。

（2）工作台进给电动机 $M_2$ 的控制

要点与提示：工作台的进给运动须在主轴电动机 $M_1$ 启动之后才能进行，$M_1$ 与 $M_2$ 连锁，由辅助动合触点 $KM_1$（23—15）[7]接通和断开工作台进给控制电路电源。进给电动机 $M_2$ 为手柄操作的点动正反转的控制，控制回路中串联互锁触点，实现进给连锁。

工作台的上、下、左、右、前和后 6 个方向的进给运动均由进给电动机 $M_2$ 的正、反转拖动实现，由正、反转接触器 $KM_2$ 和 $KM_3$ 控制。而正、反转接触器则是由两个操纵机构控制，其中一个为纵向机构操纵手柄，另一个为十字形（垂直与横向）机械操纵手柄（见图 8-2），操作手柄处在中间位置时是空挡。在操纵机械手柄的同时，完成机械挂挡（分别接通 3 根丝杆）和按下相应的行程开关 $SQ_1$～$SQ_4$，从而接通正、反转接触器 $KM_2$ 或 $KM_3$，启动进给电动机 $M_2$ 拖动工作台按预定方向运动。这两个机械操纵手柄各有两套，分别安装在工作台的前面和侧面，实现双向控制。

工作台分水平工作台和圆工作台，由转换开关 $SA_1$ 控制。转换开关 $SA_1$ 为工作台选择开关，其触点工作状态见表 8-4。

**表 8-4　工作台状态选择开关 $SA_1$ 触点工作状态**

| 触　点 | 接线端标号 | 所 在 图 区 | 操作手柄位置 | |
|---|---|---|---|---|
| | | | 接通圆工作台工作 | 断开圆工作台 |
| $SA_{1-1}$ | 31—33 | 8 | − | + |
| $SA_{1-2}$ | 35—39 | 8 | + | − |
| $SA_{1-3}$ | 25—39 | 8 | − | + |

1）水平工作台纵向进给控制电路和圆工作台控制电路。

$SQ_1$ 为工作台向右进给行程开关，$SQ_2$ 为工作台向左进给行程开关，其动断触点 $SQ_{1-2}$（41—31）、$SQ_{2-2}$（39—41）在运动连锁控制电路部分构成连锁控制功能。

① 工作台向右运动电气元件动作顺序：

将纵向操作手柄扳向“右” → { 接通纵向进给机械离合器；压下$SQ_1$ → { $SQ_{1-2}$ (41—31) [8]断开；$SQ_{1-1}$ (33—35) [8]闭合 → $M_2$得电吸合 }}

→ { 主触点闭合→电动机$M_2$正转→拖动工作台向右运行；$KM_2$ (43—45) [8]断开，使$KM_3$不能得电，互锁 }

工作台向左运动电气元件动作顺序：

将纵向操作手柄扳向“左” → { 接通纵向进给机械离合器；压下$SQ_2$ → { $SQ_{2-2}$(39—41) [8]断开；$SQ_{2-1}$ (33—43) [8]闭合→$KM_3$得电吸合 }}

→ { 主触点闭合→电动机$M_2$反转→拖动工作台向左运行；$KM_2$(35-37)断开，使$KM_2$不能得电，互锁 }

工作台的纵向进给有限位保护，进给至终端时，利用工作台上安装的左右终端撞块，撞击操纵手柄，使手柄回到中间停车位置，实现限位保护。

② 圆工作台只作单方向运转，控制电气元件工作顺序：

启动按钮 $SB_3$ 或 $SB_4$[6]→接触器 $KM_1$ 得电吸合并自锁→主轴电动机 $M_1$ 启动旋转→$KM_1$ 的辅助动合触点 $KM_1$（23—15）闭合→接通控制电路电源→$SQ_{6-2}$→$SQ_{4-2}$→$SQ_{3-2}$→$SQ_{1-2}$→$SQ_{2-2}$→$SA_{1-2}$→$KM_3$（35—37）→$KM_2$ 线圈→$KM_2$ 主触点闭合→进给电动机 $M_2$ 正转，并经传动机构带动圆工作台作单向回转运动。

由于接触器 $KM_3$ 无法得电，因此圆工作台不能实现正反向回转。若要圆工作台停止工作，只需按下主轴停止按钮 $SB_1$ 或 $SB_2$，此时接触器 $KM_1$、$KM_2$ 相继失电释放，电动机 $M_1$、$M_2$ 停转，主轴及圆工作台停止回转。

2）水平工作台的横向进给控制电路与垂直和横向进给控制电路。

$SQ_3$ 为工作台向前、向下进给行程开关，$SQ_4$ 为工作台向后、向上进给行程开关。当操作手柄位于中间零位时，进给离合器处于脱开状态，$SQ_3$ 和 $SQ_4$ 都为原始状态，工作台不动作。工作台横向与垂直方向进给过程时电气元件动作顺序如下。

① 工作台向上运动顺序：

将十字手柄扳向“上” → { 合上垂直进给的机械离合器→挂上垂直丝杆；压下$SQ_4$ → { $SQ_{4-2}$ (27—29) 断开→使$KM_2$不能得电，互锁；$SQ_{4-1}$ (33—43) 闭合→$KM_3$得电吸合 }}

→ { 主触点闭合→电动机$M_2$反转→拖动工作台向上运动；$KM_3$ (35—37) 断开，使$KM_2$不能得电，互锁 }

② 工作台向下运动顺序：

将十字手柄扳向“下” → { 合上垂直进给的机械离合器→挂上垂直丝杆；压下$SQ_3$ → { $SQ_{3-2}$ 断开→使$KM_3$不能得电；$SQ_{3-1}$闭合→$KM_2$得电吸合 }}

→ { 主触点闭合→电动机$M_2$正转→拖动工作台向下运动；$KM_3$ (43—45) 断开，使$KM_3$不能得电，互锁 }

③工作台向前运动顺序：

将十字手柄扳向“前”→
- 合上横向进给的机械离合器→接通横向丝杆
- 压下$SQ_3$→
  - $SQ_{3-2}$断开→使$KM_3$不能得电
  - $SQ_{3-1}$闭合→$KM_2$得电吸合→
    - 主触点闭合→电动机$M_2$正转→拖动工作台向前运动
    - $KM_2$ (43—45) 断开，使$KM_3$不能得电，互锁

④ 工作台向后运动顺序：

将十字手柄扳向“后”
- 合上横向进给的机械离合器→接通横向丝杆
- 压下$SQ_4$→
  - $SQ_{4-2}$ (27—29) 断开→使$KM_2$不能得电
  - $SQ_{4-1}$(33—43) 闭合→$KM_3$得电吸合→
    - 主触点闭合→电动机$M_2$反转→拖动工作台向后运动
    - $KM_3$ (35—37) 断开，使$KM_2$不能得电，互锁

工作台上、下、前、后运动都有限位保护，当工作台运动到极限位置时，利用固定在床身上的撞块，撞击十字手柄，使其回到中间位置，工作台便停止运动。

进给运动方向采用机械和电气双重连锁：手柄本身就能起到运动方向的机械连锁。行程开关 $SQ_1$、$SQ_2$ 和 $SQ_3$、$SQ_4$ 的动断触点分别串联后再并联，形成两条通路供给 $KM_2$ 和 $KM_3$ 线圈供电。若一个手柄扳动后再去扳动另一个手柄，将使两条电路断开，接触器线圈就会失电，工作台停止运动，从而实现运动间的连锁。

3）进给变速瞬时点动电路。

$SQ_6$为进给变速瞬时点动开关，利用蘑菇形操纵手柄改变进给量时，通过机械上的联动压动 $SQ_6$，实现进给变速瞬时点动控制。在进给变速时，不允许工作台作任何方向的运动，保证此时四个行程开关不动作。

4）工作台快速移动的控制。

要点与提示：按钮控制的点动电路。快进离合器 $YC_1$ 和工进离合器 $YC_2$ 由 $KM_4$[10]、[11]互锁。$KM_4$（15—23）[7]接通控制电路，手柄选择快进方向。

水平工作台选定进给方向后，可通过电磁离合器接通快速机械传动链，实现工作台空行程的快速移动。快速移动为手动控制，按下启动按钮 $SB_5$ 或 $SB_6$[7]，接触器 $KM_4$ 得电吸合并自锁，其动断触点 $KM_4$（103—111）[11]断开，使正常进给电磁离合器 $YC_2$ 线圈失电，断开工作进给传动链；其动合触点 $KM_4$（103—109）[10]闭合，使快速移动电磁离合器 $YC_1$ 线圈得电，接通快速移动传动链，水平工作台沿给定方向快速移动。松开按钮 $SB_5$ 或 $SB_6$，$KM_4$ 失电释放，恢复水平工作台的工作进给。

（3）冷却泵电动机的控制和照明电路

由转换开关 $SA_3$ 控制冷却泵电动机 $M_3$ 的启动和停止。

机床的局部照明由变压器 T 输出 36V 安全电压，开关 $SA_4$ 控制照明灯 EL。

（4）电路保护

热继电器 $FR_1$、$FR_2$、$FR_3$ 分别为电动机 $M_1$、$M_2$、$M_3$ 的长期过载保护，熔断器 $FU_1$、$FU_2$、

$FU_3$ 分别为电动机 $M_1$、$M_2$、$M_3$ 的短路保护，辅助电路由各自熔断器进行短路保护。

**思考并讨论**

1. X62W 型万能铣床的主轴制动和变速冲动是如何控制的？
2. 体会 X62W 型万能铣床进给变速冲动的过程和圆工作台的控制原理。
3. 如果 X62W 型万能铣床的工作台能左右进给，但不能前后、上下进给，试分析原因。

## 8.2.4 X62W 型万能铣床电气系统典型故障的检修

### 1. 冷却泵电动机控制电路故障

（1）故障描述

现有一台 X62W 型万能铣床，在加工工件时，接通冷却泵电动机开关时切削液没有流出，进一步检查发现冷却泵电动机没有转动，但照明灯、主轴电动机、进给电动机都能正常工作。

（2）检修程序

根据故障描述，结合该铣床的电气原理图和电气接线图，可参考图 8-6 所示步骤检修。

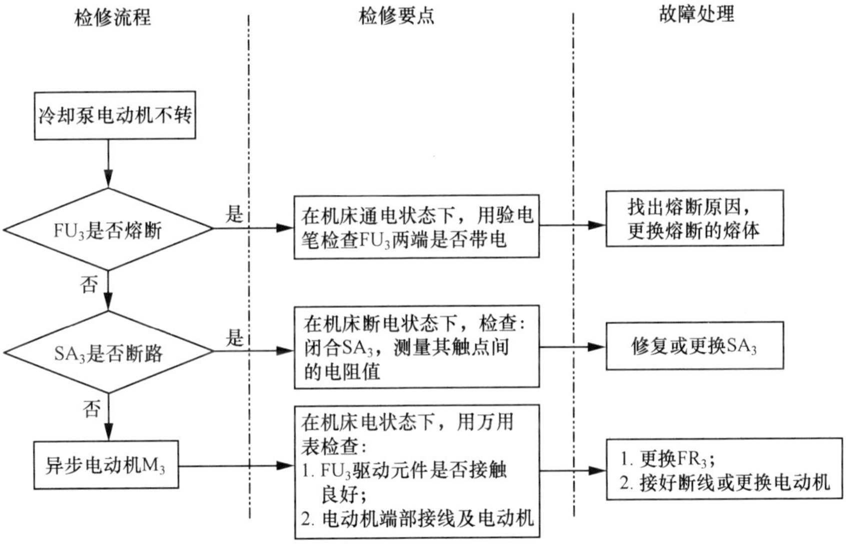


图 8-6 冷却泵电动机控制电路故障的检修步骤

### 2. 进给电动机电路故障

（1）故障描述

现有一台 X62W 型铣床，在工作时按下快速进给启动按钮时工作台不能快速进给。初步检查，照明正常，主轴电动机转动和制动都正常，冷却泵电动机工作正常，工作台各方向进给正常，只是不能快速进给。

（2）检修程序

根据故障描述，结合该铣床的电气原理图和电气接线图，可参考图 8-7 所示步骤检修。

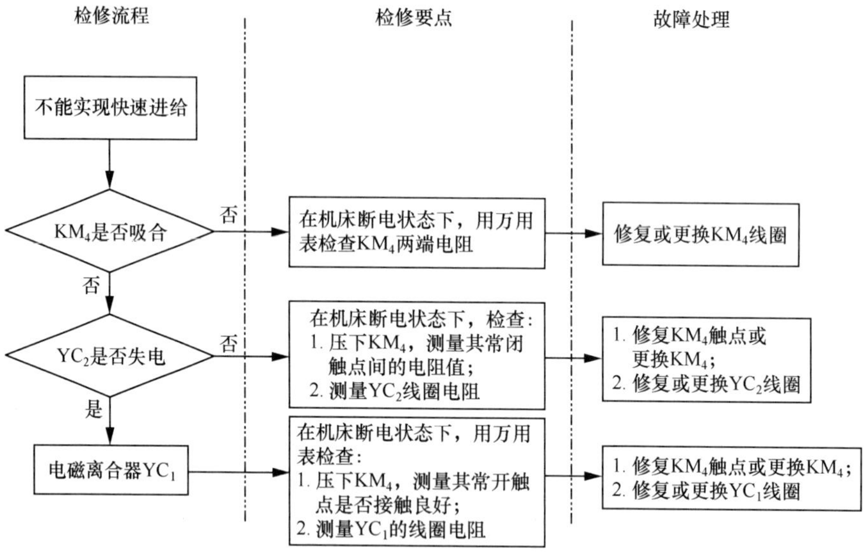


图 8-7　快速进给电动机电路故障的检修步骤

### 3．主轴电动机电路故障

（1）故障描述

现有一台 X62W 型万能铣床，在准备工作时，将主轴换向开关拨向正转，按下 SB3 主轴不转，按下 SB4 也不转动，初步检查发现主轴电动机不能启动，进给电动机、冷却泵电动机都不能启动，仅照明正常。

（2）检修程序

根据故障描述，结合该铣床的电气原理图和电气接线图，可参考图 8-8 所示步骤检修。

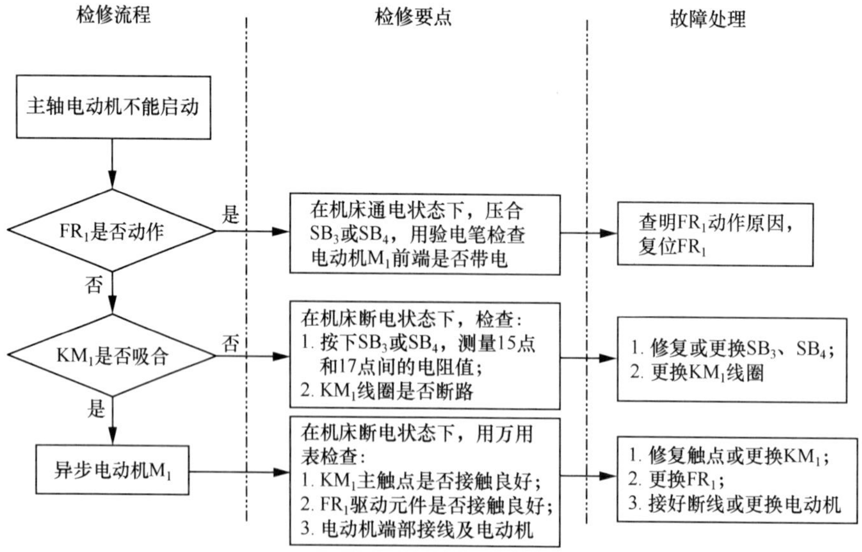


图 8-8　主轴电动机电路故障的检修步骤

# 8.3 铣床电气控制系统的保养

## 1. 铣床电气系统的保养

铣床的电气系统是所有机床中最复杂的一种，行程开关和电磁离合器较多，与机械系统的配合非常紧密，容易出现故障。加强日常检修维护，消除隐患，是防止故障发生的关键。铣床的电气系统的保养如表 8-5 所示。

表 8-5 铣床电气系统的保养

<table>
<tr><th colspan="2">项 目</th><th>内 容</th><th>说 明</th></tr>
<tr><td colspan="2">例保</td><td>1. 向操作者了解设备运行情况；<br>2. 查看电气运行情况，有没有不安全的因素；<br>3. 听听开关及电动机有无异响；<br>4. 查看电动机和线路有无过热现象</td><td>一周一次</td></tr>
<tr><td rowspan="2">一保</td><td>线路</td><td>1. 检查电气线路是否有老化或绝缘损伤的地方；<br>2. 清扫电气线路的灰尘和油污；<br>3. 拧紧各线段接触点的螺钉，要求接触良好</td><td>一月一次</td></tr>
<tr><td>其他电器</td><td>1. 清除行程开关内的油污、灰尘及伤痕，要求接触良好；<br>2. 拧紧螺钉，检查操作手柄，要求动作灵敏可靠；<br>3. 检查制动装置中的硅整流元件、变压器、电阻等是否完好并清扫；<br>4. 检查主轴电动机制动是否准确，电磁离合器动作是否灵敏可靠；<br>5. 检查按钮、转换开关、冲动开关的工作是否正常，接触是否良好</td><td>一月一次</td></tr>
<tr><td colspan="2">二保</td><td>1. 进行一保的全部项目；<br>2. 更换老化和损伤的电器、线段及不能用的电气元件；<br>3. 重新整定热继电器，校验仪表；<br>4. 检查接地是否良好；<br>5. 试车中要求开关动作灵敏可靠；<br>6. 核对图纸，提出对大修的要求</td><td>三年一次</td></tr>
<tr><td colspan="2">大修</td><td>1. 进行二保的全部项目；<br>2. 拆下电气控制箱各元件和管线，并进行清扫；<br>3. 拆开旧的各电器开关，清扫各电气元件的灰尘和油污；<br>4. 更换损伤和不能用的电气元件；<br>5. 更换老化和损伤的线段，重新排线；<br>6. 去除电器锈迹，并进行防腐处理；<br>7. 油漆开关箱，并对所有的附件进行防腐；<br>8. 重新核对图纸</td><td>与机床大修同步</td></tr>
</table>

## 2. 铣床电气系统完好标准

1）各电气开关线路清洁、整齐并有编号，无损伤，接触点接触良好；

2）电气开关箱门密封性良好；

3）电气线路及电动机绝缘电阻符合要求；

4）直流电路的信号电压波形及参数符合要求；

5）热保护、过流保护、指示信号、照明装置符合要求；

6）各电气设备动作灵敏可靠、电动机无异常声响、各部温升正常、三相电流平衡；

7）零部件齐全且符合要求；

8）图纸资料齐全。

## 技能训练

### 工作任务单

对某 X62W 型万能铣床的电气控制系统进行调试与检修，使其达到正常工作状态。

**能力目标：**

1. 能够对 X62W 型铣床进行操作，知道铣床的各种工作状态、加工范围及操作方法；
2. 能够正确识读铣床电气接线图，知道铣床电气元件的分布位置和走线情况；
3. 能够正确使用、维修和调试电磁离合器；
4. 能够检测并排除老师设置的模拟故障；
5. 掌握铣床电气设备维修安全操作的相关规定及检修流程；
6. 培养学生爱护工具、吃苦耐劳、团队合作、务实严谨的职业素质。

**任务描述：**

1. 观察铣床的工作状态，询问操作人员，记录操作人员对故障的描述及故障发生的过程；
2. 根据 X62W 的电气原理图，分析故障，判断故障发生的部位；
3. 按照铣床电气设备维修安全操作的相关规定以及检修流程，利用万用表、兆欧表、钳形电流表检测 X62W 型万能铣床的电气系统，确定故障点；
4. 正确使用电工工具排除故障；
5. 运行维修后的 X62W 型万能铣床，观察其运行状态，测量并调整相关参数，使机床达到正常工作状态。

### 工作步骤（参考）

**1. 认识 X62W 型万能铣床的机械结构和电气结构**

（1）机械结构

对照图 8-2 观察 X62W 型万能铣床，找到相应部件的位置。

（2）电气结构

打开 X62W 型万能铣床的左右电气控制柜，对照实物和电气元件布置如图 8-9 所示，熟悉电气元件。

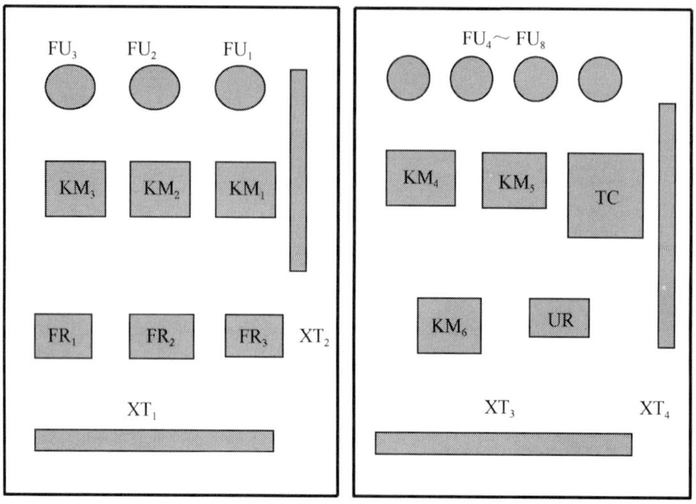


图 8-9　X62W 型万能铣床电气元件布置模拟图

### 2. X62W 型万能铣床电气控制系统的调试

（1）熟悉电气操纵面板

对照图 8-10 X62W 型万能铣床操纵示意图，在机床相应部位找到对应的按钮和开关，熟悉其功能。

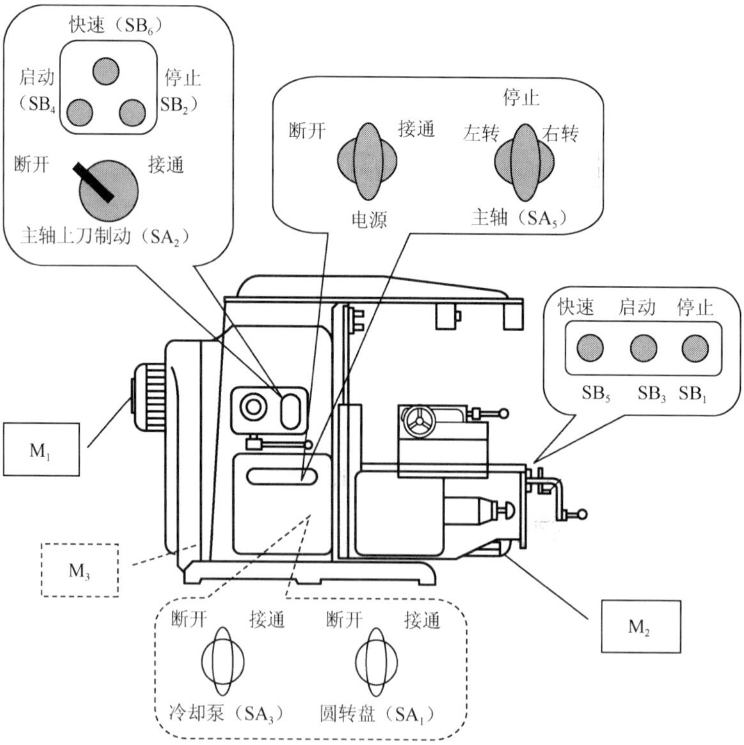


图 8-10　X62W 型万能铣床操纵示意图

（虚线表示位于右侧引出点处）

（2）电气控制系统的调试

根据 X62W 型万能铣床对电气控制系统的要求，逐一完成下列功能的调试。

1）检测相关电源。合上电源开关 QS。

① 检测 U—V—W 间三相交流电压值（380V），合上 SA4，观察照明灯（EL）亮否。

② 检测 102—103 间直流电压值（24V）。

③ 检测 1—2 间的交流电压值（110V）。

④ 检测 201—202 间的交流电压值（36V）。

2）主轴运行调试。将 $SA_5$ 置于左转（或右转）位置，按下 $SB_3$ 或 $SB_4$，主轴电动机 $M_1$ 启动运行；按下 $SB_1$ 或 $SB_2$，主轴电动机 $M_1$ 停止运转；主轴电动机 $M_1$ 运行后，合上 $SA_3$，观察冷却泵电动机是否正常启动。

3）主轴制动调试。

4）主轴变速（冲动控制）调试。

5）工作台快速移动（点动）调试。

6）进给调试。

7）进给变速调试。

8）圆形工作台旋转进给调试。

### 3．X62W 型万能铣床电气线路的故障分析及维修

铣床电气控制与机械系统的配合十分密切，其电气线路的正常工作往往与机械系统的正常工作是分不开的，这是铣床电气控制线路的特点。因此，正确判断是电气还是机械故障，熟悉机电部分配合情况，是迅速排除电气故障的关键。

（1）主轴电动机不能启动

主轴不能启动，若接触器 $KM_1$ 能吸合：

应考虑问题出在主电路上，可从电源端到电动机定子端逐一检查。可能是 $KM_1$ 主触点接触不良、卡阻、变形、表面严重氧化；$FR_1$ 热元件断路；电动机 $M_1$ 定子断线、出线端脱落，或机械卡阻等情况。

主轴不能启动，若 $KM_1$ 不能吸合，则可能是以下故障：

1）总保险 $FU_1$、$FU_2$ 熔断数相或接触不良，控制变压器初级端熔断器 $FU_3$ 或控制回路熔丝熔断。

2）控制变压器烧坏或接线头接触不良。

3）主轴换相开关 $SA_5$ 处在停止位置。

4）按钮 $SB_1$、$SB_2$、$SB_3$ 或 $SB_4$ 的触点接触不良。

5）主轴变速冲动行程开关 $SQ_7$ 的动断触点接触不良。

6）热继电器 $FR_1$、$FR_3$ 触点已经动作，没有复位。

7）主轴控制线路连接线断线或接线头接触不良。

8）主轴电动机接线端子烧坏、线路断相或主轴电动机线圈烧毁。

图 8-11 是主轴电动机 $M_1$ 不能启动，用电压法诊断检修流程。

（2）主轴停车时没有制动

1）主轴无制动时，要首先检查按下停止按钮后制动离合器 YB 是否吸合，否则应检查控制电路。

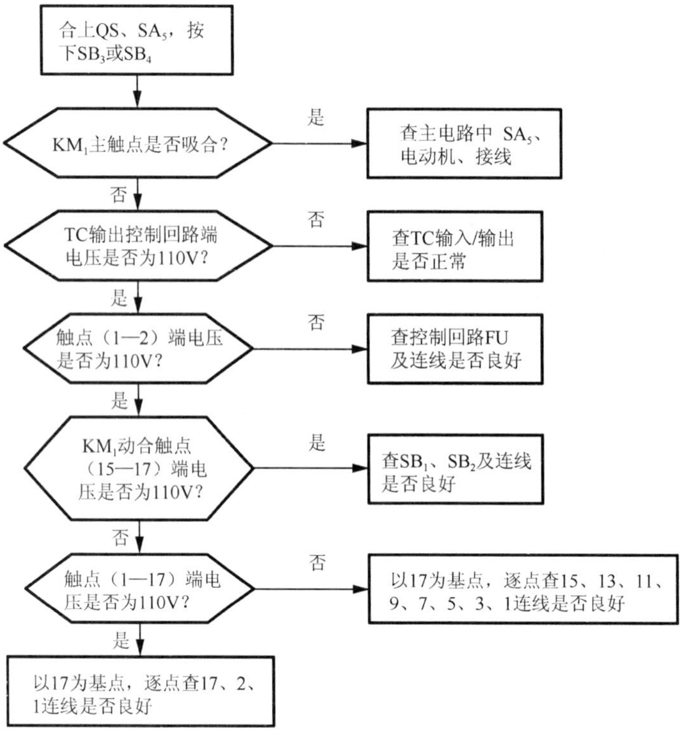


图 8-11　主轴电动机 $M_1$ 不能启动采用电压法诊断检修流程

2）若检查时先操作主轴变速冲动手柄，若有冲动，说明故障的原因是按钮支路发生故障。

3）整流电路故障或损坏也会使电磁离合器不起制动作用或制动力不足。

图 8-12 为主轴停车不能制动，采用电压法诊断和检修流程。

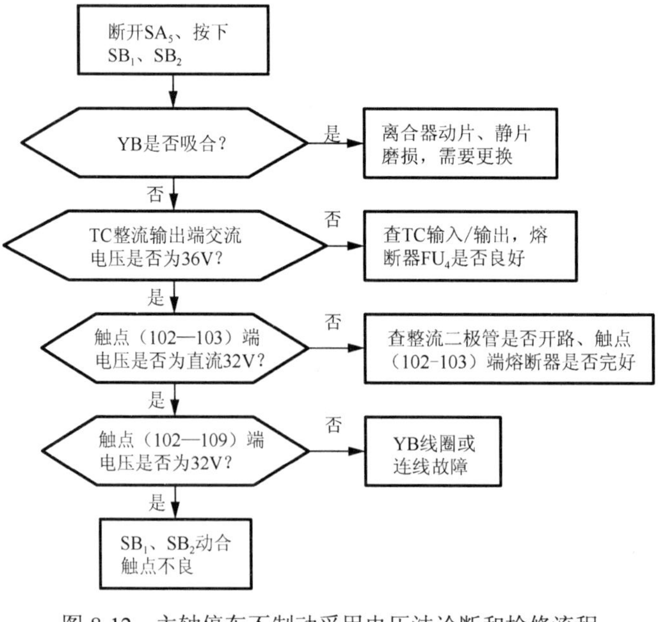


图 8-12　主轴停车不制动采用电压法诊断和检修流程

（3）按下停止按钮后主轴不停

1）若按下停止按钮后，接触器 $KM_1$ 不释放，则说明接触器 $KM_1$ 主触点熔焊。

2）若按下停止按钮后电动机能制动，但放开停止按钮后，电动机又再次启动，则是启动按钮在启动电动机 $M_1$ 后绝缘被击穿短路。

（4）主轴不能变速冲动

故障原因是主轴变速行程开关 $SQ_7$ 位置移动、撞坏或断线。

（5）工作台一个方向不能进给

如工作台不能作向上进给：检查时可依次进行快速进给、进给变速冲动或圆工作台向前进给，向左进给及向后进给的相关控制环节，$SQ_6$ 是变速冲动开关，常因变速时手柄操作冲击而损坏。若上述操作正常则可缩小故障的范围，然后在逐个检查故障范围内的各个元件和接点，检查接触器 $KM_2$ 是否动作，$KM_3$ 的常闭连锁触点是否良好，热继电器是否动作，直到检查出故障点。

若上述检查都正常，再检查操作手柄的位置是否正确，如果手柄位置正确，则应考虑是否由于机械磨损或行程开关移位使操作失灵。

其他方向不能进给，检查过程和方法一样。

（6）工作台各个方向都不能进给

用万用表检查各个回路的电压是否正常，若控制回路的电压正常，可扳动手柄到任一运动方向，观察其相关的接触器是否吸合，若吸合则控制回路正常。再着重检查主电路，检查是否有接触器主触点接触不良，进给电动机 $M_2$ 接线脱落或电动机绕组断路。诊断和检修流程如图 8-13 所示。

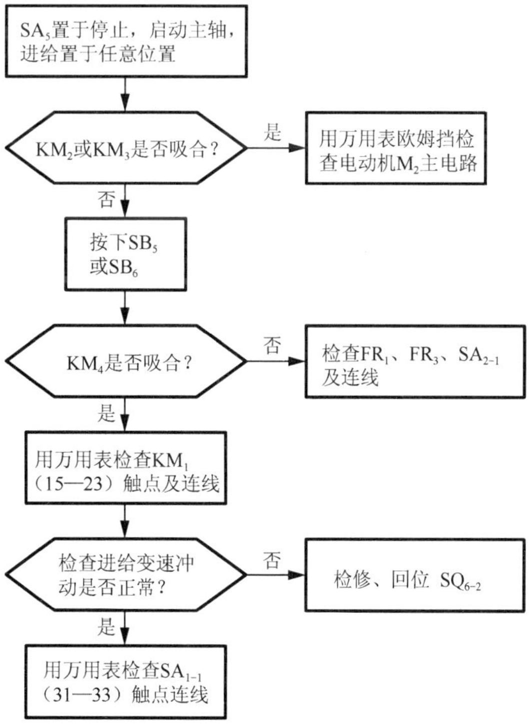


图 8-13 工作台各个方向不进给的诊断和检修流程

（7）工作台不能快速进给

工作台不能快速进给，常见的原因是电磁离合器 $YC_1$ 线圈回路不通，如线头脱落、线圈损坏或机械卡死。如果按下 $SB_5$ 或 $SB_6$ 后，快速移动电磁铁吸合正常，则故障为由于杠杆机械卡死或离合器摩擦片间隙调整不当。

（8）圆工作台不工作

可将圆工作台转换开关 $SA_1$ 重新转置于断开位置，检查纵向和横向进给是否正常。若行程开关常闭触点之间连锁控制正常，圆工作台不工作的故障在 $SA_1$ 触点或其连线上。

（9）冷却泵系统故障

首先检查 $SA_3$ 触点接触是否正常，再检查 $FR_3$ 有无断路以及电动机 $M_3$ 本身有无故障。

## 项目评价表

| 学习情境 | | X62W 型万能铣床电气控制系统的安装、调试与维护 | | 班级 | | |
|---|---|---|---|---|---|---|
| | | | | 姓名 | | |
| 序号 | 考评内容 | 考评要求 | 评分标准 | 分值 | 扣分 | 成绩 |
| 1 | 电气元件的选择 | 正确选择电气元件 | 电气元件的选择不合理，每件扣 1 分 | 10 | | |
| 2 | 电气元件的布置 | 合理布置电气元件 | 电气元件的布置不合理，每处扣 1 分 | 10 | | |
| 3 | 线路敷设与安装 | 能正确并完整接线；<br>电气元件的安装接线符合工艺要求；<br>线路检测方法合理正确 | 1．安装错线、漏线，每处扣 2 分；<br>2．错线、漏线号标注，每处扣 2 分；<br>3．导线安装不牢靠、松动、压皮、露铜，每处扣 2 分；<br>4．缺少必要的保护环节，每处扣 2 分；<br>5．调试方法不正确，扣 2 分；<br>6．工具使用方法不正确，每提示一次扣 1 分 | 25 | | |
| 4 | 故障检测与排除 | 能正确判断故障出现的部位并能准确找到故障点；<br>能顺利找到故障原因并排除故障 | 1．不能正确分析或指不出故障范围扣 10 分<br>2．检查步骤杂乱，无条理扣 5 分；<br>3．检修方法不正确扣 5 分；<br>4．更换器件不合适扣 5 分；<br>5．不能彻底排除故障扣 10 分 | 25 | | |
| 5 | 通电试车 | 能正确配置熔断器熔芯；<br>能正确整定和设置有关继电器的动作 | 1．不会整定继电器的动作值扣 5 分；<br>2．配错熔芯一处扣 1 分；<br>3．一次试车不成功扣 5 分，二次试车不成功扣 10 分，三次试车不成功本项不得分 | 20 | | |
| 6 | 安全文明生产 | 参照相关的安全生产法规进行考评，确保设备和人身安全 | 1．每违反一次规定，扣 2 分；<br>2．环境卫生差，扣 2 分；<br>3．发生短路事故，每次扣 2 分；<br>4．发生重大安全事故取消考试资格 | 10 | | |
| 合计 | | | | 100 | | |

## 习题八

1．X62W 型万能铣床控制电路中，若发生下列故障，试分析可能的故障原因。

（1）主轴电动机不能启动；

（2）主轴停车时，正反方向都没有制动作用；

（3）进给运动中能上下左右前运动，但不能向后运动。

2．X62W 型万能铣床主轴换刀是如何实现的？

3．X62W 型万能铣床的电气控制系统有哪四种连锁保护？

4．X62W 型万能铣床的电气控制系统中，电磁离合器 $YC_1$、$YC_2$ 的作用是什么？

## 情 境 九

# M7130型平面磨床电气控制系统的调试与维护

### 情境描述

在机械加工过程中，对零件的表面粗糙度要求较高时，就需要用磨床进行加工。磨床是用砂轮的周边或端面对工件表面进行机械加工的一种精密机床，它可以加工各种表面，如平面、内外圆柱面、圆锥面和螺旋面等。通过磨削加工，可使零件的尺寸精度和表面质量达到比较高的要求。

本情境通过老师或磨床操作人员现场示范，了解 M7130 型平面磨床的机械结构和电气控制特点，识读和分析 M7130 型平面磨床的电气控制原理图，在老师的指导下对本机床进行故障判断和故障排除的训练。

### 学习与训练要求

技能点：

1. 正确使用电工工具和仪表；
2. 正确选用和调试常用低压电器；
3. 正确理解并掌握 M7130 型平面磨床的电气控制原理；
4. 能正确分析、判断和处理 M7130 型平面磨床电气控制线路常见的故障。

知识点：

1. M7130 型平面磨床的机械结构和主要参数；
2. M7130 型平面磨床电气控制系统的工作原理；
3. M7130 型平面磨床电气控制系统故障检修步骤和方法；
4. 磨床电气控制系统的保养方法。

相关知识点

# 9.1 M7130型平面磨床概述

## 9.1.1 磨床概述

磨床是使用高速旋转的砂轮进行磨削加工的设备，能加工硬度较高的材料，如淬硬钢、硬质合金等；也能加工脆性材料。磨床可以进行高精度和表面粗糙度很小的磨削，也能进行高效率的磨削，如强力磨削等。

磨床是各类金属切削机床中品种最多的一类，主要类型有外圆磨床、内圆磨床、平面磨床、无心磨床、工具磨床等。外圆磨床能加工各种圆柱形和圆锥形外表面及轴肩端面，适用于中小批量单件生产和修配工作。内圆磨床的砂轮主轴转速很高，可磨削圆柱、圆锥形内孔表面。普通内圆磨床仅适于单件、小批生产，自动和半自动内圆磨床除工作循环自动进行外，还可在加工中自动测量，大多用于大批量的生产中。

平面磨床的工件一般是夹紧在工作台上，或靠电磁吸力固定在电磁工作台（电磁吸盘）上，然后用砂轮的周边或端面磨削工件平面的磨床（见图9-1）。

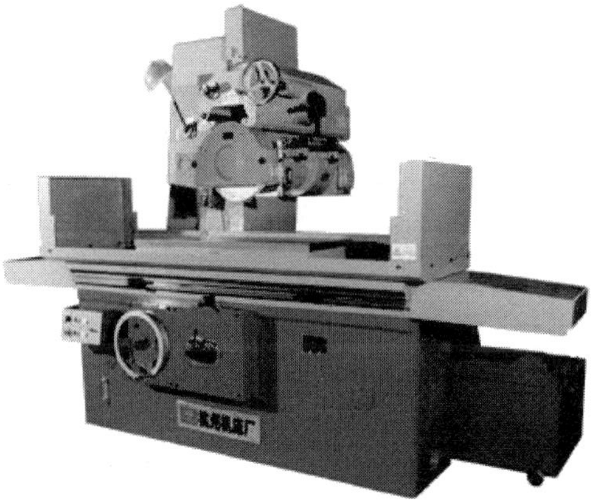

图9-1 平面磨床外形

无心磨床通常指无心外圆磨床，即工件不用顶尖或卡盘定心和支撑，而以工件被磨削外圆面作定位面，工件位于砂轮和导轮之间，由托板支撑，这种磨床的生产效率较高，易于实现自动化，多用在大批量生产中。

工具磨床是专门用于工具制造和刀具刃磨的磨床，多用于工具制造厂和机械制造厂的工具车间。

砂带磨床是以快速运动的砂带作为磨具，工件由输送带支撑，效率比其他磨床高数倍，功率消耗仅为其他磨床的几分之一，主要用于加工大尺寸板材、耐热难加工材料和大量生产的平面零件等。

专门化磨床是专门磨削某一类零件，如曲轴、凸轮轴、花键轴、导轨、叶片、轴承滚道及齿轮和螺纹等的磨床。除以上几类外，还有珩磨机、研磨机、坐标磨床和钢坯磨床等多种类型。

## 9.1.2 M7130 型平面磨床及技术参数

### 1. M7130 型平面磨床主要结构

M7130 型平面磨床外形结构如图 9-2 所示，主要由床身、工作台、电磁吸盘、砂轮箱、活塞杆、滑座和立柱等部分组成。

该磨床在床身中装有液压传动装置，工作台通过活塞杆由液压驱动作往复运动。工作台上面有 T 形槽，用以安装大型零件或固定电磁吸盘，再用电磁吸盘来吸住加工工件。工作台往复运动的行程长度可通过调节装在工作台正面的换向撞块的位置来改变。换向撞块是通过碰撞工作台往复运动换向手柄来改变油路方向，以实现工作台往复运动。

在床身上固定有立柱，沿立柱的导轨上装有滑座，砂轮箱能沿滑座的水平导轨作横向移动。砂轮轴由砂轮电动机直接拖动。滑座可在立柱导轨上作上下垂直移动，并可由垂直进刀手轮操作。砂轮箱的水平轴向移动可由横向移动手轮操作，也可由液压传动作连续或间断横向移动，连续移动用于调节砂轮位置或整修砂轮，间断移动用于进给。

### 2. M7130 型平面磨床主要技术参数

M7130 型平面磨床主要技术参数见表 9-1。

表 9-1 M7130 型平面磨床主要技术参数（参考）

| 参数名称 | 参 数 | 单 位 |
|---|---|---|
| 工作台面尺寸（长×宽） | 1000×300 | mm×mm |
| 磨削工件最大尺寸 | 1000×300×400 | mm×mm×mm |
| 砂轮尺寸（外径×内径×高） | 350×127×40 | mm×mm×mm |
| 砂轮电动机 | 3 | kW |
| | 2860 | r/min |
| 油泵电动机 | 1.1 | kW |
| | 1410 | r/min |
| 冷却泵电动机 | 0.125 | kW |

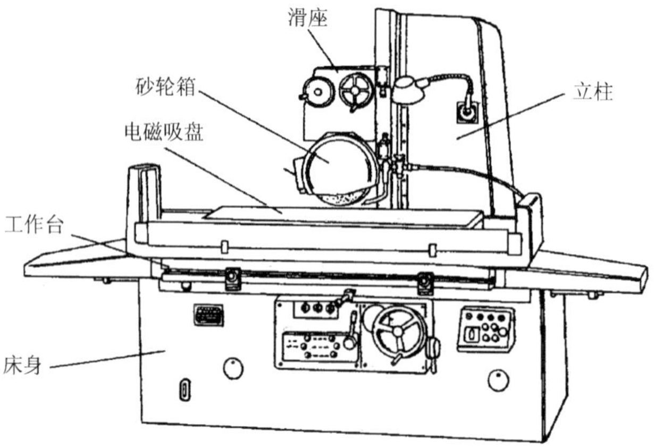


图 9-2 M7130 型平面磨床的结构

# 9.2 M7130 型平面磨床电气控制系统分析

## 9.2.1 M7130 型平面磨床运动分析及对电气控制的要求

### 1. 主运动

主运动是砂轮的旋转运动。为保证磨削质量，要求砂轮轴有较高的转速，通常采用两极笼型异步电动机拖动（见图 9-3）。

为提高砂轮轴的刚度，采用装入式砂轮电动机直接拖动，电动机与砂轮轴同轴；砂轮电动机直接启动，无换向、调速和制动要求。

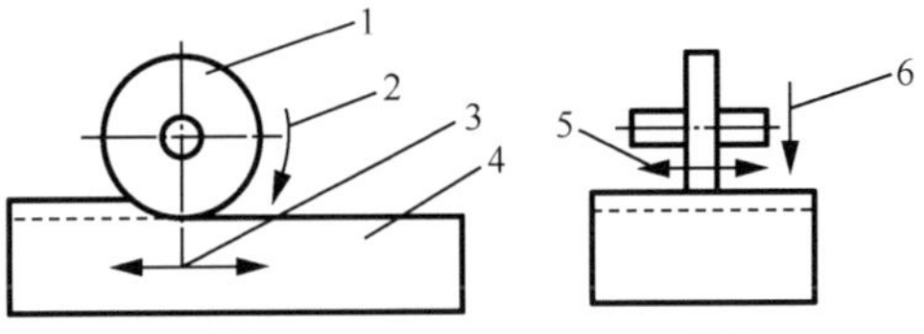


图 9-3 平面磨床运动示意图

1-砂轮；2-主运动；3-纵向进给运动；4-工作台；5-横向进给运动；6-垂直运动平面

### 2. 进给运动

进给运动分为纵向、垂直和横向进给三种。工作台每完成一次纵向往复运动时，砂轮箱作一次间断性的横向进给；当加工完整个平面后，砂轮箱作一次间断性的垂直进给（见图 9-3）。

（1）纵向进给

纵向进给即工作台沿床身的往复运动。机床工作台通过活塞杆，由压力油推动作纵向往复运动；通过换向撞块碰撞床身上的液压换向手柄，改变油路而实现工作台往复运动的换向；工作台往复运动的极限位置通过撞块来调节。

（2）垂直进给

垂直进给运动即滑座沿立柱的上下运动。滑座内部装有液压传动机构，由垂直进给手轮操纵。

（3）横向进给

横向进给即砂轮箱相对于滑座的水平运动。由横向进给手轮操纵，砂轮箱经液压传动机构，沿滑座水平导轨作连续或间断横向移动，前者用于调节运动或修整砂轮，后者用于进给。

进给运动由液压泵电动机拖动液压泵，通过液压传动机构来实现。液压泵电动机只需要单向运转，可直接启动，无调速和制动要求。

### 3. 辅助运动

（1）工件夹紧

工作台表面的 T 形槽可直接安装大型工件，也可以安装电磁吸盘。电磁吸盘通入直流电时，可同时吸持多个小工件。当给电磁吸盘通入反向直流小电流时可以给工件去磁，方便卸下工件。

（2）纵向、横向、垂直三个方向的快速移动

砂轮箱沿滑座水平导轨的快速横向移动、滑座沿立柱垂直导轨的快速垂直移动、工作台往复运动速度的调整和快速移动等都由液压传动机构来实现。

（3）工件冷却

冷却泵电动机拖动冷却泵，提供冷却液冷却工件，以减小工件在磨削过程中的热变形并冲走磨屑，保证加工质量。

冷却泵电动机同样只需单向转动、直接启动，无调速、制动要求。

M7130 型平面磨床电动机运行方式和控制要求见表 9-2。

表 9-2　M7130 型平面磨床电动机运行方式和控制要求

| 控制对象 | 控制要求 | | | | 连锁 |
| --- | --- | --- | --- | --- | --- |
| | 启动 | 变速 | 换向 | 停止 | |
| 砂轮电动机 $M_1$ | 直接启动 | 无 | 单向 | 自由停车 | ① 电磁吸盘“充磁”吸合工件后电动机 $M_1$、$M_2$ 才能启动；或“去磁”时电动机 $M_1$、$M_2$ 才能启动；<br>② 电磁吸盘吸力不足时断开控制回路 |
| 冷却泵电动机 $M_2$ | 手动接插直接启动 | 无 | 单向<br>（液压换向） | 自由停车 | |
| 液压泵电动机 $M_3$ | 直接启动 | 无 | 单向 | 自由停车 | |
| 电磁吸盘 YH | 转换开关人工设置“充磁”、“去磁”、“失电”挡位 | | | | |

## 9.2.2　M7130 型平面磨床电气控制线路分析

### 1. M7130 型磨床电气系统主要参数

（1）回路电压

1）电源及主回路电压：三相交流 AC，380V，50Hz；

2）控制回路电压：单相交流 AC，110V，50Hz；

3）整流电源电压：交流侧 AC，124V，50Hz；直流侧 DC 110V；

4）照明回路电压：单相交流 AC，24V，50Hz；

5）指示信号回路电压：单向交流 AC，6V，50Hz。

（2）热继电器的整定电流

1）砂轮电动机 $M_1$ 热继电器的整定电流：6.16A；

2）冷却泵电动机 $M_2$ 热继电器的整定电流：0.47A；

3）液压泵电动机 $M_3$ 热继电器的整定电流：2.17A。

（3）电气设备及元件的参数

M7130 型平面磨床控制系统采用的电气元件明细见表 9-3。

### 2. 电气控制原理图

M7130 型平面磨床电气控制原理图如图 9-4 所示。

（1）主电路

如图 9-4 所示，主电路共有 3 台电动机，均为接触器控制直接启动控制。其中电动机 $M_1$

和 $M_2$ 同时由接触器 $KM_1$ 的主触点控制，而冷却泵电动机 $M_2$ 经插座 $X_1$ 实现单独关断控制。液压泵电动机由接触器 $KM_2$ 的主触点控制。

表 9-3　M7130 型平面磨床电气元件明细表及作用

| 符　号 | 元件名称 | 型　号 | 规　格 | 件　数 | 作　用 |
|---|---|---|---|---|---|
| $M_1$ | 砂轮电动机 | | 3kW，2860r/min | 1 | 砂轮拖动 |
| $M_2$ | 冷却泵电动机 | PB-25A | 0.12kW | 1 | 供给冷却液 |
| $M_3$ | 液压泵电动机 | | 1.1kW，1410r/min | 1 | 液压泵拖动 |
| $KM_1$ | 交流接触器 | CJ0-10A | 127V，10A | 1 | 控制电动机 $M_1$、$M_2$ |
| $KM_2$ | 交流接触器 | CJ0-10A | 127V，10A | 1 | 控制电动机 $M_3$ |
| $SB_1$ | 按钮 | LA2 型 | 500V，5A | 1 | 砂轮启动 |
| $SB_2$ | 按钮 | LA2 型 | 500V，5A | 1 | 砂轮停止 |
| $SB_3$ | 按钮 | LA2 型 | 500V，5A | 1 | 液压泵启动 |
| $SB_4$ | 按钮 | LA2 型 | 500V，5A | 1 | 液压泵停止 |
| $FR_1$ | 热继电器 | JR0-10 | 6.71A | 1 | 电动机 $M_1$ 过载保护 |
| $FR_2$ | 热继电器 | JR0-10 | 2.71A | 1 | 电动机 $M_3$ 过载保护 |
| $T_2$ | 变压器 | BK-200 | 380/127V，36V，6.3V | 1 | 降压整流 |
| YH | 电磁吸盘 | HDXP | 110V，1.45A | 1 | 吸持工件 |
| UR | 硅整流器 | 4×2CZ11C | | 1 | 整流 |
| KID | 欠电流继电器 | | | 1 | 欠电流保护 |
| C | 电容 | | 600V，5μF | 1 | 放电保护 |
| $R_2$ | 电阻 | GF 型 | 50W，500Ω | 1 | 放电保护 |
| $X_1$ | 插头插座 | $CY_0$-36 型 | | 1 | 连接电动机 $M_2$ |
| $X_2$ | 插头插座 | $CY_0$-36 型 | | 1 | 交流去磁 |
| $X_3$ | 插头插座 | $CY_0$-36 型 | | 1 | 连接电磁吸盘 |
| $FU_1$ | 熔断器 | RL1 | 60/25A | 3 | 总线路短路保护 |
| $FU_4$ | 熔断器 | RL1 | 15/2A | 1 | 降压整流保护 |
| $FU_2$ | 熔断器 | RL1 | 15/2A | 2 | 控制电路短路保护 |
| $FU_3$ | 熔断器 | RL1 | 15/1A | 1 | 照明电路短路保护 |
| R | 电位器 | | | 1 | 限制去磁电流 |
| $R_1$ | 电阻 | | | 1 | 放电保护 |
| $SA_1$ | 转换开关 | HZ | | 1 | 控制充磁去磁 |
| $SA_2$ | 照明开关 | | | 1 | 低压照明开关 |
| EL | 工作台照明 | | 36V，40W | 1 | 加工时照明 |

（2）控制电路

要点与提示：电动机 $M_1$～$M_3$ 的启动必须满足下列两个条件之一：若电磁吸盘 YH 工作且欠电流继电器 KID 得电吸合，其动合触点 KID（5—7）闭合，足以将工件吸牢；或者电磁吸盘 YH 不工作，但转换开关 $SA_1$ 置于“欠电”位置，其触点 $SA_1$（5—7）闭合。

在图 9-4 中，由按钮 $SB_1$、$SB_2$ 和接触器 $KM_1$ 线圈组成砂轮电动机 $M_1$ 和冷却泵电动机 $M_2$ 的单向运行的启动、停止控制电路。由按钮 $SB_3$、$SB_4$ 和接触器 $KM_2$ 线圈组成液压泵 $M_3$ 单向运行的启动、停止控制电路。

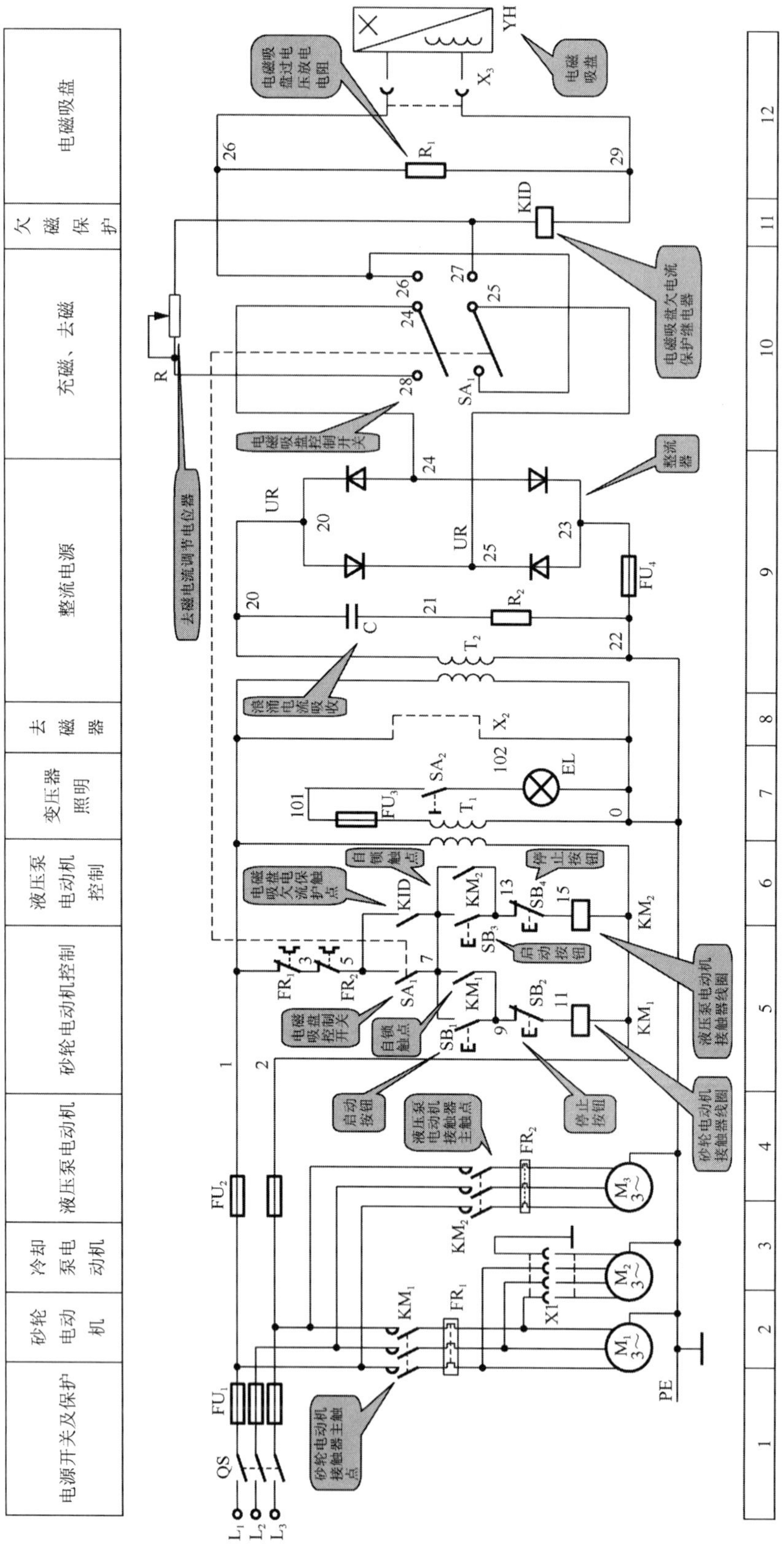


图 9-4 M7130 型平面磨床电气控制原理图

在 $KM_1$、$KM_2$ 线圈电路串联有动合触点 $SA_1$（5—7）[5]和动合触点 KID（5—7）[6]的并联电路，$SA_1$（5—7）[5]为转换开关 $SA_1$[10]的一个动合触点；KID（5—7）[6]为欠电流继电器 KID[11]的一个动合触点。

主、控电路的保护：3 台电动机共用熔断器 $FU_1$ 作短路保护，$M_1$ 和 $M_2$ 由热继电器 $FR_1$ 作长期过载保护，$M_3$ 由热继电器 $FR_2$ 作长期过载保护。为了保护砂轮与工件的安全，当有一台电动机过载停机时，其他电动机也应停止，因此，将 $FR_1$、$FR_2$ 的动断触点[5]串联在总控制电路中。

（3）电磁吸盘的控制

1）磁吸盘原理和电路组成。

电磁吸盘控制电路由降压整流电路、转换开关和欠电流保护电路组成。其外形如图 9-5 所示，结构和原理如图 9-6 所示。

图 9-5 电磁吸盘外形

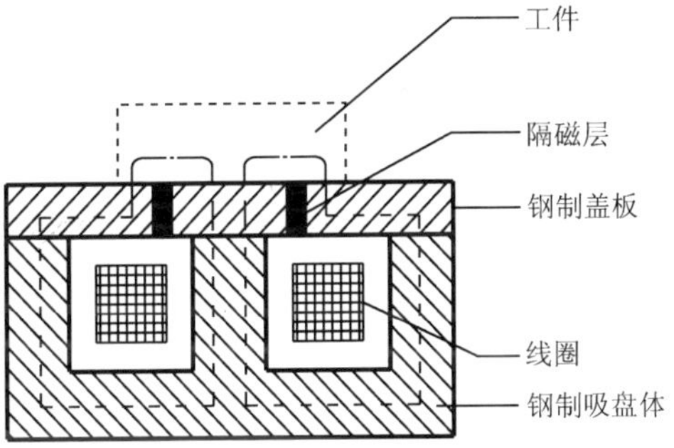


图 9-6 电磁吸盘工作原理图

电磁吸盘整流装置是由整流变压器 $T_2$ 与桥式整流器 UR 组成。整流变压器将交流 220V 电压降为 127V 交流电压，再经桥式整流后为电磁吸盘线圈提供 110V 直流电压。

2）电磁吸盘控制电路。

要点与提示：电磁吸盘由人工操作的主令开关 $SA_1$ 来控制，共有三个位置："充磁"、"失电"和"去磁"。在[5]区，当主令开关 $SA_1$ 扳到"充磁"和"去磁"位时，$SA_1$（5—7）触点断开，而[10]区 $SA_1$ 触点使 YH 得到方向相反的直流电流；当主令开关 $SA_1$ 扳到"失电"位置时，$SA_1$（5—7）闭合，[10]区 $SA_1$ 触点断开。

"充磁"位置时电流通路：电源正极接点 25→$SA_1$ 的触点 $SA_1$（25—27）→欠电流继电器 KID 线圈→接点 29→经插座 $X_3$→YH 线圈→插座 $X_3$→接点 26→$SA_1$ 的触点 $SA_1$（24—26）→电源负极 24。分别操作控制按钮 $SB_1$ 和 $SB_3$，从而启动砂轮电动机 $M_1$ 和液压泵电动

机 $M_3$ 进行磨削加工。当加工结束后，分别按下停止按钮 $SB_2$ 和 $SB_4$，则电动机 $M_1$ 和 $M_3$ 停止旋转。

当 $SA_1$ 迅速扳至“去磁”位置再迅速扳向“失电”状态而取下工件时，电磁吸盘线圈通入反向电流，即接点 26 为正，接点 29 为负，并串入可变电阻 R，用以调节反向去磁电流的大小，既达到去磁又不被反向磁化的目的。若工件对去磁要求严格，则在取下工件后，可用 $X_2$ 插头用交流去磁器进行处理，将工件放在交流去磁器上来回移动若干次，即可完成去磁要求。

3）电磁吸盘保护。

① 电磁吸盘线圈的欠电流保护：若励磁电流正常，直流电压符合要求，电磁吸盘具有足够的电磁吸力，则 KID 动合触点 KID（5—7）[6]才闭合，为启动电动机 $M_1$、$M_3$ 进行磨削加工作做准备，否则不能开动磨床进行加工。若在磨削过程中出现线圈电流减小或消失时，则欠电流继电器 KID 将因此而释放，其动合触点 KID（5—7）断开，$KM_1$、$KM_2$ 失电，电动机 $M_1$、$M_2$、$M_3$ 立即停转，避免事故发生。

② 电磁吸盘线圈的过电压保护：当线圈脱离电源时，线圈两端将会产生很大的自感电动势，出现高电压，将使线圈的绝缘及其他电气设备损坏。在线圈两端并联了电阻 $R_1$ 作为放电电阻，吸收线圈储存的能量。

③ 电磁吸盘控制电路的短路保护：短路保护由熔断器 $FU_4$ 来实现。

④ 整流装置的过电压保护：交流电路产生过电压或直流侧电路通断时，都会在整流变压器 $T_2$ 的二次侧产生浪涌电压，在 $T_2$ 的二次侧接上 $R_2C$ 阻容吸收装置，吸收尖峰电压。同时通过电阻 $R_2$ 以防止振荡。

（4）照明电路

照明电路由照明变压器 $T_1$ 将 380V 电压降为 24V，并由开关 $SA_2$ 控制照明灯 EL，照明变压器副边装有熔断器 $FU_3$ 作为短路保护。其原边短路可由熔断器 $FU_2$ 实现保护。

**思考并讨论**

1. 在 M7130 型平面磨床的电气控制电路中，电流继电器 KID 和电阻 $R_1$ 的作用分别是什么？

2. 电动机 $M_1$～$M_3$ 控制电路的工作和 $SA_1$、KID 有什么关系？

## 9.2.3 M7130 型平面磨床电气系统典型故障的检修

### 1. 砂轮电动机电路故障

（1）故障现象

按下启动按钮，主轴电动机不运行，砂轮不旋转无法进行正常的磨削加工。

（2）故障诊断流程

结合该磨床的电气原理图和电气接线图，可参考图 9-7 所示的步骤进行检修。

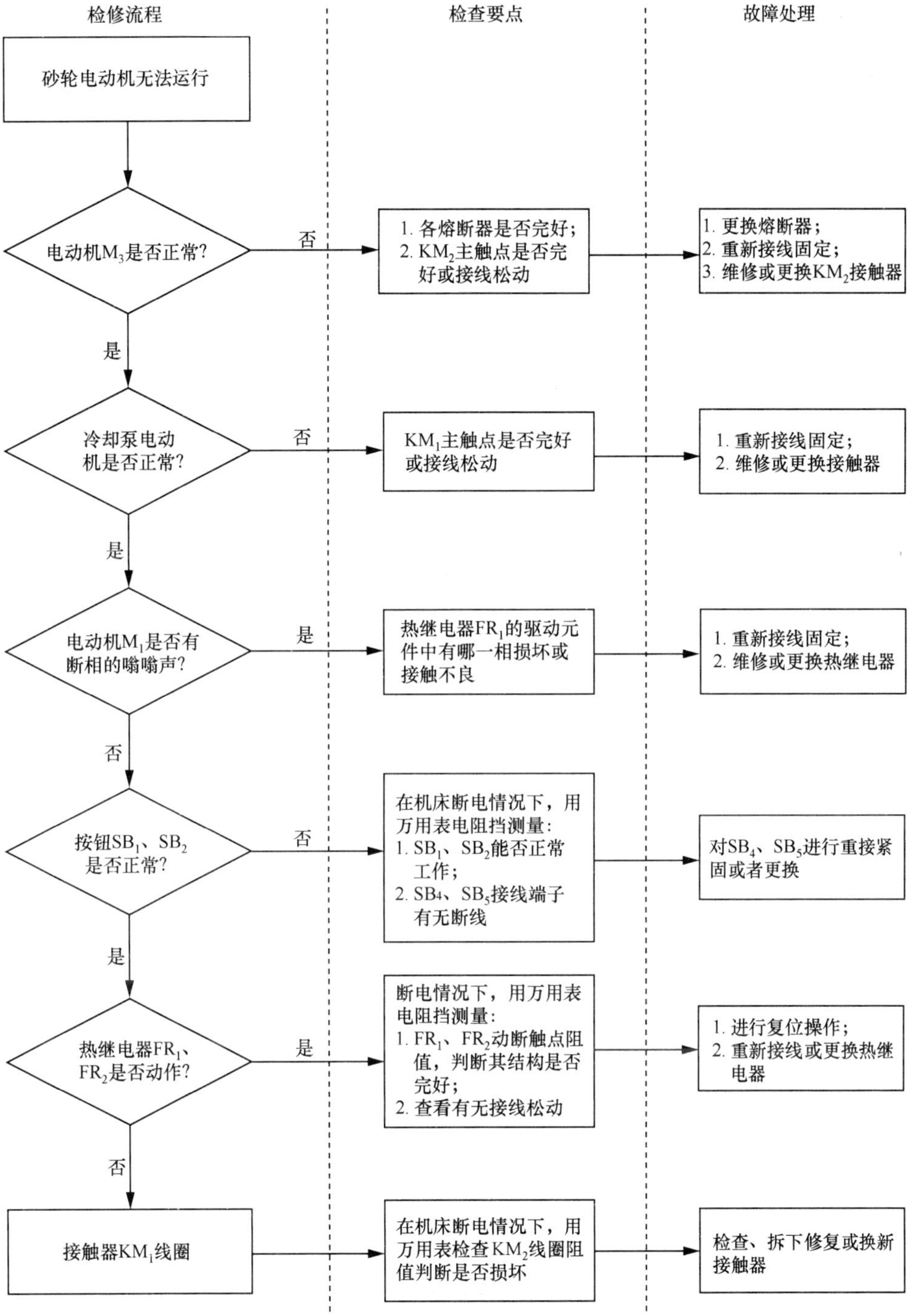


图 9-7 砂轮电动机电路故障检修步骤

### 2. 电磁吸盘电路故障

（1）故障现象

转动转换开关 SA 至充磁挡，电磁吸盘无任何吸力，除电源指示灯正常指示，其他操作均无效。

（2）故障诊断流程

出现这种故障，首先检查欠电压继电器是否出现故障；再检查相关器件如按钮、交流接触器、电磁吸盘，还要检查相关接线情况。根据故障现象，结合该机床的电气原理图和电气接线图，可参考图 9-8 所示的步骤进行检修。

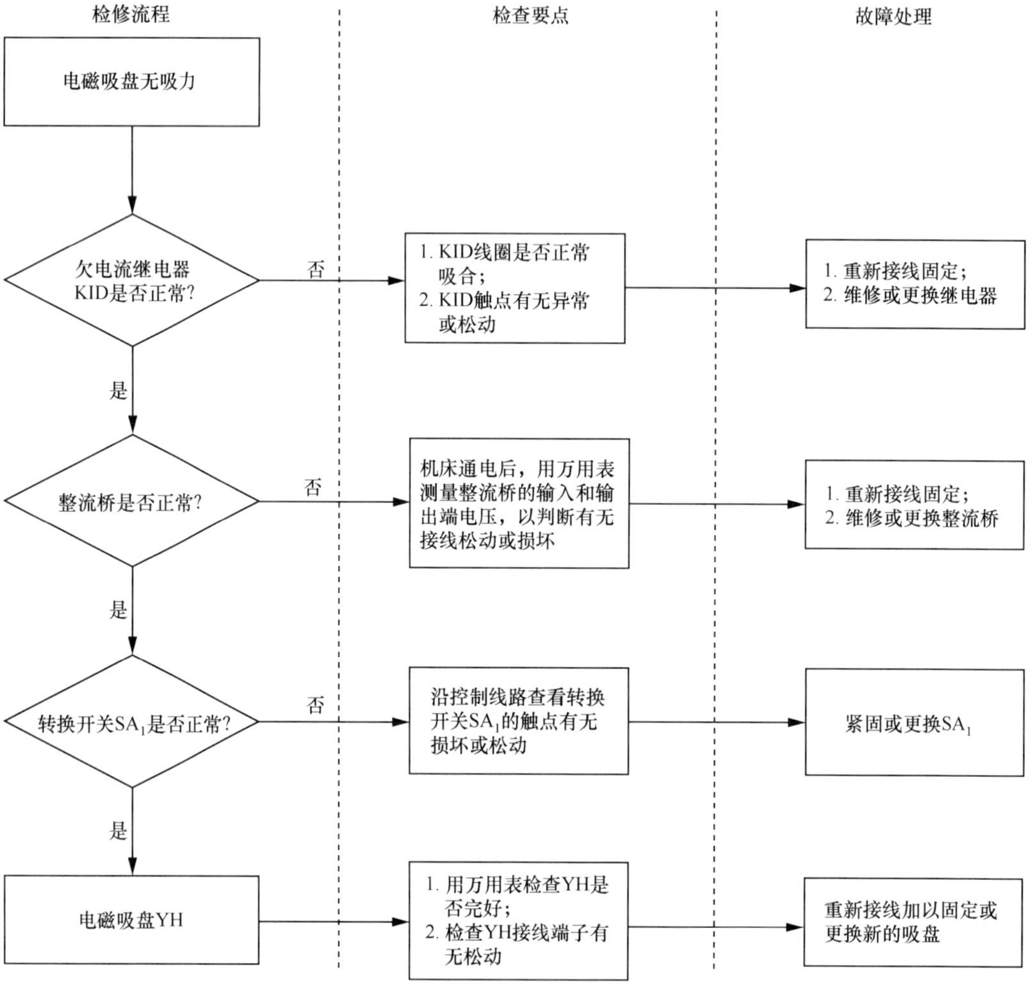


图 9-8　电磁吸盘电路故障检修步骤

# 9.3　磨床电气控制系统的保养

## 1. 磨床电气系统的保养

磨床电气系统的保养见表 9-4 所示。

表 9-4 磨床电气系统的保养

| 项目 | 内容 | 说明 |
|---|---|---|
| 例保 | 1. 检查电气设备各部分，并向操作工人了解设备运行情况；<br>2. 检查电气控制箱、电动机是否有水或油污进入等不安全因素，各部件有否异常声响，温升是否正常；<br>3. 检查导线及管线有无破裂现象 | 一周一次 |
| 一保 | 1. 擦净导线和电器上的灰尘和油污；<br>2. 检查信号装置、过流保护装置是否完好；<br>3. 检查电磁吸盘线圈的出线端绝缘和接触情况，并检查电磁吸盘的吸力；<br>4. 检查退磁控制电路是否完好；<br>5. 拧紧电气装置上的所有螺钉，要求接触良好；<br>6. 测量电动机、电器及线路的绝缘电阻；<br>7. 检查电气控制箱的箱门，要求连锁机构完好 | 一月一次 |
| 二保 | 1. 进行一保的全部项目；<br>2. 更换损伤的电器、触点及损伤的接线端；<br>3. 重新整定热继电器、过流继电器等保护装置；<br>4. 重新包扎电磁吸盘的出线端，并调整工作台的吸力；<br>5. 核对图纸，提出对大修的要求 | 三年一次<br>（电动机轴承每二年检查一次） |
| 大修 | 1. 进行二保的全部项目；<br>2. 拆下电气控制箱的元件，检查后重新安装；<br>3. 解体旧的各电气开关，清扫各电气元件上的灰尘和油污，除去锈迹，并进行防腐工作；<br>4. 更换损伤的电气元件和接线端，重新排线；<br>5. 组装后的电器要求工作灵敏可靠，触点接触良好；<br>6. 油漆电气控制箱及其附件 | 与机床大修同步 |

### 2. 磨床电气系统完好标准

1）各电气开关线路清洁、整齐并有编号，无损伤，接触点接触良好；

2）电气开关箱门密封性良好；

3）电气线路及电动机绝缘电阻符合要求；

4）热保护、过流保护、指示信号、照明装置符合要求；

5）各电气设备动作灵敏可靠、电动机无异常声响、各部温升正常、三相电流平衡；

6）电磁吸盘吸力正常，退磁机构良好；

7）零部件齐全且符合要求；

8）图纸资料齐全。

## 技能训练

### 工作任务单

现有一台出现故障的 M7130 型磨床，检测并排除故障，使其达到正常工作状态。

**能力目标：**

1. 能够对 M7130 型磨床进行操作，知道磨床的各种工作状态、加工范围及操作方法；
2. 能够正确识读磨床电气接线图，知道磨床电气元件的分布位置和走线情况；
3. 能够正确使用电磁吸盘充退磁控制器；
4. 掌握磨床电气设备维修安全操作的相关规定及检修流程；
5. 能够检测并排除 M7130 型磨床的典型电气故障；
6. 能够正确使用兆欧表检查三相异步电动机的绝缘；
7. 培养学生爱护工具、吃苦耐劳、团队合作、务实严谨的职业素质。

**任务描述：**

1. 观察磨床的工作状态，询问操作工人，了解记录操作人员对故障的描述及故障发生的一些具体情况以及磨床历史故障记录等情况；

2. 根据 M7130 型磨床的电气原理图，分析故障，判断故障发生在机械系统、电气系统还是液压系统；

3. 按照磨床电气设备维修安全操作的相关规定以及检修流程，利用万用表、兆欧表、钳形电流表检测 M7130 型平面磨床的电气系统，确定故障点；

4. 正确使用电工工具排除故障；

5. 运行维修后的 M7130 型磨床，观察其运行状态，测量并调整相关参数，使机床达到正常工作状态。

## 工作步骤（参考）

实施方式：小组合作，动手实践。

具体的实施步骤有学生自己安排。

| 序　号 | 实施步骤 | 所需资源 |
|---|---|---|
| | | |
| | | |
| | | |
| | | |
| | | |
| | | |
| | | |
| | | |

实施说明：

## 项目评价表

| 学习情境 | | M7130型平面磨床电气控制系统的调试与维护 | | 班级 | | |
|---|---|---|---|---|---|---|
| | | | | 姓名 | | |
| 序号 | 考评内容 | 考评要求 | 评分标准 | 分值 | 扣分 | 成绩 |
| 1 | 电气元件的选择 | 正确选择电气元件 | 电气元件的选择不合理，每件扣1分 | 10 | | |
| 2 | 电气元件的布置 | 合理布置电气元件 | 电气元件的布置不合理，每处扣1分 | 10 | | |
| 3 | 线路敷设与安装 | 能正确并完整接线；<br>电气元件的安装接线符合工艺要求；<br>线路检测方法合理正确 | 1. 安装错线、漏线，每处扣2分；<br>2. 错线、漏线号标注，每处扣2分；<br>3. 导线安装不牢靠、松动、压皮、露铜，每处扣2分；<br>4. 缺少必要的保护环节，每处扣2分；<br>5. 调试方法不正确，扣2分；<br>6. 工具使用方法不正确，每提示一次扣1分 | 25 | | |
| 4 | 故障检测与排除 | 能正确判断故障出现的部位并能准确找到故障点；<br>能顺利找到故障原因并排除故障 | 1. 不能正确分析或指不出故障范围扣10分；<br>2. 检查步骤杂乱，无条理扣5分；<br>3. 检修方法不正确扣5分；<br>4. 更换器件不合适扣5分；<br>5. 不能彻底排除故障扣10分 | 25 | | |
| 5 | 通电试车 | 能正确配置熔断器熔芯；<br>能正确整定和设置有关继电器的动作 | 1. 不会整定继电器的动作值扣5分；<br>2. 配错熔芯一处扣1分；<br>3. 一次试车不成功扣5分，二次试车不成功扣10分，三次试车不成功本项不得分 | 20 | | |
| 6 | 安全文明生产 | 参照相关的安全生产法规进行考评，确保设备和人身安全 | 1. 每违反一次规定，扣2分；<br>2. 环境卫生差，扣2分；<br>3. 发生短路事故，每次扣2分；<br>4. 发生重大安全事故取消考试资格； | 10 | | |
| 合计 | | | | 100 | | |

## 习题九

1. M7130型平面磨床采用电磁吸盘夹持工件有何优点？为什么电磁吸盘要用直流电而不用交流电？

2. 分析M7130型平面磨床吸力不足的原因。吸力不足会造成什么后果？采取什么保护措施可防止这样的后果？

3. 在M7130型平面磨床的电气控制系统中，若将热继电器$FR_1$、$FR_2$保护触点分别串接在接触器$KM_1$、$KM_2$线圈电路中，有何缺点？该电路有哪些保护环节？

4. 试述将工件从电磁吸盘上取下时的操作步骤及电路的工作情况。

5. 在M7130型平面磨床的电气控制系统中，若砂轮电动机只能点动，可能得故障原因是什么？如何排除？

# 情境十

# Z3040型摇臂钻床电气控制系统的调试与维护

## 情境描述

钻床是一种孔加工设备，可用来进行钻孔、扩孔、铰孔、攻丝及修刮端面等多种形式的加工。按用途和结构来看，钻床可分为台式钻床、立式钻床、摇臂钻床及其他专用钻床等。在众多的钻床形式中，摇臂钻床因操作方便、灵活、适用范围广，特别适用于单件或批量生产带有多孔的大型零件的加工，是一般机械加工车间的常见机床。

本情境通过老师或操作人员现场示范，了解 Z3040 型摇臂钻床的机械结构和电气控制特点，识读和分析 Z3040 型摇臂钻床的电气控制原理图，并在老师的指导下对本机床进行故障判断和故障排除的训练。

## 学习与训练要求

技能点：

1. 正确使用电工工具和仪表；
2. 正确选用和调试常用低压电器；
3. 正确理解并掌握 Z3040 型摇臂钻床的电气控制原理；
4. 能正确分析、判断和处理 Z3040 型摇臂钻床电气控制线路常见的故障。

知识点：

1. Z3040 型摇臂钻床的机械结构和主要参数；
2. Z3040 型摇臂钻床电气控制系统的工作原理；
3. 钻床电气控制系统的保养方法。

相关知识点

# 10.1 Z3040型摇臂钻床概述

## 10.1.1 钻床概述

钻床系指主要用钻头在工件上加工孔的机床。通常钻头旋转为主运动，钻头轴向移动为进给运动。钻床结构简单，加工精度相对较低，可钻通孔、盲孔；更换特殊刀具，可扩、锪孔、铰孔或进行攻丝等加工。钻床可分为下列类型。

1）台式钻床：可安放在作业台上，主轴垂直布置的小型钻床。

2）立式钻床：主轴箱和工作台安置在立柱上，主轴垂直布置的钻床。

3）摇臂钻床：摇臂可绕立柱回转、升降，通常主轴箱可在摇臂上作水平移动的钻床（见图 10-1）。它适用于大件和不同方位孔的加工。

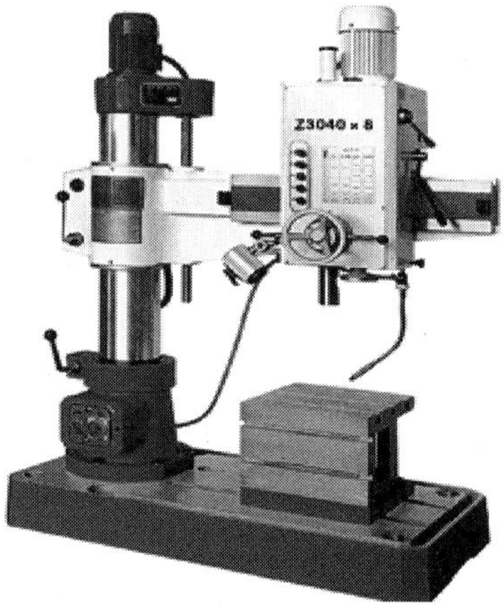

图 10-1 摇臂钻床外形

4）铣钻床：工作台可纵横向移动，钻轴垂直布置，能进行铣削的钻床。

5）深孔钻床：使用特制深孔钻头，工件旋转，钻削深孔的钻床。

6）平端面中心孔钻床：切削轴类端面和用中心钻加工的中心孔钻床。

7）卧式钻床：主轴水平布置，主轴箱可垂直移动的钻床。

8）多轴钻床：立体钻床，有多个可用钻轴，可灵活调节。

## 10.1.2 Z3040型摇臂钻床及技术参数

### 1. Z3040型摇臂钻床结构

摇臂钻床的主要结构如图 10-2 所示。它主要由底座、立柱、外立柱、摇臂、主轴箱和工作台等部分组成，是常见的钻床，适合各类制造企业。Z3040型摇臂钻床加工前，通过摇臂的回转和升降，主轴箱的移动定位，调整各个部分移动位置；加工时，主轴箱由夹紧装置紧固在摇臂导轨上，摇臂紧固在外立柱上，外立柱紧固在内立柱上，主轴带动钻头旋转并向下垂直进给，实现钻孔或攻丝等加工。

### 2. Z3040型摇臂钻床主要技术参数

Z3040型摇臂钻床主要技术参数，见表 10-1。

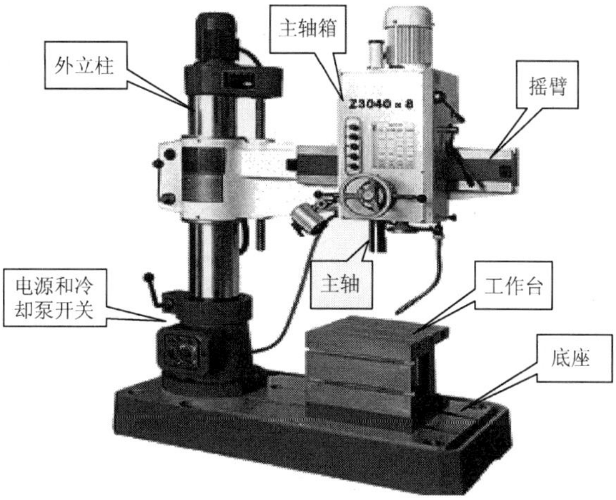


图 10-2 Z3040 型摇臂钻床结构图

表 10-1 Z3040 型摇臂钻床主要技术参数（参考）

| 参数名称 | 参　数 | 单　位 |
|---|---|---|
| 加工孔径 | 40 | mm |
| 主轴行程 | 315 | mm |
| 主轴转速 | 20～2000 | r/min |
| 主轴变速 | 16 | 级 |
| 主电动机功率 | 2.2 | kW |
| 升降电动机功率 | 0.75 | kW |
| 冷却泵功率 | 0.55 | kW |
| 最大外形尺寸（长×宽×高） | 2490×1035×2618 | mm×mm×mm |

# 10.2 Z3040 型摇臂钻床电气控制系统分析

## 10.2.1 Z3040 型摇臂钻床的运动形式和对电动机控制要求

### 1. 主运动和进给运动

Z3040 型摇臂钻床的主运动是主轴的旋转运动，进给运动是主轴的上、下移动。主轴的旋转及主轴上、下进给都是由主轴电动机拖动，在加工螺纹时要求主轴可正反转，主轴的正反转和主轴上、下进给都是由机械方法获得的。主轴变速和进给变速的机构都设在主轴箱。

所以，主轴电动机只要求单方向旋转，可直接启动，不需要调速和制动。

### 2. 辅助运动

Z3040 型摇臂钻床的辅助运动有摇臂连同外立柱绕内立柱的回转运动、摇臂沿外立柱上、下移动、主轴箱沿摇臂导轨水平移动。

（1）摇臂连同外立柱绕内立柱的回转运动

摇臂钻床内立柱固定在底座上，外面的外立柱可绕内立柱回转 360°。摇臂与外立柱之间不能作相对转动，可和立柱一起绕内立柱回转。外立柱连同摇臂绕内立柱的回转运动依靠人力推动，但在推动前必须先将外立柱松开。外立柱的松开与夹紧和主轴箱的松开与夹紧是依靠液压装置拖动松紧机构同时进行的。

（2）摇臂沿外立柱上、下移动

摇臂借助丝杠的正反转可沿外立柱作上、下移动。摇臂沿外立柱升降时的松开与夹紧由液压装置推动松紧机构完成。

（3）主轴箱沿摇臂导轨水平移动

通过手轮操纵，主轴箱可以在摇臂水平导轨上移动。但在移动前也必须将主轴箱松开。因此，摇臂的升降电动机要求能正、反向旋转，可直接启动，不需要调速和制动。

液压泵电动机通过拖动液压泵来控制夹紧机构实现夹紧与放松，所以也要求能正、反向旋转。采用点动控制，直接启动，不需要调速和制动。

（4）工件冷却

冷却泵电动机带动冷却泵提供冷却液，采取直接启动，只要求单方向旋转，不需要调速和制动。

Z3040 型摇臂钻床共有 4 台电动机拖动，其代号和控制运行方式见表 10-2。

表 10-2　Z3040 型摇臂钻床电动机运行方式及控制要求

| 控制对象 | 控制内容 | | | | 连锁 |
|---|---|---|---|---|---|
| | 启动 | 变速 | 换向 | 停止 | |
| 主轴电动机 $M_1$ | 直接启动 | 无<br>（液压变速） | 无<br>（液压换向） | 自由停车 | ① 电动机 $M_2$、$M_3$ 按时间控制原则连锁，即摇臂后才能升降，升降到位后才能夹紧；<br>② 升降限位连锁；<br>③ 接触器、按钮触点互锁 |
| 摇臂升降电动机 $M_2$ | 直接启动<br>点动运行 | 无 | 接触器控制<br>正反转 | 自由停车 | |
| 液压泵电动机 $M_3$ | 直接启动<br>点动运行 | 无 | 接触器控制<br>正反转 | 自由停车 | |
| 冷却泵电动机 $M_4$ | 转换开关<br>直接启动 | 无 | 无 | 自由停车 | |

## 10.2.2　Z3040 型摇臂钻床液压系统操纵过程

Z3040 型摇臂钻床采用电气–机械–液压一体的操纵装置，它们在控制中相互协调配合。该钻床采用两套液压控制系统：一个是操纵机构液压系统；另一个是夹紧液压系统。

### 1. 操纵机构液压系统

该系统压力油由主轴电动机拖动齿轮泵送出，由主轴操作手柄来改变两个操纵阀的相互位置，使压力油进行不同的分配，获得不同动作。操作手柄有“空挡”、“变速”、“正转”、“反转”、“停车”5 个空间位置。而主轴转速及主轴进给量各由一个旋钮预选，然后再操作主轴手柄。

### 2. 夹紧机构液压系统

主轴箱、内外立柱和摇臂的夹紧与松开，是由液压泵电动机拖动液压泵送出压力油，推动活塞、菱形块等机构来实现的。其中，主轴箱和立柱的夹紧放松由一个油路控制，而摇臂的夹紧放松因要与摇臂的升降运动构成自动循环，因此由另一油路来控制。这两个油路均由电磁阀操纵。

摇臂上升下降电动机 $M_2$ 和液压泵电动机 $M_3$ 有连锁关系：控制电路保证在操纵摇臂升降时，首先使液压泵电动机启动运转，供出压力油，经液压系统使摇臂松开，然后才使电动机 $M_2$ 启动，拖动摇臂上升或下降；当摇臂移动到位后，控制电路又保证电动机 $M_2$ 先停止，再自动通过液压系统，将摇臂夹紧，最后液压泵电动机 $M_3$ 才停下。

## 10.2.3 Z3040 型摇臂钻床电气控制线路分析

### 1. Z3040 型摇臂钻床电气系统主要参数

（1）回路电压

1）电源及主回路电压：三相交流 AC，380V，50Hz。

2）控制回路电压：单相交流 AC，110V，50Hz。

3）照明回路电压：单相交流 AC，24V，50Hz。

4）指示信号回路电压：单向交流 AC，6V，50Hz。

（2）各电动机的保护整定电流

1）主轴电动机 $M_1$ 热继电器过载保护的整定电流：11A。

2）摇臂升降电动机 $M_2$ 熔断器短路保护的整定电流：10A。

3）液压泵电动机 $M_3$ 热继电器过载保护的整定电流：2.4A。

4）冷却泵电动机 $M_4$ 熔断器短路保护的整定电流：2A。

（3）电气设备及元件的参数

Z3040 型摇臂钻床电气控制系统采用的电气元件及作用见表 10-3。

表 10-3 Z3040 型摇臂钻床主要电气元件及作用

| 符 号 | 名称及作用 | 符 号 | 名称及作用 |
|---|---|---|---|
| $M_1$ | 主轴电动机：驱动主轴及进给 | YA | 电磁铁：主轴箱松紧 |
| $M_2$ | 摇臂升降电动机：驱动摇臂升降 | $SA_1$ | 组合开关：冷却泵电动机启、停 |
| $M_3$ | 液压泵电动机：摇臂、立柱和主轴箱松开、夹紧 | $SA_2$ | 转换开关：照明灯控制 |
| $M_4$ | 冷却泵电动机：驱动冷却泵 | $FR_1$ | 热继电器：主轴电动机过载保护 |
| $KM_1$ | 主轴旋转接触器：主轴电动机启、停 | $FR_2$ | 热继电器：液压泵电动机过载保护 |
| $KM_2$ | 摇臂上升接触器：摇臂升降电动机正转 | TC | 变压器：控制电路、指示电路电源 |
| $KM_3$ | 摇臂下降接触器：摇臂升降电动机反转 | $SB_1$ | 主轴电动机停止按钮 |
| $KM_4$ | 接触器：液压泵电动机正转 | $SB_2$ | 主轴电动机启动按钮 |
| $KM_5$ | 接触器：液压泵电动机反转 | $SB_3$ | 摇臂上升按钮 |
| KT | 时间继电器：控制 $KM_5$ 吸合时间 | $SB_4$ | 摇臂下降按钮 |
| $SQ_1$ | 限位开关：摇臂升降限位保护 | $SB_5$ | 立柱、主轴箱松开按钮 |
| $SQ_2$ | 限位开关：控制摇臂松开 | $SB_6$ | 立柱、主轴箱加紧按钮 |
| $SQ_3$ | 限位开关：控制摇臂夹紧 | EL | 照明灯：安全照明 |
| $SQ_4$ | 限位开关：立柱与主轴箱松紧指示 | $HL_1$～$HL_3$ | 指示灯：工作状态指示 |
| QS | 断路器：总电源的输入 | | |

### 2. Z3040 型钻床控制电路分析

Z3040 型摇臂钻床电气控制电路如图 10-3 和图 10-4 所示。

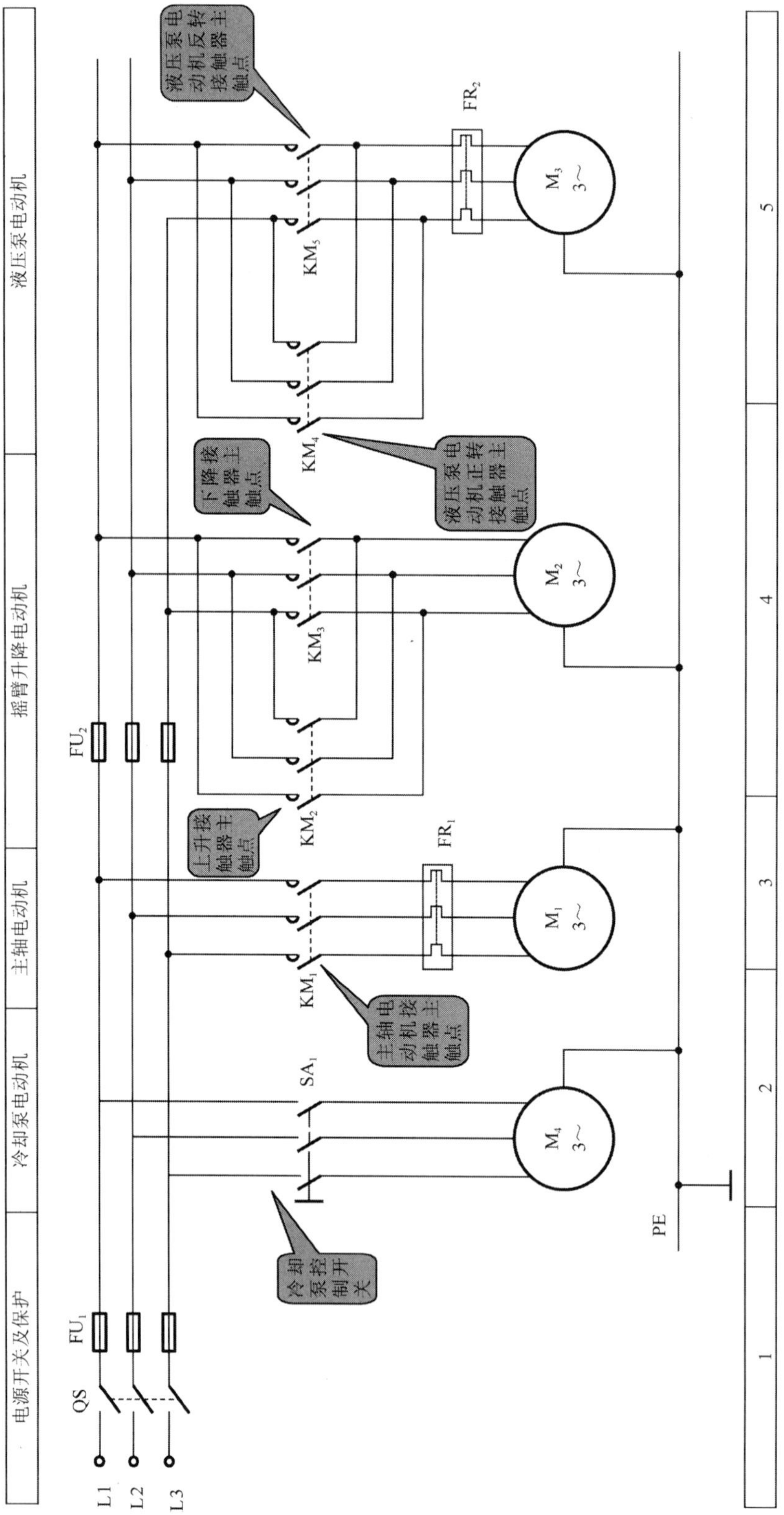


图 10-3 Z3040 型摇臂钻床电气控制电路（主电路）

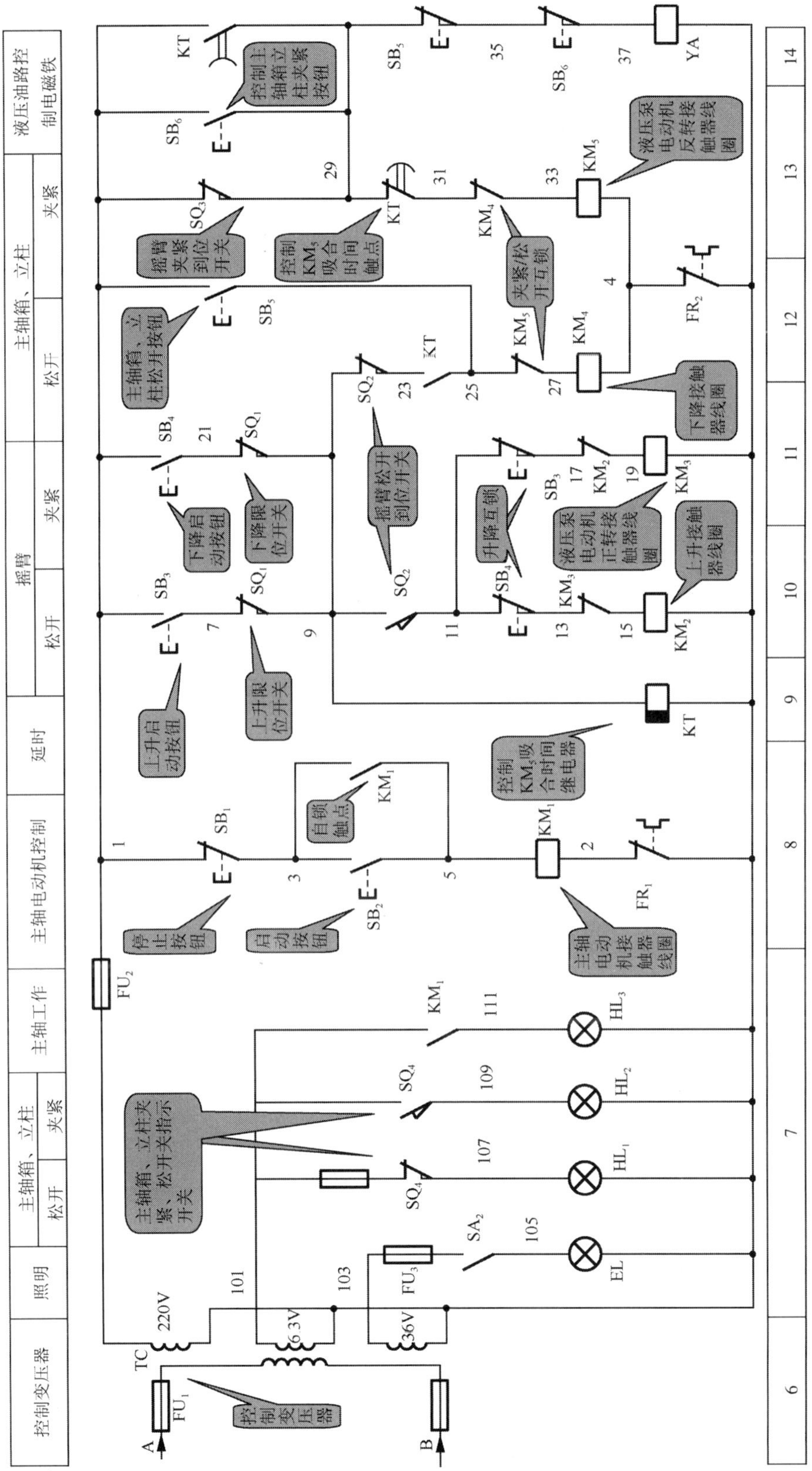


图 10-4 Z3040 型摇臂钻床电气控制电路（控制电路）

（1）主轴电动机控制电路

要点与提示：主轴电动机 $M_1$ 为控制接触器控制直接启动电路，$M_1$ 的正、反转则由液压系统的操纵机构配合正、反转摩擦离合器实现。

主轴电动机 $M_1$ 的启动、停止控制过程：

按下启动按钮 $SB_2$[8] → 接触器 $KM_1$[8]线圈得电吸合 →
- 主触点[3]闭合 → 电动机 $M_1$ 启动
- $KM_1$(3—5) [8] 闭合，自锁
- $KM_1$ (101—111) [7]闭合，指示灯 $HL_3$[7]点亮，表明主轴电动机在旋转

按下停止按钮 $SB_1$[8] → 接触器 $KM_1$[8]失电释放 →
- 主触点[3]断开 → 电动机 $M_1$ 停转
- $KM_1$ (3—5) [8]断开，解除自锁
- $KM_1$ (101—111) [7]断开，指示灯 $HL_3$[7]灭，表明主轴电动机停转

主轴的正、反转则由液压系统的操纵机构配合正、反转摩擦离合器实现。

（2）摇臂升降电动机 $M_2$ 主电路及控制电路

要点与提示：摇臂升降电动机 $M_2$、液压电动机 $M_3$ 均为接触器正、反转控制，直接启动，点动操作，控制回路严格互锁。$SQ_2$、$SQ_3$ 为摇臂松开和夹紧开关信号，其状态由液压操作是否到位决定，它的通断改变将转换控制的回路。

摇臂上升或下降需要经过放松，上升或下降，上升和下降停止、夹紧过程。摇臂升降启动的初始条件：摇臂钻床在平常或加工工件时，其摇臂始终处于夹紧状态，摇臂夹紧信号开关 $SQ_3$ 被压合，其动断触点 $SQ_3$(1—29)[13]处于断开状态；摇臂放松信号开关 $SQ_2$ 未受压，其动合触点 $SQ_2$(9—11）[10]处于断开状态，而动断触点 $SQ_2$(9—23）[12]处于闭合状态。以下是以摇臂上升为例的分析。

1）摇臂上升前放松。

摇臂上升前的预备状态（摇臂钻床平常或加工工件时）为 $SQ_3$ 被压、$SQ_2$ 未受压。按住上升点动启动按钮 $SB_3$，液压泵电动机正转启动旋转，拖动液压泵送出压力油。同时，KT 断电延时继电器线圈得电，相应触点动作，使电磁铁 YA 得电，于是压力泵送出的压力油经电磁阀进入液压系统的摇臂夹紧机构的松开油腔，将摇臂松开。

摇臂放松电气元件动作过程：

按下 $SB_3$ →
- $SB_3$ (11—17) 先断开 → 使 $M_3$ 不能得电，实现互锁
- $SB_3$ (1—7)后闭合 → KT得电吸合 →
  - KT（23—25）闭合 → $KM_4$ 得电吸合 → 主触点闭合 → 电动机 $M_3$ 正转启动（液压泵送出压力油）→
  - KT (1—29)闭合 → YA得电吸合 → 打开油路，送出正向压力油 →
  - KT(29—31)断开，使 $KM_5$ 不能得电，互锁

→ 液压机构使摇臂松开 → $SQ_2$ 受压，$SQ_3$ 复位（1—29）闭合

2）摇臂上升。

要点与提示：摇臂完成松开，液压系统活塞杆通过弹簧片压下行程开关 $SQ_2$，发出摇臂已放松信号，即 $SQ_2$ 的动断触点 $SQ_2$（9—23）断开、动合触点 $SQ_2$（9—11）闭合，使接触器 $KM_2$ 得电吸合，摇臂升降电动机 $M_2$ 启动旋转，拖动摇臂上升。

摇臂上升电气元件动作顺序：

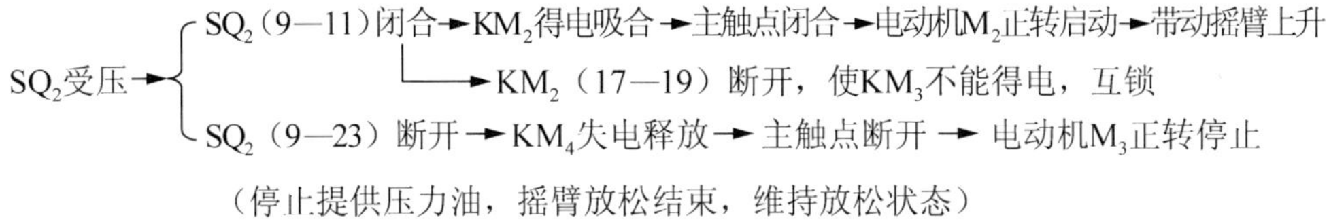


3）摇臂上升停止和夹紧。

要点与提示：当摇臂上升到位松开摇臂上升点动按钮 $SB_3$，$KM_2$ 和 KT 同时失电释放。$M_3$ 停止转动、摇臂停止上升。$SQ_3$ 复位，即 $SQ_3$（1—29）复位闭合，电磁铁 YA 仍处于得电状态，确保摇臂升降电动机 $M_2$ 在断开电源后到完全停止运转才开始摇臂的夹紧动作。在 KT 断电延时的 1～3s 内，$KM_5$ 仍处于失电状态，电磁铁 YA 仍处于得电状态，KT 延时长短依 $M_2$ 电动机切断电源至完全停止旋转的惯性大小来调整。

KT 断电延时时间到，延时闭合的动断触点 KT（29—31）闭合，使 $KM_5$ 得电吸合，液压泵电动机 $M_3$ 反向启动，供出反向压力油，将摇臂夹紧。活塞杆通过弹簧片压下行程开关 $SQ_3$，松开行程开关 $SQ_2$。触点 $SQ_3$（1—29）断开，电磁铁 YA、$KM_5$ 失电，液压泵电动机 $M_3$ 停止旋转，摇臂夹紧完成。

摇臂上升停止和夹紧过程电气元件动作顺序：

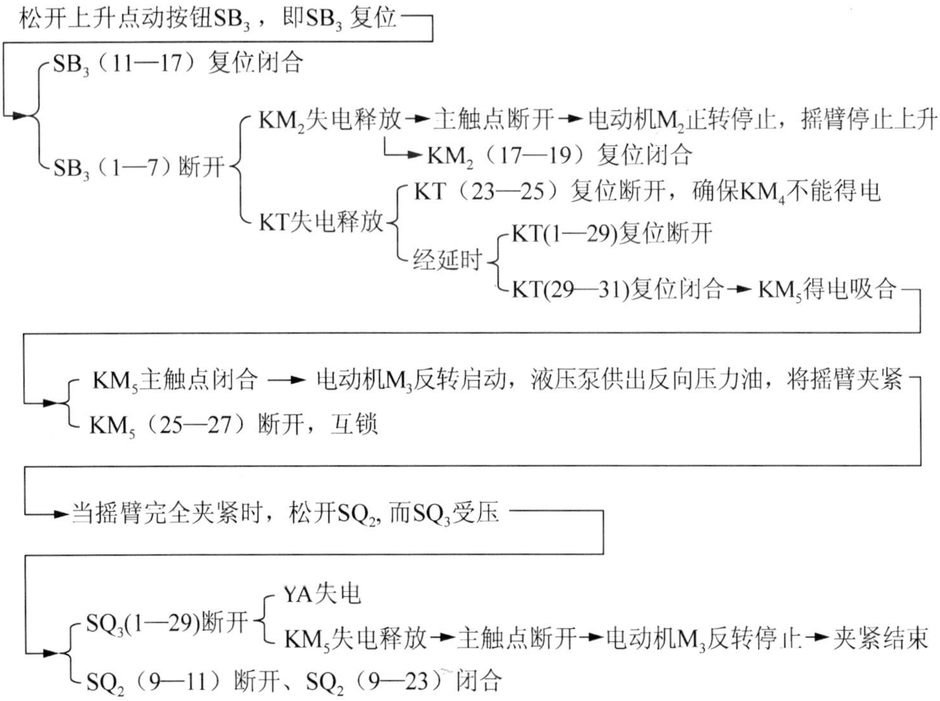

4）摇臂上升下降过程的电气连锁。

在摇臂上升电路中，除了采用按钮 $SB_3$ 和 $SB_4$ 的机械连锁外，还采用了接触器 $KM_2$ 和 $KM_3$ 的电气连锁，即对摇臂升降电动机 $M_2$ 实现了正、反转复合连锁。在液压泵电动机 $M_3$ 的正、反转控制电路中，接触器 $KM_4$ 和 $KM_5$ 采用了电气连锁，在主轴箱和立柱的夹紧、放松电路时，为保证压力油不供给摇臂夹紧油路，将按钮 $SB_5$ 和 $SB_6$ 的动断触点串联在电磁阀线圈 YA 的电路中，以达到连锁目的。

（3）液压泵电动机 $M_3$ 主电路及其控制电路

要点与提示：液压泵电动机 $M_3$ 是具有接触器互锁的正、反转点动控制电路。主轴箱和立柱松开与夹紧是同时进行的，液压系统与电气系统联动控制。

松开主轴箱和立柱时，按下复合点动按钮 $SB_5$，接触器 $KM_4$ 得电，液压泵电动机 $M_3$ 正转，拖动液压泵送出压力油；$SB_5$ 动断触点使电磁阀 YA 线圈电路被切断，液压系统使主轴箱和立柱松开。当主轴箱和立柱松开时，行程开关 $SQ_4$ 不受压，触点 $SQ_4$(101—107）闭合，指示灯 $HL_1$ 亮，表示主轴箱与立柱已松开。可以使主轴箱在摇臂上进行调整移动和外立柱绕内立柱回转。

当移动到位后，再按下夹紧复合点动按钮 $SB_6$，其动合触点使接触器 $KM_5$ 得电，液压泵电动机 $M_3$ 反转，其动断触点使电磁阀 YA 线圈电路被切断，于是液压系统使主轴箱和立柱夹紧。当主轴箱和立柱确已夹紧时，压下行程开关 $SQ_4$，触点 $SQ_4$(101—109）闭合，指示灯 $HL_2$ 亮，动断触点 $SQ_4$(101—107）断开，指示灯 $HL_1$ 灭，表示主轴箱与立柱已夹紧。

主轴箱和立柱松开时的电气元件动作顺序：

按下$SB_5$ →
- $SB_5$（1—25）后闭合 → $KM_4$得电吸合 → 主触点闭合 → 电动机$M_3$正转启动 →
  - → $KM_4$（31—33）断开，使$KM_5$不能得电，互锁
- $SB_5$（29—35）先断开 → YA失电 → 通过电磁阀接通主轴箱与立柱松、紧油路 →

→ 推动松紧机构使主轴箱和立柱分别松开 → $SQ_4$断开 → $HL_2$灯灭、$HL_1$灯亮

主轴箱和立柱夹紧时的电气元件动作顺序：

按下$SB_6$ →
- $SB_6$(1—29) 后闭合 → $KM_5$得电吸合 → 主触点闭合 → 电动机$M_3$反转启动 →
  - → $M_5$（25—27）断开，使$KM_4$不能得电，互锁
- $SB_6$(35—37）先断开 → 保持YA失电 → 电磁阀接通主轴箱与立柱松、紧油路 →

→ 推动松紧机构使主轴箱和立柱分别夹紧 → $SQ_4$受压 → $HL_1$灯灭、$HL_2$灯亮

（4）电磁阀控制电路

要点与提示：$SQ_1$ 是摇臂升降极限位置的限位开关，在升或降极限位置断开控制回路。

行程开关 $SQ_1$ 有两副动断触点 $SQ_1$(7—9)、$SQ_1$(21—9)，分别串联在摇臂上升或下降控制电路中。$SQ_1$ 与一般限位开关不同，其两副动断触点不同时动作。当摇臂升至上极限位置时，$SQ_1$ 的动断触点 $SQ_1$(7—9）[10]断开，使接触器 $KM_2$ 失电，升降电动机 $M_2$ 停转，上升运动停止。但 $SQ_1$ 另一副动断触点 $SQ_1$(21—9)仍保持闭合，因此可按下降按钮 $SB_4$，使接触器 $KM_3$ 得电吸合，控制摇臂升降电动机 $M_2$ 反向旋转，摇臂下降。反之当摇臂在下极限位置时，控制过程类似。

（5）照明、指示电路

通过控制变压器 T 降压，分别得到照明电路安全电压 36V、指示灯电路电压 6.3V 和控制电路电压 220V。照明电路中的照明灯由主令控制开关 $SA_2$ 控制。在指示灯电路中，指示灯 $HL_1$ 灯亮表示主轴箱和立柱同时处于放松状态，可以调节它们的位置，指示灯 $HL_2$ 灯亮表示主轴箱和立柱同时处于夹紧状态，这两只指示灯分别由行程开关 $SQ_4$ 的动断、动合触点控制。指示灯 $HL_3$ 灯亮表示主轴电动机带动主轴旋转工作，由接触器 $KM_1$ 的辅助动合触点控制。

（6）电气保护

1）短路保护。

在主电路中，利用熔断器 $FU_1$ 作总电路和电动机 $M_1$、$M_4$ 的短路保护；利用熔断器 $FU_2$ 作电动机 $M_2$、$M_3$ 和控制变压器 TC 原边的短路保护；在控制电路中，利用熔断器 $FU_3$ 作照明回路的短路保护。

2）过载保护。

在主电路中，利用热继电器 $FR_1$、$FR_2$ 分别作主轴电动机 $M_1$、液压泵电动机 $M_3$ 的过载保护。如果由于液压系统的夹紧机构出现故障不能夹紧，行程开关 $SQ_3$ 的触点 $SQ_3$(1—29)将断不开，或者由于行程开关 $SQ_3$ 安装调整不当，摇臂夹紧后仍不能压下行程开关 $SQ_3$，这时都会使液压泵电动机 $M_3$ 处于长期过载状态，易将 $M_3$ 烧毁。$M_2$ 为短时工作，不用设长期过载保护。

**思考并讨论**

1. 试分析 Z3040 型摇臂钻床的摇臂下降过程。
2. 试分析摇臂上升（或下降）到预定位置后，摇臂不能夹紧的原因。

### 10.2.4 Z3040 型摇臂钻床电气系统典型故障的检修

这里介绍几种简单故障现象的排除步骤和方法

**1. 电源故障**

（1）故障描述

现有一台 Z3040 型摇臂钻床，合上电源开关后，按下主轴启动按钮，发现主轴没反应，对液压泵电动机和摇臂升降电动机的操作也无效，只有局部照明灯能正常工作。

（2）检修程序

根据故障描述，结合机床的电气原理图和电气接线图，可参考图 10-5 所示的步骤检修。

**2. 主轴电动机电路故障**

（1）故障描述

现有一台 Z3040 型摇臂钻床准备进行钻孔加工，合上电源开关后，按下主轴启动按钮，钻头没反应，初步检查发现主轴电动机不能启动，但电源指示灯和照明灯均有指示，且其他电动机可以正常运转。

（2）检修程序

根据故障描述，结合机床的电气原理图和电气接线图，可参考图 10-6 所示的步骤检修。

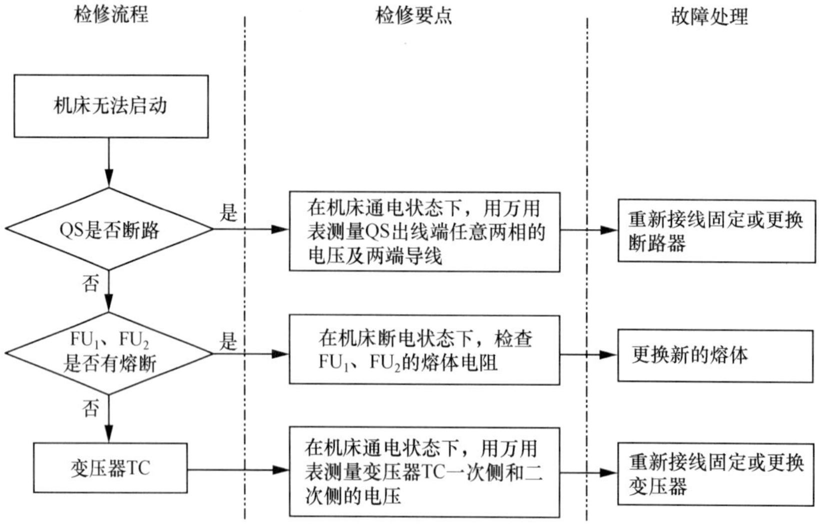


图 10-5　电源故障检修步骤

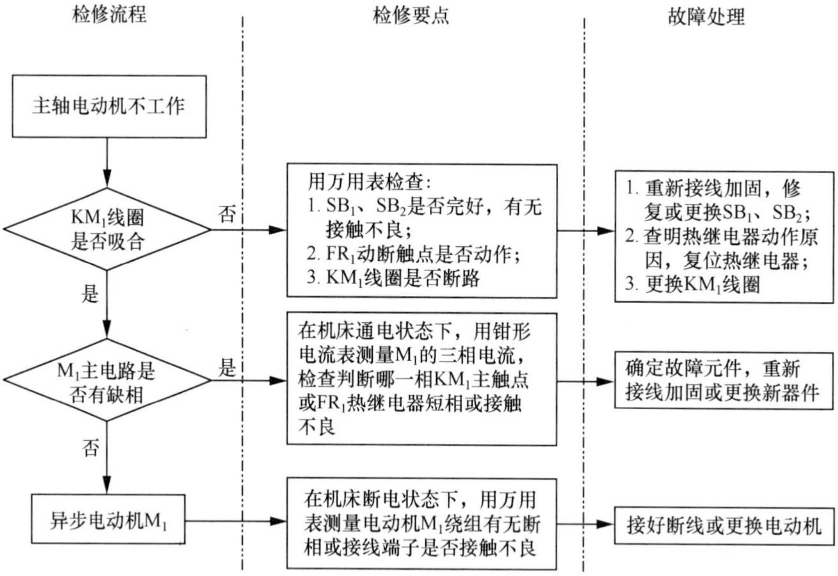


图 10-6　主轴电动机故障检修步骤

### 3．液压泵电动机放松控制回路故障检修步骤

（1）故障描述

现有一台 Z3040 型摇臂钻床准备进行钻孔加工，启动主轴电动机后，按下摇臂升降按钮，液压机构没有放松动作，导致摇臂不能按要求进行升降。

（2）检修程序

根据故障描述，可参考图 10-7 所示的步骤检修。

其他故障现象的检修请读者自己再行分析，这里不再赘述。

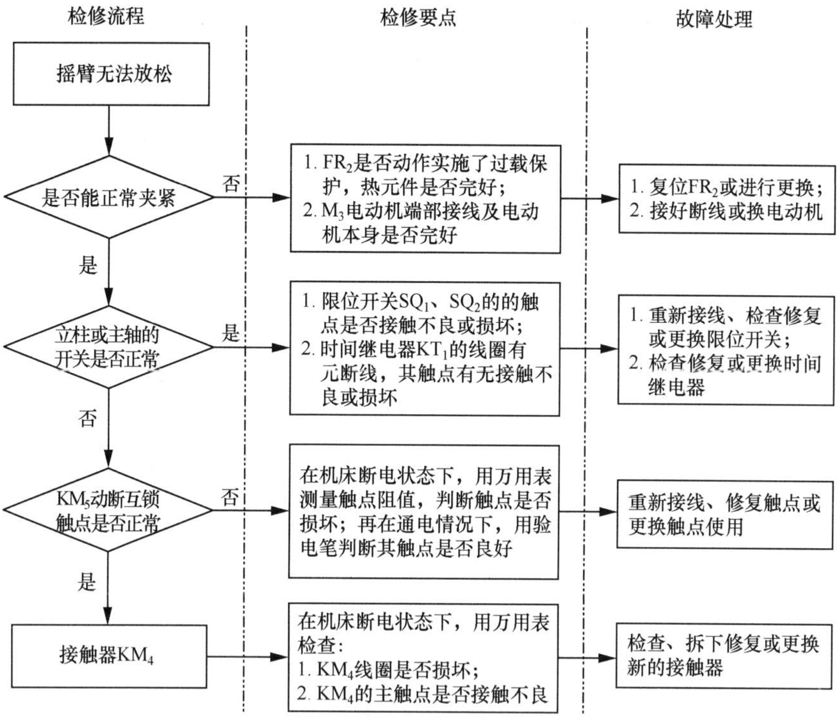


图 10-7 液压泵电动机放松控制回路故障检修步骤

# 10.3 钻床电气控制系统的保养

钻床系统较为复杂，除了其电气系统中行程开关、时间继电器和电磁阀的复杂配合外，整个加工过程还需电气系统与庞大的机械系统及烦琐的液压系统严密配合实现。所以电气系统是钻床系统中的重要一环，电气系统的保养也尤为重要。

## 1．钻床电气系统的保养

钻床电气系统的保养见表 10-4。

表 10-4 钻床电气系统的保养

| 项目 | | 内容 | 说明 |
|---|---|---|---|
| 例保 | | 1．查看设备外观、操作平面，排除不安全因素；<br>2．查看电气各方面的运行情况，向操作工了解设备的运行情况；<br>3．清扫电动机及电气控制箱内外尘土，查看导线及控制管线有无破损现象；<br>4．检查擦拭电气元件及触点，要求完好可靠，无灰尘，线路安全可靠 | 每周一次 |
| 一保 | 线路 | 1．查看线路管线有无过热现象和损伤之处；<br>2．擦除电器及导线上的油污及灰尘；<br>3．拧紧各连接处的螺钉，要求接触良好；<br>4．必要时更换个别损伤的电气元件和线路 | 一月一次 |

（续表）

| 项目 | | 内容 | 说明 |
|---|---|---|---|
| 一保 | 其他电器 | 1．检查电源线、行程开关、按钮等器件的工作状况，消除灰尘和油污，清除触点上的油污及锈迹，保证动作灵敏可靠；<br>2．检查熔断器、热继电器、安全灯、变压器等是否完好，并进行清扫；<br>3．测量各电气设备和线路的绝缘电阻，检查接地线，要求解除良好<br>4．检查电气控制箱门是否完好，必要时进行检修 | 一月一次 |
| 二保 | | 1．进行一保的全部项目；<br>2．检查夹紧、放松机构的电器，要求接触良好、动作灵敏；<br>3．重新整定热保护过流保护装置，要求动作灵敏可靠；<br>4．更换个别损伤的元件和老化损伤的导线；<br>5．核对图纸，提出对大修的要求 | 三年一次 |
| 大修 | | 1．进行二保的全部项目；<br>2．拆开电气控制箱进行清扫，更换不能用的电气元件及导线；<br>3．重装全部管线及电气元件，并进行排线；<br>4．重新整定过流保护元件；<br>5．试车，要求开关动作灵敏可靠，电动机、电器无异常声响、过热现象，三相电流平衡；<br>6．核对图纸、油漆开关箱内外及附件 | 与机床大修同步进行 |

### 2．钻床电气系统完好的标准

1）电气线路清洁、整齐，无损伤，电气元件完好；

2）各电器触点接触良好；

3）各电气线路及电动机绝缘良好，床身接地良好；

4）各保护装置齐全、动作符合要求；

5）各电气设备动作灵敏可靠，电动机、电器无异常声响、三相电流平衡，无过热现象；

6）零部件完整无损且符合要求；

7）图纸资料齐全。

## 技能训练

### 工作任务单

现有一台出了故障的Z3040型摇臂钻床，检测并排除其电气控制系统故障，使其达到正常工作状态。

**能力目标：**

1. 能够对Z3040型摇臂钻床进行操作，知道钻床的各种工作状态、加工范围及操作方法；
2. 能够正确识读钻床电气接线图，知道钻床电气元件的分布位置和走线情况；
3. 能够检测并排除老师设置的模拟故障；
4. 掌握钻床电气设备维修安全操作的相关规定及检修流程；
5. 培养学生爱护工具、吃苦耐劳、团队合作、务实严谨的职业素质。

**任务描述：**

1. 观察钻床的工作状态，询问操作人员，记录操作人员对故障的描述及故障发生的过程和故障发生的现象，了解钻床近期的加工任务；
2. 根据Z3040型摇臂钻床电气原理图，分析故障，判断故障发生的部位；
3. 按照钻床电气设备维修安全操作的相关规定以及检修流程，利用万用表、低压校验灯、钳形电流表检测Z3040型摇臂钻床的电气系统，确定故障点；
4. 正确使用电工工具排除故障；
5. 运行维修后的Z3040型摇臂钻床，观察其运行状态，测量并调整相关参数，使机床达到正常工作状态。

### 工作步骤（参考）

**1. 熟悉有关调试Z3040型摇臂钻床时安全操作规程**

1）严禁带手套操作，女生发辫应挽在帽子内；
2）使用自动走刀时，要选好进给速度，调整好行程限位块；
3）使用摇臂时，横臂回转范围内不得有障碍物；工作前，横臂必须卡紧；
4）横臂和工作台上不准存放物件；
5）调试工作结束时，将横臂降到最低位置，主轴箱靠近立柱，并且都要卡紧。

**2. 认识Z3040型摇臂钻床的机械结构和电气结构**

（1）摇臂钻床的主要机械结构

摇臂钻床主要由底座、内外立柱、摇臂、主轴箱及工作台等组成。对照图10-2所示，在钻床上找到相应部件。

（2）摇臂钻床的主要电气结构

摇臂钻床的运动部件较多，所以，采用多台电动机驱动。它们分别是主轴电动机、摇臂升降电动机、液压泵电动机和冷却泵电动机。对照图 10-8 分别在机床上找到各组成部分。

打开机床的电气控制柜，对照电气元件布置图 10-9 和表 10-3 找到相应的电气元件。

### 3. Z3040 型摇臂钻床通电调试

（1）熟悉按钮操作面板

对照图 10-8 在机床相应部位找到对应的按钮，熟悉其功能。

（2）主轴电动机的启动和停止

1）按下主轴启动按钮 SB2，观察主轴是否正常启动；

2）按下主轴停止按钮 SB1，观察主轴是否停转。

（3）摇臂升降控制

1）按下摇臂上升按钮 SB3，摇臂开始上升，松开按钮 SB3，则上升停止；

2）按下摇臂下降按钮 SB4，摇臂开始下降；松开按钮 SB4，则下降停止。

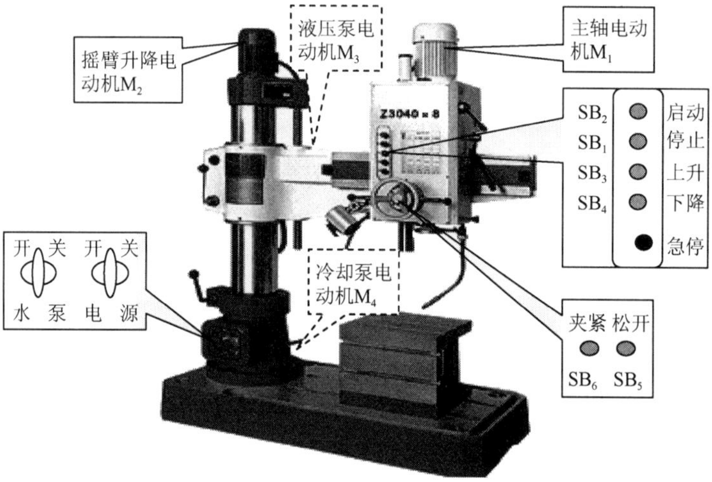


图 10-8　Z3040 型摇臂钻床操纵控制示意图

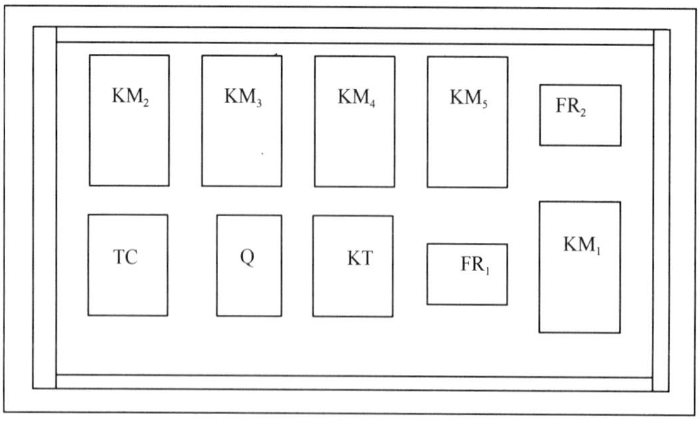


图 10-9　Z3040 型摇臂钻床电气元件布置模拟图

（4）立柱和主轴箱的夹紧与放松

立柱的夹紧和放松是由液压控制系统来实现的，面板上有夹紧和放松按钮，这里不再赘述。

**4．Z3040型摇臂钻床电气故障的检测**

（1）主轴电动机不能启动

检查熔断器$FU_1$，若熔断器$FU_1$的熔丝熔断，应更换熔丝；检查按钮$SB_1$的触点是否良好，是否损坏或接触不良；再则应检查接触器是否损坏，接线有无松脱；如果接触器$KM_1$动作，电动机仍不启动，应检查接触器主触点的接线是否松脱，接触是否良好，电源电压是否过低。

（2）主轴电动机不能停转

这类故障一般是由于接触器的主触点熔焊在一起造成的，更换熔焊的主触点即可排除故障。

（3）摇臂升降松开/夹紧线路故障

摇臂升降和松紧是由电气和机械结构配合实现放松→上升（下降）→夹紧的工作顺序的控制。维修时除检查电气部分外，还要检查机械部分是否正常。

若摇臂不能升降，可能是$SQ_2$移位。即便摇臂已经放松，但是$SQ_2$未动作，摇臂也不能升降。

若摇臂升降后不能完全夹紧，主要是由于$SQ_3$过早分断致使摇臂未夹紧就停止了夹紧动作，$SQ_3$过早动作，会使电动机$M_3$尚未充分夹紧时就停转。故障原因可能是其安装位置不合适或固定螺钉松动造成移位，应将$SQ_3$的动断触点调到适当的位置消除故障。

若摇臂升降后不能按需要停止，这是因为检修时误将触点$SQ_2$的常闭和常开触点接线互换了，结果将导致机床运动部件和已夹好的工件相撞。发生此类故障因立即切断总电源开关。

（4）摇臂升降电动机正反转重复不停，致使摇臂升降后夹紧放松的动作反复不止

故障原因是$SQ_2$的两个触点间的距离调得太近，致使摇臂升降后夹紧放松的动作反复不止。所以在检修时，在调整好机械部分后，应对行程开关进行仔细地调整。

## 项目评价表

| 学习情境 | | Z3040型摇臂钻床电气控制系统的调试与维护 | | 班级 | | |
|---|---|---|---|---|---|---|
| | | | | 姓名 | | |
| 序号 | 考评内容 | 考评要求 | 评分标准 | 分值 | 扣分 | 成绩 |
| 1 | 电气元件的选择 | 正确选择电气元件 | 电气元件的选择不合理，每件扣1分 | 10 | | |
| 2 | 电气元件的布置 | 合理布置电气元件 | 电气元件的布置不合理，每处扣1分 | 10 | | |
| 3 | 线路敷设与安装 | 能正确并完整接线；<br>电气元件的安装接线符合工艺要求；<br>线路检测方法合理正确 | 1．安装错线、漏线，每处扣2分；<br>2．错线、漏线号标注，每处扣2分；<br>3．导线安装不牢靠、松动、压皮、露铜，每处扣2分；<br>4．缺少必要的保护环节，每处扣2分；<br>5．调试方法不正确，扣2分；<br>6．工具使用方法不正确，每提示一次扣1分 | 25 | | |
| 4 | 故障检测与排除 | 能正确判断故障出现的部位并能准确找到故障点；<br>能顺利找到故障原因并排除故障 | 1．不能正确分析或指不出故障范围扣10分；<br>2．检查步骤杂乱，无条理扣5分；<br>3．检修方法不正确扣5分；<br>4．更换器件不合适扣5分；<br>5．不能彻底排除故障扣10分 | 25 | | |
| 5 | 通电试车 | 能正确配置熔断器熔芯；<br>能正确整定和设置有关继电器的动作 | 1．不会整定继电器的动作值扣5分；<br>2．配错熔芯一处扣1分；<br>3．一次试车不成功扣5分，二次试车不成功扣10分，三次试车不成功本项不得分 | 20 | | |
| 6 | 安全文明生产 | 参照相关的安全生产法规进行考评，确保设备和人身安全 | 1．每违反一次规定，扣2分；<br>2．环境卫生差，扣2分；<br>3．发生短路事故，每次扣2分；<br>4．发生重大安全事故取消考试资格； | 10 | | |
| 合计 | | | | 100 | | |

## 习题十

1．简述Z3040型摇臂钻床的运动形式，实现该运动形式的电气控制系统有何特点？

2．Z3040型摇臂钻床中摇臂升降电动机的主电路为什么不用热继电器？

3．对Z3040型摇臂钻床实施摇臂下降控制时，试述各相关电气元件的工作流程。

4．在Z3040型摇臂钻床中，时间继电器KT与电磁阀YA在什么时候动作，YA动作时间比KT长还是短？YA什么时候不动作？

5．Z3040型摇臂钻床电路中，有哪些连锁与保护环节？有何作用？

6．根据Z3040型摇臂钻床的控制电路，分析摇臂不能下降时可能出现的故障。

# 下 篇

# 知识点归纳与小结

### 1. 常见机床的电气控制特点

常用和简单的机床及设备，不需要复杂控制，在生产实际中仍占有较大的比重，一般都采用继电器接触器控制方式，具有简单、实用、抗干扰能力强等突出优点。不管电路有多复杂，机床电气控制系统都是由一些较简单的典型基本控制环节和不同的控制要求组合而成的，其控制和执行部分为继电器接触器控制。

机床拖动多是由电动机实施的，因此，机床电气系统控制的主要对象就是各种电动机。在了解电动机在具体机床上的作用前提下，其控制的主要内容是启动、调速、正/反转、制动四个方面。

机床电气控制系统电气分析和电气图识读的基本步骤：熟悉机床、主电路分析、控制电路分析、辅助电路、电气连锁、顺序操控与保护分析、辅助电路分析。最终须从整体的角度进一步检查和理解各个控制环节。进行电气控制分析的前提是：需要了解机床的基本结构、加工工艺、运动方式、操控过程，在此基础上，应用电动机典型单元控制基本方法，即可分析所构成的机床电气控制系统。

车床是最常用的机床，对车床控制系统的分析，电气设备的安装、调试，电气故障分析和排除的方法和步骤对其他机床和机电设备同样适用。

**CA6140 型普通车床**的运动由 3 台电动机拖动，主电动机为简单接触器启保停控制，快进电动机为点动控制，冷却电动机在主电动机启动后方可启动，属于顺序控制。快进电动机、冷却电动机工作额定电流很小，实际上是用中间继电器代替接触器接通主电路的。而本篇介绍的其他类型的机床，也多是这样的基本控制环节和单元。

**X62W 型万能铣床**电气控制系统中，电气互锁、连锁、辅助电路较多，电气控制与机械操纵配合十分紧密，但是基本控制单元还是典型的继电器接触器控制。X62W 型万能铣床所采用的电磁离合器是一种典型的执行电器，其作用是把执行机构的力矩（或功率）从主动轴传到从动轴，以实现快速启动、制动、正反转或调速功能。

**M7130 型平面磨床**采用 3 台电动机控制，但是作为执行元件的电磁吸盘对电气控制要求较高。使用欠电流继电器 KID 保证电磁吸盘只有在足够的吸力时，才能进行磨削加工，以防止工件损坏和人身安全事故发生。电磁吸盘由整流装置供给直流电工作，“充磁”和“去磁”只是流经电磁吸盘线圈的电流方向不同。

**Z3040 型摇臂钻床**是比较复杂的机–电–液联动的机床，其电气控制与机械操纵和液压系统配合十分紧密。在电气控制图分析时，需要全面掌握机床原理，操控过程。理解和掌握各个行程开关和时间继电器的作用，是钻床电路分析的关键。

### 2. 机床电气设备装置的安装与调试

在完成电气控制系统的电路设计及电气元件选择后，即可进行生产机械电气设备的施工设计，设备的安装和调试工作。

机床电气设备的施工设计，依据的是电气控制原理图和所选定的电气元件明细表，而电气设备安装调试的依据则是电气设备施工设计。

下面分别对电气设备的施工设计、安装要求和系统的调试作简单的介绍。

（1）电气设备的施工设计内容

1）电气设备装置的总体布置图。根据国家标准 GB 5226—1985《机床电气设备通用技术条件》规定：尽可能把电气组装在一起，使其成为一台或几台控制装置。只有那些必须安装在特定位置的器件，如按钮、行程开关、离合器、电动机等才允许分散安装在机床的各处，但对散热大的器件，应采取隔离安装，必要时还可采取风冷。

根据生产机械的要求和电气控制原理图，首先确定采用哪些形式的电气控制装置，如控制柜、操纵台和悬挂操纵箱等，然后确定安装在生产机械上的电动机、操纵控制面板以及其他电气元件的具体安装位置和布局。

2）电气控制装置的结构设计。对于已确定的电气控制装置外形尺寸，应先按标准选择，否则，按非标准进行结构设计。

3）绘制电气控制装置的电气布置图。

4）绘制电气控制装置内部及外部的电气安装接线图。

（2）电气设备的安装要求

原则上应该把需要经常操作或监视的部分安装在便于操作和易于观察的位置，散热量大或振动噪声大的电气设备应置于远离操作者的地方。控制板上电器安装的方式有攻螺纹和穿孔两种。攻螺纹的优点在于安装和检修时调换电器方便，穿孔的优点在于开孔方便。一般采用攻螺纹的方法安装电器。根据国家标准 GB5226—1985 规定，电气柜的电器可按以下原则布置：

1）散热大的发热元件一般安装在电气柜的上方，并注意将感温元件与之隔离，而体积大或质量大的电器一般应置于电气柜的下方。

2）电器布置应尽量考虑对称性，有利于电器的维修工作。强、弱电在排线时应该隔离，以防强电干扰。

3）尽量将外形与结构尺寸相同的电气元件安装在一起，使得电器排列布置整齐、美观且安装方便。需要经常维护、检修、操作和调整用的电器，如熔断器、可调电阻器等，安装位置不宜过高或过低。

4）电源开关最好装在电气柜的右上方，电器装置至少要留出 10%的面积作备用，以供控制装置改进或局部修改。

5）电气柜所有进、出线都应该通过接线端子排连接，并标有与电气控制原理图相同的编号，接线端子可布置在电器外围，其数量要视引出线的数量而定。一般电气元件和接线端的每个接点不得多于二根连接导线。

（3）电气控制系统的调试

电气控制系统安装完毕后，为了确保其安全和可靠的工作，在投入运行之前，应根据电气安装接线图，对控制线路等进行认真、细致、全面的检查，在确认无误后，再与负责机械设计的工程技术人员一起进行试车、调整工作。在试车过程中，具体操作应按以下几个步骤进行。

1）生产机械各个运动部件的单独调整。当对某一运动部件进行单独调整时，其他暂不调试运动部件的控制电器应与电源断开，以便于各个运动部件的单独调试和故障处理。

首先看电磁阀、离合器等电磁器件的接线是否正确，然后调整其动作的灵活性，调整行程开关并操作它们的挡铁位置，查看是否符合工作循环的要求。

其次对机械传动部件的动作（如主轴的反转、变速；工作台的进给、变速、快进；以及工件的夹紧、放松等）进行单独调整，使其达到技术性能要求。

2）液压、气动等系统的调试。调整液压、气动的工作情况，使它们的基本参数及规定的额定值（如压力继电器的压力额定值）达到设计指标的要求。

3）电气控制系统的调试。在确认机械、液压等非电控系统工作正常后，就可以对电气控制系统进行调试了。

① 电气控制设备一般最多可以有手动（点动）、半自动和全自动三种工作状态。应该对这三种状态逐一进行调试，观察各电器的动作顺序是否正确，指示装置的指示是否准确。只有在每一部分电路完全正确的基础上，才能进行整个电路系统的调试，直至全部符合工艺和设计要求为止。

② 控制系统若在全自动工作状态下，应保证能连续正常运行 2～4h，且各电气元件工作温升均应正常。

③ 在电气控制系统的调试中，应该先进行空载运行试验，等其正常运行后，再加负载进行调试。

### 3. 机床电气控制系统的检修方法

通常检修机床电气故障的步骤大致如下：

1）首先观察故障现象；

2）分析产生故障的原因和部位；

3）检查并确定故障点；

4）修理或更换损坏的电气元件。

当然，上述步骤不是固定不变的，彼此间也不孤立，有时需要交叉使用、相互配合，其检修流程可以用 P3-1 表示。

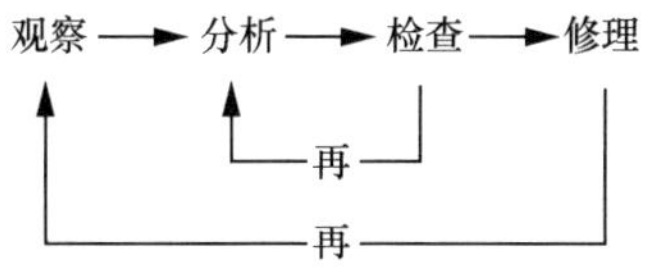


P3-1

在机床的电气检修实践当中，人们总结出了以下几种常用的机床检修的方法，如询问用户法、感官判断法、操作检查法以及万用表检查法等，这些方法在前面均有介绍，这里不再赘述。

# 附　　录

## 附录 A　三相异步电动机的型号

| 序号 | 字　母 | 电动机类型 | 备　注 |
|---|---|---|---|
| 1 | Y | 基础型三相异步电动机 | 最常见的型号 |
| 2 | Y2 | Y 改进型的三相异步电动机 | ① 噪声测定比 Y 型电动机噪声测定标准高；<br>② 电动机制造工艺比 Y 型电动机好；<br>③ 电动机密封性比 Y 型电动机密封性好；<br>④ 电动机承受超载能力没有 Y 型电动机强 |
| 3 | YB | 防爆型异步电动机 | |
| 4 | YQ | 高启动转距异步电动机 | |
| 5 | YR<br>（YKK<br>YRKK<br>YKS<br>YRKS） | 绕线式异步电动机<br>（高压三相异步电动机） | 中型高压三相异步电动机：<br>YKK、YRKK、YKS、YRKS 是 YR 系列高压电动机的派生系列电动机，具有高效、节能、噪声低、振动小、运行安全可靠、安装维护方便等特点，适用于驱动各种不同的机械，如卷扬机、通风机、压缩机、水泵、破碎机、球磨机、运输机械、化工机械、矿山机械等 |
| 6 | YZ<br>YZR | 起重及冶金用三相异步电动机 | YZ 系列电动机转子为鼠笼式，YZR 系列电动机转子为绕线型 |
| 7 | YP2 | 变频调速三相异步电动机 | YP2 系列的安装尺寸与 Y、Y2 系列相同 |
| 8 | YPT<br>YPTC | 变频调速三相异步电动机（附加独立轴流风机组成）<br>变频调速三相异步电动机 | YPT 系列电动机在 Y2 系列上派生，接线盒置于电动机顶部便于左右出线，安装尺寸和功率的对应关系与 Y2 系列电动机相同；<br>YPTC 系列是在 YPT 系列电动机上附加测速装置（光电编码器或测速发电机）的调速电动机。采用的光电编码器型号为 LF-60BM-C15F |
| 9 | YCT | 电磁调速电动机 | 改变励磁电流大小的方法来调节输出轴力矩和转速的一种调速电动机；它可应用于恒转矩负载的速度调节和张力控制的场合，更适合于鼓风机和泵类负载的场合 |
| 10 | YS | 小功率三相异步电动机 | 适用于小型机床、泵、压缩机的驱动，接线盒均在电动机顶部 |
| 11 | YSF<br>YT | 风机专用三相异步电动机 | 两个系列的区别不大。都是根据风机行业的配套要求，在结构上采取了一系列的降噪、减振措施，适用于风机安装和使用 |
| 12 | YD | 多速三相异步电动机 | 一般有 4/2 极，8/6 极，8/4/2 极，6/4 极，12/6 极，8/6/4 极，8/4 极，6/4/2 极，12/8/6/4 极 |
| 13 | YLZC | 冷却塔专用电动机 | 具有噪声低、效率高、防水、防潮等优点 |
| 14 | YZS | 注塑机专用电动机 | 具有过载能力强、噪声低，尤其是额定负载和超载时噪声低的特点 |
| 15 | YXF | 高温消防排烟风机专用电动机 | 电动机外壳与烟气完全隔离，内置独立的冷却通路，具有连续输送 300℃高温烟气 30min 的超凡能力 |
| 16 | SG | 高防护等级三相异步电动机 | 可与 Y 系列互换，但性能均有所加强（如电磁方案的调整优化，部分规格采用冷轧硅钢片等）；该系列电动机的振动和噪声（特别是负载噪声）明显低于 Y 系列 |

# 附录B　电动机IEC IP防护等级

防护等级多以IP后跟随两个数字X和Y来表述，数字用来明确防护的等级。第一个数字X表明设备抗微尘的范围，或者是人们在密封环境中免受危害的程度。第二个数字Y表明由于外壳进水而引起有害影响的防护，其意义是“表示设备防水的程度”。

| X<br>防护等级 | 简 述 含 义 | Y<br>防护等级 | 简 述 含 义 |
|---|---|---|---|
| 0 | 无防护电动机：无专门防护 | 0 | 无防护电动机：无专门防护 |
| 1 | 防护直径大于50mm的固体异物进入电动机：<br>能防止大面积的人体（如手）偶然或意外地接触及接近壳内带电或转动部件（但不能防止故意接触）；能防止直径大于50mm的固体异物进入壳内 | 1 | 防滴电动机：<br>垂直滴水应无有害影响，水滴滴到外壳上无影响 |
| 2 | 防护直径大于12mm固体的电动机：<br>能防止手指或长度不超过80mm的类似物体触及或接近壳内带电或转动部件；能防止直径大于12mm的固体异物进入壳内 | 2 | 15°防滴电动机：<br>当电动机从正常位置向任何方向倾斜至15°以内任一角度时，垂直滴水应无有害影响 |
| 3 | 防护直径大于2.5mm固体的电动机：<br>能防止直径大于2.5mm的工具或导线触及或接近壳内带电或转动部件；能防止直径大于2.5mm的固体异物进入壳内 | 3 | 防淋水电动机：<br>与垂直线成60°角范围内的淋水应无有害影响 |
| 4 | 防护直径大于1mm固体的电动机：<br>能防止直径或厚度大于1mm的导线或片条触及或接近壳内带电或转动部件；能防止直径大于1mm的固体异物进入壳内 | 4 | 防溅水电动机：<br>承受任何方向的溅水应无有害影响 |
| 5 | 防尘电动机（防止有害的粉尘堆积）：<br>能防止触及或接近壳内带电或转动部件进尘，防止有害的粉尘堆积进尘量不足以影响电动机的正常运行 | 5 | 防喷水电动机：<br>承受任何方向的喷水应无有害影响；用水冲洗无任何伤害 |
| 6 | 完全防止粉尘进入 | 6 | 防海浪电动机：<br>承受猛烈的海浪冲击或强烈喷水时，电动机的进水量应不达到有害的程度。可用于船舱内的环境 |
|  |  | 7 | 防浸水电动机：<br>当电动机浸入规定压力的水中经规定时间时，电动机的进水量应不达到有害的程度；可于短时间内耐浸水（1m深） |
|  |  | 8 | 潜水电动机：<br>电动机在制造厂规定的条件下能长期潜水。电动机一般为水密型，但对某些类型电动机也可允许水进入，但应不达到有害的程度 |

# 附录 C　常用低压电器的图形与文字符号

| 类　别 | 名　称 | 图 形 符 号 | 文 字 符 号 |
|---|---|---|---|
| 开关 | 刀开关 | 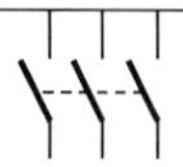 | QS |
| | 组合开关 | 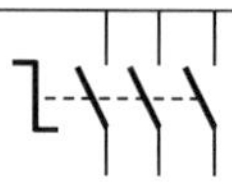 | QS |
| | 低压断路器 | 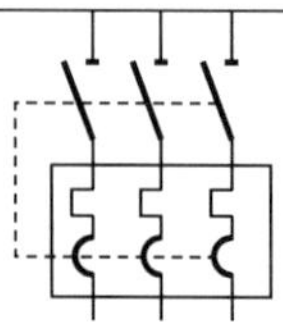 | QF |
| 接触器 | 线圈 | 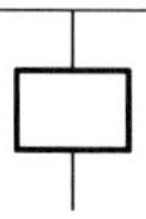 | KM |
| | 常开主触点 | 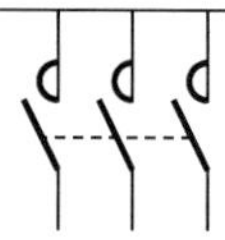 | KM |
| | 常开辅助触点 |  | KM |
| | 常闭辅助触点 |  | KM |
| 热继电器 | 热元件 | 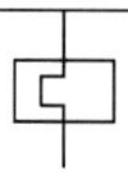 | FR |
| | 常开触点 | 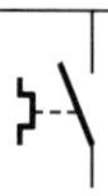 | FR |
| | 常闭触点 |  | FR |
| 时间继电器 | 通电延时（缓吸）线圈 | 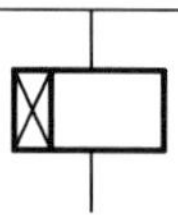 | KT |
| | 断电延时（缓放）线圈 | 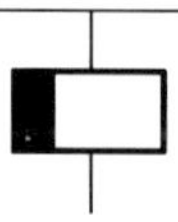 | KT |
| 时间继电器 | 瞬动常开触点 |  | KT |

（续表）

| 类　别 | 名　称 | 图形符号 | 文字符号 |
| --- | --- | --- | --- |
| 时间继电器 | 瞬动常闭触点 |  | KT |
| | 通电延时闭合常开触点 | 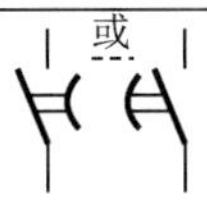 | KT |
| | 通电延时断开常闭触点 |  | KT |
| | 断电延时闭合常闭触点 |  | KT |
| | 断电延时断开常开触点 |  | KT |
| 熔断器 | 熔断器 | 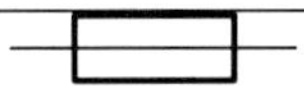 | FU |
| 行程开关 | 常开触点 |  | SQ |
| | 常闭触点 |  | SQ |
| | 复合触点 | 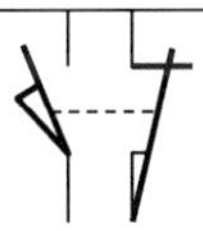 | SQ |
| 按钮 | 常开按钮 | 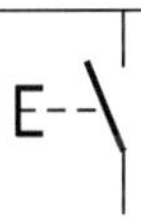 | SB |
| | 常闭按钮 |  | SB |
| | 复合按钮 | 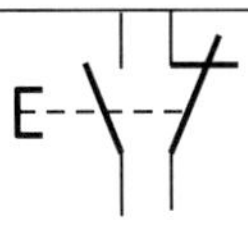 | SB |
| 中间继电器 | 线圈 | 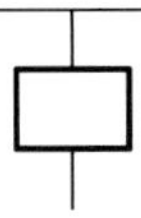 | KA |
| | 常开触点 |  | KA |
| | 常闭触点 |  | KA |

（续表）

| 类　别 | 名　称 | 图 形 符 号 | 文 字 符 号 |
|---|---|---|---|
| 电流继电器 | 过电流继电器线圈 | 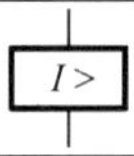 | KA |
| | 欠电流继电器线圈 | 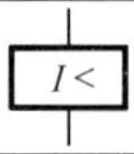 | KA |
| | 常开触点 |  | KA |
| | 常闭触点 |  | KA |
| 电压继电器 | 过电压继电器线圈 | 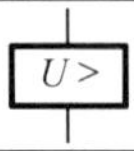 | KV |
| | 欠电压继电器线圈 | 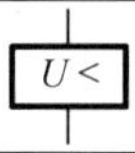 | KV |
| | 常开触点 |  | KV |
| | 常闭触点 |  | KV |
| 速度继电器 | 常开触点 | 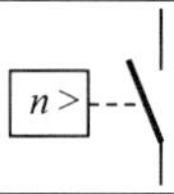 | KS |
| | 常闭触点 | 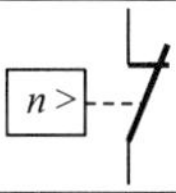 | KS |
| 压力继电器 | 常开触点 | 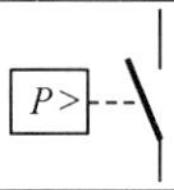 | KP |
| | 常闭触点 | 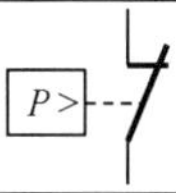 | KP |
| 电动机 | 三相鼠笼式<br>异步电动机 | 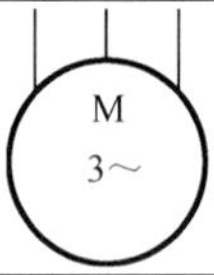 | M |

# 附录 D　电气装配的工艺要求

电气装配工艺包括电器安装工艺和（按原理图或接线图的）配线工艺。

## 1. 电器安装工艺要求

这里主要介绍电器箱内或电器板上的安装工艺要求。

对于定型产品一般必须按电气元件布置图、接线图和工艺的技术要求去安装电器，要符合国家或企业的标准化要求。

对于只有电气原理图的安装项目或现场安装工程项目，决定电器的安装、布局的过程，其实也就是电气工艺设计和施工作业同时进行的过程，因而布局安排是否合理，在很大程度上影响着整个电路的工艺水平及安全性和可靠性。当然，允许有不同的布局安排方案。应注意以下几点：

1）仔细检查所用器件是否良好，规格型号等是否合乎图纸要求。

2）刀开关应垂直安装。合闸后，应手柄向上指，分闸后应手柄向下指，不允许平装或倒装；受电端应在开关的上方，负载侧应在开关的下方，保证分闸后闸刀不带电。自动开关也应垂直安装，受电端应在开关的上方，负载侧应在开关的下方。组合开关安装应使手柄旋转在水平位置为分断状态。

3）RL 系列熔断器的受电端应为其底座的中心端，RT、RM 等系列熔断器应垂直安装，其上端为受电端。

4）带电磁吸引线圈的时间继电器应垂直安装。保证使继电器断电后，动铁芯释放后的运动方向符合重力垂直向下的方向。

5）各器件安装位置要合理，间距适当，便于维修查线和更换器件；要整齐、匀称、平正。使整体布局科学、美观、合理，为配线工艺提供良好的基础条件。

6）器件的安装紧固要松紧适度，保证既不松动，也不因过紧而损坏器件。

7）安装器件要使用适应的工具，禁止用不适当的工具安装或敲打式的安装。

**2．板前配线工艺要求**

板前配线是指在电器板正面明线敷设，完成整个电路连接的一种配线方法。这种配线方式的优点是便于维护维修和查找故障，要求讲究整齐美观，因而配线速度稍慢，是一种基本的配线方式。一般应注意以下几点：

1）要把导线抻直拉平，去除小弯。

2）配线尽可能短，用线要少，要以最简单的形式完成电路连接。符合同一个电气原理图的实际接线方式会有多种形式，也会由于个人工作习惯，配线接法会因人而异。但是，简单实用的方案不仅节约线材，还会使故障隐患点减少，因此，在具备同样控制功能条件下遵循“以简为优”的原则，应杜绝烦琐配线接法。

3）排线要求横平竖直，整齐美观。变换走向应垂直变向，杜绝行线歪斜。

4）主、控线路在空间的平面层次，不宜多于三层。同一类导线，要尽量同层密排或间隔均匀。除过短的行线外，一般要紧贴敷设面走线。

5）同一平面层次的导线应高低一致，前后一致，避免交叉。

6）对于较复杂的线路，宜先配控制回路，后配主回路。

7）线端剥皮的长短要适当，并且保证不伤芯线。

8）压线必须可靠，不松动。既不因压线过长而压到绝缘皮上，又不裸露导体过多。

9）器件的接线端子，应该直压线的必须用直压法；该做圈压线的必须围圈压线，并要避免反圈压线。一个接（压）线端子上要避免“一点压三线”。

10）盘外电器与盘内电器的连接导线，必须经过接线端子板压线。

11）主、控回路的线端均应穿套线头码（回路编号），便于装配和维修。

应该指出，以上总结的几点工艺要求中，有些要求是相互制约或相互矛盾的，如“配线尽可能短”与“避免交叉”等。需要反复实践操作，积累一定经验后才能统筹和掌握其工艺要领。

### 3. 槽板配线的工艺要求

槽板配线是采用塑料线槽板做行线通道，除器件接线端子处一段引线暴露外，其余行线隐藏于槽板内的一种配线方法。它的特点是配线工艺相对简单，配线速度较快，适合某些定型产品批量生产的配线。但线材和槽板消耗较多。

配线作业中除了在剥线、压线、端子使用等方面与板前配线有相同的工艺要求外，还应注意以下几点要求：

1）根据行线多少和导线截面，估算和确定槽板的规格型号。配线后，宜使导线占有槽板内空间容积的 70%左右。

2）规划槽板的走向，并按一定合理尺寸裁割槽板。

3）槽板换向应拐直角弯，衔接方式宜用横、竖各 45° 角对插方式。

4）槽板与器件之间的间隔要适当，以方便压线和换件。

5）槽板安装要紧固可靠，避免敲打而引起破裂。

6）所有行线的两端，应无一遗漏地、正确地套装与原理图一致编号的线头码。这一点比板前配线方式要求得更为严格。

7）应避免槽板内的行线过短而拉紧，应留有少量余量。槽板内的行线也应尽量减少交叉。

8）穿出槽板的行线，要尽量保持横平竖直，间隔均匀，高低一致，避免交叉。

### 4. 电气控制电路基本环节的安装

电气控制电路基本环节是指用继电器-接触器等有触点的低压电器对三相异步电动机实行启动、运行、调速、制动等自动化拖动控制的各种单元电路。

随着科技的进步，虽然数控技术、可编程控制器技术和计算机控制技术的应用越来越广泛和深入，但是，那些根本不需要复杂控制的普通和简单的机床及设备仍占有较大的比重，采用继电器-接触器控制方式，简单、实用、抗干扰能力强等优点突出。另一方面，一些复杂控制设备和系统，也都是由一些较简单的基本控制环节，根据不同的控制要求组合而成的，其执行部分往往离不开接触器。因此，学习和实训安装控制电路的基本环节是极为重要的。

# 附录 E　常用配线方式

| 配线方式 | 使用场合 | 优　点 | 缺　点 | 所需施工员 |
|---|---|---|---|---|
| 板前配线 | 用于电气系统比较简单，电气元件较少的情况下，对控制板或配电盘进行配线 | ① 直观；<br>② 便于查找线路；<br>③ 维护检修方便 | ① 工艺较为复杂；<br>② 需要熟练技术工人；<br>③ 走线占地面积大，导线需用量大 | 一个配线工 |
| 板后交叉配线 | 用于电气系统比较复杂，电气元件较多的情况，对控制板或控制柜进行配线 | ① 外观整齐、美观；<br>② 省导线，走线面积小；<br>③ 结构紧凑；<br>④ 施工方便；<br>⑤ 工艺性较好 | ① 需要增加穿线板结构；<br>② 仅适于小批量生产 | 配线、查找线共需两人 |

（续表）

| 配线方式 | 使用场合 | 优　点 | 缺　点 | 所需施工员 |
| --- | --- | --- | --- | --- |
| 行线槽配线 | 各种场合均适用 | ① 便于施工走线查找、维护、检修方便；<br>② 工艺性好，配线操作容易；<br>③ 可用软导线配线；<br>④ 适于大批量生产 | ① 增加行线槽结构；<br>② 走线占地面积较大，导线需用量较多 | 一个配线工 |

# 附录 F　安全用电常识

1）要想保证工厂用电的安全，落地式风扇、手电钻等移动式用电设备就一定要安装漏电保护开关。漏电保护开关要经常检查，每月试跳不少于一次，如有失灵立即更换。熔断器烧断或开关跳闸后要查明原因，排除故障才可恢复送电。

2）开关上的熔丝应符合规定的容量，千万不要用铜线、铝线、铁线代替熔断丝。空气开关损坏后立即更换，熔断丝和空气开关的大小一定要与用电容量相匹配，否则容易造成触电或电气火灾。

3）用电设备的金属外壳必须与保护线可靠连接，单相用电要用三芯电缆连接，三相用电得用四芯电缆连接，保护在户外与低压电网的保护中性线或接地装置可靠连接。保护中性线必须重复接地。

4）电缆或电线的驳口或破损处要用电工胶布包好，不能用医用胶布代替，更不能用尼龙纸包扎。不要用电线直接插入插座内用电。

5）电器通电后发现冒烟、发出烧焦气味或着火时，切不可用水或泡沫灭火器灭火，应立即切断电源请专业人员进行检查。

6）不要用湿手触摸灯头、开关、插头插座和用电器具。开关、插座或用电器具损坏或外壳破损时应及时修理或更换，未经修复不能使用。

7）厂房内的电线不能乱拉乱接，禁止使用多驳口和残旧的电线，以防触电。

8）电炉、电烙铁等发热电器不得直接搁在木板上或靠近易燃物品，对无自动控制的电热器具用后要随手关电源，以免引起火灾。

9）工厂内的移动式用电器具，如落地式风扇、手提砂轮机、手电钻等电动工具都必须安装使用漏电保护开关实行单机保护。

10）发现有人触电，千万不要用手去拉触电者，要尽快拉开电源开关或用干燥的木棍、竹竿挑开电线，立即用正确的人工呼吸法进行现场救护。

11）电气设备的安装、维修应由持证电工负责。

12）在车间使用的局部照明灯，手提电动工具，高度低于 2.5m 的普通照明灯等，应尽量采用国家规定的 36V 的安全电压或更低的电压。

13）操作带电设备时，不得用手触摸带电部位，不得用手接触导电部位来判断是否有电。

14）在非安全电压下作业时，应尽可能单手操作，并应站在绝缘胶垫上。在调试高压设备时，地面应铺绝缘垫，操作人员应穿绝缘胶靴，戴绝缘手套，使用绝缘柄的工具。

15）检修电气设备和电器工具时，必须切断电源。如果设备内有电容器，则所有电容器都必须充分放电，然后才能进行检修。

16）各种电气设备插头应经常保持完好无损，不用时应从插座上拔下，从插座上取下电线插头时，应握住插头，而不要拉电线。工作台上的插座应安装在不易碰装的位置，若有损坏应及时修理或更换。

17）高温电气设备的电源线严禁采用塑料绝缘导线。

# 附录 G　电气设备的防火

## 1. 引起电气火灾的主要原因

电气火灾常起因于电路自燃：电路或电气设备因受潮使其绝缘程度降低，造成漏电起火；电路过载甚至短路时熔断器未起作用，造成线路和设备温升过高，使绝缘层熔化燃烧。其次是电气设备没按规定要求安装灭弧罩、防护板等而造成电火花、电弧，引起周围易燃物燃烧，这也是发生电气火灾的重要原因。

## 2. 防止电气火灾的安全措施

1）线路的安装必须符合各项安全要求，如导线截面积的大小、导线类型、熔断器的类型和规格等。要保持必要的防火间距及良好的通风。

2）定期测量线路的绝缘状况，及时发现绝缘损坏部位并加以修理。

3）不私拉乱接电线，避免造成短路。

4）要有良好的过热、过电流保护措施。在原有线路中增加用电设备时，须不超过导线的安全载流量，以防导线过载而引起火灾。各种导线的允许温升决定了它的安全载流量 $I$，当线路工作电流 $I_1$ 及导线配用熔丝电流 $I_{RN}$ 之间满足 $I > I_{RN} > I_1$ 时，线路才是安全的。若线路中某些设备对电压的要求比较高，则按安全载流量选择导线后，还要进行电压损失校验。

5）导线的连接方法必须正确，以避免接触电阻过大而引起火灾。

## 3. 发生触电及电气火灾时的紧急措施

无论是发生触电还是电气火灾及其他电气事故，首先应切断电源。拉闸时要用绝缘工具，需切断电线时要用带绝缘的钳子从电源的几根相线、零线的不同部位剪开，以免造成电源短路。

对于脱离电源的触电者要用人工呼吸或胸外心脏挤压法进行现场抢救，以赢得送医院抢救的时间，但千万不要打强心针。

在发生火灾不能及时断电的场合，应用不导电的灭火剂（如二氧化碳干粉灭火剂等）带电灭火。若用水灭火，则必须切断电源，穿上绝缘鞋。

最后还必须强调，有了正确的接地或接零保护措施，并不能杜绝一切触电事故的发生，它只能做到当设备外壳带电时能自动切断电源。为了杜绝一切触电事故的发生，在安装和使用电气设备时，一定要详细阅读有关说明书，务必按照操作规程和用电规定行事。

# 参 考 文 献

[1] 郑凤翼，杨洪生. 怎样看电气控制电路图.（第 2 版）. 北京：人民邮电出版社，2008.

[2] 中国机械工程学会设备维修分会，《机械设备维修问答丛书》编委会. 机床电气设备维修问答. 北京：机械工业出版社，2003.

[3] 刘祖其. 电气控制与可编程程序控制器应用技术. 北京：机械工业出版社，2010.

[4] 李敬梅. 电力拖动控制线路与技能训练. 北京：中国劳动社会保障出版社，2001.

[5] 沙启荣. 维修电工. 北京：中国劳动社会保障出版社，2004.

[6] 周元一. 电动机与电气控制. 北京：机械工业出版社，2006.

[7] 陆运华，胡翠华. 图解电动机控制电路. 北京：中国电力出版社，2008.

# 反侵权盗版声明